U0287384

"十四五"时期国家重点出版物出版专项规划项目

化肥和农药减施增效理论与实践丛书

丛书主编 吴孔明

农药对靶高效传递与调控

黄啟良 杜凤沛 主编

科学出版社

北京

内 容 简 介

本书以农药对靶剂量高效传递与调控为主线，系统阐述了农药对靶剂量传递的过程与行为、涉及的分散体系与传递性能、施用的靶标作物与流失途径。同时，在介绍我国主要粮食作物、蔬菜、果树及棉花等靶标作物典型生态区农药使用场景中农药损失规律、高效对靶沉积机制及剂量传递调控途径与原理的基础上，探讨了农药损失阻控途径，提出了农药载药体系与药液性能调控及雾化参数优化方法，建立了基于不同靶标作物种植体系的化学农药减施增效方法与技术途径。

本书可为农药剂型设计、产品性能提升、使用技术优化及农药利用率提高提供理论与技术依据，可供农药学等相关学科教学及科研、农药生产与应用人员阅读参考。

图书在版编目（CIP）数据

农药对靶高效传递与调控/黄啟良，杜凤沛主编. —北京：科学出版社，2023.2
（化肥和农药减施增效理论与实践丛书/吴孔明主编）
ISBN 978-7-03-070860-1

Ⅰ.①农… Ⅱ.①黄…②杜… Ⅲ.①农药学 Ⅳ.① S48

中国版本图书馆 CIP 数据核字（2021）第 269899 号

责任编辑：陈 新 高璐佳/责任校对：严 娜
责任印制：赵 博/封面设计：无极书装

科 学 出 版 社 出版
北京东黄城根北街 16 号
邮政编码：100717
http://www.sciencep.com

涿州市般润文化传播有限公司印刷
科学出版社发行 各地新华书店经销
*
2023 年 2 月第 一 版 开本：787×1092 1/16
2024 年 10 月第三次印刷 印张：18
字数：425 000
定价：238.00 元

"化肥和农药减施增效理论与实践丛书"编委会

主　编　吴孔明

副主编　宋宝安　　张福锁　　杨礼胜　　谢建华　　朱恩林

　　　　　陈彦宾　　沈其荣　　郑永权　　周　卫

编　委（以姓名汉语拼音为序）

曹坳程	陈立平	陈万权	董丰收	段留生
冯　固	戈　峰	郭良栋	何　萍	胡承孝
黄啟良	姜远茂	蒋红云	兰玉彬	李　忠
刘凤权	刘永红	鲁传涛	鲁剑巍	陆宴辉
吕仲贤	孟　军	乔建军	邱德文	阮建云
孙　波	孙富余	谭金芳	王福祥	王　琦
王源超	王朝辉	谢丙炎	谢江辉	熊兴耀
徐汉虹	严海军	颜晓元	易克贤	张　杰
张礼生	张　民	张　昭	赵秉强	赵廷昌
郑向群	周常勇			

丛 书 序

我国化学肥料和农药过量施用严重，由此引起环境污染、农产品质量安全和生产成本较高等一系列问题。化肥和农药过量施用的主要原因：一是对不同区域不同种植体系肥料农药损失规律和高效利用机理缺乏深入的认识，无法建立肥料和农药的精准使用准则；二是化肥和农药的替代产品落后，施肥和施药装备差、肥料损失大，农药跑冒滴漏严重；三是缺乏针对不同种植体系肥料和农药减施增效的技术模式。因此，研究制定化肥和农药施用限量标准、发展肥料有机替代和病虫害绿色防控技术、创制新型肥料和农药产品、研发大型智能精准机具，以及加强技术集成创新与应用，对减少我国化肥和农药的使用量、促进农业绿色高质量发展意义重大。

按照 2015 年中央一号文件关于农业发展"转方式、调结构"的战略部署，根据国务院《关于深化中央财政科技计划（专项、基金等）管理改革的方案》的精神，科技部、国家发展改革委、财政部和农业部（现农业农村部）等部委联合组织实施了"十三五"国家重点研发计划试点专项"化学肥料和农药减施增效综合技术研发"（后简称"双减"专项）。

"双减"专项按照《到 2020 年化肥使用量零增长行动方案》《到 2020 年农药使用量零增长行动方案》《全国优势农产品区域布局规划（2008—2015 年）》《特色农产品区域布局规划（2013—2020 年）》，结合我国区域农业绿色发展的现实需求，综合考虑现阶段我国农业科研体系构架和资源分布情况，全面启动并实施了包括三大领域 12 项任务的 49 个项目，中央财政概算 23.97 亿元。项目涉及植物病理学、农业昆虫与害虫防治、农药学、植物检疫与农业生态健康、植物营养生理与遗传、植物根际营养、新型肥料与数字化施肥、养分资源再利用与污染控制、生态环境建设与资源高效利用等 18 个学科领域的 57 个国家重点实验室、236 个各类省部级重点实验室和 434 支课题层面的研究团队，形成了上中下游无缝对接、"政产学研推"一体化的高水平研发队伍。

自 2016 年项目启动以来，"双减"专项以突破减施途径、创新减施产品与技术装备为抓手，聚焦主要粮食作物、经济作物、蔬菜、果树等主要农产品的生产需求，边研究、边示范、边应用，取得了一系列科研成果，实现了项目目标。

在基础研究方面，系统研究了微生物农药作用机理、天敌产品货架期调控机制及有害生物生态调控途径，建立了农药施用标准的原则和方法；初步阐明了我国不同区域和种植体系氮肥、磷肥损失规律和无效化阻控增效机理，提出了肥料养分推荐新技术体系和氮、磷施用标准；初步阐明了耕地地力与管理技术影响化肥、农药高效利用的机理，明确了不同耕地肥力下化肥、农药减施的调控途径与技术原理。

在关键技术创新方面，完善了我国新型肥药及配套智能化装备研发技术体系平台；打造了万亩方化肥减施 12%、利用率提高 6 个百分点的示范样本；实现了智能化装备减施 10%、利用率提高 3 个百分点，其中智能化施肥效率达到人工施肥 10 倍以上的目标。农药减施关键技术亦取得了多项成果，万亩示范方农药减施 15%、新型施药技术田间效率大于 30 亩 /h，节省劳动力成本 50%。

在作物生产全程减药减肥技术体系示范推广方面，分别在水稻、小麦和玉米等粮食主产区，蔬菜、水果和茶叶等园艺作物主产区，以及油菜、棉花等经济作物主产区，大面积推广应用化肥、农药减施增效技术集成模式，形成了"产学研"一体的纵向创新体系和分区协同实施的横向联合攻关格局。示范应用区涉及 28 个省（自治区、直辖市）1022 个县，总面积超过 2.2 亿亩次。项目区氮肥利用率由 33% 提高到 43%、磷肥利用率由 24% 提高到 34%，化肥氮磷减施 20%；化学农药利用率由 35% 提高到 45%，化学农药减施 30%；农作物平均增产超过 3%，生产成本明显降低。试验示范区与产业部门划定和重点支持的示范区高度融合，平均覆盖率超过 90%，在提升区域农业科技水平和综合竞争力、保障主要农产品有效供给、推进农业绿色发展、支撑现代农业生产体系建设等方面已初显成效，为科技驱动产业发展提供了一项可参考、可复制、可推广的样板。

科学出版社始终关注和高度重视"双减"专项取得的研究成果。在他们的大力支持下，我们组织"双减"专项专家队伍，在系统梳理和总结我国"化肥和农药减施增效"研究领域所取得的基础理论、关键技术成果和示范推广经验的基础上，精心编撰了"化肥和农药减施增效理论与实践丛书"。这套丛书凝聚了"双减"专项广大科技人员的多年心血，反映了我国化肥和农药减施增效研究的最新进展，内容丰富、信息量大、学术性强。这套丛书的出版为我国农业资源利用、植物保护、作物学、园艺学和农业机械等相关学科的科研工作者、学生及农业技术推广人员提供了一套系统性强、学术水平高的专著，对于践行"绿水青山就是金山银山"的生态文明建设理念、助力乡村振兴战略有重要意义。

吴孔明

中国工程院院士

2020 年 12 月 30 日

前　言

农药是防治农业有害生物和保障粮食丰产丰收不可或缺的重要生产资料。但是,农药的不合理使用或者过量使用也带来了资源浪费和生态环境污染等诸多问题。2015年初,农业部制定了《到2020年农药使用量零增长行动方案》。2015年起,科技部陆续发布三批"化学肥料和农药减施增效综合技术研发"试点专项申报指南,立足我国当前化肥、农药减施增效的战略需求,按照"基础研究、共性关键技术研究、技术集成创新研究与示范"全链条一体化设计,重点研究解决化肥、农药减施增效的重大关键科技问题。

农药对靶剂量传递过程中的损失和脱靶是制约农药有效利用率提高的主因,对不同区域不同种植体系农药损失规律和高效利用机制认识不足是导致农药过量施用的主要原因。"十三五"国家重点研发计划项目"化学农药对靶高效传递与沉积机制及调控"(2017YFD0200300)以我国主要粮食作物、经济作物、蔬菜和果树等靶标作物种植体系中典型有害生物防控为核心,重点开展以下方面的研究,并取得阶段性进展:①靶标作物种植体系中环境因子影响农药向靶标作物与防治对象分散传递、分布沉积及飘移流失的规律;②靶标作物界面结构特性影响农药载药微粒在靶标作物界面润湿铺展、沉积持留及吸收传导的规律及界面现象;③功能助剂对雾滴在靶标作物与防治对象沉积与持留的影响规律及微观机制;④基于不同靶标作物、施药场景与不同助剂协同作用下化学农药减施关键参数与农药流失阻控途径。

本书由"化学农药对靶高效传递与沉积机制及调控"项目组成员,在多年研究工作基础上,基于项目分工及研究过程中的进展与思考撰稿,力求通俗易懂,系统介绍农药对靶高效传递的过程行为、规律机制及主控因素。特别是围绕目前广为采用的茎叶喷雾方式,重点阐述雾滴在空间与作物冠层中的运行行为、作物叶面动态沉积与静态持留行为过程及界面现象,并在理解现象规律的基础上,研究提出根部控释给药与助剂调控药液性能进行叶面喷雾协同的减施增效技术体系。根据农药对靶剂量传递过程,本书包括农药分散体系与剂量传递性能,农药对靶剂量传递过程与行为,水稻、小麦、苹果、棉花和保护地蔬菜有害生物防控中农药损失规律与高效利用机制,农药对靶调控技术与应用等内容。全书共8章,前两章主要介绍农药对靶高效传递的基础知识,后六章为基础知识的拓展和应用。

农药对靶剂量传递是一个复杂的剂量传输与分布过程,涉及农药化学、靶标生物学、环境生态等多种因素及多学科交叉,目前对许多应用基础理论和技术的研究与认知并不系统,也不深入。限于作者知识水平,敬请读者对书中不足之处不吝指正。

作　者
2022年4月

目　　录

第1章　农药分散体系与剂量传递性能

在农药对靶剂量传递过程中，作为农药剂量传递的载体，至少涉及 3 个分散体系，即农药制剂体系、药液体系和雾化体系；而且，从剂量传递过程来讲，这 3 个分散体系是一种剂量传递的串联过程，任何一个分散体系的性能都会影响到农药对靶剂量传递效率。

众所周知，多数农药原药不能直接使用，需要加工成一定的剂型，这便是农药制剂，从农药原药到农药制剂可以理解为农药对靶剂量传递的第一个过程。这个传递过程受外界因素影响很小，剂量传递效率可达 95% 以上。对于一定的有害生物防控场景，当农药有效成分确定后，首要任务就是选择适宜的农药制剂。一个农药有效成分可以加工成多种制剂形态，但对于特定的有害生物防控场景，并不是所有制剂都适合，需要根据靶标作物生态特性、有害生物发生与为害特征、使用技术等多种因素进行选择。

目前大约 80% 的农药加工成对水稀释后喷雾使用的剂型，从农药制剂到农药药液可以理解为农药对靶剂量传递的第二个过程。这个过程中，不仅农药制剂体系的类型可能发生变化，农药有效成分的分散状态也可能发生变化。这种变化或许并不影响农药分散体系的载药量，但可能会影响农药的对靶沉积性能，进而影响对靶剂量传递效率。对于选定的防治对象，根据其发生与为害规律以及生物学特性，药液中的农药只有达到"生物最佳粒径"才能发挥最佳防控效果，也就是说需要通过选择适宜剂型来保障药液中农药的最佳分散形态及分散度。

相比农药使用者对农药制剂体系和药液体系的选择能动性，农药雾化体系的剂量传输性能更多的是受到环境因素的影响和制约。农药药液从喷施器械喷出形成雾化体系进入环境，是农药对靶剂量传递的第三个过程，也是最重要的过程。该过程中农药完全暴露在开放的生态环境中，农药对靶剂量传输效率主要受大气环境条件、作物冠层结构、作物叶面特性等人为不可控因素影响，剂量传输效率一般不足 40%。基于雾化体系形成的原理，针对实际防控场景的需求，可以通过调控农药药液性质和优化雾化参数等技术途径提高农药雾化体系的对靶剂量传输性能。

1.1　农药制剂体系与剂量传递性能

1.1.1　概述

农药制剂体系中一般含有农药有效成分、表面活性剂、有机溶剂或者载体等助剂。从剂型加工角度，制剂体系中的表面活性剂、有机溶剂或者载体主要是满足制剂形成与稳定以及使用时的再次分散等技术指标要求，农药有效成分在制剂及药液中的存在形态或分散形貌是影响农药对靶剂量传输的重要因素。理论上分析，农药在可溶液剂（含水剂）及其对水形成的药液中都以分子或离子状态存在，属于最佳分散，可以保证每个雾滴中农药剂量的均匀分布；农药在乳油制剂中以分子状态存在，但在对水形成的药液中以乳状液液滴状态存在，和水乳剂、油乳剂等属于相同分散类型，农药在雾化形成雾滴中的分散度和均匀性受所用表面活性剂性能的影响；可湿性粉剂、水分散粒剂、悬浮剂、可分散油悬浮剂等剂型，尽管制剂形态不同，但农药在药液中都是以固体颗粒悬浮状态存在，农药在雾化形成雾滴中的均匀性受农药固体颗粒粒径和悬浮率的影响。

对于喷雾使用的剂型，再好的剂型也是通过二次分散或再次分散体系来传递剂量的。从高效使用方面来讲，制剂体系的稳定及技术指标要求只是一个最基本的要求。剂型研发应该从传统上关注制剂体系的形成与稳定，逐渐向关注二次分散或再次分散体系中药剂分散度、分散形貌的变化及对药效的影响方面转变，更加重视评价制剂对水形成药液及雾化形成雾滴剂量传递性能的变化。

1.1.2 农药制剂发展现状

我国农药制剂经历了初级发展、制剂学形成和现代发展阶段。

初始的制剂技术成形于 20 世纪 50 年代，为使有机氯、有机磷等原药便于施用而开发了粉剂、可湿性粉剂、乳油和水剂等基本剂型，此后又开发了一系列的衍生剂型如颗粒剂、油剂、可溶液剂等，形成了以四大传统剂型包括粉剂、可湿性粉剂、乳油和颗粒剂为主体的农药剂型体系或称第一代制剂技术。随着时代的发展，农药制剂技术也得到持续发展，20 世纪 70 年代初开始了第二代制剂即环境友好剂型制剂的系统研发。到目前为止，这两代制剂技术支撑了所有农药制剂的产业化。在可湿性粉剂的基础上加入黏结剂等助剂赋予其一定的可塑性，然后捏合制造成粒，使其具有方向性好、无粉尘污染、施用方便等优点，即可得到水分散粒剂。开发水分散粒剂既可以保持可湿性粉剂等固体制剂的优点，又可以克服其存在的粉尘污染等缺点，是代替可湿性粉剂的理想剂型，一段时间内成为国内外农药剂型发展的重要方向。

20 世纪 80 年代以来，基于环境安全、食品安全的需求，水基化农药剂型的研究开发发展迅速。尤其是 21 世纪初，绿色、生态农药制剂技术即第三代制剂技术的研发起步。农药乳油由于其中的有机溶剂，如甲苯、二甲苯，对环境的污染而受到限用禁用，特别是在蔬菜、果树上应用芳香烃溶剂配制的乳油遭到了强烈的抵制。因此，以水为基质的农药剂型如微乳剂、水乳剂、悬浮剂、悬乳剂等逐步取代以有机溶剂为基质的乳油，既可节约大量的资源，又可减轻对环境的污染，还可以减少对生产者、施用者的健康危害，是农药无公害化的有效途径。

在这一阶段，农药新剂型种类多，且各具特点。目前新剂型的发展趋势是水基化、颗粒化、控释化、省力化等，四大环保剂型应运而生，分别是水分散粒剂、悬浮剂、微囊剂和水乳剂。各种新型农药助剂的问世为农药制剂加工提供了更多、更好的选择，对农药制剂高效化、绿色化至关重要。

近年来，我国农药行业发展迅速，我国制造的农药原药在全球农药市场已经占据主导地位，但制剂加工水平较为落后。由于我国农药制剂企业绝大部分是中小型企业，产品单一，产量过剩，竞争同质化，难以形成一定的规模效应，技术装备落后、自动化水平低、劳动条件差、剂型配方粗放、助剂成本高等，造成我国农药制剂总体水平不高，与国内农药原药行业相比有较大差距，至今尚无具有国际竞争能力的龙头企业。

新版国家标准《农药剂型名称及代码》（GB/T 19378—2017）列入 61 个农药剂型，其中应用于大田作物的常用剂型大约 20 个。截至 2020 年底，我国农药登记产品总计 42 721 个，原药 4508 个，母药涉及 200 余种。制剂产品中登记量大的剂型主要有乳油 9532 个（占总登记产品的 22.31%）、可湿性粉剂 6988 个（占总登记产品的 16.36%）、悬浮剂 7488 个（占总登记产品的 17.53%）、水分散粒剂 2292 个、可分散油悬浮剂 1414 个、水乳剂 1284 个、微乳剂 1218 个、颗粒剂 937 个、可溶粉剂 684 个、悬乳剂 360 个、可溶粒剂 362 个、可溶液剂 556 个、微囊悬浮剂 232 个、展膜油剂 10 个等。

目前，农药制剂的研发以高效、安全、环保、方便为主要目标，向水基化、颗粒化、低毒化、多功能化方向发展，克服传统剂型存在的缺陷，进一步提高药效、降低毒性、减少二次伤害、减少污染、避免对天敌生物的伤害、延缓抗药性的产生和延长农药的使用寿命。可以看出，农药登记制剂产品中新剂型的总量和占比在逐年增加，其中悬浮剂、水分散粒剂、可分散油悬浮剂、水乳剂等在近年登记量快速攀升，尤其是悬浮剂已连续多年成为新增登记数量最多的剂型，而传统剂型如乳油、可湿性粉剂等的占比在显著下降。另外，高效助剂的加入对农药防治效果的提升也起着至关重要的作用，国内对高效助剂的重视程度也越来越高。开发高效安全、省时省力的农药制剂产品、助剂产品并结合适宜的施药方式、耕作制度，农业植保工作才能真正进入环保化、功能化、智能化、省力化和精准化的新时期。

1.1.3　传统农药制剂体系

传统的农药剂型设计与研究主要着眼于制剂体系的形成、稳定及控制技术指标的符合性，生产企业和行业管理将控制重点放在了制剂体系的形成与稳定上，所有的控制指标都是为了保障制剂体系的商品货架寿命。在这种剂型设计理念下，设计与生产的传统制剂体系属于开放型载药体系，下面根据制剂体系类型分别进行阐述。

1.1.3.1　溶液制剂

1. 乳油

（1）剂型定义

乳油（emulsifiable concentrate，EC）是农药基本剂型之一。它是由农药有效成分按规定比例溶解在有机溶剂中，并加入一定量的乳化剂而制成的均相透明液体，用水稀释分散成相对稳定的乳状液。

（2）配方组成

乳油通常由农药有效成分、有机溶剂和乳化剂组成。有时也需要加入适当的助溶剂、稳定剂、增效剂等其他助剂。

（3）形成与稳定机制

乳油是一种真溶液，农药有效成分以分子的形式溶解或增溶在有机溶剂中，是一种均相稳定体系。乳油的基本特征是农药有效成分在溶液中呈分子状态，即有效成分以分子状态分散在有机溶剂中。从理论上讲，溶解就是在溶质分子间的引力小于溶质和溶剂之间分子引力的情况下，溶质均匀地分散在溶剂中的过程。

2. 可溶液剂

（1）剂型定义

可溶液剂（soluble concentrate，SL）是农药有效成分以分子或离子状态分散在水或有机溶剂中形成的一种透明或半透明的液体制剂，可含有不溶于水的惰性成分。

（2）配方组成

可溶液剂通常由农药有效成分、分散介质（水或有机溶剂）、乳化剂和分散剂组成。有时也需要加入稳定剂、增效剂等其他助剂。

（3）形成与稳定机制

可溶液剂中溶质在溶液中以分子或离子状态存在。其机制是溶剂和溶质分子或离子的作用力大于溶剂分子间的作用力，而使溶质分子或离子逐渐离开其表面，并通过扩散作用均匀地分散到溶剂中成为均匀溶液。

3. 油剂

（1）剂型定义

油剂（oil miscible liquid，OL）是用有机溶剂稀释（或不稀释）成均相含有效成分的液体制剂，可直接使用或低倍数稀释使用。根据使用方式不同，可以分为超低容量液剂（ultra low volume liquid，UL）和展膜油剂（spreading oil，SO）。

（2）配方组成

油剂通常由农药有效成分、溶剂和表面活性剂组成。溶剂和表面活性剂是影响油剂配方的关键因素。

（3）形成与稳定机制

油剂的形成与稳定机制都和乳油类似，都是一种真溶液，农药有效成分以分子的形式溶解或增溶在有机溶剂中，是一种均相稳定体系。

1.1.3.2 乳液状制剂

1. 水乳剂

（1）剂型定义

水乳剂（emulsion oil in water，EW）是由非水溶性的农药有效成分溶于不溶于水的有机溶剂后形成的溶液，是在借助乳化剂的作用及外部输入的能量的条件下，分散于水中后形成的一种外观不透明或半透明的乳状液。通常我们说的水乳剂是一种分散相为油相、连续相为水相，即水包油（O/W）的乳状液。

（2）配方组成

水乳剂通常由农药有效成分、有机溶剂、乳化剂、抗冻剂、消泡剂、pH 调节剂、增稠剂等组成。

（3）形成与稳定机制

水乳剂是一种热力学不稳定体系，不能自发形成，若要使一个油、水混合物形成一个乳状液分散体系，必须由外界提供能量。制备乳状液的主要方法有高剪切乳化法、高压均质法、超声波乳化法等。

乳液制备过程中，最终是形成水包油（O/W）型还是形成油包水（W/O）型乳状液，主要有以下 3 种理论。

1）相体积理论

该理论认为对于大小相同的球形分散相液滴，即单分散体系，分散相排列最紧密时液滴总体积分数最大（为 0.74），此时连续相的体积分数至少要达到 0.26，若液滴总体积分数大于 0.74，则会出现过密堆积，将会出现相转变或破乳，若液滴总体积分数在 0.26～0.74，则 O/W 型和 W/O 型两种乳状液都有可能形成，低于或高于此范围则只能形成一种乳状液。

2）双界面膜理论

该理论认为乳状液的类型主要取决于表面活性剂的性质，表面活性剂溶解度较大或易润湿的一相将成为连续相。表面活性剂会在水相和油相之间界面上吸附，形成界面膜，界面膜分别与水相和油相接触，产生不同界面张力，界面膜会向界面张力大的一侧弯曲，即界面张力小的一侧构成外相，界面张力大的一侧构成内相。

3）聚结速度理论

该理论认为用振荡法制备乳状液时，其类型是由被分散的油滴和水滴的相对聚结速度决定的。

乳状液是一种热力学不稳定体系，长期放置会出现分层、析油和破乳等不稳定现象。影响乳状液稳定的因素有很多，主要有 3 个方面：一是液滴之间的范德瓦耳斯力，这是引起乳状液不稳定的内因；二是分散相液滴之间的静电斥力，它是界面带电荷乳状液体系稳定的重要原因，通常认为离子表面活性剂可以提供静电斥力；三是空间位阻，以非离子表面活性剂为乳化剂制备的乳状液体系，一般认为空间位阻对乳状液稳定性的影响远远大于范德瓦耳斯力和静电斥力。

2. 微乳剂

（1）剂型定义

微乳剂（micro-emulsion，ME）是由两种互不相溶的液体在表面活性剂界面膜作用下自发生成的热力学稳定的、各向同性的、低黏度的、透明的均相分散体系。

（2）配方组成

农药微乳剂主要由农药有效成分、有机溶剂、表面活性剂、助表面活性剂和水组成。根据需要，可以加入适当的助溶剂、稳定剂、增效剂等。

（3）形成与稳定机制

微乳剂的形成及稳定机制目前主要有瞬时负界面张力理论、增溶理论等。

1）瞬时负界面张力理论

Prince 于 1977 年提出混合膜具有负界面张力的说法，称作混合膜理论。Prince 将己醇添加到油-水-皂组成的乳状液中，添加的己醇达到一定浓度时乳状液变透明，形成微乳，发现界面张力随己醇添加而逐步降低到零。由此推断，再加入更多的醇，界面张力应变为负值。这使得乳状液颗粒变小成为自发过程，即自动形成微乳。混合界面膜的瞬时负界面张力理论虽曾引起广泛注意，但终究只是一种推断，缺少实验证据。

2）增溶理论

增溶理论是由 Shinoda 和 Friberg 于 1975 年提出的，他们认为微乳液是溶胀的胶束体系，在水-表面活性剂-助表面活性剂三组分体系中，存在着正胶束区、反胶束区和两个液晶区，其中正胶束区、反胶束区可以看作微乳液。当表面活性剂的水溶液浓度大于临界胶束浓度后，就会形成胶束体系。

1.1.3.3 悬浮液制剂

1. 悬浮剂

（1）剂型定义

悬浮剂（suspension concentrate，SC）又称水悬浮剂、浓悬浮剂、胶悬剂，它是指非水溶性的固体有效成分与相关助剂在水中形成高分散度的悬浮液制剂，用水稀释后使用。

（2）配方组成

悬浮剂是由农药有效成分、润湿剂、分散剂、增稠剂、稳定剂、pH 调节剂、防冻剂和消泡剂等不同组分组成。

（3）形成与稳定机制

目前主要可以用奥氏熟化、静电排斥和空间位阻等机制来表述悬浮剂的物理稳定性问题。

1）奥氏熟化

悬浮剂体系属于热力学不稳定体系，随时间推移，会表现出粒子大小和分布朝较大粒子方向移动，即粒子晶体长大现象。这种依靠消耗小粒子形成大粒子的过程称为奥氏熟化。它是由粒子大小与溶解度不同而引起的效应。另一种奥氏熟化的发生，是由于某些固体农药活性成分具有多种晶态，多种晶态间在油基中的溶解度不同也会引起晶体长大。控制较窄的粒径分布很重要，这可以减少奥氏熟化现象的发生，从而确保产品能保持长期的稳定。

2）静电稳定性

当固体与液体接触时，可以是固体从溶液中选择性吸附某种离子，也可以是固体分子本身发生电离作用而使离子进入溶液，致使固液两相分别带有不同符号的电荷，在界面上形成了双电层的结构。

胶体稳定性的 DLVO 理论（Derjaguin-Landau-Verwey-Overbeek theory）可以用来解释离子型表面活性剂对悬浮剂的稳定作用。在颗粒表面吸附的表面活性剂离子通常会产生较高的 zeta 电位。当电解质的浓度一直处于较低值时，高能量壁垒就会产生，这时可防止任何颗粒的聚集。

3）空间稳定性

非离子型表面活性剂是双亲性质，既含有亲油基团，又含有亲水基团。一端亲油基团吸附于颗粒表面，另一端亲水基团聚乙氧基插入水溶液中。烷基链作为亲油部分，其链长要大于 12，才会产生强烈吸附。聚丙烯氧化物链经常被选用，就是因为其有足够的长度，具有空间阻碍作用，从而可提供足够斥力。

分层和沉降是由于固、液两相之间存在密度差，在重力作用下引起的，可通过减小密度差、增加黏度等实现调控。

2. 可分散油悬浮剂

（1）剂型定义

可分散油悬浮剂（oil-based suspension concentrate 或 oil dispersion，OD）是指一种或一种以上农药有效成分（其中至少一种为固体原药）在非水介质中，形成稳定油基固液分散体系，对水稀释后使用的悬浮制剂。

（2）配方组成

可分散油悬浮剂一般由原药、分散剂、乳化剂、增稠剂及分散介质等组成，根据配方需要，还可能含有其他助剂，如稳定剂、pH 调节剂等。

（3）形成与稳定机制

可分散油悬浮剂与悬浮剂基本一致，但其具有以下特点：絮凝和聚集。悬浮体系中存在粒子布朗运动，并且在色散力和范德瓦耳斯力作用下，可分散油悬浮剂更容易形成链状或链团的网络状聚集体，从而更易发生（絮团状）凝聚或聚集。当产品在贮存过程中颗粒间聚集体合并变大而聚集时，将会导致制剂产品因沉淀和结块而失效。

3. 油悬浮剂

（1）剂型定义

油悬浮剂（oil miscible flowable concentrate，OF）是指一种或一种以上农药有效成分（其中至少一种为固体原药）在非水系分散介质中形成高分散、稳定的悬浮体系，一般用有机溶剂稀释使用。

（2）配方组成

油悬浮剂一般由有效成分、乳化剂、分散剂、增稠剂和分散介质组成。

（3）形成与稳定机制

油悬浮剂同样具有不稳定性。与前述可分散油悬浮剂相似，在此不赘述。

1.1.3.4　粉体制剂

1. 粉剂

（1）剂型定义

农药粉剂（dustable powder，DP）是由原药、填料和少量助剂经混合、粉碎再混合至一定细度的粉状制剂。它具有使用方便、药粒细、较能均匀分布、撒布效率高、节省劳动力和加工费用较低等优点。

（2）配方组成

粉剂一般是由有效成分和填料所组成。也有的粉剂是由有效成分、填料和少量助剂所组成，以增强粉剂的稳定性、黏着性和流动性。

（3）形成与稳定机制

无论是加工高浓度的母粉还是低浓度粉剂，保证有效成分的高度分散和均匀性都是必要的。否则由于原药与填料之间的密度差异或粒径差异，在喷粉时都会造成原药药粒与填料粒子的分离，使得有效成分分布不均。因此，粉剂加工一般应采取多次混合和粉碎工艺。

2. 可湿性粉剂

（1）剂型定义

可湿性粉剂（wettable powder，WP）是含有原药、载体和填料、表面活性剂（润湿剂、分散剂等），并粉碎至很细的农药制剂。此种制剂在用水稀释成田间使用浓度时，能形成一种稳定的、可供喷雾的悬浮液。

（2）配方组成

可湿性粉剂一般由原药、润湿剂、分散剂、填料组成。

（3）形成与稳定机制

可湿性粉剂的最基本要求是把农药有效成分及其配方组分加工成规定细度的细微颗粒。可湿性粉剂的粉碎过程，一般就是利用外加机械力部分破坏物质分子间的内聚力，使农药有效成分及配方组分的大颗粒变成小颗粒，即将机械能转变成表面能的过程。这种机械粉碎作用一般可分为挤压、冲击、剪切、摩擦等。最终获得可湿性粉剂产品。

1.1.3.5　颗粒状制剂

1. 颗粒剂

（1）剂型定义

农药颗粒剂（granule，GR）是由农药原药、溶剂（或水）、助剂和载体（一定细度的矿土）组成的颗粒状制剂。

（2）配方组成

1）原药

国内外现已开发或生产的杀虫剂中的近一半品种及部分除草剂、杀菌剂和杀线虫剂品种，适于制成颗粒剂使用。对于固体原药和液体原油，应按其理化性质来选择配方和造粒方法。

2）载体

载体即稀释农药用的惰性物质。载体选择时要注意避免可能的某些载体与吸附的农药发生化学反应，使农药分解并失去活性。

3）黏结剂（黏合剂、胶黏剂）

凡有良好的黏结性能，能将两种相同或不同的固体材料连接在一起的物质都可以称为黏结剂。

4）分散剂

分散剂是能减少分散体系中固体或液体粒子聚集的物质。为使颗粒剂在水中很好地崩解、分散，可加入少量的分散剂。分散剂品种主要有天然类和合成类。

5）吸附剂

在用液体原药制备颗粒剂时，为使颗粒剂流动性好，需要添加吸附性高的矿物、植物性物质或合成品的微粉末来吸附液体。这些粉末应是多孔性、吸油率高的物质。

6）溶剂、稀释剂

在造粒时，为将原药溶解，使其低黏度化，改善农药原药的物性，或进行增量以达到均匀吸附的目的，需加入溶剂或稀释剂。

（3）形成与稳定机制

农药颗粒剂的造粒操作，根据所采用的原药、载体等原料的不同，为达到不同的造粒目的，需确定相应的造粒工艺。主要有以下几种造粒工艺。

1）包衣法

包衣造粒法简称包衣法，又名包覆法，是以颗粒载体为核心，外边包覆黏结剂，再将农药原药或含有原药的母粉黏附于颗粒的表面，使黏结剂层与原药母粉相互浸润、胶结而得到松散的粒状产品的操作过程。

2）吸附法

吸附造粒法是把液体原药（或固体原药溶解于溶剂中）吸附于具有一定吸附能力的颗粒载体中的一种生产方法。吸附造粒工艺流程（不包括颗粒载体制备部分）相对比较简单。

3）挤出法

挤出造粒法是将配方原粉用适当黏合剂制备成软材后，投入带有多孔模具（通常是具有筛孔的孔板或筛网）的造粒机，用强制挤压的方式使其从多孔模具的另一边排出，再经过适当的切粒或整形的制粒方法。它要求原料粉体能与黏合剂混合成较好的塑性体，适合于黏性物料的加工。所制得的颗粒的粒度由筛网的孔径大小调节，粒子形状为圆柱状，粒度分布窄。

2. 水分散粒剂

（1）剂型定义

水分散粒剂（water dispersible granule，WG），又称为粒型可湿性粉剂。在水中能较快地崩解、分散，形成高悬浮的固液分散体系的粒状制剂。用水稀释后，可以产生与可湿性粉剂相同的悬浮喷洒液。

（2）配方组成

水分散粒剂是由分散剂、润湿剂、崩解剂、填料等组成。各个成分共同作用相互协调，不仅使水分散粒剂产品具有快速润湿性、崩解性和优良的悬浮性、再悬浮性，同时也应具有良好的贮存稳定性和防尘性等性能，而且还应达到增加农药药液在植物表面的滞留量、延长滞留时间和提高对植物表皮的穿透能力的目的，从而提高农药的生物活性，减少使用剂量，降低成本，减轻对环境的污染。

（3）形成与稳定机制

如果农药原药在常温下是固体，制备时把原药与润湿剂、分散剂、填料按配方比例混合，经过粉碎机粉碎。如果原药在常温下是液体，或是熔点较低、呈蜡状的原药，要先选用一种吸附性很强的填料将原药吸附上形成固体后再粉碎。

在捏合的过程中，有效成分与表面活性剂等均匀展着，物料与水充分润湿，使材料具有可塑性，这一过程又称为物料的塑化过程。表面活性剂的布展均匀很重要，否则会影响产品悬浮率，水分的控制是重点。过低的水分影响成品率和产品强度。过量的水分会导致产品粘连，影响分散和崩解性能。

1.1.4　缓释和控释农药制剂体系

缓释和控制释放（控释）技术是通过化学、物理或物理化学手段实现对活性物质的有效保护和缓慢释放，在医药、生物和农用化学品等领域得到了广泛应用。常规的缓释、控释剂是利用界面聚合法、原位聚合法、复凝聚法、乳化溶剂蒸发法和喷雾干燥法等制备具有释放性能的微囊。近年来，随着环糊精包合物、两亲性共聚物纳米胶束等缓释、控释载体，以及当温度、pH、光和磁场等发生变化时，能够以一定形式靶向释放活性物质的环境感应型微囊与纳米载药智能体系的不断出现，如果将这些技术成功引入到农药制剂加工中，将会使合理安全使用农药更易实现，新型农药缓释、控释剂的推广应用也会对社会效益、经济效益和生态效益的和谐统一产生重要意义（Guo et al.，2011）。

1.1.4.1　微囊悬浮剂

1. 剂型定义

微囊悬浮剂（capsule suspension，CS）是指利用天然或人工合成的高分子材料形成核壳结构微小容器（图 1-1），将农药包裹其中并悬浮在水中的剂型。它包括囊壁、囊芯两部分，囊芯是农药有效成分及溶剂，囊壁是成膜的高分子材料。

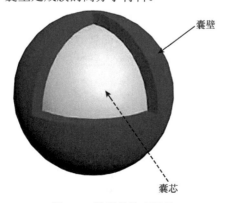

图 1-1　微囊的核壳结构

2. 配方组成

（1）芯材

芯材即待包覆的特定材料，既可以是固体，也可以是液体。液体芯材主要包括分散或溶解的药物，固体芯材主要包括活性成分、稳定剂、赋形剂、稀释剂、释放速率促进或抑制剂。通过改变芯材的成分有利于更有效地设计和开发符合生产实际需要的农药微囊。

（2）壁材

壁材即形成微囊囊壁的材料，是决定农药微囊性能的关键因素之一。目前，可作为农药微囊壁材的物质主要分为：天然高分子材料（明胶、阿拉伯胶、淀粉、壳聚糖、海藻酸盐等），半合成高分子材料（纤维素衍生物、麦芽糊精、聚多巴胺等），全合成高分子材料（聚 α-羟基酸、聚原酸酯、聚乳酸及其共聚物、脂肪族聚碳酸酯、聚磷酸酯、聚 α-氨基酸等）及无机材料（二氧化硅等）等。

不可生物降解全合成高分子材料主要用于界面聚合法和原位聚合法制备农药微囊，壁材主要有聚脲、脲醛树脂、三聚氰胺-脲醛树脂、聚氨酯等。

3. 形成与稳定机制

微囊悬浮剂制备方法主要有界面聚合法（蓝月等，2017）、原位聚合法（韩志任等，2007）、复凝聚法（黄彬彬等，2009）、乳化溶剂蒸发法（冯建国等，2011）、喷雾干燥法（李北兴等，2014）等。

微囊作为缓释剂型的一种，可实现缓控制释放、延长持效期、提高有效成分稳定性及制剂的多样性等目的，从而提高农药利用率，增加对使用者及环境的安全性。目前存在的主要问题是农药释放的调控与囊材的环境相容性等。由于有效成分被包裹，在施用的初期，环境中有效成分的含量较低，可能造成防治效果偏低，尤其不适合在病虫草害暴发期使用；为解决这个问题，一些薄壳型微囊产品正引起行业的关注。目前产业化的微囊多以人工合成材料制备，如脲醛树脂、聚氨酯、丙烯酸酯等，这些材料在环境中的降解速度较慢，长期使用对环境存在潜在的危害；现有的微囊制备技术仍处于简单缓释阶段，还不能使微囊的释放符合植物生长发育时期和病虫草害的发生规律，达到精准控释的水平。

1.1.4.2　缓释颗粒剂

1. 剂型定义

缓释颗粒剂是利用纳米载体或纳米封装材料调节防控有害生物所需农药的浓度和释放速率。通过纳米载体或纳米封装材料可以提高农药的生物利用度并降低毒性，改善农药的"突释"现象，并通过封装农药实现农药的精确对靶释放。缓释颗粒剂主要目标包括：提高农药的控释特性，提高农药在水中的溶解度，避免农药过早降解，提高农药的利用率，提高农药稳定性，提高生物相容性，可进行靶向给药等。

2. 封装材料和配方组成

（1）基于聚合物的封装

聚合物纳米材料或纳米复合材料最常用于农药的封装，其不会产生副产品，具有对环境友好和生物可降解等性能。据报道，一些合成与天然高分子聚合物，如聚乙烯醇、聚 ε-己内酯、聚乳酸-羟基乙酸共聚物（PLGA）、聚乙二醇（PEG）、聚 β-羟丁酸（PHB）、纤维素、壳聚糖、藻酸盐、明胶，已被用于农药封装（Heydarifard et al.，2018）。这些聚合物纳米制剂能有效减少有效成分在环境中的损失，同时具有低毒、低成本和可生物降解的特性。

Kumar 等（2014）通过乳液交联技术制备了海藻酸钠封装的吡虫啉纳米颗粒，其粒径为 50～100nm，生物活性测试表明制备的纳米制剂与商用制剂相比具有更长的持效期、更低的毒性。Sheng 等（2015）基于酰肼和醛官能化的聚甲基丙烯酸低聚乙二醇酯前体，通过共挤出时可逆的腙键制备了一种负载率高达 97.4%（质量分数）的温度与 pH 双响应阿维菌素控释剂，这种水凝胶系统能够促进农药的可控释放，并且优异的生物降解性能也提高了其对环境的安全性。Xu 等（2017）制备了以聚多巴胺为内核的聚异丙基丙烯酰胺水凝胶，负载吡虫啉，利用聚多巴胺的光热性能和聚异丙基丙烯酰胺的温敏性能，将光转变为热，从而控制水凝胶中农药的释放，这种药物缓释性能有利于维持吡虫啉对靶标生物的长期毒性。Ye 等（2015）利用亲水性羧甲基壳聚糖和疏水性光不稳定的 2-硝基苄基制备一种新型两亲性共轭物，并通过滴加戊二醛进一步形成光敏胶束。这种基于羧甲基壳聚糖的光敏壳交联胶束的敌草隆负载率为 42.1%，表现出高度的光响应释放性能。

然而，并非所有的农药均能封装于不同的纳米剂型中，对于特定的农药，选择特定的聚合物配方非常重要。聚合物纳米制剂具有不同类型的参数，这些参数不仅会影响纳米农药的组成（溶解度和稳定性），还会影响纳米制剂制备过程中难溶性农药溶剂和助溶剂的选择。

（2）基于脂质纳米材料的封装

脂质纳米材料具有良好的储存稳定性、无毒、高负载率、易靶向释放和低非靶标生物毒性等特点，表现出巨大的农业应用前景。在各种类型的基于脂质的纳米颗粒中，纳米结构脂质载体、固体脂质纳米颗粒和纳米乳液已经被证明能有效封装农药活性成分，并且脂质纳米材料可屏蔽紫外光对农药的光解，而不需要使用任何紫外光吸收剂（Du et al.，2016）。

Nguyen 等（2016）通过使用热乳匀质和超声处理结合的方法，使用玉米油（作为液体脂质）和蜂蜡（作为固体脂质）为原料，制备了 3 种具有相似特性（粒径、多分散指数和 zeta 电位）的脂质纳米载体制剂，包括纳米结构脂质载体、固体脂质纳米颗粒和纳米乳液。传导性实验结果表明，纳米乳液仅需 1d 即可渗透到根部，并向上进一步向茎部传导，而纳米结构脂质载体、固体脂质纳米颗粒达到相同效果分别需要 3d、6d。农药将被封装在纳米载体中，纳米载体被传导进入植物体内或吸附于植物体上，这将能有效降低农药损失，提高农药利用率。为了进一步探讨脂质纳米颗粒与聚合物纳米颗粒对植物安全性的差异，Nakasato 等（2017）评价了壳聚糖/三聚磷酸酯聚合物纳米颗粒和固体脂质纳米颗粒对玉米、油菜及豌豆种子萌发的影响。结果表明聚合物纳米颗粒在高浓度下对 3 种植物种子萌发产生明显的抑制作用，而固体脂质纳米颗粒在种子萌发和生长发育过程中没有表现出任何植物毒性。

脂质纳米载体的来源多种多样，尤其是可再生蔬菜资源，如覆盆子籽油和米糠油。这些纳米载体具有多种优异的特性，主要是低毒、抗氧化性及同时包封和释放两种有效成分的能力。对脂质纳米材料封装的农药来说，有效成分的稳定性主要取决于纳米载体抗环境降解的能力。

（3）基于纳米黏土的封装

众所周知，黏土对人类的发展具有极其重要的意义。纳米黏土作为一种廉价且生物相容性好的材料，已为开发应用于生命和新材料的多功能纳米载体材料做出了巨大贡献。近年来，黏土矿物如膨润土、高岭石、蒙脱石和海泡石作为农药制剂载体逐渐引起人们的广泛关

注（Batista et al.，2017）。在生产中将黏土矿物掺入农药可以提高农药的稳定性和延长农药持效期。此外，用不同的聚合物和表面活性剂对黏土纳米材料进行功能化改性能有效改变负载农药和黏土颗粒间的静电作用，从而增强黏土矿物对疏水性农药的亲和力。

Tan 等（2015）评估了高岭石的层间甲氧基修饰对除草剂杀草强的负载和释放特性的影响。甲氧基改性的高岭石能够促进杀草强的负载，其负载率约为 20.8%，比单独的高岭石负载杀草强提高了 101.9%。研究还发现，约有 47.6% 的杀草强负载于高岭石的层间空间中，52.4% 的杀草强负载于黏土的外表面。高岭石层状结构和杀草强之间强烈的静电吸引作用能够有效减缓杀草强在环境中的释放，从而延长除草剂持效期。Sahoo 等（2014）研究了将纯纳米膨润土添加到负载有嗪草酮的合成聚合物（丙烯酸和丙烯酰胺）后，对除草剂嗪草酮释放的影响。结果表明，28d 时膨润土-聚合物复合材料中的嗪草酮释放率为 29.9%，远低于商业制剂（5d 释放率达到 78%）。这是由于黏土的添加降低了聚合物的孔隙率，从而减少了嗪草酮在水中的释放。

（4）基于无机纳米材料的封装

当纳米技术首次引入农药行业时，研究的重点是利用生物可降解聚合物的封装农药制备纳米农药制剂。然而，这些聚合物封装的纳米农药具有各种局限性，如热稳定性和化学稳定性差，植物酶系统能快速降解某些聚合物，导致酸性单体的形成和聚合物体系 pH 的降低。与聚合物封装材料相比，无机纳米材料封装作为一种无毒、生物相容性和稳定性优异的替代品，已被广泛应用于纳米控释体系。特别是介孔二氧化硅以其高负载能力、低生产成本及易官能化改性而广受关注。

Popat 等（2012）以吡虫啉为模式药物通过吸附法比较了不同介孔二氧化硅（即 MCM-41、SBA-15、IBN-1 和 MCM-48）对药物负载率的影响，结果表明：具有三维开放网络结构的介孔二氧化硅比二维结构具有更高的吸附量，对吡虫啉的控释超过 48h，且对植物无明显毒性。农药的负载也可以通过溶剂蒸发法实现。例如，Wanyika（2013）通过将介孔二氧化硅纳米粒子悬浮在甲霜灵的水溶液中，蒸发水溶液后成功将甲霜灵沉积于介孔二氧化硅孔道内。

虽然介孔二氧化硅载药体系具有各种各样的优点，但未封端的介孔二氧化硅农药不受控制的释放，严重限制了其在农业中的广泛应用。为保证农药稳定、持续、智能释放，基于介孔二氧化硅的刺激响应药物控释系统已被广泛研究（Fan et al.，2017）。一个理想的刺激响应农药控释系统通常包含两个方面。一方面，纳米载体应具有成本低廉和对环境友好的特点；另一方面，纳米载体能实现农药智能对靶释放。Yi 等（2015）根据植物体内氧化还原可裂解二硫键的特性，将短链分子硫代癸烷作为介孔二氧化硅纳米粒子的门控开关，以更好地控制活性成分的释放。负载模式药物水杨酸后，缓释动力学研究结果表明，纳米粒子中水杨酸的释放具有明显的氧化还原响应性能。在盆栽试验中，谷胱甘肽诱导的植物防御基因 *PR-1* 的硫代癸烷改性的介孔二氧化硅纳米粒子释放的水杨酸能够引起植物抗性基因 *PR-1* 的持续性表达，且能持续到处理后第 7 天，而对照水杨酸虽能引起 *PR-1* 早期的表达高峰，但只能持续到第 3 天，表明该控释剂在植物上具有良好的缓释性能。Liang 等（2018）依据柑橘青霉病、绿霉病和酸腐病病原菌侵染过程中发病部位 pH 降低，并产生大量水解酶（如酯酶和果胶酶）的特性，利用壳聚糖对酸敏感、γ-甲基丙烯酰氧基丙基三甲氧基硅烷对酯酶敏感的特点，制备了酯酶和 pH 双刺激响应介孔二氧化硅-壳聚糖负载咪鲜胺纳米粒子。抗菌实验结果表明，咪鲜胺纳米制剂对柑橘采后病害的抗菌效果明显优于相同浓度的咪鲜胺原药，对斑马鱼的急性毒性也显著降低。

碳基材料具有性质稳定、来源广泛、可修饰性强等特点，主要有石墨烯、碳纳米管等。氧化石墨烯（graphene oxide，GO）是一种单原子厚度、由碳原子以六角形结合构成基底的二维平面，可以吸附化学物质，此外，GO 还具有大比表面积、光热效应和良好的可修饰性。在农药领域，已有研究表明 GO 可吸附农药，达到净化污染的目的（Yang et al.，2017）。Tong 等（2018）利用氧化石墨烯负载噁霉灵，外面用聚多胺包覆，研究结果表明纳米复合体系具有很好的防雨水冲刷能力；碳纳米管是由大量 sp^2 杂化的碳原子构成的、以六边形态碳原子为基础的圆管。在农药领域，已有文献报道利用碳纳米管对农药的检测、吸附和降解研究。Yan 等（2008）以碳纳米管吸附莠去津，研究表明碳纳米管可以有效吸附农药。

（5）基于金属有机框架的封装

近年来，金属有机框架（metal-organic framework，MOF）由于其新颖的结构性能关系而广受关注。MOF 具有几种新颖的特性，使得其逐渐成为靶向药物输送的有效纳米载体，包括大表面积、高孔体积、可调孔径、可表面修饰、高热稳定性和多种拓扑结构（Chen et al.，2017）。除 MOF 之外，还有其他几种多孔载体，包括吸附树脂、活性黏土、活性氧化铝和活性炭（Jeon et al.，2011；Alromeed et al.，2014；Kahn et al.，2017）。这些载体能有效延长活性成分的持效期，但不可生物降解是这些材料亟须解决的问题。MOF（尤其是绿色的 MOF，如基于 K、Ca 和 Fe 的 MOF）已被作为封装有效成分的替代解决方案（Qiu et al.，2018）。这些绿色 MOF 在水中易分解成其有效成分（K、Ca 和 Fe），从而增加土壤养分，降低环境污染。

一般，MOF 是由无机金属中心（金属离子或金属簇）与桥连的有机配体通过自组装相互连接，形成的一类具有周期性网络结构的晶态多孔材料。MOF 可以提供不同强度的多个活性位点，以递送活性物质。封装药物的方法有 3 种：在 MOF 的孔内组装有效成分，在有效成分周围组装空心的 MOF，以及合成空心 MOF 载药后在 MOF 表面通过静电作用包覆高分子。这几种封装方法取决于药物分子的大小和载体材料的化学性质。例如，Yang 等（2017）基于 Ca^{2+} 和天然存在的乳酸及乙酸盐合成了 MOF-1201 和 MOF-1203。其中 MOF-1201（基于 Ca^{2+} 和乳酸）与 MOF-1203（基于 Ca^{2+} 和乙酸盐）的比表面积分别为 $430m^2/g$ 和 $160m^2/g$，均表现出良好的多孔结构。两种 MOF 封装农用熏蒸剂顺-1,3-二氯丙烯后测定的缓释动力学结果表明，MOF-1203 的药剂释放速率比 MOF-1201 快 100 倍，并且 MOF-1201 在水中可以成功降解成对环境无毒友好的成分。Tang 等（2019）合成了多孔卟啉 MOF（PCN-224）纳米载体，负载杀菌剂戊唑醇后，通过层层自组装技术在 MOF 表面成功包覆了果胶和壳聚糖，从而制备出戊唑醇纳米载药粒子。研究结果表明，制备的纳米粒子对戊唑醇的负载率约为 30%。抗菌试验结果表明这种纳米粒子具有光动力和杀菌剂双重抗菌活性，且对植物有良好的安全性。

制备方法：常见农药载药缓释颗粒剂制备方法有纳米混悬剂法、乳化溶剂蒸发法、双乳法、纳米沉淀法、复凝聚法等。Li 等（2011）利用纳米沉淀法和乳化溶剂蒸发法制备了壳聚糖-聚乳酸共聚物负载吡虫啉纳米粒子（图 1-2），研究结果表明，该纳米粒子对吡虫啉具有一定的缓释效果。Zhang 等（2016）利用改进后的双乳法制备同时携载井冈霉素和己唑醇的纳米颗粒的甲氧基聚乙二醇-聚乳酸-乙醇酸纳米粒子（图 1-3），实现了亲水农药和疏水农药在同一纳米颗粒中的联合应用。研究结果表明，该载药纳米粒子对禾谷丝核菌具有很好的持效性。Kumar 等（2014）通过乳液交联的方法制备了海藻酸钠包裹吡虫啉纳米颗粒，并在秋葵植株上测试了对叶蝉的生物活性，该纳米颗粒具有环境友好、药效高、毒性低的优点。

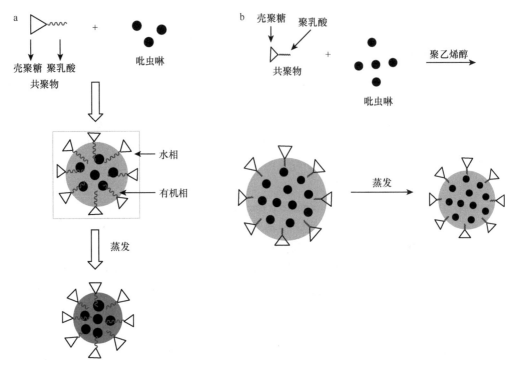

图 1-2　利用纳米沉淀法（a）和乳化溶剂蒸发法（b）制备壳聚糖-聚乳酸共聚物负载吡虫啉纳米粒子
示意图（Li et al.，2011）

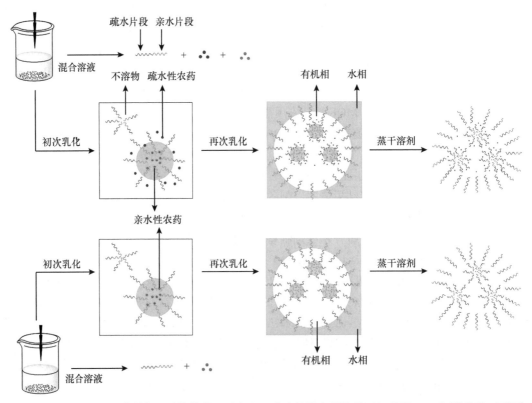

图 1-3　利用改进双乳法制备同时携载井冈霉素和己唑醇的纳米颗粒的甲氧基聚乙二醇-聚乳酸-乙醇酸
纳米粒子示意图（Zhang et al.，2016）

1.1.4.3　其他控释制剂

也有一些有关用微生物和病毒作为农药负载载体的报道。Yan 等（2013）报道用蓝藻作为纳米载体负载阿维菌素，能提高阿维菌素的光稳定性。在异丙醇中发现阿维菌素与蓝藻具有相当大的结合亲和力。通过在蓝藻-阿维菌素表面包覆卡波姆树脂能有效降低阿维菌素的释放速率，延长其持效期。Cao 等（2015）以红三叶草坏死花叶病毒为纳米载体成功包封阿维菌素，这种新型的植物病毒纳米颗粒能显著提高阿维菌素的土壤迁移率，扩大阿维菌素防治根结线虫的区域。Sharma 等（2017）利用具有光热和光催化性能的硒化铜负载于氧化石墨烯表面，这种纳米复合材料表现出 40% 的载药量。此外这种复合材料能避免农药飘移，减少农药损失，使幼虫死亡率提高约 35%。利用农药本身的活性基团和纳米材料相结合也是减少农药光解、提高其缓释性能的有效方法。Liang 等（2019）通过春雷霉素与苯甲醛基团之间的苯甲酸-亚胺共价键将春雷霉素引入醛基化氧化锌量子点，形成春雷霉素-氧化锌量子点。由于春雷霉素-氧化锌量子点的紫外屏蔽作用，所制备的春雷霉素-氧化锌量子点可以有效地保护春雷霉素免受紫外光的影响。在酸性条件下春雷霉素-氧化锌量子点释放的春雷霉素和 Zn^{2+} 能够实现协同抗菌。盆栽试验结果证实，与春雷霉素和氨基化氧化锌量子点处理相比，春雷霉素-氧化锌量子点持效期更长，对瓜类细菌性果斑病的抗菌活性更好。

1.1.5　省力化制剂体系

随着城镇化进程的加快，农村劳动力逐渐减少，用工难、成本高成为制约农业发展的突出问题，因此，人们迫切需要从繁重的病虫害防治劳动中解放出来，使农业生产劳动变得更加省力，因此，省力化制剂的研究开发成为未来农药制剂发展的方向之一。

省力化制剂所研究的问题是如何做到用最省时、最省力的方式把农药有效成分快速准确地施用到农作物目标区域内去，同时兼顾环保、高效。目前，研究较多的省力化剂型主要有药肥颗粒剂、水面漂浮颗粒剂、展膜油剂、水面扩散剂、泡腾剂、大粒剂等，主要应用于根施、水稻田中病虫草害的防治等场景，是植保作业方式的创新。省力化制剂作为我国近几年来发展起来的一类农药制剂，对节约劳动力、降低劳动强度、提高生产效率、减少农药使用量、实现农药利用高效化起着重要的作用。

早在 20 世纪 90 年代，大粒剂等省力化剂型在日本开始推广，省力化剂型改变了田间植保作业方式，不仅使田间施药作业变得轻松，省时省力，还避免了雾滴、粉尘飘移造成的环境污染，对施用者和邻近作物安全，很快受到了农户的欢迎。

省力化制剂类型包括烟制剂、诱饵剂、微囊、U 粒剂、水面漂浮颗粒剂、展膜油剂、大粒、高浓度颗粒剂、泡腾剂、水面扩散剂等，与传统的农药剂型如乳油、可湿性粉剂相比，省力化制剂具有使用方便、省时省力、安全高效的优点（凌世海，1998）。例如，水稻田中使用的水面漂浮颗粒剂、展膜油剂，施用时直接将袋装的制剂用手抛入水面，或在进水口处施放，即可使有效成分均匀扩散至水田中，起到很好的防治效果，同时避免了高强度的田间植保作业，与传统的喷雾法、毒土法等相比，省时省力、施用简单、安全高效，节省了宝贵的劳动力。

水田省力化制剂经历了颗粒剂、水分散片剂、泡腾剂→大粒剂→水面漂浮颗粒剂、展膜油剂的发展历程，下面分别介绍。

1.1.5.1　颗粒剂

农药颗粒剂（GR）产品的优点是可使高毒农药低毒化、延长有效期、减少药剂飘移、避免杀伤天敌等，因而在 20 世纪 60 年代后成为农药品种中使用较多、产量较大、应用较广的一种重要剂型。但颗粒剂的缺点也是十分明显的，主要表现在生产效率低、载体用量大、有效含量低、药效低和使用时不安全等。随后，近 30 年来许多农药颗粒剂产品正被更为环保、有效的悬浮剂和水分散粒剂所替代，而在水稻田中使用的颗粒剂发展为省时、省工和省力的水面漂浮泡腾粒剂和漂浮性粒剂产品，这些剂型更受到用户的青睐。

颗粒剂（GR）与粉剂（DP）相比在粒径上有很大差别，至少 90% 粒径为 250～1000μm，因而在使用时可真正消除飘移现象，比 DP 的损失更小。颗粒剂是一种不结块、无尘、自由流动的，能在土壤中分解释放出农药有效成分的产品。

日本的颗粒剂产品自 1960 年起就开始应用并普及，这是由于使用颗粒剂产品无须使用特殊的器械，只需用手撒施，十分简单，并且也不会像粉剂在喷洒时四处飞散，因而对周围环境影响较小；同时其由于药效高、持效长等优点得以迅速推广应用。尤其是在日本和东南亚国家，在水稻田中应用的杀虫剂和除草剂颗粒剂产品比较普遍，这些产品十分有效而且操作十分简便。颗粒剂的杀虫机制：使用的药剂被撒抛落入水稻田后，先下沉到水下，并缓慢地崩解释放出农药有效成分，由水稻的根部吸收并向茎叶移行；溶于水的药剂随着毛细管现象向上渗透至叶鞘，或有效成分从水面蒸散气化附于水稻叶上，直接或间接地发挥杀虫作用。随着颗粒剂产品的商品化，在 20 世纪 70 年代后日本还开发了包括大粒剂、1kg 装颗粒剂和水面漂浮颗粒剂等产品。

高含量除草剂颗粒剂指颗粒剂中含有的有效成分是普通颗粒剂的 3 倍。使用这种高含量除草剂颗粒剂，可使每 0.1hm^2 水田除草剂颗粒剂的用量由使用普通含量除草剂颗粒剂的 3kg 减少到 1kg。其制作工艺和方式上与传统的颗粒剂大体相同。该剂型早在 1994 年便在日本登记使用。该粒剂比以往的颗粒剂粒径大，处理量仅为传统颗粒剂的 1/3，单位面积的颗粒数仅为传统颗粒剂的 1/10～1/6。其在水中优良的崩解、扩散性使有效成分均匀地覆盖土壤表层。高含量除草剂颗粒剂可以减少水田施药的劳动量和贮运费用，受到普遍欢迎。

1.1.5.2　水分散片剂

水分散片剂投入水中能较快地崩解、分散，形成高悬浮的分散体系，使用时可投入喷雾器，也可直接投入水田，没有粉尘污染，对作业者安全，减少了对环境的污染；使用时计量方便；易包装、易处理。

水分散片剂由原药、润湿剂、分散剂、崩解剂、吸附剂、黏结剂、流动调节剂、稳定剂和填料等组成。其制作工艺相对简单，即将各组分混合后，经气流粉碎机粉碎至平均粒径为数微米，再添加黏结剂，在混合机中混匀后，加入流动调节剂混合，最后在单冲压片机上压片。压片成型后的主要检测指标为有效成分含量、水分含量、崩解度、湿筛试验、悬浮率以及热贮稳定性等。

1.1.5.3　泡腾剂

泡腾剂是一种相对较新、发展较晚的特殊剂型，可分为泡腾片剂（effervescent tablet）、泡腾粒剂（effervescent granule）和泡腾胶囊（effervescent capsule）等。国际上，1944 年由罗氏公司首次生产的泡腾剂（维生素 C 泡腾片）上市。泡腾片剂在农药领域的应用始于 20 世纪 70 年代的日本，之后，英、法等国相继研制了供喷雾使用的泡腾片。泡腾剂由崩解剂、扩散剂、润湿剂、黏结剂、助流剂和载体等组成，主要技术指标包括泡腾、崩解、扩散、悬浮性能和贮存稳定性，其加工方法是先将物料混合，经过粉碎、造粒，压片干燥，再用水溶性包装材料包装成袋，泡腾片剂常规制备方法有湿法制粒、非水制粒、直接压片和干法制粒。施用后发生化学反应在水中释放二氧化碳，使片剂崩解，释放出有效成分。几小时后，由于扩散剂的作用，在水田中有效成分均匀一致，达到杀灭靶标的目的。泡腾片剂不仅施药省工、干净，而且可以降低农用成本，在除草剂、杀虫剂、杀菌剂中均已有商品化的品种。

日本在 20 世纪 90 年代在水面漂浮性剂型基础上，开发出水面漂浮泡腾粒剂，它是一种能够在水中泡腾、自发分散并漂浮于水面的农药新剂型，其外形为颗粒状，使用时直接将颗粒投入水田中，颗粒中的酸性与碱性成分在水中迅速反应产生二氧化碳气体，使其泡腾崩解，通过崩解剂和扩散剂作用，向周围均匀扩散，使有效成分接触靶标，发挥药效。水面漂浮泡腾粒剂主要应用于水田中，起到杀虫和除草的作用。其特点：无须喷雾或拌土，直接将颗粒投入水田即可，使用极方便，减轻劳动强度，节省时间，提高工效；计量准确，易于掌握；无粉尘飞扬，对环境污染小，对周边作物安全；分散性能优越，效果好。此外，日本也有关于水面漂浮泡腾片剂的文献报道，如日本专利 JP05058804 将农药酚硫杀（激素型选择性苗后茎叶处理剂，用于冬、春小麦及水稻等禾本科作物田防除杂草）的水溶性聚合物及粉碎的玻璃颗粒（≤250μm）制成片剂，然后以水溶性材料包装。日本专利 JP06293603 报道了用农药溴丁酰草胺与碳酸盐（Na_2CO_3）、固体酸（马来酸）混合后制成漂浮泡腾片剂，能够在水稻田中自动分散。目前市场上主要的产品是农药水面漂浮泡腾分散粒剂，这种粒剂产品用水溶性包装袋包装，直接投入水体中使用，省工、省力、效果好。

上述的常规水面漂浮泡腾（片）粒剂，是利用酸碱反应产生二氧化碳，使药剂在水面漂浮。这种剂型产品极易吸潮，不易保存，目前逐渐被市场淘汰。

1.1.5.4　大粒剂

大粒剂是 20 世纪 90 年代在日本兴起的一种水稻田省力化制剂，是每个包装重量在 10～50g 的颗粒状或块状制剂，与传统颗粒剂相比，它加入了水面扩展助剂、助崩解剂等，使得大粒剂能在水面崩解，并将有效成分扩散至水田中。主要分为泡腾型大粒剂（effervescent Jumbo）和水溶性袋装大粒剂（water soluble bagged Jumbo）两大类。其中泡腾型大粒剂又分为入水后能在水面漂浮的漂浮型（floating type）和沉入水中的非漂浮型（non-floating type）两大类；水溶性袋装大粒剂又可分为袋内装小片的片剂型（small tablet type）、袋内装粉的粉剂型（dust type）、袋内装液体的液剂型（liquid type）和袋内装小颗粒的粒剂型（granule type）四类。其中粒剂型又分为漂浮型和非漂浮型。目前已开发的大粒剂大多数是粒剂型大粒剂，有 10g、15g、30g、40g 和 50g 等不同规格包装。

1990 年 9 月，许多农用化学品公司以"扔入式除草剂"的名义开发了这种易于使用的除草剂。1992 年，在日本植物调节剂研究协会（JAPR）的研究所和实验站进行了示范试验以及其他研究。于 1994 年 9 月 28 日登记了两种大粒剂配方。总应用面积在推出后 5 年达到近 25 万 hm²，10 年内达 30 万 hm²。在第 10 年后，每年增加近 2 万 hm²，在推出后的 15 年内达到 40 万 hm²，20 年后达到 50 万 hm²。

大粒剂的优点：①不需要使用喷雾器，可以很容易地从稻田堤坝手动抛出，除沿着堤坝行走外不需要额外的时间，施药十分方便，在日本稻田施用大粒剂所需时间仅为 12min/hm²，省时省力，大大提高了除草剂使用效率。②无须担心除草剂向邻近作物飘移传播，对施药者和邻近作物安全。③扩散性能优越，受气候因子影响较小，在刮风和雨量不大时也能使用。④根据稻田的大小，可以很容易地计算出需要多少袋大粒剂，即使在不规则形状的稻田中也能使用适量的除草剂。⑤运输和储存等配送成本低，因为标准单位面积所需的含有大粒除草剂的产品包装比传统的高浓度颗粒剂小（在大粒剂中，每袋重约 50g，一般 0.1hm² 的稻田需要 10 小袋）。⑥除草效果好，对水稻安全。⑦杀草谱宽，残效时间长。目前在日本常见的大粒剂一般含有 2～3 种除草剂有效成分，基本上能杀死日本稻田中的主要杂草，且持效期一般可达 40～50d。⑧节省大量有机溶剂，减少了环境污染，避免有机溶剂可能造成的火灾和对人身的危害，提高了经济效益和社会效益。⑨大粒剂所用原料容易制备，生产工艺简单，产品含量较高，可大大降低生产成本。

大粒剂主要成分包括原药、表面活性剂、油性物质、固体核芯和添加剂等。制备大粒剂通常用圆盘滚动造粒法，在造粒设备中将固体核芯材料与至少一种油性物质紧密混合；通过在一个混合器或研磨机中混合或淹没至少一种生物活性化合物、至少一种表面活性剂、一种或多种添加剂来制备一种粉末；在搅拌下逐渐地将上述核芯材料与油性物质的混合物加到造粒设备中；继续造粒过程至核芯颗粒表面均匀地被粉末覆盖。推荐在 10～40℃ 的温度范围内进行。然后以水溶性包装袋装袋，水溶性袋的材料可选用水溶性聚乙烯醇、羧甲基纤维素、糊精、淀粉等。

在使用大粒剂处理期间，水的深度应设定为 5～6cm。应注意确保稻田充分覆盖水，没有任何暴露的田块；否则，大粒剂留在地面可能不仅会导致分散受到干扰，还会因局部活性成分浓度升高而导致植物发生药害。

在水深为 5cm 时，在大粒剂施用 2h 后，活性成分在水中的浓度达到峰值，之后其在水中的浓度迅速降低，除草剂逐渐吸附在土壤中。在施后 2～3d，水中活性成分的浓度与施用相同含量的颗粒剂时相同。

尽管包含各种助剂以实现高水平的扩散，但大粒剂尚未克服扩散的物理干扰。在剥落的表面土壤或自由漂浮的藻类（如裸藻），其他类型的藻类（如水绵属藻类和水网藻）和自由浮动的杂草（如紫萍属）侵染的情况下可能发生扩散不充分。大粒剂被困在受侵染的地区，无法正常分散，导致对整个田地杂草的控制不良，并且在被困住的除草剂附近对水稻造成药害的风险。试验表明，10% 的覆盖率不影响扩散或除草效果。对于任何种类的藻类，如果侵染面积限制在总水面的 20%～30%（分布在整个田地或被风带走），在未受影响的区域施用可产生足够的分散水平。无论侵染程度如何，在藻类侵染的初期或之前施用，即在移植后尽快施用是最有效的。

1.1.5.5 水面漂浮颗粒剂

水面漂浮颗粒剂是由日本组合化学开发的一种省力化制剂。这项研究始于 1995 年，2000 年登记了第一个除草剂水面漂浮颗粒剂。当水面漂浮颗粒剂被引入时，其他先前的节省劳力的制剂已经被广泛使用。因此，根据 JAPR 2014 年 9 月底的出货量调查，漂浮颗粒剂的总应用面积仅略有增加，仅占所有水稻除草剂的 2%。截至 2015 年 6 月底，共有 13 种水面漂浮颗粒剂进入实际生产应用。

水面漂浮颗粒剂的基本组成为有效成分、表面活性剂、黏结剂、漂浮载体和固体载体。

其特征在于含有粒径为数十至数百微米的丙烯腈单体共聚物颗粒作为漂浮载体,这种颗粒浮力大、重量轻,少量的颗粒聚集在一起就能够获得足够的浮力,从而保证该剂型能够混合足够数量的其他成分。采用挤压造粒法制备出水面漂浮颗粒剂,其堆积密度为 0.4g/cm³,颗粒粒径为 3~8mm,在撒施后能在短时间内分散在稻田水面。

水面漂浮颗粒剂具有以下特点:①因加入漂浮载体,整体堆密度小,可以混合更多的其他成分。②有更好的漂浮性能,不会粘连在土壤表面。③施用简单,省时省力。④杀草谱宽,残效时间长,安全高效。

水面漂浮颗粒剂有多种施药方式,如手掷施药、长勺施药、包装袋施药、喷粉机施药、无人机施药、进水口施药、大包装袋施药等。田间试验表明,每种施药方式数据分析的变异系数都较小,手掷施药 3.7%、长勺施药 15.1%、包装袋施药 4.5%、喷粉机施药 7.8%、无人机施药 24.7%、进水口施药 6.0%、大包装袋施药 7.5%,表明制剂中有效成分的扩散性能能够满足田间应用的需要。

田间小区试验中,使用的水面漂浮颗粒剂包括 1.8% 嘧草醚、36.0% 溴丁酰草胺、12.0% 苄嘧磺隆和 8.0% 戊基噁唑酮。施药点为 2m×20m 稻田小区的短边田垄上,施药 30d 后检查药剂的除草活性和对水稻的药害。试验结果表明,水面漂浮颗粒剂除草活性高且对水稻药害小,安全高效,具有优良的分散性能。

1.1.5.6　展膜油剂

展膜油剂是一种能够铺展于水面的油剂,是将农药活性成分与一种或多种植物油以及极性惰性溶剂加工而成的液体剂型,展膜油剂的主要成分包括有效成分、助溶剂、乳化剂、成膜助剂、溶剂、填充载体等,具有省工省力、施药不受天气限制的特点。展膜油剂使用十分方便和省力,施药采用滴洒方式,将水稻田平均分为 10~15 个等距离施药点,无须对水稀释或者使用任何药械,仅需直接将药滴入稻田里,药液在水面迅速扩散并吸附在杂草叶面上,到达靶标,发挥药效。极大降低了施药劳动强度,提高了施药效率,使人们从传统繁重施药方法中解脱,并且节省了成本。展膜油剂的突出优点是不受天气影响,即使防治时期是阴雨天也可以直接用药,只需保证稻田中的水不超出田埂高度即可。

日本三井东压化学公司开发的 4% 醚菊酯新制剂(商品名 Trebon Surf)是含高效扩散剂的展膜油剂。施药时无须稀释,也不用喷雾器,直接滴入水田中,有效成分在几分钟之内即可布满整个水田表面,飞虱、叶蝉、稻象甲、稻负泥虫等害虫接触到便死亡。其优异的防效和省工省时等优点,已在一些国家得到证实。

中国农业科学院植物保护研究所冯超研制了 5% 醚菊酯展膜油剂,铺展速度为 9.29cm/s,铺展面积达 1882.74cm²。并采用吸油纸吸取水面的展膜油剂,然后对采样后的吸油纸进行净化处理,经高效液相色谱法(HPLC)检测得出施药后水面的有效成分含量,研究植株根基部含药量与水面其他部位含药量的关系。试验结果表明,无植株部分药剂有效成分含量为 $34.55×10^{-6}g/mL$,植株根基部含量为 $442.09×10^{-6}g/mL$,后者约为前者的 12.8 倍。醚菊酯展膜油剂在水面铺展并形成油膜,水稻植株相当于毛细管壁,油膜在毛细管作用下向植株攀附,使得水稻植株附近含药量明显高于水面其他部位,有利于触杀性或内吸性药剂药效的发挥。

在筛选乳化剂时选用具有较好乳化效果的乳化剂,可以使展膜油剂在施用后,油膜在水面铺展的同时乳化,使得有效成分更好地进入水中并被土壤吸附,有利于有效成分向水面下的靶标进行传递,选用合适的除草剂即可在施药后起到很好的封闭除草效果。

1.1.6 静电喷雾制剂及其他体系

1.1.6.1 静电喷雾制剂体系

静电喷雾技术是在超低容量喷雾技术和控制雾滴技术理论及实践的基础上发展起来的一种新型的农药使用技术。

静电喷雾技术是在喷头上施加高压静电，在喷头与靶标之间建立静电场，当农药液体流经喷头雾化后，通过不同的充电方法被带上电荷，形成群体荷电雾滴，然后在静电场力和其他外力的共同作用下，雾滴作定向运动而吸附在目标的各个部位，使其具有沉积效率高、雾滴飘移散失少、改善生态环境等良好的性能。

相比于传统的农药剂型和使用方法，静电喷雾油剂具有以下优点。

第一，静电喷雾具有包抄效应、尖端效应、穿透效应，对靶标作物覆盖均匀，沉积量高。静电喷雾使每个喷出的雾滴均带有同性静电荷，更易于被靶标捕获，且雾滴在空间运动中相互排斥，不发生凝聚，带电雾滴的感应使作物的外部产生异性电荷，在电场力的作用下，雾滴快速吸附到作物叶片的正反面，提高了农药在靶标作物上的沉积量，改善了农药沉积的均匀性。

第二，提高农药的利用率，减少农药的使用量，降低防治成本。静电喷雾雾滴体积中径一般在 45μm 左右，可有效地降低雾滴粒径，提高雾滴谱均匀性，符合生物最佳粒径理论，易于被靶标捕获，且对植株冠层等靶标的穿透性更好。显著增加了雾滴与病虫害接触的机会，成倍地提高了病虫害防治效果（同样条件下比常规喷雾提高 2 倍以上）。而且油剂对昆虫体壁有亲和能力，易于穿透体壁进入害虫体内，使害虫快速中毒。用药量比常规喷雾节约 30% 以上。

第三，对水源、环境影响较小，降低了农药对环境的污染。静电喷雾喷液量少，每亩（1亩≈666.7m²，后文同）仅为 60～150mL，仅为常规喷雾的几百分之一，且电场力的吸附作用减少了农药的飘移，使农药利用率高，避免了农药流失，降低了农药对环境的污染。

第四，静电喷雾持效期长。带电雾滴在作物上吸附能力强，而且全面均匀，施药效率高，农药在叶子上黏附牢固，耐雨水冲刷，且油剂中的高沸点溶剂可以有效延缓农药有效成分的降解，药效长久。

第五，工效高，防治及时。手持式静电超低量喷雾比常规喷雾工效提高 10～20 倍，东方红-18 型背负式机动静电喷雾机每小时可喷 20～30 亩。

第六，静电喷雾采用配套的静电油剂，无须加水，特别适用于水源缺乏、病虫害属暴发性且发生面积大、须短时间内大范围施药的场合。

第七，静电喷雾对作物不易产生药害，无明显残留，可提高作物的品质。静电喷雾油剂由农药原药、溶剂、助溶剂及导电剂等组成。在溶剂中具有一定溶解度且毒性较低的农药原药均可配制成静电喷雾油剂。选用的溶剂具有高沸点、低挥发性、低黏度、高闪点、密度接近 1g/cm³、对人畜和作物安全等特点。

早期静电喷雾油剂的溶剂采用非极性的一线油或二线油，而助溶剂也是极性较弱的中链醇类，致使油剂不导电。为了使油剂导电，在制剂中又添加了导电剂，例如，中国农业大学尚鹤言教授在 20 世纪 90 年代研制出 3 种导电剂，分别为 J-100 号、J-200 号和 J-300 号，并成功研制出敌百虫、氯氰菊酯、马拉硫磷等静电油剂配方（CN1058505A）。二代的静电油剂主要采用重芳烃作为溶剂,例如,中国农业科学院陈福良研究员等研制的啶虫脒、烯啶虫胺、戊唑醇、氨氯吡啶酸等静电油剂(CN101518231A、CN101897331A、CN101578979、CN101578993)。传统静电制剂所用的溶剂二线油或重芳烃不仅对环境污染较大,而且产生的带电电荷有限,限制了雾滴在靶标上的沉积量的进一步提高。随着农药新品种的研发,大多数农药新品种在溶剂中的溶解度较低,需要选取极性溶剂来提高农药的溶解度,而极性溶剂具有较高的导电性能,使制剂具有一定的导电性,完全可以取代传统的导电剂,因此所配制的静电喷雾油剂可不添加导电剂。目前所配制的静电油剂采用乙二醇乙酸酯或改性氨基甲酸酯作为溶剂,与常用的助溶剂配合使用,可以显著提高静电油剂的电导率和喷施时的作物沉积量,同时也克服了传统的二线油、重芳烃溶剂的环境污染问题,由此开发了高电导率和环境友好的新一代静电油剂,如阿维菌素 B1a、呋虫胺和联苯菊酯等静电油剂,它们在叶片正、背面沉积量的比值为 1.17~2.23,具有良好的静电效应。

通过检测阿维菌素 B1a、呋虫胺和联苯菊酯等静电油剂的电导率、荷质比发现:当有效成分的极性较大时,制剂的整体电导率增幅显著;当有效成分的极性小或为非极性时,对制剂的电导率影响甚微。当溶剂的电导率较大时,制剂的电导率随助溶剂用量的增加增幅较小,差异不明显;当溶剂的电导率较小时,制剂的电导率随助溶剂用量的增加显著提高。另外,制剂的电导率并非配方各组分加权平均数,而是由各组分综合作用的结果。农药的有效成分和溶剂对荷质比的影响不显著,但荷质比随助溶剂的改变表现出一定的差异,其变化规律与电导率相似。

静电喷雾对靶沉积量的测定结果表明,沉积量随配方的改变表现出与电导率、荷质比相同的变化规律,即当溶剂的电导率较大时,三者随助溶剂用量的增加增幅减小;当溶剂的电导率较小时,三者随助溶剂用量的增加呈显著递增趋势。因此可以用制剂的电导率替代荷质比表征静电喷雾的荷电效果,这大大简化了静电喷雾液剂的筛选工作。采用高电导率的溶剂能够明显提高静电喷雾液剂的沉积量。因此在制备过程中,尽量选择电导率较高的有机溶剂,在保证制剂理化性能合格的条件下,不加或者少加助溶剂即可获得较高的沉积量。而当所使用的溶剂电导率较小时,需要考虑提高极性助溶剂用量以期获得较高的沉积量。此外,通过对比靶标正、背叶片沉积量的比值,发现静电效应随助溶剂质量分数的增加增幅较小,差异不显著。原因可能是在感应荷电条件下,试验所制备的静电喷雾液剂电导率变化范围较小,对静电包抄效应影响不显著。

在不同温度、湿度、植株高度等条件下进行静电喷雾,测定对靶沉积量。结果表明温度对沉积量影响不明显,20~30℃时沉积量最高。沉积量随空气湿度(20%~100%)的增加而显著降低。黄瓜植株上部的叶片沉积量要显著高于下部。静电喷雾液剂在黄瓜叶片正、背面的沉积量均高于番茄,电镜扫描结果表明,叶面表皮毛密度越小,表皮细胞越平滑,叶片越容易润湿,沉积量越高。

以瓜蚜为防治对象,对不同施药量的阿维菌素 B1a、呋虫胺和联苯菊酯静电喷雾液剂进行室内生物学评价。在相同剂量下,静电喷雾药效显著高于常规喷雾。在静电喷雾剂量减半的处理下,与常规喷雾处理药效相当,表明静电喷雾可节省用药量 50%。

1.1.6.2 多功能种子处理制剂

种子处理制剂是由农药(杀虫剂、杀菌剂等)、肥料、生长调节剂、成膜剂及配套助剂经特定工艺流程加工制成,可直接或经稀释后包覆于种子表面,形成具有一定强度和通透性的保护层膜的产品。种子处理制剂因同时具有杀灭地下害虫、防止种子带菌、提高种子发芽率、改进作物品质等功效，越来越受到农药行业的重视，采用多功能种子处理制剂是精准施药和化学农药减施增效的一种重要手段。

1.1.6.3　环保高效油基化制剂

随着农药制剂的发展，人们发现以环保惰性的油作为分散介质制备成的制剂具有分散稳定、抗飘移、沉积和附着性好、对靶标增效明显等特点，成为一类具有明显竞争力的农药新制剂。目前，油剂的主要剂型有超低容量液剂、油剂、可分散油悬浮剂、油悬浮剂等。随着企业对产品的药效和生物活性越来越重视，油基化制剂作为一种高效环保剂型成为现代农药制剂未来的发展方向之一。

1.1.6.4　飞防专用制剂

随着城镇化进程和土地资源整合进程的加快，农业植保的施药方式和器械正在发生着转变。将高效绿色制剂与先进植保器械相结合，对提高农药利用率、减少农药用量起着至关重要的作用。

无人机飞防专用制剂不同于常规的药剂，它需要适应无人植保机喷洒的实际情况：低用水量、超微量喷雾、药液高浓度、喷洒雾滴细、配合无人机下压风场等，这显然不是一般农药制剂能满足的。因此，对飞防专用制剂要求安全高效、剂型合理、抗挥发和抗飘失、沉积性能好（张宏军等，2018）。

1.1.7　农药制剂体系的剂量传递性能

农药制剂体系、药液体系和雾化体系是农药剂量传递的 3 个载体；而且，从剂量传递过程来讲，这 3 个分散体系是一种剂量传递的串联过程，任何一个分散体系的性能都会影响到农药对靶剂量传递效率。雾滴在空间运行和界面沉积与持留过程中的损失高达近 60%，主要是雾滴从喷施器械进入空间环境后，其运行行为主要受大气环境条件、作物冠层结构、作物叶面特性等人为不可控因素影响。就农药使用者而言，对于特定地理环境条件下的农药使用，只有从源头上加强农药减施增效剂型设计，改善制剂对水稀释形成药液的雾化性能，才能从根本上调控雾滴的对靶剂量传递性能，从而提高农药有效利用率。对于选定的农药有效成分，从原药到制剂可以理解为农药对靶剂量传递的第一个过程。到底加工成什么剂型？需要综合考虑熔点、闪点、水溶性等农药理化性质，气温、湿度、风速等环境因子，靶标作物冠层结构、叶面特性，以及有害生物发生与为害规律等生物学特性。对于加工成对水稀释后喷雾使用的剂型，从农药制剂到农药药液可以理解为农药对靶剂量传递的第二个过程。这个过程中，不仅农药制剂体系的类型可能发生变化，农药有效成分的分散状态也可能发生变化。这种变化或许并不影响农药分散体系的载药量，但可能会影响农药的对靶沉积性能，进而影响对靶剂量传递效率。对于选定的防治对象，根据其发生与为害规律以及生物学特性，药液中的农药只有达到"生物最佳粒径"才能发挥最佳防控效果，也就是说需要通过选择适宜剂型来保障药液中农药的最佳分散形态及分散度。对于选定的剂型，不同企业可以选择不同的表面活性剂、有机溶剂或者载体等配方组分。从剂型加工角度，制剂体系中使用的表面活性剂、有机溶剂或者载体主要是为了满足制剂形成与稳定以及使用时的再次分散等技术指标要求，通常将其理解为惰性成分，没有"生物活性"。实际上并非如此，配方组分之间的协同，除了保证有效成分的分散及技术指标合规，还可以对药液及雾滴的性能及运行行为产生影响，并进而影响生物效果。传统的农药制剂配方的选择没有重点考虑农药药液性能和雾滴空间运行过程中的剂量传递性能与效率，如不同生态环境下雾滴的蒸发飘移等对药液性能的要求；也没有重点考虑农药雾滴在不同作物叶面沉积及持留性能与要求，如不同微观结构及亲疏水作物叶面上雾滴弹跳与流失等对药液性能的要求。制剂配方组分的选择一般停留在单一制剂使用时的稳定性上，没有过多考虑实际喷施时多种农药或多种剂型的桶混配伍性能。只要是剂型确定了，生产企业和行业管理对同一剂型的质控要求几乎是一致的，尽管按作物和防治对象登记产品，但在产品配方组分选择及登记资料要求方面没有体现出基于作物和有害生物差异性的配方组分的"功能性"。

制剂研发强调基于应用场景的性能体现，进行多种因素的考量。从农药有效成分分散角度，不仅要考虑制剂体系，还要考虑对水分散的药液体系，同时也要考虑雾化分散的器械和使用技术。从农药剂量传递效率角度，不仅要考虑制剂、药液、雾化 3 个载药体系，还要考虑靶标作物和有害生物，同时也要考虑作物生长的环境等。理论上分析，农药在可溶液剂（含水剂）及其对水形成的药液中都以分子或离子状态存在，属于最佳分散，可以保证每个雾滴中农药剂量的均匀分布；农药在乳油制剂中以分子状态存在，但在对水形成的药液中以乳状液液滴状态存在，和水乳剂、油乳剂等属于相同分散类型，农药在雾化形成雾滴中的分散度和均匀性受使用的表面活性剂性能的影响；可湿性粉剂、水分散粒剂、悬浮剂、可分散油悬浮剂等剂型，尽管制剂形态不同，但农药在药液中都是以固体颗粒悬浮状态存在，农药在雾化形成雾滴时的均匀性受农药固体颗粒粒径的影响。所以，对于稀释后农药在药液中分散状态发生变化的农药制剂研发，需要在配方组分使用和加工工艺等多方面加强研究，以保证农药有效成分在制剂、药液、雾化 3 个载药体系中的最佳分散。从农药高效剂量传递来讲，制剂体系的稳定及技术指标要求只是一个最基本的要求，制剂研发应该从传统上关注制剂体系的形成与稳定，逐渐向解决二次分散或再次分散体系中药剂分散度与分散形貌的变化及对药效的影响方面转变，更加重视评价制剂对水形成药液及雾化形成雾滴剂量传递性能的变化。同一种农药在相同靶标作物不同种植区域的使用效果不同，环境因素的影响是主要原因之一。环境因素首先影响雾滴的传递效率。例如，雾滴在高温干旱环境条件下蒸发更快，雾滴粒径更容易变小，加剧了其运行速度衰减，进而导致飘移，降低了农药沉积效率，最终影响防治效果。制剂的研发还要考虑靶标作物的差异，如叶面沉积与持留性能对农药分散形貌及分散度的要求；关注防治对象的不同，如不同有害生物对防控剂量摄取及利用的需求等。从农药使用技术方面，目前习惯性地将剂型设计成对水喷雾剂型，而且是常量喷雾剂型，没有考虑实际喷施时器械不同而出现的喷液量及稀释倍数问题，如常量喷雾剂型就不适合用于植保无人飞机等低容量喷雾使用；喷施器械选择也没有体现出"定点、定时、定量"精准给药的靶向性，没有综合考虑有害生物的为害位置、摄取剂量的途径、防控的最佳时期等，使茎叶喷雾形成的毒力空间与有害生物为害位置等出现了"位差"、"时差"及"剂量差"。

对于乳油、水乳剂等对水稀释形成乳状液药液的制剂，剂量传递过程与乳化剂的用量、种类和有机溶剂种类有重要关系。其直接影响农药沉积分布均匀性、雾滴飘移、弹跳、聚并流失和蒸发。在该过程中，众多因素影响着剂量传递过程，乳状液的分散性和稳定性影响农药有效成分在靶标沉积分布的均匀性，乳状液分散性越好，有效成分在靶标沉积分布越均匀，越有利于药效的发挥。乳化剂可以提高乳状液的分散性和稳定性，使有效成分在靶标沉积得更加均匀，同时促进药液在靶标上的润湿、铺展和附着；有机溶剂虽然本身不具有生物活性，但具有协助有效成分渗透进植物体内的作用，因为作物靶标表层蜡质层为亲脂性，含有有机溶剂的乳油制剂可对蜡质层具有亲和性，减少雾滴弹跳、聚并流失和蒸发，增强剂量传递过程。

对于可溶液剂、微乳剂等对水稀释形成真溶液或微乳状液药液的制剂，农药有效成分在药液中的分散度远优于乳油等制剂，稀释液油珠粒径为纳米级，农药有效成分分散度高，在靶标上沉积分布更均匀，与靶标接触的概率更大；粒径小，易于渗透至靶标体内，有利于发挥药效和增强对有害生物体和植物体表面的渗透，故可以提高触杀效果和用于防治潜叶蝇等隐蔽害虫。此外，由于微乳剂添加的表面活性剂用量较高，表面张力低，有利于提高对靶标的润湿性、黏附性，减少雾滴弹跳、聚并流失，从而提高农药有效成分利用率。

对于可湿性粉剂、悬浮剂、可分散油悬浮剂、水分散粒剂等对水稀释形成悬浮液药液的制剂，农药有效成分在药液中以固体悬浮颗粒存在，其剂量传递效率主要与悬浮颗粒的粒径及制剂中使用的表面活性剂有关。

1.2　农药药液与剂量传递性能

1.2.1　概述

相比农药制剂体系，药液体系简单得多，主要有溶液、乳状液（含微乳液）、悬浮液 3 种形态。如上所述，农药在溶液型药液中以分子或离子状态存在，属于最佳分散状态，但因该类制剂中一般使用较少表面活性剂而影响了药液的对靶剂量传递与沉积性能，需要在使用时添加桶混助剂；农药在乳状液（含微乳液）型药液中以乳状液液滴状态存在，农药在雾化形成雾滴时的分散度和均匀性受所用表面活性剂性能的影响，分散度一般可在微米及亚微米，属于比较好的分散状态，但多种制剂或者和桶混助剂一起使用时存在因不同离子类型表面活性剂结合而影响乳液稳定性的风险；农药在悬浮液型药液中都是以固体颗粒悬浮状态存在，属于刚性颗粒，在雾化形成雾滴时分散状态不会改变，但农药固体颗粒粒径及分布直接影响到雾滴中农药的分布及载药量，例如，可湿性粉剂及其药液中农药颗粒粒径一般在 20μm 左右，属于比较差的分散状态。

农药药液性能的研究仍然主要着眼于药液体系的性能，主要是通过表面活性剂调控药液的表面张力或者在作物叶面的接触角，这些都还是一些表观层面的性能或性状。而实际上，不管药液形成的雾滴在空间运行（气-液界面相互作用），还是雾滴在靶标作物叶面沉积的动态界面行为（液-固界面相互作用），本质上都是农药雾滴表面膜与运行空间的空气或靶标作物叶面相互作用的气-液或液-固界面相互作用的动态过程。农药对靶动态沉积过程的农药雾滴表面膜是由农药药液中的助剂分子、有机溶剂分子、农药有效成分等各组分构成的复杂的气液界面混合吸附膜，其性能由农药药液中各组分在雾滴表面的吸附量、排列方式、紧密程度以及分子大小等共同决定。

目前，关于药液性能的研究存在以下 4 个方面的局限。

第一，关注的仍然是制剂对水药液的稳定性，没有过多强调其对靶润湿与持留性能。尽管现在企业已经认识到这个问题，并开始使用桶混助剂，但存在不对作物进行分类、盲目添加有机硅助剂的问题。

第二，关注的是单一药剂对水药液的性能，而没有考虑实际应用中适应不同喷液量的稀释倍数要求及多种不同药剂进行桶混使用的协调性与配伍性问题。实际上不同助剂具有不同离子类型或带有不同电荷，决定了药液的荷电属性，不同制剂现场桶混使用时应该考虑助剂离子类型或电性的匹配，否则就会出现絮凝、破乳、沉淀、分解等问题，导致喷头堵塞或者药液分层等问题。

第三，着眼点仍然停留在药液体系性能，目前多通过有机硅、植物油、矿物油、改性聚醚等及其复合物改变药液表面张力及在植物叶面接触角等进行药液性能调控，而没有将着眼点放在药液分散成雾滴的表面膜与靶标作物叶面的液-固界面动态相互作用与能量转换规律及机制。实际上，表面活性剂在药液中的分散行为与其在雾滴表面膜的聚集行为是由不同的作用机制控制，且表现形式和控制指标均不相同。

第四，主要研究的是传统小分子，目前使用的桶混助剂有机硅、植物油、矿物油、改性聚醚等多属于小分子，其在雾滴表面膜的聚集行为多为单分子层，一般比较薄，能量迁移或耗散能力不足，不能从根本上解决雾滴的弹跳、蒸发等问题，存在明显的功能局限。

1.2.2　农药药液的主要类型与稳定性

在农药使用过程中，不仅要根据不同作物、同一作物的不同生育期以及病虫草害发生的不同程度和防治对象来正确选用农药，还要针对不同的施药场景选择合适的施药方式。"施药方式"是影响农药利用率的关键因素之一，如何科学、经济、均匀、安全有效地把农药喷洒到作物靶标上，减少药液的流失飘移，以达到"减施增效"的目的，是施药技术的关键问题。而不同的施药方式也需要不同的药液稀释倍数与之相适应（图 1-4），所以了解不同施药方式所匹配的稀释浓度，最大限度地提高药效和农药利用率，则显得尤为重要。高浓度分散液（稀释 2～100 倍）主要应用于无人机、航空施药技术等低容量喷雾方式。航空施药方式可以规避很多风险，不仅可以提高作业效率，同时也可应对突发性病虫害。但这种喷雾方式打

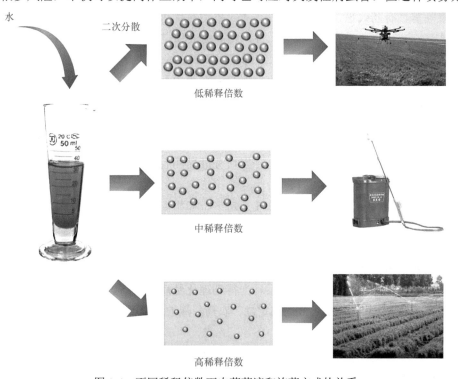

图 1-4　不同稀释倍数下农药药液和施药方式的关系

出的雾滴直径小，易向非靶标区飘移，造成药液流失和污染，所以应提高精准对靶高效施药技术，发展精细农业。中浓度分散液（稀释 100～1000 倍）主要应用于手动喷雾器和背负式机动喷雾器等传统喷雾方式。这种喷雾方式使用最为频繁且操作简便，但缺点是稳定性及均匀性不够，农药喷施效率常会受到施药人员站立位置、行走方向等影响。低浓度分散液（稀释 1000～10 000 倍）主要应用于喷灌、滴灌、漫灌等施药方式。这种施药方式以灌溉为目的，从而达到防治效果。它不仅是高效的节水节能方式，也是一种更加精准的施药方式，可以按需施药，达到农药高效利用的目的。这种施药方式适应能力很强，基本可以适应所有地形及土壤，在干旱、半干旱土壤中尤为适用，是我国一项重要的节能高效施药技术。

除部分直接使用的农药制剂外，其他农药制剂须用水稀释形成农药药液后才能使用。由于存在农药助剂或喷雾助剂，农药制剂二次分散后一般以真溶液、乳状液、悬浮液和悬乳液4 种形态存在。其中，可溶粉剂、可溶粒剂和可溶液剂等稀释后形成真溶液；乳油、水乳剂、微乳剂等稀释后形成乳状液；可湿性粉剂、悬浮剂、水分散粒剂等稀释后形成悬浮液；悬乳剂、可分散油悬浮剂、微囊悬浮-水乳剂等稀释后形成悬乳液。Alvarez 等（2009）研究了"稀释"对油水界面张力、界面流变行为和乳液离心稳定性的影响，结果表明稀释使得油水界面张力增大，同时稳定性降低。Hemmingsen 等（2005）通过临界电场技术研究了"稀释"对乳液稳定性的影响，结果表明随着油相稀释程度的增加，乳液稳定性逐渐降低。同时，稀释倍数对乳液润湿性能也有一定的影响，Zhu 等（2018）研究了表面活性剂溶液在水稻叶片表面上的润湿性能，结果表明浓度和水稻生长期均会影响液滴在水稻叶片表面的润湿性。

以虱螨脲乳油为研究对象，对比研究不同稀释倍数对农药药液性质的影响，结果发现：稀释倍数较低（5～100 倍）时，乳液表面张力低，在疏水表面的动态接触角下降快且平衡接触角小，润湿性能好，但是粒径较大，沉降速率高，极易发生聚结和分层，离心稳定性较差，但低容量喷雾具有药效强、作用效率高、省时省力等优点，所以可以通过制备粒径小且均一的纳米乳液，减小粒径，提高粒径分散性，提高药液稳定性；稀释倍数中等（100～1000 倍）时，乳液与稀释倍数高的乳液在粒径、沉降速率和离心稳定性方面差别不大，可达到纳米级，分散性较高，离心后完全没有油相析出；但在表面张力和润湿性能方面明显优于稀释倍数高的乳液，表面张力较低，可润湿疏水石蜡板，适用于手动喷雾器等传统喷雾方式；稀释倍数高（1000～10 000 倍）时，乳液粒径小，沉降速率低，乳液稳定性好，不易聚结和分层，乳液表面张力较高，液滴直径较大，不易飘移和流失，但会导致在疏水石蜡板上的接触角较大，很难在靶标表面附着和润湿。可以看出，二次分散后的农药药液在物理化学性质和剂量传递性能等方面存在巨大差异。

农药药液（乳状液、悬浮液、悬乳液）是一个多相混合的分散体系，是将一种或几种不相溶的成分进行混合得到的，水为连续相，与水不相溶的液滴或固体颗粒为分散相。因此，农药药液是动力学不稳定体系，当分散相粒径大小为微米级，其布朗运动无法抵消重力的影响，而造成药液分层等不稳定现象。同时，农药药液在二次分散过程中产生较大的界面能，体系能量升高，属于热力学不稳定体系。为得到理化性质稳定的农药药液，在稀释形成过程中需要农药助剂的作用，增加药液的稳定性。农药药液的主要不稳定机制如下。

（1）沉降或上浮

沉降或上浮是由分散相的重力作用引起的，在农药药液体系中，对比连续相和分散相的密度，若前者大于后者，分散相会在体系中发生上浮；若前者小于后者，分散相则会在体系中发生沉降。

（2）絮凝

当分散相在连续相中自由移动时，分散相会发生碰撞从而产生絮凝现象，这里主要是指乳状液或悬乳液中的油滴分散相。如果油滴之间的斥力很小，则液滴相互碰撞后就会形成絮凝体；而当油滴间引力较小时，液滴之间形成的絮凝体可以通过搅拌等外力分开，当油滴间引力较大时，液滴之间形成的絮凝体则难以通过低速搅拌分开而形成单独液滴。

（3）聚结

在农药药液中，油滴或固体颗粒发生聚结的原因是液滴之间发生相互碰撞。若此时油-水界面或固-液界面的界面膜强度较弱，当两者发生碰撞时，不足以抵抗油滴或固体颗粒间的碰撞，最终油滴或固体颗粒破裂融合，形成更大的油滴或固体颗粒。

$$1/r^2=1/r_0^2-(8\pi/3)\omega t \tag{1-1}$$

式中，r 为农药药液中油滴或固体颗粒的平均粒径（μm），r_0 为药液中油滴或固体颗粒粒径的初始值（μm），ω 为单位面积上界面膜的破裂频率（rad/s），t 为时间（s）。

（4）奥氏熟化

在农药药液中，对于分散相和连续相，当前者在后者中分散不均一时，会形成大小不等的油滴或固体颗粒。当分散相较大时，相对溶解度较小；当分散相较小时，相对溶解度较大，则会不断溶解。最终状态为小的油滴或固体颗粒变小直至消失，大的油滴或固体颗粒变大。这种现象即为奥氏熟化。

$$c(r)=c(\infty)\exp[2\gamma V_{\mathrm{m}}/(rRT)] \tag{1-2}$$

式中，$c(r)$ 为液滴半径为 r 时的分散相在连续相中的溶解度（mg/L），$c(\infty)$ 为连续相溶解度（无限大液滴的溶解度），γ 为界面张力（mN/m），V_{m} 为分散相的摩尔体积（L/mol），R 为理想气体常数 [J/(mol·K)]，T 为绝对温度（K）。

同样，利用 Stokes 公式也可以评价农药药液的稳定性。当乳液浓度很低（体积分数 $\varphi<1\%$），即稀释 100 倍以上时，Stokes 公式如式（1-3）；而当乳液浓度较高（10%$<\varphi<$20%），即稀释 5～10 倍时，Stokes 公式如式（1-4）。

$$v_0 = \frac{2\Delta\rho gR^2}{9\eta_0} \tag{1-3}$$

$$v_t = \frac{2\Delta\rho gR^2}{9\eta_0}(1-k\varphi) \tag{1-4}$$

式中，v_0 表示稀释倍数较高时农药药液的分层速率（m/s）；v_t 表示稀释倍数较低时农药药液的分层速率（m/s）；$\Delta\rho$ 表示分散相和连续相的密度差（g/cm³）；g 表示重力加速度（m/s²）；R 表示分散相的半径（μm）；η_0 表示农药药液黏度（Pa·s）；k 表示流体动力常数，其值为 6.55；φ 表示分散相的体积分数。在稀释倍数较高时，Stokes 公式表示布朗扩散力与重力的比值，$\Delta\rho$ 恒定，乳液黏度和水相近，沉降速率仅受粒径影响。而当稀释倍数较低时，Stokes 公式则需要考虑油滴之间的布朗扩散力，这时沉降速率不仅受粒径影响，还受体积分数的影响，体积分数增大，沉降速率降低，但很明显，速率受粒径的影响更大。

综上所述，农药药液的密度、pH、表面张力、黏度、界面膜强度、粒径大小、粒径分布、zeta 电位等理化性质对药液稳定性具有显著影响，同时也影响农药药液的剂量传递性能。

1.2.3 农药施用的靶标体系

从农药对靶剂量传递过程来看，农药大多需要经过靶标作物、有害生物才能到达最终的作用位点并产生毒力作用。所以，可以广义地把农药施用的靶标体系理解为靶标作物、靶标有害生物、靶标位点 3 个层面。

农药应用所防控的靶标有害生物与靶标作物完全混生在一个生态系统中，除了防除杂草，我们很难把农药单独喷施在农业有害生物上，而是需要将农药施用在需要保护的靶标作物上或者其生长的土壤环境中，待靶标有害生物主动或者被动摄取后，农药最终才能到达靶标位点并发生毒力作用，靶标作物成为农药施用的直接靶标。为了有效防控有害生物为害，一般需要提前施用农药，生产上多采用"地毯式喷洒法"，将农药尽可能地分布到有害生物发生与为害的所有部位，并保持足够的防控剂量。

有害生物是农药施用的目的靶标，不管采取什么样的施药方式，最终目的是让有害生物接触到足够剂量农药并控制其对靶标作物的为害。病、虫、草、鼠等有害生物的发生与为害是动态的，其对农药剂量的摄取方式多数也是被动的。所以，农药科学使用的策略中，最为关注有害生物的生活习性、发生与为害规律以及和靶标作物之间的互作关系。必须根据有害生物的发生与为害时间、位置、防控剂量需求进行农药施用策略设计与定位，应将农药尽可能精准地施用到有害生物发生与为害的区域内。

沉积分布在靶标作物上的农药被有害生物摄取以后，就开始了在有害生物体内的传输、分布、代谢等一系列物理化学或生物化学的变化，直到与靶标酶或位点发生作用。这属于农药毒理学研究的范畴，在此不做论述。

1.2.3.1 靶标作物

靶标作物作为农药施用的直接靶标，其生长的生态环境、冠层结构、叶面特性等影响并决定了农药在其表面的剂量与分布，进而影响了农药对有害生物的防治效果。同一种农药在相同靶标作物不同种植区域的使用效果不同，环境因素的影响是其主要原因之一。环境因素首先影响雾滴的传递效率。例如，雾滴在高温干旱环境条件下蒸发更快，雾滴粒径更容易变小，加剧了其运行速度衰减，进而导致飘移，降低了农药沉积效率，最终影响防治效果；另外，环境因素也会影响靶标作物及有害生物的生长过程。例如，温度、光照还影响靶标作物的生长发育及代谢过程，同时也影响着有害生物的发生与为害，这些都在不同程度上影响了农药对靶剂量传输效率。

就靶标作物本身而言，其不同生长时期的冠层结构与叶面特性是影响农药对靶剂量传输的最主要因素。不仅不同靶标作物的冠层结构不同，同一作物不同生长时期的冠层结构也不同。例如，棉花是宽行距种植的阔叶作物，苗期植株相互独立，冠层结构简单，药剂容易穿透；但其生长中后期，植株冠层互相连接变为群体结构，叶片交叠、互相屏蔽，冠层结构复杂，影响雾滴运行行为及穿透能力，从而改变了农药在冠层的沉积结构，影响冠层中下部和叶部背面农药沉积量。

靶标作物叶片表面的结构和附属构造大小、形态各不相同，如叶片表面分布的毛、刺、凸起等装饰构造，不仅影响雾滴的沉积与持留，也会影响药液的润湿与铺展，还会直接或间接影响有害生物同药剂沉积物的接触。植物叶片表面所具有的化学性质不同的组分以及这种结构所产生的多种分泌物，也会改变叶面特性，或者对农药沉积物及对有害生物产生不同的影响。尽管同一作物不同生长时期叶面特性不同，但影响农药沉积的主要还是不同类型作物叶面的亲疏水特性的差异。例如，棉花叶面容易被药液润湿而具有较高的农药沉积效率，而水稻叶面具有超疏水结构，不易被药液润湿，从而影响了农药沉积效率。现有研究结果证明，叶面微观结构及其组分特性的差异是引起作物叶面亲疏水特性的主因。

1. 表面化学成分

植物叶片表面蜡质层主要由长链烷烃、伯醇、醛、酮、脂肪酸及三萜烯类化合物组成。不同种类植物之间，其叶片表面化学成分含量及碳链长度存在差异。总体而言，对于亲水性靶标叶片，其伯醇含量所占比例较高，且碳链长度集中于C26～C28；对于疏水性靶标叶片，其烷烃及其衍生物含量所占比例较高，且碳链长度集中于C32～C34。

Mao 等（2012）研究表明，水稻叶片外蜡质层表面化学成分主要由34.3%的脂肪酸（碳链长度集中于C24～C32）、31.2%的脂肪醛（碳链长度集中于C30～C34）、23.9%的伯醇（碳链长度集中于C30）及6.9%的长链烷烃等组成，显示出疏水性。Wang 等（2015b）研究了4个品种小麦叶片表面的化学成分，对比发现，小麦品种对化学成分组成无显著影响；但随着植株的生长，叶片表面伯醇含量逐渐减少，长链烷烃含量逐渐增加，平均碳链长度由C28向C32转变，说明叶片表面化学成分的非极性成分含量逐渐增加，疏水性增强。

Kim 等（2007）研究发现，芝麻叶片外蜡质层主要由C27、C29、C31、C33、C35等同系物烷烃类和C30、C32、C34等同系物醛类有机物组成，在干旱条件下，其蜡质含量增加，而碳链分布不变；而在应答干旱胁迫时，玉米叶片蜡质层化学成分含量的变化是重要响应因素，经过干旱处理后蜡质层含量明显增加，而同系物含量向碳链长度增加的趋势发展；Koch 等（2006）研究了不同相对湿度（RH）环境（RH=20%～30%、40%～75%、98%）下，甘蓝、冈尼桉及金莲花植物叶片外蜡质层蜡质形态、化学成分和润湿性变化，发现在98% RH条件下，3种植物叶片的总蜡质含量和密度均下降，叶片表面润湿性显著提高，而在20%～30% RH条件下，总蜡质含量增加，润湿性降低，说明在干旱胁迫下植物叶片蜡质层增厚以减少水分蒸发。Jenks 等（2002）发现，玉簪属草本植物叶片表面主要化学成分中碳链长度所占比例可随季节发生变化；而落地生根近轴面和远轴面叶片表面化学成分存在差异，近轴面叶片中三萜烯类化合物含量远高于远轴面叶片。Narin 等（2016）研究了叶片极性对农药润湿沉积的影响，通过黏附张力-介电常数曲线（WTD）可知，叶片极性增大有利于润湿性能提高；同时发现，代森锰锌在叶片表面的沉积量与叶片表面化学成分中C29化合物所占比例呈负相关，即C29化合物含量越多，沉积量越小，说明叶片疏水性越强，农药的润湿沉积性能越差。

研究表明，不同种类作物叶片表面蜡质层化学成分不同，并影响叶片润湿性。叶片蜡质层极性成分含量越多，叶片润湿性越强；蜡质含量越多，润湿性越差；而长链烷烃含量越多，液滴越易弹跳滚落。

2. 表面拓扑形貌

植物叶片表面外蜡质层通过一系列由表皮细胞主导的转运、沉积、聚合的酶促过程，可自组装形成蜡质晶体，通常为微米级、纳米级粗糙结构。因此，植物叶片表面拓扑形貌（表面粗糙度）主要分为精细三维立体结构（具有疏水性和超疏水性）和无定型类光滑结构（具有亲水性和超亲水性），并与植物生存环境息息相关。温带区域植物叶片表面形貌多种多样，且与植物功能有关；干旱区域植物叶片表面形貌主要为厚重的三维立体结构（有利于减少水分蒸发）和针状光滑结构（有利于降低温度）。Wang 等（2015a）利用模板复制法制备得到具有玫瑰花瓣表面拓扑形貌的聚二甲基硅氧烷薄膜，结果发现，相较于光滑薄膜表面，具有精细微纳结构的薄膜表面接触角由112°提升到了150°，润湿性由疏水转变为超疏水，说明靶标表面拓扑形貌对润湿行为具有显著影响。

通过扫描电子显微镜观测发现，黄瓜叶片表面光滑，且存在具有亲水性的长绒毛，同时其化学成分极性较强，表现为亲水性表面；棉花叶片表面粗糙度略高于黄瓜，不存在亲水性绒毛结构，表现为中等亲水性表面；同时，宏观上茶叶、玉米叶片表面较为光滑，但微观上呈现明显的高低起伏结构，表现为疏水表面；而水稻叶片表面定向排布着亚毫米级的沟槽结构，并分布着微米级微柱，其顶端为纳米级片状结构，显示出较大的表面粗糙度，表现为超疏水表面（Wang et al.，2016）。Wang 等（2015b）研究了小麦叶片表面形貌差异，显示其近轴面叶片主要为片状和管状结构，而远轴面主要为层状结构，说明近轴面叶片粗糙度更大，疏水性较强；而随着生长期延长，小麦叶片表面蜡质层密度及厚度不断增加，精细化结构增强，疏水性增强。猪笼草中捕虫笼各部分因功能不同，表面拓扑形貌也存在差异：滑湿区覆盖较厚蜡质层，润湿性差（水在其表面的接触角为160°），可防止猎物逃脱；而消化区存在大量消化腺，润湿性好（水在其表面接触角为50°）。

在自然界中，植物叶面自清洁效应引起广泛关注。荷叶表面宏观上看起来很光滑，但微观上由许多乳突构成，平均直径为5～9μm，而在乳突结构中存在平均直径为124.3nm 的纳米结构，微纳米结构的存在导致水滴在该表面接触角约为161°。Gou 和 Guo（2019）分别研究了柔嫩、成熟和衰老荷叶表面的润湿性，结果表明，不同生长期荷叶表面化学成分差异不显著，而成熟期荷叶表面微米乳突结构顶端具有更加密集的纳米疏水性小管，因而更加难以润湿。在具有绒毛（刚毛）的植物叶片表面，当绒毛的亲水性优于叶面表皮，雾滴在动态沉积过程中更容易移动到亲水的绒毛区，在表面张力的作用下，绒毛趋向于聚集成簇而导致绒毛弯曲，产生弹性效应，阻止雾滴向下润湿而产生的弹跳现象。需要指出的是，较低密度的绒毛并不影响液滴的滞留或润湿；同时，较低密度的针状长绒毛刺破了液滴表面，诱导雾滴分散成膜，润湿性良好；而高密度绒毛聚集成簇后形成绒毛冠层，促使雾滴成珠，难以润湿。

研究表明，单子叶植物叶片表面以晶体蜡为主，不易润湿；双子叶植物叶片表面以无定型蜡为主，较易润湿。当叶片表面存在微纳米复合结构时，表现出超疏水、低黏附性能，产生自清洁效应。

3. 表面润湿与持液性能

农药产品由原药、表面活性剂及溶剂或填充料等组成，农药制剂中的表面活性剂除了使药剂形成乳状液或悬浮液，表面活性剂在药液中的浓度还决定了药液的理化性质，从而影响药剂在不同作物上的沉积量。然而很多农药品种只有少量的剂型，甚至只有一种剂型用于多种农作物，不利于农药在靶标作物上的沉积与润湿展布。

图1-5展示了不同浓度的吐温80、TX-10、农乳6202-B 和农乳0202 溶液在水稻、甘蓝、豇豆和棉花叶上的持液量变化。从该图可以发现，清水在水稻和甘蓝叶上的持液量少，提高表面活性剂在溶液中的浓度，持液量增加；清水在豇豆和棉花叶上的持液量多，提高表面活性剂在溶液中的浓度，持液量减少，不同表面活性剂的增减幅度不同。用水稀释农药产品形成药液，喷洒至不同的靶标作物，其药液内的表面活性剂浓度并不一定是适合各靶标作物的最佳浓度，从而影响持液量。显然，对于豇豆和棉花，表面活性剂浓度较低时持液量较多，而水稻和甘蓝则是表面活性剂的浓度越高持液量越多。

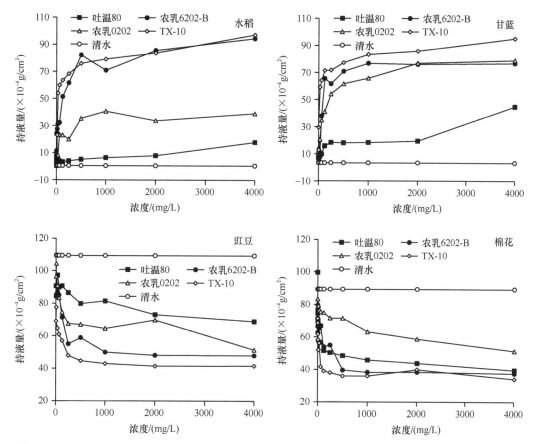

图 1-5 不同浓度表面活性剂溶液在水稻、甘蓝、豇豆和棉花叶上的持液量变化（顾中言等，2003）

因此，需要了解不同农作物的表面能和表面特征，合理运用表面活性剂，研制针对不同靶标作物的专用剂型，或在田间使用时另加表面活性剂调节药液的表面张力，增加靶标作物表面持留药液的能力，促使喷洒量有限的农药更多地持留在植物上，这是提高杀虫剂，尤其是触杀和胃毒作用的杀虫剂防治害虫效果的重要途径。

1.2.3.2 有害生物

有害生物是农药施用的目的靶标，其生物学特性、发生与为害规律、摄取农药剂量的方式与途径等是影响防控效果的主要因素。理论上，只有被有害生物摄取，并且发挥毒力作用的农药剂量才是有效剂量。对于农药使用者，相对于靶标作物，病虫草等有害生物的分布相对隐蔽和分散，特别是病原菌，在出现病征之前不能眼见，农药剂量传输的目标基本是基于有害生物的生物学特性及发生与为害规律预测的。尽管人们大多采取"地毯式喷洒法"施药，把农药尽可能施用到靶标作物所有部位，但仍不能保证有害生物摄取有效剂量的农药。

首先，有害生物种类繁多，生物学特性各不相同。例如，病原菌侵染寄主植物并致病，一般需要经过接触、侵入、潜育、致病等不同阶段，每个阶段都对应着病原菌不同的生命现象与过程；所以，使用杀菌剂防治病害多采用预防为主的防控策略，一般需要在病原菌未侵染或者侵染初期施药，不能在看到病征后才施药防控。而有害昆虫等一般需要经过卵、幼虫、蛹、成虫等不同生长发育时期，且不同龄期为害不同。对于使用杀虫剂防治害虫，则可以选择在害虫低龄期，当害虫基数达到防治指标时再施药。另外，不同有害生物的生物学特性也不同，也是影响农药剂量传递和应用效率的因素。例如，草地贪夜蛾无滞育现象、产卵量大、适宜发育温度广、具有迁移为害特性，桃小食心虫、苹小食心虫、梨小食心虫等具有钻蛀、卷叶及其他保护习性行为，都增加了农药剂量向其传递转移的难度。

其次，不同有害生物发生与为害的规律不同。病原菌侵染靶标作物致病，都是在一定的温湿度条件下，伴随着靶标作物一定部位或者一定时期生命现象的影响而发生，这种影响可以是内在的，也可以是外在的。例如，茄果类重要病害青枯病和枯萎病均为土壤传染的病害，土壤中的病原真菌或者细菌通过植物的根系进入根茎部的维管束系统侵染，致使组织坏死，而引起外部叶片萎蔫。这种内在的病原菌侵染和致使内部组织发生的病变是肉眼无法直观识别的，一般需要通过显微镜观察。同样发生在茄果类植物上的白粉病和霜霉病，其病原菌大多属于被动携带或传播到植物上，侵染致病后分别在叶片表面显现出可见病斑或产生霜霉状物或白色粉状物。昆虫为害植物的方式更是多种多样，有的是咀嚼式口器，可以咬食植物叶片进行为害；有的是刺吸式口器，通过将口针刺进植物组织吸食营养，破坏植株正常生长；还有的害虫钻蛀进植物的枝条和茎秆中蛀食为害，待发展至出现症状时为害已经不可挽回。因此，针对这种不同的致病途径和为害方式，必须合理选择其致病或为害关键环节进行施药防治。

最后，不同的有害生物摄取农药剂量的方式与途径也不同。相对于害虫为害植物，多数病原菌的为害位置相对固定，其侵染或致病的行为也是相对静态的，所以病原菌摄取农药剂量的方式多数是被动的。因此，病害防治需要提前将杀菌剂施用或传输到病原菌发生与为害部位，并达到一定的剂量。对于内吸性杀菌剂，可以在病原菌侵染初期或者初现病症时施药；但对于保护性杀菌剂，则必须提前在植物表面形成有效的药剂覆盖，并达到一定的密度才可以起到应有的防控作用。多数昆虫具有爬行或移动觅食行为，所以昆虫可以在一定限度内主动接触或摄取农药。但是，不同的害虫活动能力或者移动范围及方式不同，其主动接触或摄取农药的能力就不同。对于触杀作用的杀虫剂，一般主要通过害虫的表皮接触而发挥作用，所以在其活动范围内沉积分布的农药越多，害虫就越容易摄取足够剂量而发生作用；对于内吸作用的杀虫剂，施用后会被植物吸收而传导分布到植株不同部位，在害虫取食植物或刺吸植物汁液时即可接触或摄取农药剂量，所以其施药均匀度可以低于触杀性杀虫剂。

1.2.4　农药药液的剂量传递性能

生产上习惯采用大容量的喷雾方法，甚至喷雾至叶片滴水为止，希望药液在植株表面形成全覆盖的保护膜，使病虫害更容易接触药剂。袁会珠等（2000）报道，作物叶面所能承载的药液量有一个饱和点，超过这一饱和点，就会发生药液自动流失现象。发生流失后，药液在植物叶面从最大沉积量流失至稳定沉积量，植物单位面积上的沉积量减少约50%，因此农药用量确定后，喷雾至叶片滴水的大容量喷雾，只会增加药剂的流失。而控制喷液量在流失点（药液量饱和点）以内，可以大大降低农药的流失量。Ebert 和 Derksen（2004）指出，将农药均匀地覆盖在植物表面不是一种好的方法，对胃毒作用的农药，取食是害虫获取农药的方式，如果致死剂量的农药被均匀地覆盖在叶片表面，害虫需要吃掉整张叶片才能获取致死剂量，显然不能达到保护作物的作用，如果要使害虫一口就获取致死剂量，就需要有远远超过致死剂量的农药覆盖在叶片表面，显然导致农药浪费。因此希望药液在植株表面形成全覆盖的大容量喷雾，尤其是喷洒至叶片滴水的方式，不是好的施药方式。极低容量喷雾，尤其是农户自发卸除喷片的大雾滴低容量喷雾，雾滴含有极高的农药剂量，可以增加农药在植株上的沉积率，却大大减少了植株单位面积上的雾滴数，一方面雾滴与病虫接触的概率低，雾滴不接触病虫就不能发挥作用，影响防治效果；另一方面少量与害虫接触的雾滴，在杀死病虫的同时，大量残余的剂量被浪费。因此极低容量喷雾也不是好的施药方式。

害虫世代发生不整齐，同一世代中早发和迟发的个体之间有较长的时间间隔，使得害虫种群整个世代的发生期较长，有的害虫甚至导致世代重叠，但总体都经历始盛期、盛期（高峰期）和盛末期的过程。对于害虫个体，卵孵化初期的幼虫对药剂最敏感，尤其是针对有钻蛀、卷叶及形成保护机制的害虫，卵孵化初期更是受药的最佳时期。而对于整个种群，则在卵孵化盛期用药，可以最大限度地杀死害虫，控制种群数量。那么对于早孵化的害虫个体显然已经错过了最佳受药时间，对于后孵化的害虫个体还没到最佳受药时间，所以需要加大农药用量来防治早孵化的幼虫个体，并在药效衰退后仍能防治后孵化的害虫个体，或者增加用药次数，将所有害虫个体都杀死在卵孵化初期。这是导致田间用药次数多、农药用量大的重要原因。

当雾滴器械产生的农药雾滴在抵达靶标作物后，一部分会沉积在作物表面。习惯上，把喷施农药后沉积在靶标作物上的剂量相对于投入量的比值，称为农药利用率，而其实际指的是农药在靶标作物表面的沉积率，是衡量农药利用水平高低的基本参数，如式（1-5）所示。

$$P_1=n_1/N×100 \tag{1-5}$$

式中，P_1 为沉积率（%），n_1 为沉积在靶标作物表面的农药剂量（μg），N 为农药投入量（μg）。

在使用茎叶除草剂防治杂草时，杂草是除草剂的作用靶标或终极靶标，因此除草剂在靶标杂草上的沉积率就是除草剂的利用率，但在防治病虫害时，靶标作物只是农药的第一靶标或载药靶标，病虫害才是农药的作用靶标或终极靶标，而沉积在靶标作物表面的药剂并不都能接触到有害生物，也不能保证一定能够杀死为害该靶标作物的病虫害，所以农药在靶标作物表面的沉积率不等于农药的有效利用率。农药的有效利用率应该是杀死有害生物的农药剂量占农药投入量的比例，如式（1-6）所示。

$$P_2=n_2/N×100 \tag{1-6}$$

式中，P_2 为有效利用率（%），n_2 为杀死有害生物的农药剂量（μg），N 为农药投入量（μg）。

顾中言等（2018）指出，手动喷雾器叶面喷雾，杀虫剂在水稻上沉积率为34.25%～46.10%，而杀虫剂防治褐飞虱的田间推荐剂量的有效利用率不足0.1%。

田间使用的农药向病虫害的传递过程是复杂的，影响因素多，不同种植体系中的不同靶标作物之间也不尽相同，但其中农药剂量与病虫之间存在的时空差及剂量差，是造成农药巨大损失的重要因素。

农药药液体系是农药剂量传递的重要载体，提高利用率必须关注药液体系的性能，特别是药液分散成雾滴的表面膜性质。大量研究与生产实践发现，功能助剂可以通过改变农药药液的性质来增加农药对靶有效沉积，这种认知仍然是表观层面的。这种表观现象所产生的机制，实际上是表现在雾滴表面膜与靶标叶面相互作用的过程。功能助剂在药液中的分散行为与其在雾滴表面的聚集行为是由不同的作用机制控制的，且表现形式和控制指标均不同。只有正确认知了雾滴表面膜与靶标叶面相互作用的过程规律及机制，才能从根本上对农药沉积进行精准与有效的调控。

农药精准施药是指在农药施用过程中，根据作物生长和病虫害发生情况，组配出恰当、合适的用药配方，应用先进的施药器械，采用定时、定量和定点施药方法，最大限度地发挥药剂作用，实现节约农药、提升防效、减轻污染和残留的农药使用技术。图1-6显示了农药施用过程中的剂量传递过程。农药制剂中除农药有效活性成分及溶剂外，大都含有3%～20%表面活性剂，其对农药药液性质具有重要影响。农药药液在喷雾器中经过4～5ms的雾化过程，离开喷头进入环境中；在雾滴下落过程中，粒径较小的雾滴可能发生飘移或蒸发，造成农药的流失；当雾滴接触到靶标表面时，一部分液滴发生黏附、润湿、铺展行为，达到滞留作用，而另一部分液滴可能发生弹跳滚落、聚并流失而造成农药的进一步损失；农药药液在靶标表面渗透、吸收，使农药有效活性成分作用于靶点，减少病、虫、草害的发生。

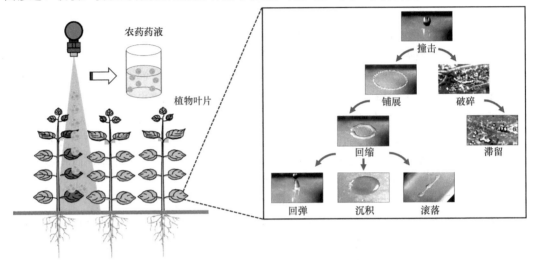

图 1-6　农药施用过程中的剂量传递过程

因此，需要考虑大靶标、对准小靶标、作用于分子靶标，才能充分发挥药剂的对靶作用。农药喷施过程中，必须喷洒到作用对象上才能发挥作用，这个作用对象就是农药的作用靶标。根据作用对象范围的大小，可把作用靶标分为以下 3 种：一是大靶标，是药剂需要保护的对象，通常指的就是作物；二是小靶标，是药剂需要作用的对象，即防治对象，如蚜虫、斜纹夜蛾、赤星病菌、杂草等具体的有害生物，一般情况下，药剂只有作用到了这些靶标上，才能达到用药的目的；三是分子靶标，一般指药剂的作用位点，药剂接触到小靶标，然后经过吸收传导，进入昆虫体内或者病原菌组织内，最后到达作用的核心位点，才能发挥作用。因此，在农药喷洒过程中对准作物喷药，大约有 39% 的雾滴能沉落到大靶标上，大约 5% 能达到昆虫身体或者病斑上面，经过吸收传递，只有 0.1% 左右能够到达最后发挥作用的分子靶标上，为有效生物受药量。

农药要想到达作用靶标上就必须借助一定的施药器械与方法，将农药有效成分释放出去。农药发挥作用取决于以下 3 个关键要素：一是农药的毒力水平，二是农药适合喷施的剂型，三是喷雾器械和对靶喷雾技术。前文已经详细介绍了农药制剂体系的类型及发展趋势，在传统制剂体系（开放型载药体系）的基础上，水基型农药制剂不断发展，尤其是悬浮剂、水乳剂、水分散粒剂在近年来农药登记中所占比重逐步加大，同时控释制剂体系（封闭半封闭型载药体系）、静电喷雾制剂体系及省力化制剂体系不断发展。在这 3 个关键要素中，最为重要的是必须保证足够的农药剂量准确有效地到达靶标部位。事实上，研究农药的施用技术，就是要考虑怎样才能把农药的有效成分正确地喷施在靶标上，所采取的施药技术和喷雾器械必须能够保证达到足够的剂量，还要考虑沉积在靶标表面上的药剂的物理、化学和生物变化。

同时，应注意防治对象的特点。作物不同时期的有害生物发生的特征不同，栖息部位也不同。蚜虫一般在幼嫩叶片的背面，斜纹夜蛾产卵在较老叶片的背面；白粉病一般在中老熟叶片的背面，赤星病斑在中老熟叶片的正面；地下害虫在幼苗的根茎部，棉铃虫在幼嫩的心叶及棉铃内；食心虫一般在果实内，但卵却一般在萼片、花梗上，幼虫从卵中孵化出来几十分钟就会钻入幼嫩的果实内；等等。在施药过程中应通过施药的毒力空间和有效靶区的界定，达到对靶施药，保障施药的针对性，避免农药的浪费。

应注意药效发挥作用的最佳条件。农药或者其助剂都是在一定条件（环境温湿度、气候条件、土壤 pH 等）下才能发挥出最大的效果。大多数杀虫剂的效果随温度的升高而增加，但溴氰菊酯等部分农药却存在负温度系数，温度也会影响植物的生理活性或者药剂的吸收利用；此外，湿度、光照和风雨、土壤条件等也显著影响药效的发挥。因此，在施药过程中应注意药剂发挥作用的最佳条件，提高药液的利用率，减少药液的浪费。

应注意选择恰当的用药剂量和用药次数。能够准确地配制农药是农药科学精准使用的基础和保障。一般，农药在使用前都要经过稀释，配制成一定浓度或者稀释成一定的倍数后才能进行施药作业。因此，施药人员必须掌握准确的农药配制方法，这样才能充分发挥农药的功效，减少农药对环境的污染，达到预期的防治效果。在农药使用过程中，推荐使用剂量是经过科学研究确定的，在推荐剂量下使用，可以达到理想的效果，如果在这个剂量下效果不明显，应果断换药。在防控一些对象的过程中，可根据上一次施药的效果和病虫发生的特点合理增加施药次数，一般一个生育期内不超过 3 次，连续多次施用一种农药，不仅不能达到预期的效果，还会增加药剂的残留和污染，加快有害生物抗性的增加。

应注意农药的安全间隔期。安全间隔期是指农药安全使用标准所规定的农药在作物上最后一次使用距收获的天数。例如，某种农药的安全间隔期为 7d，那么农民要使用该药，就必须在农作物采收的 7d 以前施药。强调安全间隔期是为了避免农作物采收时农残的超限和污染带来的毒副作用。任何一种农药都有安全间隔期，为了保证农药在农作物上的残留不超标，农民一定要注意不要在任何一种农药的安全间隔期内施药。

1.3　农药雾化体系与剂量传递性能

1.3.1　概述

雾化是指液体分散到空气中形成一种雾状分散体系的过程。根据药液分散动力的不同，雾化方式可以分为液力雾化、离心雾化、气流雾化、气液两相流雾化、静电雾化等。在各种雾化方式中，比较常见的是液力雾化和离心雾化。液力雾化非常适用于水溶液的喷洒，而离心雾化容易控制形成大小均匀的雾滴。

1.3.1.1　液力雾化

液力雾化是指药液在一定的压力下通过特殊结构的喷嘴而分散成雾滴的雾化方式，是液体药剂最常用的雾化方式。液力雾化的雾化机制有 3 种：滴状分裂、丝状分裂和膜状分裂。药液加压后先形成液膜，之后由于液体内部的不稳定性，液膜与空气发生碰撞破裂成为细小雾滴。液膜破裂成雾滴的方式有 3 种：周缘破裂、穿孔破裂和波浪破裂。穿孔破裂是由于液膜小孔不断扩大，在它们的边缘形成不稳定的液丝，最后断裂成雾滴；周缘破裂是表面张力使液膜边缘收缩形成一个周缘，在低压情况下周缘会产生大雾滴，在高压情况下，周缘产生液丝，液丝在下落过程中断裂成雾滴；波浪破裂发生在整个液膜部分，在液膜到达边缘之前就已经破裂，这种破裂方式不规则，所形成的雾滴大小非常不均匀。

液力雾化喷嘴（也称压力喷嘴）是喷雾过程中广泛应用的雾化器形式之一。它主要由液体切线入口、液体旋转室、喷嘴孔等组成，如图 1-7 所示。

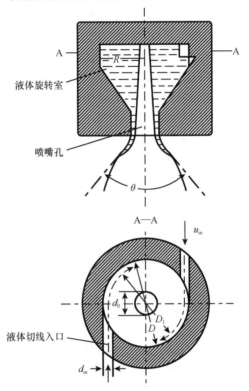

图 1-7　液力雾化喷嘴工作原理示意图

A 为剖面位置标示；R 为液体旋转室半径；θ 为喷雾角；u_{in} 为液体切线入口速度；d_0 为喷嘴孔直径；
d_{in} 为液体切线入口直径；D 为液体旋转室直径；D_1 为液体切线旋转直径

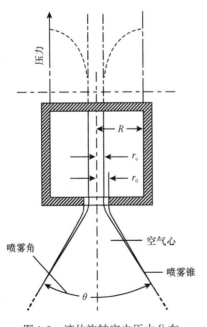

图 1-8　液体旋转室内压力分布

R 为液体旋转室半径；θ 为喷雾角；r_c 为空气心半径；r_0 为喷嘴孔半径

利用高压泵使液体获得很高的压力（2～20MPa），由液体切线入口进入带喷嘴的液体旋转室中，液体在液体旋转室获得旋转运动。根据旋转动量矩守恒定律，旋转速度与旋涡半径成反比，因此越靠近轴心，旋转速度越大，其静压力越小（图 1-8），结果在喷嘴中央形成一股压力等于大气压的空气旋流，而液体则形成绕空气心旋转的环形薄膜，液体静压能转变为向前运动的液膜的动能，从喷嘴高速喷出。液膜伸长变薄，最后分裂为小雾滴。这样形成的雾滴群的形状为空心圆锥形，又称空心锥喷雾。

液力雾化喷嘴所形成的液膜厚度范围是 0.5～4μm。不同压力下液力雾化喷嘴的雾滴粒径范围（低黏度、牛顿型流体）如表 1-1 所示。

表 1-1　不同压力下液力雾化喷嘴的雾滴粒径范围

压力/MPa	雾滴粒径范围/μm
>10	15～30
5～10	30～50
2.5～5	50～150
1.5～2.5	150～350

液力雾化是农药喷雾中最常用的方法，也是高容量和中容量喷雾的主要方法。液力喷雾操作简便，但雾滴粒径大，易造成药液流失。常见的手动喷雾器、担架式（推车式）机动喷雾机、大田喷杆喷雾机等器械均采用液力雾化原理。液力雾化喷嘴的药液喷雾横向沉积分布型为正态分布，抗飘移性好，雾滴粒谱较宽广，当喷雾角度为 80° 时药液沉积分布近似矩形，主要用于喷洒除草剂等。

1.3.1.2　离心雾化

当向一个高速旋转的雾化转盘上注入液体时，液体在高速旋转的雾化转盘产生的离心力的作用下，被抛向雾化转盘的边缘先形成液膜，在接近或达到边缘后分裂成液丝，再呈点状抛甩出，与空气撞击后形成雾滴，这一过程称为离心雾化。

离心雾化有两种不同的方式：在低流量时，单个雾滴直接从转盘甩出时为液丝或液带，然后再断裂成雾滴；在高流量时，液体离开转盘时为液膜，然后破裂成液丝，再断裂成雾滴。在某些流量范围内，雾滴是同时通过两种机制作用形成的，因而可发生液滴和液丝、液带和液膜之间的转换。离心雾化喷嘴工作原理如图 1-9 所示，其特点是形成的雾滴大小非常均匀，并且雾滴的大小可控。

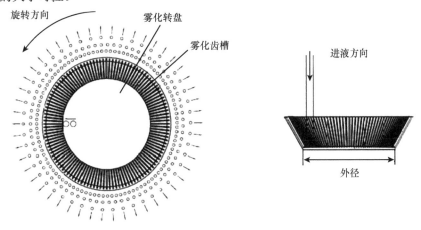

图 1-9　离心雾化喷嘴工作原理

离心雾化器是利用高速旋转的转盘产生的离心力将药液雾化的，当转盘的圆周速度和进液速度都很低时，药液的黏度和表面张力是影响喷雾质量的主要因素，雾滴将单独形成并从盘边缘甩出。当盘的圆周速度和进液速度均变高时，半球状液体也被拉成许多液丝，液量增加，液丝数目也增加并达到一个数值，若液量继续增加，液丝数不再增加但液丝变粗。液丝极不稳定，在距圆盘不远处迅速断裂，产生大量小液滴。常用的离心雾化器按结构可分为转杯式、转盘式和转笼式等。以离心雾化施药技术为核心技术的可控雾滴施药装备雾滴均匀度好、粒谱范围窄、可控性好。由特定结构的敞口型离心雾化喷嘴产生的锥形液膜的雾化破碎结构特征如图 1-10 所示。

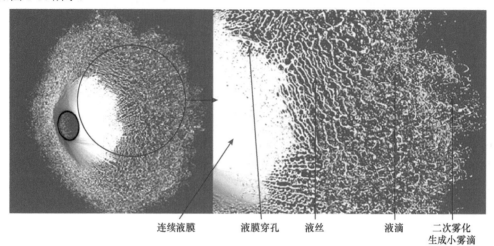

连续液膜　　　液膜穿孔　　　液丝　　　液滴　　　二次雾化
　　　　　　　　　　　　　　　　　　　　　　　　　生成小雾滴

图 1-10　锥形液膜雾化破碎结构特征

不同转速下离心雾化器产生的雾滴粒径范围如表 1-2 所示。当雾化转盘的圆周速度小于 50m/s 时，得到的雾滴很不均匀。喷雾的不均匀性随雾化转盘的转速增加而减小。当雾化转盘的圆周速度为 60m/s 时，就不会出现上述不均匀现象。所以此圆周速度可以作为设计的最小值。通常采用的雾化转盘的圆周速度为 90～160m/s。

表 1-2　不同转速下离心雾化器产生的雾滴粒径范围

雾化转盘圆周速度/(m/s)	雾滴粒径范围/μm
＞180	20～30
150～180	30～75
125～150	75～150
75～125	150～275

离心雾化器的药液喷雾横向沉积分布型呈马鞍形，雾滴谱较窄，雾化质量较好，多用于喷施杀虫剂或杀菌剂等。

1.3.1.3　气流雾化

气流雾化是指利用高速气流冲击药液而使药液分散雾化的方法，广泛地应用于工业雾化过程。气流雾化原理为剪切破碎，即利用气液两相的相互碰撞与摩擦实现液体雾化。气流雾化机制有 3 种类型，即滴状分裂、丝状分裂和膜状分裂。在一般情况下，气流雾化喷嘴属于膜状分裂，这种膜的形成方式如图 1-11 所示。当雾滴群离开喷嘴时，其形状是一个被空气心充满的锥形薄膜，因而也称空心锥喷雾。空心锥的锥角 θ，一般称为喷雾角或雾化角。此锥形薄膜雾滴群称为雾炬或喷雾锥。

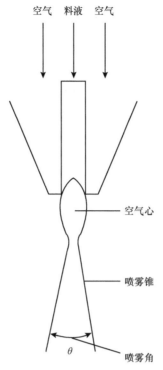

图 1-11　空心锥喷雾原理示意图

气流雾化喷嘴膜状雾化时（低黏度、牛顿型流体），雾滴比较细，如表 1-3 所示。

表 1-3　不同气液比下气流雾化喷嘴的雾滴粒径范围

空气∶液体（质量比）	雾滴粒径范围/μm
＞5∶1	5～20
（2.5∶1）～（5∶1）	20～30
（1.5∶1）～（2.5∶1）	30～50
（0.5∶1）～（1.5∶1）	50～200

当气-液两相的相对速度足够大时，正常的雾化状态应该是一个充满空气的锥形薄膜，薄膜不断地膨胀扩大，然后分裂成极细雾滴。薄膜的残余周边则分裂为较大的雾滴。

雾化机制与喷雾角有关。一般，膜状分裂时的喷雾角要比单纯丝状分裂大一些。喷雾角取决于气液间的相对速度、喷嘴结构以及药液性质。当液体流量很小时，喷雾角与气流速度无关。当气流速度超过 300m/s 时，喷雾角则与液体流量无关。一般，气流雾化喷嘴的喷雾角通常为 20°～30°。我国研制的背负式机动喷雾喷粉机采用的就是气流雾化原理。

相对于传统的压力雾化，气流雾化具有许多优点：对低黏度和高黏度药液均可雾化，适用范围广；操作压力低，不需要高压泵；雾化产生的雾滴粒径较小，可获得粒径为 5～30μm 的雾滴；处理量有一定的弹性，调节气液比可以控制雾滴大小。气流雾化的主要缺点是用于雾化的压缩空气的动力消耗较大，为液力雾化及离心雾化的 5～8 倍。

1.3.1.4　气液两相流雾化

气液两相流雾化一般是通过双流体喷嘴实现的。气液两相受到高压气泵产生的压缩空气压力进入双流体喷嘴，在喷嘴内气液两相进行能量交换，液相受到气相剪切破碎成液片及大液滴。气液两相在流经喷嘴后，压缩气体瞬间膨胀，由于药液出口处极高的气流速度，高速气流产生的切向离心力和轴向拉力将药液撕裂成细丝，液相在气体作用力与喷嘴剪切力等作用下继续破碎成更小雾滴。双流体喷嘴雾化过程亦受到内部结构、流体物性等多种因素的影响。常温烟雾机采用的就是气液两相流雾化原理。双流体静电雾化技术在工农业领域，如喷涂印刷、农业植保、工业除尘和生物薄膜制备等方面得到了广泛的应用，因具有能耗低、喷雾靶标沉积率高、可控性强及应用范围广等特点而备受关注。

1.3.1.5　静电雾化

静电雾化是指利用静电力或电气动力学的方法来使药液产生裂解雾化。该方法在原理上与静电喷雾有所区别：静电喷雾技术是指给雾化的雾滴加上高压静电，使它与目标植株叶片之间形成静电场，在电场的作用下进一步提高雾滴的附着率、均匀率，减少飘移量；静电喷雾不但包括液体雾化过程，也包括雾滴向靶标沉积的过程。

1.3.2　农药雾化体系的形成与性能表征

1.3.2.1　雾化理论模型

雾化可以认为是在内力与外力的共同作用下，液体的碎裂重整过程。如图 1-12 所示，雾化过程可以分为初级雾化与二次雾化过程，要经过液体破碎成液膜或液丝，再进一步破裂，在表面张力、黏性力等作用下形成雾滴群。同时雾滴群在湍流径向速度分量和作用于液滴表面的空气动力作用下，雾滴会发生二次破碎，如果雾滴荷电，会削弱其表面张力，使二次破碎更容易发生。农药药液雾化过程及其影响因素主要体现在液膜破碎及雾化后雾滴特性，而雾化之后雾滴粒径及速度分布特性对雾滴的沉积行为有直接影响，因此本部分着重从液膜破碎机制出发对药液雾化理论进行分析。

液膜形成雾滴的过程是一个惯性力与液体表面张力之间的平衡过程。扰动是形成的液膜破碎的主要原因，分为波动扰动和膨胀扰动。液膜的不稳定性在空气扰动时逐渐放大，当扰动振幅达到临界振幅时液膜发生破碎，如图 1-13 所示。研究表明波动能量不均匀同样是导致液膜破碎的重要原因，液膜破碎方式分为穿孔破碎及波纹振动破碎，最初扰动振幅的量级极大地影响液膜破碎。在液膜破碎时液丝的大小及结构随韦伯数而变化：高韦伯数时，反对称波自发加强形成液丝；低韦伯数时，最初形成的反对称波转换为对称波形式，液丝较粗。

液膜雾化频率是周期性过程，主要取决于绝对空气流速与气液冲量比，液丝长度、雾化频率与气液冲量比之间有一定的相关关系。液膜周围空气发生两相流体力学作用，其流体动力的不稳定性使液膜形成有规律的振动波，符合波纹理论；随着振动加剧，液膜逐渐变薄，波幅逐步增大，能量的不断耗散导致液膜发生穿孔破裂与周缘破裂，从而逐渐形成液丝，最后形成不同大小的雾滴。

雾滴的形成是基于不同喷嘴结构实现的，对于不同喷嘴其雾化过程会略有不同，但大致可以分为平面液膜破碎、液柱破碎及环状液膜破碎。

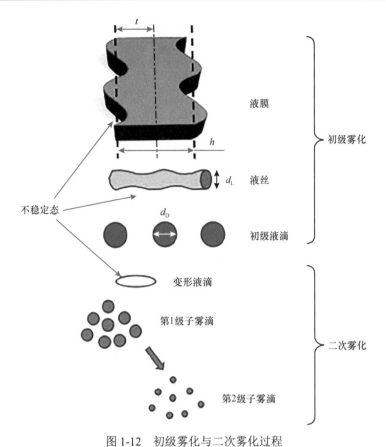

图 1-12　初级雾化与二次雾化过程

t 为液膜厚度（$h/2$）；h 为喷嘴出口端液膜厚度；d_L 为液丝直径；d_D 为初级液滴直径

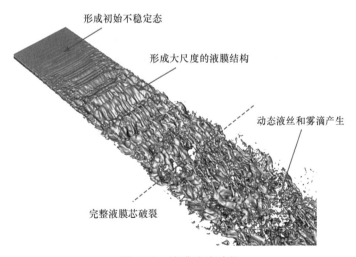

图 1-13　液膜破碎过程

（1）平面液膜破碎

许多喷嘴，如扇形喷嘴、平流喷嘴、转盘喷嘴和预膜喷嘴的喷雾形成过程都是平面液膜破碎。当液膜从喷嘴中喷出后，受到流体物性参数、流体运动特性和外界条件等因素影响。

如图 1-14 所示，液膜扰动在顶端裂开，形成带状断裂带，其宽度为液膜碎裂时波长的一半（λ/2）。断裂带随后在表面张力作用下聚集成直径为 d_L 的棒状或线状液丝，再破碎成大量的液滴。液丝直径 d_L 可以用式（1-7）表示。

$$d_L = \sqrt{\frac{4\lambda a_b}{\pi}}$$ （1-7）

式中，a_b 为液膜破碎时厚度的一半（m）。液滴直径 d_D 与液丝直径 d_L 的关系如式（1-8）所示。

$$d_D = 1.89 d_L = 1.89 \sqrt{\frac{4\lambda a_b}{\pi}}$$ （1-8）

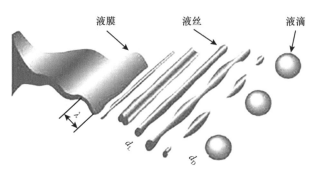

图 1-14　平面液膜破碎

液膜雾化过程在国际流体研究领域一直受到密切关注，但对于液体破碎理论研究还不完善。液体表面波不稳定破碎机制是目前破碎机制中研究较为完善的理论，也被目前大多数研究者所采用。

（2）液柱破碎

喷嘴喷出的实心液柱称为柱状液体，如平孔等孔式喷嘴喷出的大多为柱状液体。柱状液体以连续液体状态从喷嘴喷出时，会在其表面形成一定模式的振动波。如图 1-15 所示，随着振动波向液柱下游发展，表面的振幅将逐渐增大，破碎成液片和大颗粒液滴，这是初级雾化过程。如果初级雾化液滴直径超过了临界值，大液滴将进一步碎裂成细小雾滴群，这是二次

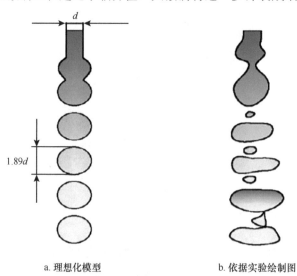

a. 理想化模型　　　　　　　　b. 依据实验绘制图

图 1-15　低速圆柱液体的破碎

雾化过程。其中，图 1-15a 为液柱破碎的理想化模型，图 1-15b 为根据实验图片绘制的破碎过程。从图 1-15b 可以看出大颗粒之间分布着许多尺寸较小的"卫星"颗粒，这正是低速圆柱液体破碎的特点。

圆柱液滴雾化理论在过去 100 多年中，一直得到研究者的普遍关注。1878 年，由瑞利（Rayleigh）最早提出了圆柱液体表面波理论，假设圆柱破碎成液滴过程中大小均匀一致、间隔相等，推导出了低速圆柱液体大液滴直径是圆柱液体直径的 1.89 倍。泰勒（Taylor）在 Rayleigh 研究的基础上修正后提出式（1-9）。

$$d_D = 1.89 d_L \tag{1-9}$$

（3）环状液膜破碎

空心锥、预膜等喷嘴产生液束为空心锥环状液膜，其雾滴产生过程为环状液膜破碎。当环状液膜从喷嘴喷出，相对周围气体流速较小时，液膜末端破碎成环形断裂带，随后继续破碎成细小雾滴群。Rayleigh 提出断裂带厚度等于液膜碎裂时末端厚度，其宽度为一个波长，并给出平均直径经验公式，如式（1-10）所示。

$$d_D = 3.01 \sqrt{a \lambda_{dom}} \tag{1-10}$$

式中，a 为常数，λ_{dom} 为液膜破碎波长。

（4）带电液滴的破碎

大量研究表明，液滴破碎主要受到气动力、表面张力和黏性力的控制。一方面表面张力使液滴欲成球形，同时内部黏性力阻止液滴内部发生形变；另一方面液滴惯性运动和周围空气之间产生扰动，空气动能会加剧液滴变形并使其破碎。可见液滴破碎是液滴表面张力、黏性力与外界动能博弈的结果。液滴带电后同种电荷分布于液滴表面，电荷之间的斥力会削弱液滴的表面张力，使液滴欲成球形的能力减弱，故液滴在外界动能作用下更容易发生破碎。下面是几种经典的破碎理论。

1）瑞利破碎模型

Rayleigh 在 1882 年提出瑞利极限时推导出液滴的最大荷电量，相关知识可查阅相关文献。

2）泰勒破碎模型

Taylor 研究了外置电场环境中单液滴的破碎情况，发现液滴在电场作用下会发生变形成为扁长的椭球形，当其长轴与短轴之比为 1.9 时，液滴将发生破碎。此时电场 E_t 用式（1-11）表示。

$$E_t^2 = 77 \frac{\sigma}{4\pi\varepsilon_0 r} \tag{1-11}$$

式中，σ 为表面张力，ε_0 为真空介电常数，r 为两电极板间距离。

3）韦伯破碎模型

Rayleigh 研究了静止液滴的破碎极限，但当液滴运动时受到周围空气扰动，其影响因素会变得复杂。韦伯破碎模型中，用来描述破碎过程的无量纲数有韦伯数、雷诺数和欧尼索斯数等。

（5）二次雾化

当液体从喷嘴喷出形成液滴后，如果相对于周围空气流速过大，使液滴表面压力失衡，液滴就会变形，若超过临界值，液滴就会破碎。对于黏度较低的液体，液滴变形主要取决于空气动力和表面张力系数与液滴直径之比，即韦伯数；当空气动力逐渐增大，大于表面张力时液滴将破碎；对于荷电液滴，电荷集中于液滴表面，电荷产生的库仑斥力将削弱液滴的表面张力，学者将韦伯数进行修正得到 We^*，如式（1-12）所示。

$$We^* = \frac{\rho_g u_d^2 D}{\sigma - q^2/8\pi^2\varepsilon_0 D^3} = \frac{We}{1 - q^2/8\pi^2\varepsilon_0 D^3} = \frac{We}{1 - (q/Q_0)^2} \qquad (1-12)$$

式中，ρ_g 为空气密度，u_d 为液滴速度，σ 为表面张力，D 为液滴粒径，q 为液滴带电量，ε_0 为真空介电常数，We 为韦伯数，Q_0 为总电荷量。

液滴黏度对破碎过程的影响可以用奥内佐格数 Oh 来说明，如式（1-13）所示。

$$Oh = \frac{\sqrt{We}}{Re} \qquad (1-13)$$

式中，We 为韦伯数，Re 为雷诺数。

当 $Oh > 0.1$ 时，此时黏性力作用不可忽略，它与韦伯数共同对液滴的破碎造成影响；当 $Oh \ll 0.1$ 时，黏性力作用可以忽略。对于荷电液滴，同样将 Oh 修正为 Oh^*，如式（1-14）所示。

$$Oh^* = \frac{\mu_d}{\sqrt{\rho_d D(\sigma - q^2/8\pi^2\varepsilon_0 D^3)}} = \frac{\mu_d}{\sqrt{\rho_d D\sigma[1 - (q/Q_0)^2]}} \qquad (1-14)$$

式中，μ_d 为液滴黏度，ρ_d 为液滴密度，D 为液滴粒径，σ 为表面张力，q 为液滴带电量，ε_0 为真空介电常数，Q_0 为总电荷量。韦伯数 We、雷诺数 Re 和奥内佐格数 Oh 是描述液滴破碎过程的重要的无量纲参数，Oh 表示了气液界面上表面张力与液滴内部黏性力的比值。

Dombrowski 和 Johns（1963）的研究表明液膜分化成雾滴的过程是一个液体的惯性力与液体表面张力之间的平衡过程。形成的液膜具有不稳定性，当空气扰动时，不稳定性逐渐放大，当扰动振幅达到临界振幅时，液膜破碎。扰动是导致液膜破碎的主要原因，扰动分为波动扰动和膨胀扰动。

液膜的波动原理与雾滴尺寸、破碎后形成液丝的尺寸密切相关，液丝直径与液膜破碎波长及液膜厚度的关系，见式（1-15）和式（1-16）。

$$d_L \propto (\lambda/z)^{0.5} \qquad (1-15)$$

$$\lambda = 4\pi\sigma/\rho U_r \qquad (1-16)$$

式中，d_L 为液丝直径，λ 为液膜破碎波长，z 为液股数，σ 为药液表面张力，ρ 为药液密度，U_r 为液膜厚度。

也可用式（1-17）估算液膜破碎速度 v。

$$v = \sqrt{2\eta P/\rho} \qquad (1-17)$$

式中，η 为药液黏度，P 为压力，ρ 为药液密度。雾滴运动初速度与液膜破碎情况同样关系密切，一般假设液膜破碎后产生的不同粒径雾滴初速度 v_0 相同，等于液膜破碎速度 v。

由上述理论发现，药液性质对于液膜雾化、破碎过程中液丝长度及形状、雾滴大小有重要影响。加之雾滴运动速度与液膜破碎的密切关系，深入研究药液性质在雾化过程中所起的作用显得尤为重要。通过上述理论分析，加深了对雾化过程中液膜破碎影响因素的了解，可为系统完善药液雾化过程理论提供支持。

总体来看，喷嘴结构和雾化原理的不同会造成农药喷洒雾滴粒径及速度分布的差异，雾滴的飘失性能与雾滴粒径及速度分布有密切的关系。研究雾化过程中雾滴粒径与速度分布及其影响因素十分重要。

下面将分别介绍离心雾化、压力旋流雾化、静电雾化的雾化机制及理论模型。

1. 离心雾化

当在圆盘上注入液体时，液体受以下力的作用：①药液在离心力和重力的作用下得到加速而分裂雾化；②药液和周围空气的接触面处，由于存在摩擦力，促使其形成雾滴。前者称为离心雾化，以离心力起主导作用。后者称为速度雾化，离心力仅对液体有加速作用。实际上这两种雾化同时存在，很难区分。一般情况下，当液量少、转速较低时，以离心雾化为主。离心雾化所得的粒子大小要比压力雾化更均匀。离心雾化的雾化效果与流量、圆盘形状、直径、转速等因素有关。

离心雾化形成雾滴有以下几种形式。

（1）滴状分裂

如图 1-16a 所示，在雾化的过程中，供液流量较少时，在离心力的作用下，药液在雾化转盘边缘呈半球状隆起，其直径取决于雾化转盘高速旋转产生的离心力和药液的表面张力以及黏度。高速旋转的转盘产生的离心力远大于药液表面张力时，雾化转盘边缘隆起的半球状液滴被分裂雾化并立即被抛出，产生部分大液滴。

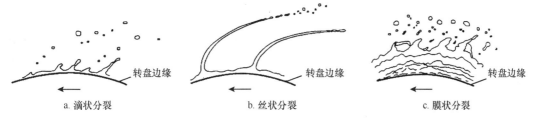

图 1-16　离心雾化雾滴形成的 3 种形式

（2）丝状分裂

如图 1-16b 所示，当药液流量较大且转速较快时，半球状料液被拉成许多丝状射流。供液量继续增加，圆盘周边的液丝数目也随之增加，供液量达到一定量以后，会产生变大变粗的液丝，液丝数量稳定在一定的范围内。雾化产生的液丝很不稳定，在高速旋转的转盘边缘不远处即被分裂雾化形成小液滴。

（3）膜状分裂

如图 1-16c 所示，当供液流量不断增加时，产生液丝数量与液丝直径大小均不再继续增加，产生的液丝间相互干涉，相互干涉的液丝产生液膜，并抛出雾化转盘边缘，不久后，液丝就被分裂成尺寸较大的液滴。将雾化转盘转速继续提高，液膜开始向雾化转盘边缘部位收缩。若药液在转盘表面上运动的动能减到最小，液膜可以收缩到雾化转盘最边缘位置，这样可使药液在雾化转盘边缘高速喷出。

液体离心雾化的过程大体相同，从基本过程上大致可以分为 3 种类型：雾滴破碎、射流破碎和液膜破碎。首先，应把液体展成薄的液膜或者形成细的射流；随后，液体在其内部的素流作用下以及在与周围介质相互作用下破碎而雾化。同一雾化过程往往同时存在这 3 种破碎类型，下面论述这 3 种雾滴破碎机制的相关研究。

关于丝状割裂成液滴，英国科学家 Rayleigh 早在 19 世纪初就对液体丝状破碎有所研究，在其研究过程中，他提出了关于非黏性液体破碎的数学表达式，表达式中指出：被扰动的液体波长大于射流液柱周长时，扰动波就会加剧，使得液柱在形成中极不稳定；扰动波在形成过程中不断变化，即当扰动波 $\lambda=4.51d_0$（d_0 表示液柱直径）时，雾滴粒径增长速率最快，此状态下的雾滴粒径是原有雾滴粒径的 1.89 倍。

但 Rayleigh 研究的液体射流破碎过程是在理想状态下进行的，因而 Rayleigh 关于雾滴粒径的预测值与实际雾化结果不是完全相符的，根据 Rayleigh 理论预测出的值偏大，但其研究成果对后人关于雾滴破碎过程的研究奠定了理论基础。

20 世纪初德国科学家韦伯（Weber）将 Rayleigh 的理论引入到液体的黏度研究上，Weber 认为：如果液体的最小波长大于初始扰动波的波长，那么液体在表面张力的作用下扰动会被抵消；若最小波长小于初始扰动波的波长，液体的表面张力则会促进扰动，这样会使射流破碎。Weber 还提出初始扰动波的波长为 λ^* 时，雾滴最容易形成。液体的最小波长 λ_{min}，以及最容易形成雾滴的波长 λ^*，见式（1-18）。

$$对于非黏性液体：\lambda_{min}=\pi d,\ \lambda^*=\sqrt{2}\ \pi d$$

$$对于黏性液体：\lambda_{min}=\pi d,\ \lambda^*=\sqrt{2\left(1+\frac{3\mu}{\rho_L\sigma d}\right)}\ \pi d \tag{1-18}$$

式中，d 为雾滴粒径，σ 为表面张力，ρ_L 为液体密度，μ 为动力黏度。

对于膜状分裂成液滴，当供液流量不断增加时，产生液丝数量与液丝直径大小均不再继续增加，产生的液丝间相互干涉，相互干涉的液丝产生液膜，被抛出转盘边缘不久后，液丝就分裂成尺寸较大的液滴。将雾化转盘转速继续提高，液膜开始向转盘边缘部位收缩。膜状破碎受到液体表面张力和黏滞阻力的影响，液膜是否进一步破碎成雾滴，主要由气体的压力、离心力和空气阻力决定。

以上形成雾滴的 3 种基本方式在整个形成过程中会发生互相转换，即在某一中间流量范围时，会发生两种形成雾滴方式的混合并存。设无量纲因子作为变量，在雾滴形成的变化范围内，雾化过程中能直接形成雾滴的判别式，见式（1-19）。

$$\left(\frac{Q\rho}{\mu D}\right)\left(\frac{\omega\rho D^2}{\mu}\right)^{0.95}\bigg/\left(\frac{\sigma D\rho}{\mu^2}\right)<1.52 \tag{1-19}$$

由雾化器射出的液丝形成雾滴的判别式，见式（1-20）。

$$\left(\frac{Q\rho}{\mu D}\right)\left(\frac{\omega\rho D^2}{\mu}\right)^{0.084}\bigg/\left(\frac{\sigma D\rho}{\mu^2}\right)^{0.90}<19.8$$

$$\left(\frac{Q\rho}{\mu D}\right)\left(\frac{\omega\rho D^2}{\mu}\right)^{0.63}\bigg/\left(\frac{\sigma D\rho}{\mu^2}\right)^{0.90}>0.46 \tag{1-20}$$

式中，Q 为总喷雾量，σ 为表面张力，ρ 为液体密度，μ 为动力黏度，D 为雾化转盘直径，ω 为雾化转盘角速度。

2. 压力旋流雾化

压力旋流雾化喷嘴是一种重要的雾化器类型，其雾化过程机制如图 1-17 所示。液体通过旋流片加速后进入中央旋流室，旋流液体推动着旋流室的内壁并形成一个真空中心。然后，以不稳定薄液膜的形式从孔口喷出，随即破碎成液丝和小液滴。压力旋流雾化喷嘴广泛应用于燃气轮机和汽车引擎中液体燃料的燃烧。流体从内部流动到完全雾化的过程可以分为三步：液膜形成、液膜破碎和完全雾化。

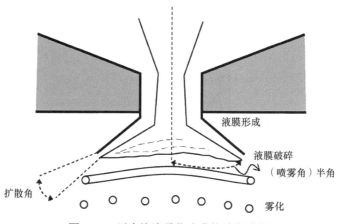

图 1-17　压力旋流雾化喷嘴的雾化过程

空气和薄液膜之间的相互作用尚不清楚。一般认为是空气动力学不稳定导致薄液膜破裂。以下分析假定 Kelvin-Helmholtz 波在液膜上生长，最终将液体破碎成液丝。假定液丝由于曲张不稳定（varicose instability）断裂成液滴。液滴一旦形成，之后的喷雾演变由阻力、碰撞、聚并和二次雾化决定。

Schmidt 等（1999）提出的线性非稳定液膜雾化模型（linearized instability sheet atomization，LISA）将三步合并为两步：液膜形成，以及薄液膜破碎和雾化。

喷嘴内液体的离心运动产生了由液膜包围的真空中心。该液膜的厚度（t）与有效质量流率（$\dot{m}_{\text{eff}}$）有关，见式（1-21）。

$$\dot{m}_{\text{eff}} = \pi \rho u t \left(d_{\text{inj}} - t \right) \tag{1-21}$$

式中，d_{inj} 为喷嘴直径，ρ 为液体密度。喷嘴处速度的轴向分量 u 是未知的，取决于喷嘴的内部构造且难以直接得到。因此，假设总速度与喷嘴压力相关，见式（1-22）。

$$U = k_{\text{v}} \sqrt{\frac{2\Delta p}{\rho_1}} \tag{1-22}$$

式中，U 为药液喷出喷嘴时的初始速度；k_{v} 为速度系数，是喷嘴结构及喷嘴压力的函数；Δp 为喷嘴压降；ρ_1 为液体密度。如果将旋流片视为喷嘴，并且假设压降主要发生在旋流片处，k_{v} 表示的就是发散系数 Cd。对于有尖锐入口角和长径比为 4 的单相喷嘴，Cd 的典型值为 0.78 或更小。如果喷嘴发生真空化，Cd 值可能低至 0.61。因此，0.78 实际上是 k_{v} 的上限。

从能量守恒的角度要求 k_{v} 小于 1，但 k_{v} 还要保证足够大的质量流量。为保证真空中心的范围是非负的，k_{v} 由式（1-23）计算。

$$k_{\text{v}} = \max \left[0.7, \frac{4\dot{m}_{\text{eff}}}{d_0^2 \rho_1 \cos\theta} \sqrt{\frac{\rho_1}{2\Delta p}} \right] \tag{1-23}$$

式中，$\dot{m}_{\text{eff}}$ 为有效质量流率，d_0 为喷嘴内径，ρ_1 为液体密度，θ 是喷雾半角，Δp 为喷嘴压降。

假设 Δp 已知，U 可由式（1-22）求得，当 U 确定，u 就可以通过式（1-24）求得。

$$u = U\cos\theta \tag{1-24}$$

假定喷雾半角（θ）已知，喷嘴处的液膜厚度及轴向分量都可以确定。假设速度的切向分量等于喷嘴下游薄液膜的径向速度分量，且速度的轴向分量保持恒定。

　　压力旋流雾化喷嘴模型包含了周围气体、液体黏度、表面张力对于液膜破碎的影响。该模型假设一个厚度为 $2h$ 的二维黏性不可压缩的液膜以速度 U 通过静止非黏性不可压缩的气体介质。液体和气体的密度分别为 ρ_l 和 ρ_g，液体黏度为 μ_l。使用与液膜一起移动的坐标系，以及无穷小波浪扰动 η 强加于初始的稳定运动，见式（1-25）。

$$\eta = \eta_0 e^{ikx + \omega t} \tag{1-25}$$

　　扰动导致液体和气体的速度及压力发生波动。其中，η_0 为初始波幅；i 表示复数；$k=2\pi/\lambda$，表示波数；x 表示波形的位移；$\omega=\omega r+|\omega|$，表示复杂生长率；t 表示时间。最不稳定的扰动有最大的 ωr，这里用足以发生液膜破碎的扰动最大生长率（Ω）表示并假设其足以发生液膜破碎。若获得关系 $\omega=\omega(k)$，则可以将最不稳定的干扰作为波数的函数计算出来。

　　破碎时形成的液丝直径可以通过质量守恒得到。如果假设液丝是由液膜中两倍波长的碎片形成的，得到的直径 d_L 由式（1-26）给出。

$$d_L = \sqrt{\frac{8h}{K_s}} \tag{1-26}$$

式中，K_s 是对应于最大生长率 Ω 的波数，液丝直径取决于液膜厚度 h，而液膜厚度是破碎长度 L_b 的函数。膜厚 h_{end} 由破碎长度和喷嘴处从中心线到液膜中线的径向距离 r_0 计算，如式（1-27）所示。

$$h_{end} = \frac{r_0 h_0}{r_0 + L_b \sin\frac{\theta}{2}} \tag{1-27}$$

式中，h_0 为初始液膜厚度，θ 是喷雾半角。此机制不适用于波长比膜厚还短的波，对于短波，液丝直径 d_L 假设与破碎处的波长成正比，如式（1-28）所示。

$$d_L = \frac{2\pi C_L}{K_s} \tag{1-28}$$

式中，K_s 是对应于最大生长率 Ω 的波数；C_L 是液丝常数，默认等于 0.5。

　　无论是长波还是短波情况下，由液丝断裂成液滴的过程假设根据 Weber 的毛细不稳定分析发生，所形成的液滴粒径 d_0 由式（1-29）计算。

$$d_0 = 1.88 d_L (1+3Oh)^{1/6} \tag{1-29}$$

式中，Oh 是奥内佐格数，是雷诺数和韦伯数的组合。假设由式（1-29）确定的 d_0 是 Rosin-Rammler 粒径分布中的最大概率粒径。由以上各经验关联式，可以得到压力旋流雾化喷嘴在雾化过程中的各参数值。

3. 静电雾化

　　在静电喷嘴中液体雾化成雾滴有两个过程，第一个过程是喷嘴本身的物理运动使农药被细化，即农药经过喷嘴后在气体摩擦力和喷嘴旋转离心力的作用下细化成雾滴；第二个过程是细化的雾滴会在相同电荷的排斥力、空气阻力、重力以及雾滴自身表面的张力共同的作用下进一步细化成更小的雾滴。

　　在没有给雾滴充电时，雾滴受到的其他力的影响可以忽略不计，只有表面张力，细化的雾滴会在表面张力的作用下收缩为一个规则的球形。液体细化是受外力的作用导致表面不稳定而细化，为了使雾滴进一步细化，雾滴充电后通过目标农作物和静电喷嘴形成的静电场时，雾滴表面会累积大量的电荷,即产生了聚集效应。只要累积的电荷量在静电场中受到的电场力大于雾滴表面张力,也就是雾滴所带电荷量突破它的极性值时,就会使雾滴受到约束力不平衡,从而进一步细化雾滴。对于任何带电雾滴,理论上都可以通过式(1-30)计算出雾滴进一步细化时所需电荷的极性值:

$$q_{max} = 8\pi\sqrt{\varepsilon_0 \sigma R^{3/2}} \tag{1-30}$$

式中,q_{max} 为雾滴电荷极性,ε_0 为真空介电常数,σ 为表面张力,R 为液滴半径。如果雾滴表面的荷电量超过了这个极性值,雾滴会因为受力的不平衡而发生雾滴破碎的现象,这就是瑞利极限。从式(1-30)可以看出,雾滴的半径和雾滴所带的电荷量成正相关,雾滴半径越小,雾滴细化所需要的电荷量极性值就越小。因此,给雾滴充电不需太大的电压就可以使雾滴带电量超过其极性值,从而使雾滴克服表面张力细化。

以上所分析的模型是忽略了其他外界因素的影响,把雾滴简化成空中静止的模型,其所带的电荷能量全部用来克服雾滴表面张力使雾滴破碎。在实际喷洒作业中,液体雾化所需电荷量也可以用惯性力与雾滴表面张力的比值即韦伯数 We 来描述,如式(1-31)所示。

$$We = \frac{\rho_1 R v^2}{\sigma} \tag{1-31}$$

式中,ρ_1 为液体密度,v 为雾滴脱离喷嘴的速度。由式(1-31)可知,韦伯数与雾滴表面张力成反比,韦伯数越大越容易使雾滴破碎成更小的雾滴。理论上,当韦伯数超过其临界值时,原来的雾滴就会破碎成两个雾滴,韦伯数足够大,那么破碎的雾滴会进一步破碎一直到韦伯数小于新雾滴的临界值。当韦伯数大于 8 时,雾滴就会受力不平衡而破碎。为了使计算过程简便,根据相关资料,在计算时取 $We=10$,把式(1-30)代入式(1-31)简化可以得到雾滴的破碎的临界电荷量,如式(1-32)所示。

$$q_{max} = \sqrt{64\pi^2 R^3 \varepsilon_0 \left(\sigma - 0.1\rho_1 R v^2\right)} \tag{1-32}$$

雾滴表面张力 σ 是只与外界温度有关的自身特征因素,用式(1-33)表示。

$$\sigma_t = \sigma_0 - \alpha\left(t - t_0\right) \tag{1-33}$$

式中,σ_t、σ_0 分别为 t、t_0 温度下的表面张力,α 为温度系数。把式(1-33)代入整理可以得到式(1-34)和式(1-35)。

$$We = \frac{64\pi^2 \varepsilon_0 \rho_1 R^4 v^2}{64\pi^2 \varepsilon_0 R^3 \left[\sigma_0 - \alpha\left(t - t_0\right)\right] - q^2} \tag{1-34}$$

$$q_{max} = \sqrt{64\pi^2 R^2 \varepsilon_0 \left[\sigma_0 - \alpha\left(t - t_0\right) - 0.1\rho_1 R v^2\right]} \tag{1-35}$$

可以得到影响带电雾滴破碎的主要因素为雾滴带电量、喷洒速度、雾滴表面张力、雾滴表面温度和温度系数。

1.3.2.2 雾滴雾化体系性能表征

农药的雾化程度就是喷雾过程中所产生的雾滴群的大小分散度,即一定体积的药液经过一定的雾化方式分散后所形成的雾滴数目。通常来说,农药药液雾滴雾化体系的性能表征主要有雾滴粒径、雾滴粒径分布、雾滴速度、喷雾锥角、扇面均匀度等。

1. 雾滴粒径

雾滴粒径是指有足够代表性的若干个雾滴的平均直径或中值直径，通常以 μm 为单位。雾滴粒径是农药喷雾技术中最为重要和最易控制的参数，是衡量药液雾化程度和比较各类喷嘴雾化质量的重要指标。

（1）雾滴粒径的表示方法

雾滴粒径的表示方法主要有以下几种。

1）数量中径

在一次喷雾样本中，将取样雾滴数量按雾滴大小顺序累积，当累积到雾滴数量等于取样雾滴总数的 50% 时，所对应的雾滴直径即为雾滴群的数量中径（number median diameter，NMD）。如果雾滴谱中细小雾滴数量较多，会导致算出的雾滴数量中径变小，但数量较多的细小雾滴总量在总施药液量中只占非常小的比例，故而数量中径不能准确地反映出大部分药液的粒径范围。数量中径的计算公式见式（1-36）。

$$\text{NMD} = \frac{\sum D_i N_i}{\sum N_i} \tag{1-36}$$

式中，D_i 为某一尺寸间隔的雾滴直径，N_i 为某一尺寸间隔的雾滴数，下同。

2）体积中径

在一次喷雾样本中，将取样雾滴的体积按雾滴大小顺序累积，当累积到体积值等于取样雾滴体积总和的 50% 时，所对应的雾滴直径即为雾滴群的体积中径（volume median diameter，VMD），相比于雾滴数量中径，体积中径更能表达出绝大部分药液的粒径范围，其计算公式见式（1-37）。

$$\text{VMD} = \left(\frac{\sum D_i^3 N_i}{\sum N_i} \right)^{\frac{1}{3}} \tag{1-37}$$

3）面积中径

当某过程属于表面积控制时可用面积中径（area median diameter，AMD）来表示雾滴大小，计算公式见式（1-38）。

$$\text{AMD} = \left(\frac{\sum D_i^2 N_i}{\sum N_i} \right)^{2} \tag{1-38}$$

4）索特平均直径

在一次喷雾样本中，若某一直径的雾滴的体积与表面积之比等于所有雾滴的体积之和与表面积之和的比，则此雾滴的直径即为索特平均直径（Sarter median diameter，SMD），计算公式见式（1-39）。

$$\text{SMD} = \frac{\sum D_i^3 N_i}{\sum D_i^2 N_i} \tag{1-39}$$

实际应用中，比较常用的雾滴粒径表示方法有数量中径（NMD）、体积中径（VMD）和索特平均直径（SMD）。

雾滴粒径大小是喷雾技术中最重要的参数之一。根据雾滴体积中径（VMD）的大小，我国一般将雾滴分成五类，如表 1-4 所示。

表 1-4 雾滴大小、类型及使用范围

VMD/μm	雾滴类型	使用范围
<50	气雾	超低容量喷雾
50~100	弥雾	超低容量喷雾
101~200	细雾	低容量喷雾
201~400	中等雾	高容量喷雾（常规喷雾）
>400	粗雾	高容量喷雾（常规喷雾）

针对靶标特征选择相应粒径大小合适的雾滴时，一般要考虑雾滴从喷射部件向靶标作物运动时雾滴动能的大小，雾滴在运动时所受的重力大小，以及作业环境气候因素和静电等因素对雾滴运动的影响。在当前需减少药液用量并达到更好防效的新形势下，只有使用粒径大小适当的雾滴，才能达到更有效的覆盖，雾滴均匀一致地分布在光滑的表面上，即可根据雾滴粒径计算得到表面上雾滴分布的理论密度，如表 1-5 所示。

表 1-5 沉积表面上雾滴分布的理论密度

雾滴粒径/μm	理论密度 /（个/cm²）	雾滴粒径/μm	理论密度 /（个/cm²）
40	4775	140	112
60	1327	160	82
80	570	180	54
100	289	200	41
120	177	220	29

由表 1-5 可以得出：一定药液量所形成的雾滴数目与雾滴粒径的立方成反比，所以，落在 $1cm^2$ 光滑表面上的雾滴数目 n 可以用经验公式（1-40）求得。

$$n = \frac{60}{\pi}\left(\frac{100}{d}\right)^3 Q \tag{1-40}$$

式中，d 为雾滴粒径（μm），Q 为每公顷所施药液量（dm^3）。

从表 1-5 可以看出，雾滴粒径由 200μm 降到 60μm 时，雾滴数目增加约 30 倍，而实际喷雾作业中雾滴覆盖面积并不能增加这么多倍，因而，目前研究较多着眼于如何控制外部施药技术条件，从而获得能够在靶标作物上有效沉积的最佳雾滴粒径。

（2）雾滴粒径的测量方法

雾滴尺寸的测量方法主要分为三类，即机械测量法、电子测量法和光学测量法。

1）机械测量法

主要包括冷冻法、熔蜡法、沉降法和压痕法。其测量原理简单，但需要收集雾滴。冷冻法和压痕法可用显微镜对收集的固体颗粒或粒子撞击压痕进行直接测量；熔蜡法和沉降法则是对收集的颗粒进行统计测量。比较而言，压痕法是成本较低且简便可行的机械测量方法。

2）电子测量法

电子测量法是基于对雾滴所产生电子脉冲的测量和分析，并将其转化成雾滴尺寸的分布图谱。该方法属于统计方法，包括电极法、导线法和热线法等。其主要优点是易于计数，节省测量时间；共同的问题是：如果电极、导线或热线的安装数目少，则不能代表整个喷雾场的情况；但若安装太多，则会对喷雾场形成干扰。

3）光学测量法

光学测量法是一种无接触式、不会对喷雾场形成干扰的测量方法。它从大类上可分为摄影法和非摄影法。摄影法包括闪光摄影法、激光全息摄影法，以及高速摄影或高速摄像法等；非摄影法均是以激光作为入射光源，包括激光多普勒法、干涉条纹光谱法、散射光强比法、多源散射光法和动态光散射法等。

其中应用最广泛的是马尔文粒度分析仪，该仪器操作简单、便携，测试可靠、精度高，重复性好、快速实时，是粒子尺寸分布和平均直径测量的首选测试仪器。该技术也是基于大量运动粒子对单色平行光的多源夫琅禾费衍射，其光学系统如图 1-18 所示。当单色平行的激光光束从喷雾粒子束的垂直方向照射到喷雾场时，如果喷雾场中的粒子直径均匀一致，夫琅禾费衍射就是单分散性的，即它是由一系列明暗相同的同心条纹构成的，条纹的间距取决于粒子的直径。

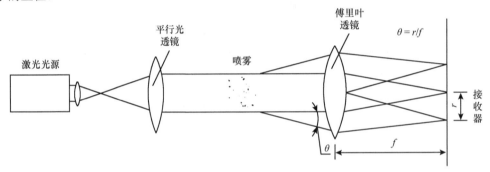

图 1-18　马尔文粒度分析仪的光学系统

（3）雾滴粒径的评价指标

雾化体系性能的评价，与雾滴粒径大小、雾滴的飘移量及雾滴的沉积速度等因素有关，这些因素中，雾滴粒径的大小起着关键性的作用。

1）雾滴粒径对药液飘移、沉积的影响

大粒径雾滴具有较大的动能，能快速沉降到靶标作物上，附着性好，且不易随风发生飘移；但是雾滴分布不均，易发生弹跳和滚落流失，多数雾滴会进入土壤中，造成大量农药损失，导致较严重的环境污染。小粒径雾滴在作物丛中有较好的穿透能力，能随气流深入靶标作物冠层，可在农作物表面得到很好的沉降和覆盖，且附着力强、不会产生流失现象，农药利用率高；但是雾滴粒径过小容易受气流的影响导致雾滴飘移至非靶标区域，无法对目标作物实施对靶作业，造成农药的有效利用率下降，对环境也产生污染。Hong 等（2018a）的实验结果表明：粒径在 50～200μm 的雾滴更易被树冠捕获，而粒径大于 240μm 的雾滴更易沉积在地面上。雾滴粒径小于 20μm 时，便很难进行有效的沉积。

杀虫剂田间喷雾适宜采用细雾和中等雾，而除草剂则适宜采用中等雾和粗雾喷洒；对于极细雾（气雾和弥雾），因其雾滴细小，容易飘移，只适合在温室大棚等密闭空间使用，如图 1-19 所示。

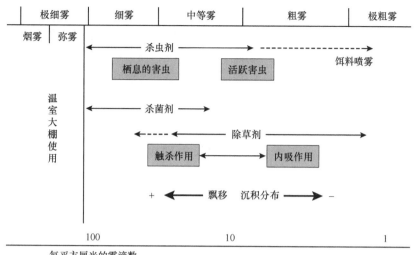

图 1-19　不同类型农药适宜采用的雾滴类型

2）雾滴粒径与雾滴沉积密度、施药液量的关系

雾滴粒径与雾滴数目呈立方的关系，雾滴粒径减小，雾滴数目就会成倍甚至几十倍地增加，单位面积上需要的施药液量就越少。如果采用 300μm 的雾滴喷雾，要达到雾滴沉积密度为 5 个/cm²，则需要的施药液量为 707L/hm²；如果采用 100μm 的雾滴喷雾，要达到雾滴沉积密度为 5 个/cm²，则需要的施药液量只有 26.2L/hm²。由此可知，采用小雾滴施药可有效减少农药使用量，具体如表 1-6 所示。

表 1-6　雾滴粒径与雾滴沉积密度、施药液量的关系

雾滴粒径/μm	雾滴体积/pL	雾滴个数/(个/μL)	雾滴表面积/(mm²/μL)	1L/hm² 施药液量的雾滴沉积密度/(个/cm²)	每平方厘米覆盖 1 个雾滴所需施药液量/L
20	4.2	238 732	300	2 387	0.042
40	33.5	29 842	150	298.4	0.335
70	180	5 568	86	55.7	1.797
100	524	1 910	60	19.1	5.24
150	1 767	566	40	5.7	17.7
200	4 189	239	30	2.4	41.9
250	8 181	122	24	1.2	81.8
300	14 137	71	20	0.7	141.4
400	33 510	30	15	0.3	335.2
500	65 450	15	12	0.15	654.7

崔丽等（2010）研究了采用机动弥雾法施用 70% 吡虫啉水分散粒剂防治小麦蚜虫的雾滴覆盖密度与防效的关系，当采用 70% 吡虫啉水分散粒剂低浓度喷雾时，雾滴在小麦上的覆盖密度越大，防治效果越好；当采用高浓度（600mg/L）喷雾时，雾滴覆盖密度为 142 个/cm² 和 291 个/cm² 时对麦蚜的防治效果分别为 94.5% 和 96.5%，在雾滴覆盖密度为 142 个/cm² 时已经达到了很好的防治效果，则无须采用 291 个/cm² 的雾滴覆盖密度。

3）雾滴粒径对不同生物靶标防治效果的影响

Uk（1977）通过研究发现，雾滴粒径大小与农药药效之间存在生物最佳粒径的关系，提出了生物最佳粒径理论。生物体对不同细度的雾滴都有一种选择捕获能力，都有一个最易于它们捕获的雾滴粒径范围，在此粒径范围内，靶标捕获的雾滴数量最多，防治效果最佳。

考虑到农药雾滴蒸发萎缩和控制细小雾滴飘移的问题，Matthews 和 Thomas（2000）对生物最佳雾滴粒径进行了补充，具体如表 1-7 所示。

表 1-7　生物最佳的雾滴粒径

防治对象	农药种类	最佳粒径/μm
飞行的成虫	杀虫剂	10～50
爬行的幼虫	杀虫剂	30～150
植物表面的病原菌	杀菌剂	30～150
杂草植株	除草剂	100～300

对不同的农作物，应根据生物最佳粒径理论选择合适的雾滴粒径。常规喷雾根本不可能实现这样的防治目标，而离心雾化施药技术可根据不同作物品种、防治对象、农药剂型以及棚室内的作业环境对雾滴粒径大小的不同要求，对雾滴粒径进行有效控制。

2. 雾滴粒径分布

喷雾过程中，雾滴群的粒径范围及其分布状况称为雾滴粒径分布，也称雾滴谱。雾化液滴尺寸分布以最为明了的方法表示出喷雾雾滴分布情况，通常是以直方图的形式呈现。横坐标为液滴直径，增量为 $D-\Delta D/2$ 与 $D+\Delta D/2$。直径增量 ΔD 越小，准确度越高，当增量足够小时，直方图就会转变成雾滴粒径分布曲线图，通常用雾滴粒径分布图或者雾滴累计分布曲线表示，如图 1-20 所示。

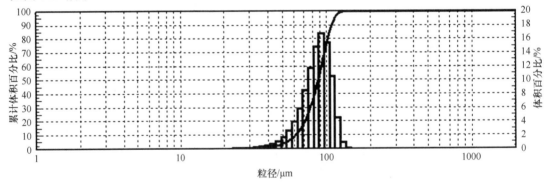

图 1-20　雾滴粒径分布曲线图

雾滴粒径分布越窄，则雾滴粒径分布越均匀；反之，则雾滴粒径分布越不均匀。雾滴粒径分布中只有部分合适粒径的雾滴能发挥最佳生物效果，即有效雾滴。雾滴谱越窄，则有效雾滴越多，有助于提高药液的有效利用率；反之雾滴谱越宽，无效雾滴越多，超出生物最佳粒径范围，容易造成农药飘移、流失等。图 1-20 雾滴粒谱窄，说明雾化器雾化均匀，有助于提高药液的有效利用率。

雾滴分布的集中或分散状况称为雾滴分布均匀度，用数量中径（NMD）与体积中径（VMD）的比值 DR 表示，是衡量喷雾性能好坏的一个重要指标，如式（1-41）所示。

$$DR = \frac{NMD}{VMD} \tag{1-41}$$

式中，DR 越接近 1，表示雾滴粒径越均匀。DR＜0.67，则表明喷雾机械所产生的雾滴大小不够均匀，雾滴在植物上的覆盖度和穿透性差。实践表明，DR＞0.67，则喷雾质量良好。

3. 雾滴速度

雾化过程中形成的雾滴离开喷雾装置时所获得的初速度会影响其在空间中的运动轨迹及运动时间。已有研究表明具有不同初速度的雾滴在空气中运动时受到大小和方向不同的曳力的作用，空气对雾滴的这种摩擦作用和雾滴自身惯性力的作用使其形成不同的运动轨迹，从而造成雾滴的飘移程度不同。雾滴的初速度越大，抵抗风的夹带作用的能力越强，防飘效果越好。增大喷雾压力不仅可以细化雾滴，同时也会提高雾滴的初速度，从而减小雾滴飘移的距离。

雾滴速度场的分布直接影响着雾滴的飘移特性及其穿透性，进一步影响喷雾效果。其测量方法有很多，早在 1914 年人们就发明了热线热膜流速计（hot wire & film anemometer，HWFA），至今已有 100 多年历史，但这种方法是接触式测量，对流场干扰较大；20 世纪 60 年代发展起来的激光多普勒测速仪（laser Doppler velocimeter，LDV），实现了对流场的无接触测量，具有极好的时间分辨力和空间分辨力，然而，它和热线热膜流速计一样，都只是一种单点测量技术。

全场测速技术是近十余年来发展起来的一类新技术，属于非接触式测量。主要有分子示踪全场测速技术和粒子示踪全场测速技术。

（1）分子示踪全场测速技术

分子示踪全场测速技术主要包括激光诱导磷光（laser-induced phosphorescence，LIP）测速技术、激光诱导荧光（laser-induced fluorescence，LIF）测速技术和相干反斯托克斯拉曼散射（coherent anti-Stokes Raman scattering，CARS）测速技术。

LIP 测速技术用激光诱导产生的磷光光强信号标记流体单元。利用磷光发光寿命长的特点，测量跟随流体一起运动的磷光信号的位置变化来测速。这种技术可以测量较宽的速度范围，但是精度和空间分辨力都受到一定的限制，并且扩散和混合过程使它不适于作高速流场的测量，长的磷光寿命也影响测量的时间分辨力。

LIF 测速技术方式较多，其中用荧光网格标记的测速方法和激光诱导荧光测速方法是用一种特殊的荧光材料，在流体中经紫外光照射后可接收激光诱导产生荧光辐射；标量图像测速技术和图像相关测速技术则无须用常规的点、线或网格方法标记流体，可对连续灰度流动图像直接进行处理，能完成混合浓度场和速度场的同时测量。另一种 LIF 测速方式基于光学多普勒效应，利用分子或原子吸收线的多普勒频移，或分子辐射线的多普勒频移，这种方法对实验要求很高，并且很难具有高的时间分辨率，吸收线频移量的直接测量需要使用宽带可调谐激光器，由于多普勒频移极其微小，很难准确测定，通常也只能做单点测速。

CARS 测速技术由于拉曼散射吸收截面很小，需要高强度的激光激励才能获得要接收的信号，因此技术当前仅限于单点测量。

（2）粒子示踪全场测速技术

粒子示踪全场测速技术主要包括粒子跟踪测速（particle tracking velocimetry，PTV）技术和粒子图像测速（particle image velocimetry，PIV）技术。

　　PTV 示踪粒子的记录有多种形式：单幅图像单次曝光法、单幅图像多次曝光法和由 CCD 相机摄取的时间序列图像记录法。目前，PTV 技术正在广泛应用于流体力学研究中，然而各种 PTV 技术无一例外地都仅适合于流场中示踪粒子浓度较低的情况，当浓度较高时，不同粒子的迹线图像会相互交错粘连或单个粒子图像的识别跟踪出现困难；粒子稀疏又使得可提取的流场速度信息量较少，限制了对流场细微结构的研究。

　　PIV 技术的基本原理是在流场中散布合适的示踪粒子，用脉冲激光片光照射所测流场切面区域，通过成像记录系统摄取两次或多次曝光的粒子图像，形成 PIV 底片；再用光学杨氏条纹法或粒子图像相关等方法逐点处理 PIV 底片，获得每一判读点小区中粒子图像的平均位移，由此确定流场切面上多点的二维速度。迄今为止，在二维全场测速技术中，PIV 是最成熟的一种技术，已成为测速的标准方法。

　　上述均为二维速度场测试技术，三维速度场测量已成为当今流场测试研究中的热点。目前出现的三维速度场测量方法有 2D+1D 方法、体视 3D-PTV 技术和体视 3D-PIV 技术及一些特殊方法。

　　所谓 2D+1D 方法，是指面内二维测量和纵向（离面）一维测量是独立进行的，面内二维位置（位移、速度）测量可依靠 PTV 技术完成，纵向一维测量可采用粒子跟踪色谱方法、粒子跟踪光强梯度方法、粒子跟踪温度梯度方法、粒子跟踪时间编码方法、粒子跟踪与粒子轨迹相结合方法、实验与数值计算相结合方法来实现。总的来说，粒子纵向位置的分辨率不高，在实际应用中还存在一定困难。

　　体视 3D-PTV 技术是用 2 个（或 3 个、4 个）相机，从不同位置记录被照明的流场粒子，对每一相机都可应用 PTV 技术进行粒子的识别、跟踪，完成记录像面上随机分布粒子图像序列位置的测量；在此基础上再进行不同相机之间粒子图像的匹配识别，最后根据相机空间位置投影关系完成粒子空间位置和位移的体视三维重建，这是体视 3D-PTV 测速技术的基本思想。由于单像粒子识别、跟踪及多像粒子匹配有一定的难度，因此 3D-PTV 通常应用于粒子稀疏的情况，可提取的三维速度信息较少。

　　体视 3D-PIV 技术考察的是多个粒子的统计性质，即粒子平均位移，在流场空间两个不完全交叠的体积元中，当示踪粒子的统计性质都能同样表征这两个体积元公共中心的流体时，PIV 技术与体视三维重建理论的结合，可以将原 PIV 技术中二维统计平均的概念扩展为三维统计平均，并且在确定体积元公共中心位置之后，直接实现空间流体体元的三维位移（速度）重建。

4. 喷雾锥角

　　通常所用的压力式喷嘴会产生空心锥喷雾图形，相对于喷嘴轴线是对称的。该图形表明，液体从小孔喷出时，有一个清晰确定的喷雾锥角。在喷嘴内部，由于液体旋转的结果，形成空心锥喷雾，在中心形成空气心。对空气心的一些研究结论如下：在 0.7～11.2MPa 压力下，用水做实验表明，空气心直径和压力大小无关；液体黏度增加，空气心直径变小直至消失；较大体积的液体旋转，形成较大的喷雾锥角及较大的空气心，当轴向液体速度分量增大而抵消旋转运动时，空气心消失，空心锥喷雾变为实心锥喷雾。

　　喷雾锥角有实际喷雾锥角和理论喷雾锥角之分，如图 1-21 所示。通常参考手册中所用的计算图表的基础数据是实测的实际喷雾锥角的平均值。

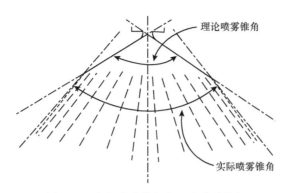

图 1-21　实际喷雾锥角和理论喷雾锥角

当喷嘴喷射压力一定时，喷雾锥角越小，贯穿距离越大；喷雾锥角越大，贯穿距离越小。因此，在不同应用场景中选取合适的喷雾锥角至关重要。有两种常见的喷雾锥角测量方法，如图 1-22 所示。

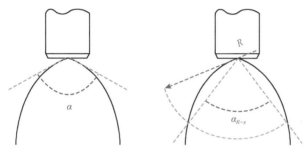

图 1-22　喷雾锥角测量方法示意图

在图 1-22 中，左图为出口喷雾锥角：从喷嘴出口处做两条射线，分别与喷雾边界相切，两条切线的夹角即为出口喷雾锥角，用 α 表示。以此种方法做出的喷雾锥角一般会在 45°～120°。右图为条件雾化角：以喷嘴出口为圆心、R 为半径作一个圆弧，与喷雾边界有两交点，两交点分别与喷嘴中心相连形成的夹角即为条件雾化角，用 $\alpha_{R=x}$ 表示。R 的取值一般大于 20mm，根据不同实际工况 R 取值有所不同，对于小流量喷嘴 $R=20～80$mm，对于大流量喷嘴 $R=100～250$mm 为宜。一般条件雾化角比出口喷雾锥角小 20° 左右。

5. 扇面均匀度

扇形雾喷嘴是应用最广泛的喷嘴，其喷量范围大，广泛应用于自走式喷杆喷雾机。雾量分布均匀性是喷嘴使用性能的重要指标，其中扇面均匀度是衡量雾量分布均匀性的性能表征之一，是对雾滴粒径跨度的进一步补充。

在 0.3MPa 喷雾压力下，研究了不同类型喷嘴（ST110-01、ST110-015 和 ST110-02 标准扇形雾喷嘴）、不同雾滴云释放高度（0.5m、1.0m 和 1.5m）条件下，清水及添加甲基化植物油助剂的雾滴粒径差异性。试验结果表明，喷雾介质为清水时，距离扇面的中心位置越远，雾滴粒径越大；在添加甲基化植物油助剂后，可有效改善扇形喷雾的均匀性，同时雾滴粒径［体积中径（VMD）］明显增大，如图 1-23 所示。

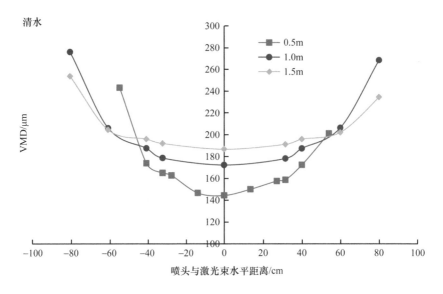

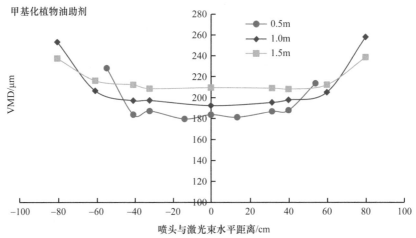

图 1-23   ST110-02 喷嘴扇面各点雾滴粒径

宋坚利等（2011）研究发现，喷嘴横截面势量线轮廓为不规则的长椭圆形，与喷雾扇面截面的形状类似。从中心向雾流边界区域发展，雾滴粒径逐渐增大，喷雾扇面横向边缘区域的雾滴粒径最大，在喷雾扇面中心区域形成一个细小雾滴核心区。易飘失雾滴集中在喷雾扇面中心区域，且易飘失雾滴流量最大的地方位于距离喷嘴 50cm 的区域内，越靠近喷雾扇面边缘位置，易飘失雾滴的流量越小。

1.3.3   农药雾化体系的剂量传递性能

农药雾化体系的影响因素包括药液物性、雾化条件参数和喷雾技术三方面。药液雾化性能主要体现在：雾滴大小及速度的分布、雾滴中空气进入液流中心的情况、雾化区结构及雾滴的结构。Miller 和 Smith（1997）提到喷嘴的设计类型、药液特性是影响喷嘴雾化性能的主要因素。

喷雾环境介质特性主要表现为密度、黏度、温度、湿度等。黏度对喷嘴的喷雾角、雾滴直径的影响较大。密度、温度都是通过黏度产生影响的。介质密度增加，使作用在喷雾束上的空气阻力增加，则液滴更易破碎，雾化角增加，液滴变小，提高了雾化性能。介质密度增大时液滴变小的原因可以用韦伯准则来解释。由于自然因素在通常条件下难以人为控制，且各因素数值波动易变，一般作为农药喷洒方案的前提条件，根据不同的自然因素来相应地调整喷施操作，以确保农药的最大利用率。自然因素显著影响着雾滴形成后的空间运动状态和运行轨迹，其中风速和风向主要影响雾滴的空气飘移，温度和相对湿度主要影响雾滴的蒸发飘移。但对于喷嘴出口处的雾化过程，由于在小范围内瞬间发生，自然因素的影响可以忽略。

1.3.3.1　药液物性

药液物性主要包括农药的种类、助剂的种类等，不同种类的农药和助剂对应着不同的流体性质和物性参数，如密度、黏度、表面张力等，这些参数都是影响农药雾化的主要因素。

由于药液中农药含量极小，大部分药液由助剂和水构成，因此不同药液的密度都与水近似，彼此间相差不大，密度对于农药雾化的影响不大。药液的黏度和表面张力可以通过添加不同类型的助剂来人为调节，因此添加不同助剂对药液雾化性能有较大影响。

对于不同的药液黏度，如图 1-24 所示，在喷嘴出口处，雾滴粒径越大，速度越大；在粒径相等的情况下，黏度对雾滴速度基本无影响，即药液的黏度直接影响雾滴粒径，对雾滴速度无直接影响。

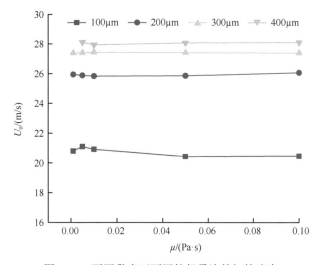

图 1-24　不同黏度下不同粒径雾滴的初始速度

如图 1-25 所示，随黏度增大，出口处 400μm 雾滴的占比不断提高，黏度显著影响雾滴的雾化过程。黏度增大会减小雾滴的形变程度，使瞬间变化的曳力作用减弱，雾滴稳定、不易破碎。黏度越大，出口处大粒径雾滴的占比越高，速度大的雾滴相应越多，雾滴的平均粒径和速度相应越大。对于高分子物质，其溶液的黏度较高，通常黏度和表面张力较高的溶液不利于雾化的发生，这是因为高黏度可以使液膜在破碎前保持一定的拉伸能力，阻碍了界面扰动并抑制了振动破碎范围的扩大。但是药液的黏度在剪切力的作用下发生变化，变化的程度与药液中高分子物质的结构、喷雾的压力、喷嘴类型有必然的联系。

在喷嘴内部流动的过程中，药液的黏度在剪切力的作用下也会发生变化，变化的程度与药液和助剂中高分子物质的结构、喷嘴压力、喷嘴结构等因素有关。当添加一定助剂之后，药液的静态表面张力及动态表面张力均发生变化，相应地雾化产生的液膜厚度和雾滴尺寸均有显著变化，一般来说，黏度或表面张力越大，形成的雾滴尺寸越大。另外，添加助剂或药

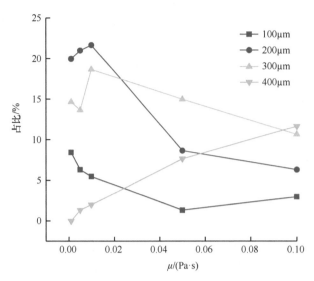

图 1-25　不同黏度下雾滴的初始粒径分布

液本身的非均一性质（悬浊液、乳浊液）对雾化过程也有较为显著的影响，多相物质的存在会使得液膜更容易破碎。Ellis 和 Tuck（1999）就不同助剂如何影响液力式喷嘴的雾化性能做了详细研究，分析得出添加不同助剂条件下不同类型喷嘴雾滴大小及液膜长度的变化，并计算两者之间的相关系数；通过统计水溶性液体及乳浊液条件下小于 200μm 和大于 400μm 的雾滴所占体积，对比分析药液雾化后雾滴飘失潜力。上述研究同时发现药液中表面张力对于不同喷嘴的雾化有不同的影响，即表面张力对雾滴粒径等的影响取决于喷嘴类型。

对于不同的药液表面张力，如图 1-26 所示，在喷嘴出口处，雾滴粒径越大，速度越大；在粒径相等的情况下，表面张力对雾滴速度基本无影响。

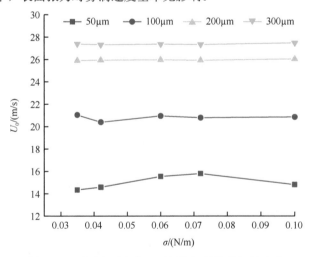

图 1-26　不同表面张力下不同粒径雾滴的初始速度

如图 1-27 所示，随表面张力增大，出口处 300μm 雾滴占比不断提高，表面张力对雾滴出口处的雾化过程有显著影响。表面张力的减小会导致界面稳定性降低，从而使雾滴发生更大程度的形变。与此同时，瞬间变化的曳力作用也更明显，更容易破碎成更为细小的雾滴；表面张力越大，出口处大粒径雾滴的占比越高，雾滴的平均粒径和速度相应越大。

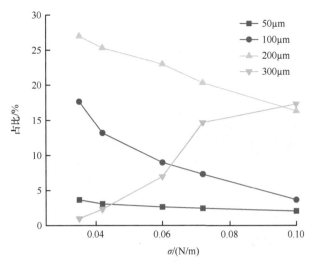

图 1-27　不同表面张力下雾滴的初始粒径分布

Cloeter 等（2010）应用平面激光诱导荧光法（PLIF）研究了水包油乳液雾滴对于改善喷雾流场的作用。实验及模拟结果表明，乳化液显著地改变了速度分布，扩大了中央高速区且缩小了减速区，乳化液的添加使得在初始液膜破碎区以外速度仍然维持在较大的值，这可以部分归因于乳化剂的加入改变了雾滴的尺寸分布，影响了曳力的大小，从而改变了雾滴的速度场，这样的高速区的面积增大十分有利于喷雾雾滴的防飘。

1.3.3.2　雾化条件参数

雾化条件参数主要包括喷雾压力、喷雾流量、喷雾角度、喷雾高度、喷嘴孔径等多种因素。

喷雾压力对雾滴平均粒径影响较大。在高压下，液滴具有较大能量，雾滴尺寸将随着压力的增加而减小。具体而言，雾滴索特平均直径（SMD）随着喷雾压力（P）的增大呈指数减小，液滴数量通量随喷雾压力增大而增加，同时液滴平均速度随喷雾压力增大呈线性增大。压力越大，雾化效果越好。雾滴 SMD（mm）与喷嘴口径 d（mm）和喷雾压力 P（MPa）呈二元线性关系，如式（1-42）所示。

$$SMD=59.868-7.161d-16.171P \tag{1-42}$$

喷雾流量的大小对雾滴的雾化效果也有显著影响。适中的喷雾流量可以得到分散均匀的雾滴，其雾化效果较好。喷雾流量过小会使得液膜厚度减小，更容易振动破碎，药量减小，喷淋密度降低；喷雾流量过大，若超出喷嘴工作上限，则会产生毫米级大液滴，且雾滴粒径不均匀，雾化效果较差。在药液喷洒过程中，可以调节压力来调节流量。对同一喷嘴来说，结构尺寸不变，流量系数 C_D 值不变，由式（1-43）可见，流量与压力平方根成正比。

$$\frac{V_1}{V_2}=\left(\frac{p_1\rho_1}{p_2\rho_2}\right)^{1/2} \tag{1-43}$$

喷雾角度通常情况下与喷嘴结构有关，较大的喷雾角度有利于液膜的生长及破碎，形成较小的雾滴，也利于液滴的雾化分散。增加喷雾角就降低了流量系数，从而降低了进料量。

喷雾高度对液滴雾化效果影响不明显；在其他喷嘴参数保持不变时，雾滴尺寸随喷嘴孔径的平方而增加。

1.3.3.3 喷雾技术

喷雾技术主要包括喷嘴类型、喷嘴与药液的组合等因素。不同类型的喷嘴由于其内部结构参数和雾化过程原理不同，最终所产生的雾滴粒径分布、扇面均匀度等雾化效果均有所差异，如图 1-28 所示。

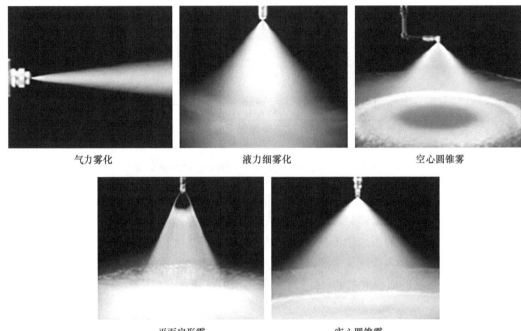

气力雾化　　　　　　　　液力细雾化　　　　　　　　空心圆锥雾

平面扇形雾　　　　　　　　实心圆锥雾

图 1-28　不同喷嘴类型的雾化效果

植保机械用的喷嘴是药液的雾化装置，属于植保机械的关键部件，其性能优劣决定喷施作业过程中的施药量、雾滴大小和均匀度等衡量喷雾质量的关键性指标，也是改进喷雾施药技术的关键。

1. 液力式雾化喷嘴

压力-气流型雾化喷嘴是压力雾化喷嘴的改进形式，其结构及雾化状态如图 1-29 所示。其中心是压力雾化喷嘴，在其外部设置一环隙，为气流雾化喷嘴，是压力雾化喷嘴及气流雾化喷嘴的组合。主要用于高分子聚合液的雾化。

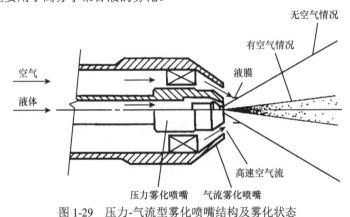

图 1-29　压力-气流型雾化喷嘴结构及雾化状态

雾化分为两个阶段，中心为压力雾化喷嘴，使液体获得压力能，形成液膜，第一次被雾化。然后用气流雾化喷嘴，将已形成的液膜再用压缩空气第二次雾化，使雾滴更细。控制气流雾化喷嘴的空气量，便可控制雾滴的直径。增大药液黏度时，雾滴的平均粒径变大。因为黏度增加时，空气心变小，液膜变厚，雾滴粒径变大。直至黏度约高于 80mPa·s 时，空气心消失，被液体所充满。

2. 离心雾化喷嘴

对于离心雾化喷嘴，影响雾滴粒径的因素主要有雾化转盘转速、直径、折弯，以及雾化齿盘齿数、齿形、分布等。离心雾化转盘的较大直径、多折弯结构使雾化器具有较大的惯性力和喷洒面，即使是在低转速条件下，也可形成均匀液膜，有利于药液随后的裂化和雾化；雾化齿盘的多齿结构则使经离心雾化后的药液雾滴进一步撞击破碎成更均匀细小的雾滴，从而有效提高离心雾化器的雾化质量。离心雾化生成的雾滴粒径与雾化器的转速成反比，与雾化器的直径及雾化液相对密度的平方根成反比，与雾化液的表面张力的平方根成正比。

不同雾化转盘结构下的雾滴粒径如表 1-8 所示。

表 1-8　不同雾化转盘结构下的雾滴粒径

转盘外径/mm	雾滴粒径/μm	转盘斜角/(°)	雾滴粒径/μm	转盘齿数/个	雾滴粒径/μm
80	99.72	45	86.61	90	96.51
100	86.16	60	89.16	120	95.69
120	81.73	75	95.69	150	87.65

朱正阳等（2018）的研究结果表明：转盘外径、斜角度数、齿数等喷嘴结构参数显著影响着雾化效果，适当增大这些参数将有利于药液雾化。转盘结构参数（外径、斜角度数、齿数）对生物农药活性的影响都不大。从药效上看，各种结构参数和操作参数组合，喷施后生物农药对于害虫的致死率都在 90% 以上，满足使用要求。综合雾滴粒径、生物农药活性和虫害防治效果，得到雾化转盘的结构参数和操作参数：对于低矮密集植物，转盘以外径 120mm、斜角 75°、齿数 150 个为最优，操作参数以流量 40L/h、转速 6000r/min、风速 5m/s 为最优；对于高大稀疏植物，转盘以外径 80mm、斜角 45°、齿数 90 个为最优，操作参数以流量 40L/h、转速 6000r/min、风速 5m/s 为最优。

赵刚等（2005）采用大直径、多折弯及有齿结构，使雾化器具有较大的惯性力和喷洒面，液体经过三折弯曲面均匀流向外边缘齿尖，在高速离心力作用下，液流呈点状喷洒，并与空气撞击后形成细小雾滴。大直径是实现"低速"雾化的前提；多折弯结构增加了雾化器的喷洒面，因而有助于提高低速条件下的雾化质量；雾化齿可使离开雾化转盘的雾滴进行二次雾化，从而获得更小的雾滴，实现低量喷雾。

法国科学家 Walton 和 Prewett 提出，由离心雾化转盘产生单个雾滴的粒径可由式（1-44）近似得出。

$$d = k \frac{1}{\omega} \sqrt{\frac{\sigma}{D\rho}} \tag{1-44}$$

式中，k 为比例常数（约等于 3.5）。

在风力辅助的情况下雾滴粒径可由式（1-45）计算得来。

$$d = \frac{2K\sigma}{\rho V^2} \qquad (1\text{-}45)$$

式中，V 为气流速度，K 为比例常数。

一个雾滴被甩出的实际距离取决于空气阻力的影响，产生的雾滴越大，甩出的距离越大，雾滴甩出的实际距离与雾滴粒径的大小成正比关系，单个雾滴被雾化器甩出的距离 L 与雾滴粒径 d 和雾化转盘直径 D 的乘积的平方根成正比，如式（1-46）所示。

$$L = 1.3\sqrt{dD} \qquad (1\text{-}46)$$

对于离心雾化，雾滴是由雾化转盘转动甩出，雾滴的初速度与转盘的角速度有关，但同时转盘的角速度又影响着雾滴的大小，当喷嘴与地面的高度一定时，雾滴的初速度是影响幅宽的主要因素，雾滴的初速度越高，雾滴飞行的距离越远，但由于雾滴初速度越高，产生的雾滴越小，克服空气阻力的惯性也越小，又限制了雾滴飞行的距离。所以对于离心雾化，喷幅的大小在一定范围内随着转盘速度的增大而增大，之后趋于平稳。流量一定时，喷幅随着直流电机电压的增大其变化有一定的规律性：先增大后减小；电压一定时的喷幅随着流量的增大而增大。

此外，直流电机电压、雾化转盘转速及流量等喷雾参数之间的相互作用也会影响雾滴粒径的变化，并最终影响离心转盘喷嘴的雾化效果。当流量一定时，雾化转盘转速随直流电机电压的增大而增大，雾滴粒径随着直流电机电压的增大而减小，并呈现一定的线性变化规律；当直流电机电压一定时，随着流量的增大，直流电机的负载加重，转速减小，雾化转盘转速随之减小，雾滴粒径随着流量的增大而增大，且近似呈直线变化规律。

3. 扇形喷嘴

扇形喷嘴能产生由细到中等的雾滴，具备良好的覆盖效果，能最大限度地减少雾滴飘移，其结构如图 1-30 所示。

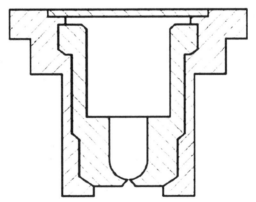

图 1-30　扇形喷嘴结构示意图

药液动态表面张力的降低有利于扇形雾喷嘴及圆锥雾喷嘴产生更多细雾。针对扇形雾喷嘴的雾滴飘失机制，研究发现粒径 100μm 雾滴的运动速度随着与喷嘴距离的增加逐渐减小，从喷雾扇面中心位置到喷雾扇面边缘，雾滴的运动速度逐渐降低，当细小雾滴运动到喷雾扇面尾部时，其运动速度将趋于一致。随着与喷嘴距离的增加，扇面逐渐展开，雾滴运动速度和夹带气流速度衰减，喷雾扇面的弯曲程度越来越大，越来越多的细小雾滴将在横向气流的作用下脱离喷雾扇面而飘失，所以喷雾扇面末端是易造成飘失的区域。

宋坚利等（2011）研究发现，喷嘴横截面势量线轮廓为不规则的长椭圆形，与喷雾扇面截面的形状类似。从中心向雾流边界区域发展，雾滴逐渐增大，喷雾扇面横向边缘区域的雾滴粒径最大，在喷雾扇面中心区域形成一个细小雾滴核心区。通过对对称面上易飘失雾滴的流量进行计算，发现易飘失雾滴集中在喷雾扇面中心区域，且易飘失雾滴流量最大的地方位于距离喷嘴 50cm 的区域内，越靠近喷雾扇面边缘位置易飘失雾滴的流量越小，表明如果环境气流可以将这个区域的细小雾滴吹离，将造成严重的飘失。

4. 气流雾化喷嘴

对于气流雾化喷嘴，影响雾滴粒径的主要因素如下。

（1）气液质量比

气液质量比（Ma/ML，简称气液比）是影响雾滴平均粒径的重要参数之一。Ma/ML 的值增加，液滴尺寸减小。一般的气液比范围为 Ma/ML=0.1～10。低于 0.1 时，雾化效果迅速恶化，即使对于易雾化的液体也是如此。Ma/ML=10 是增加小尺寸雾滴的有效比值的上限。高于此比值时，虽然消耗的能量多了，却没有显著地减小雾滴平均尺寸，如图 1-31 所示。当 Ma/ML= 8～10 时，对雾滴平均粒径的影响是很小的。研究指出，在高速气体存在时，5μm 的液滴不再被击碎成更小的尺寸，但喷雾试验可以达到 1μm 以下。

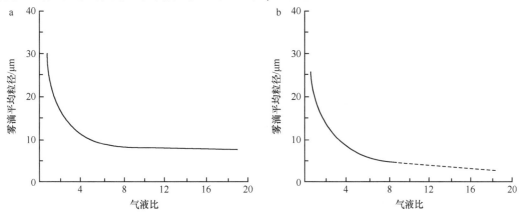

图 1-31　气液比对雾滴平均粒径的影响

a. 一般的二流式喷嘴；b. 冲击式二流式喷嘴

（2）气液相对速度

由于液体速度很小，气液相对速度可以近似为空气速度。雾滴平均粒径随空气速度增大而减小，如图 1-32 所示。

从图 1-32 可以看出，当 Ma/ML=4 且空气速度为声速时，雾滴平均粒径为 30μm；而空气速度为 50m/s 时，雾滴平均粒径为 190μm。这是因为增大接触点处的相对速度就增加了空气动能，使更多的能量用于雾化。在低进料量而又生成细雾时，相对速度的影

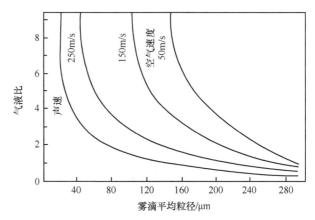

图 1-32　空气速度对雾滴平均粒径的影响

响更为明显。实际上，雾滴平均粒径与空气速度的 1.14 次方成反比。

（3）药液黏度

在相同条件下，增加黏度便增大了雾滴平均粒径，这符合基本雾化理论，如图 1-33 所示。当气液比 Ma/ML=4 且黏度为 5mPa·s 时，雾滴平均粒径为 25μm；而黏度为 250mPa·s 时，雾滴平均粒径为 125μm。所以黏度对雾滴平均粒径的影响较为明显。

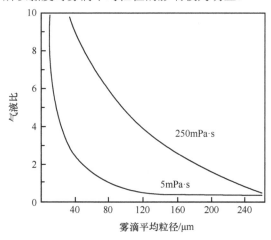

图 1-33　药液黏度对雾滴平均粒径的影响

王鹏飞等（2019）的研究结果表明：随着供水压力的增加，内混式空气雾化喷嘴的气流量和水流量分别以指数形式递减和递增，气液质量流量比不断下降，雾滴粒径不断增大。如图 1-34 所示，固定供气压力，供水压力提高时，雾滴体积频率峰值不断向右，即向雾滴粒径增大的方向偏移；从体积频率柱状图可以看出，随着供气压力的增加，雾滴粒径分布范围拓宽，而体积频率峰值表现出下降的趋势。

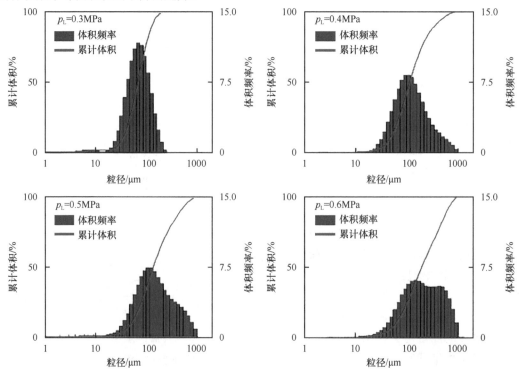

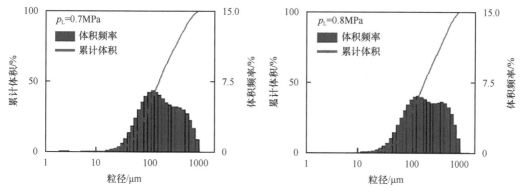

图 1-34　气流雾化喷嘴不同供水压力下的雾滴粒径分布

如表 1-9 所示，随着喷嘴压力的增大，喷嘴的喷雾射程和雾滴体积分数均增大，而雾化角呈现先增大后减小的变化规律。压力雾化喷嘴在较高的供水压力下才能获得较为理想的雾滴粒径，而气流雾化喷嘴由于有压缩空气作为助力，对供水压力要求较低。

表 1-9　不同喷嘴压力下内混式气流雾化喷嘴宏观雾化特性参数

喷嘴压力/MPa	雾化角/(°)	喷雾射程/m	雾滴体积分数/(×10⁻⁶)
0.3	32.32	2.9	58.2
0.4	39.02	3.7	191.1
0.5	42.22	4.2	276.4
0.6	49.10	4.9	327.5
0.7	40.62	5.6	374.2
0.8	38.75	5.7	476.3

而在相同的供水压力和出水孔直径下，气流雾化喷嘴水流量和雾滴粒径均小于压力雾化喷嘴，而雾滴体积浓度、雾滴速度和降尘效率均高于压力雾化喷嘴，由于内部结构和雾化原理的差异，旋流压力雾化喷嘴雾化角明显大于气流雾化喷嘴。如图 1-35 所示，气流雾化喷雾较压力雾化喷雾具有明显优势，获得相同的沉降效率，气流雾化喷雾耗水量仅约为压力雾化喷雾的一半。

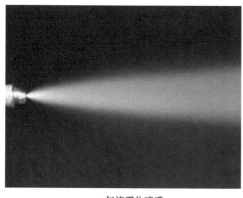

a. 气流雾化喷嘴　　　　　　　　　　　　b. 压力雾化喷嘴

图 1-35　0.5MPa 条件下两种喷嘴喷雾雾化角

　　由图1-36可知，随着供水压力的增加，两种喷嘴所对应的出口20cm处雾滴速度均增大，且增幅不断减小。对比两种喷嘴出口雾滴速度变化曲线可以发现，相同供水压力下，气流雾化喷嘴出口20cm处雾滴速度远高于压力雾化喷嘴，如供水压力为0.5MPa时，压力雾化喷嘴出口20cm处雾滴速度仅为10m/s，而气流雾化喷嘴由于有压缩空气作为助力，出口20cm处雾滴速度高达58.23m/s。

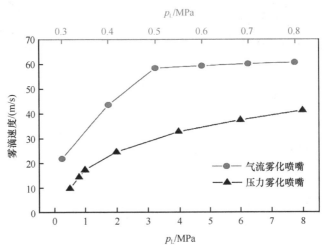

图1-36　不同供水压力下两种喷嘴出口20cm处雾滴速度

5. 药液与喷嘴的组合

　　药液与喷嘴的特定组合也会显著影响药液的雾化结果，即表面张力对雾滴粒径的影响取决于喷嘴类型，药液动态表面张力的降低有利于扇形雾喷嘴及圆锥雾喷嘴产生更多细小雾滴。在Fornasiero等（2017）的研究中，利用油状的Codacide防飘移喷雾助剂与高飘移喷嘴的组合，药液雾化效果较好，成功降低了施药过程中约50%的脱靶药量损失。

第 2 章　农药对靶剂量传递过程与行为

农药对靶剂量传递是一个复杂的剂量传输与分布过程。由于有害生物发生与为害相对隐蔽与分散，农药有效成分必须加工成适宜制剂，并通过一定的技术施用到靶标作物叶面或根部，形成"毒力空间"（屠豫钦，2004），并在有害生物发生与为害时"定点、定时、定量"释放而发挥效果。

农药对靶剂量传递过程中受到农药药剂和药液特性、环境气象因素、有害生物为害规律、施药参数、靶标作物叶面结构和冠层结构等多种因素的影响。对于目前广为采用的茎叶喷雾方式，首先是从农药制剂稀释成药液，药液再经施用器械雾化成雾滴的农药分散剂量传递过程，该过程受外界因素影响很小，剂量传输效率可达 95% 以上。其次是雾滴或雾化体系分散到靶标作物生态环境中，并向靶标作物冠层或有害生物为害部位运行的农药空间剂量传递过程，该过程中农药完全暴露在开放的生态环境中，受风吹、日晒、雨淋等环境因素影响很大，剂量传输效率一般不足 70%。再次是雾滴进入作物冠层并向叶片表面沉积和持留的界面剂量传递过程，该过程主要基于雾滴性能和叶片表面特性，雾滴与叶面间相互作用受到叶片屏蔽和冠层微环境干扰，时常发生碰撞、弹跳导致无法沉积到叶面上；在叶面上沉积的雾滴，时常发生聚并，从叶面滚落而流失，农药沉积率一般不足 40%。最后是沉积到靶标作物叶面或有害生物为害部位的农药，被有害生物摄取进入有害生物体内或渗透到靶标作物内部，并在体内传输和分布的体内剂量递释过程，该过程主要受体内传输途径和各种生理生化物质的影响，最终到达作用部位能发挥生物活性作用的剂量大多不足 0.1%。由此可见，雾滴在空间运行和界面沉积与持留过程是农药损失的关键环节，期间农药损失率累计高达 50% 以上。

下面就从农药雾滴对靶剂量传递的 3 个关键过程和行为分别进行阐述。

2.1　农药雾滴在空间对靶运行过程中的蒸发与飘移

2.1.1　概述

农药雾滴飘移是指施药过程中或施药后一段时间，在不受外力控制的条件下，农药雾滴或者农药颗粒在大气环境中从靶标区域迁移扩散到非靶标区域的物理过程，包括颗粒飘移（particle drift）、蒸发飘移（vapor drift），如图 2-1 所示。颗粒飘移是指喷头雾化后的细小雾滴受环境气流胁迫作用脱离靶标区域沉降在非靶标区域的过程，蒸发飘移是指农药在使用过程中或者使用后，气态药物扩散到周围环境中，主要是由药液有效成分和分散体系中的液体物质挥发造成的。

农药雾滴是农药剂量传递的载体。在理想情况下，农药药液经喷头雾化形成的雾滴在向靶标作物冠层运行过程中，主要受到雾滴的重力和空气对雾滴的阻力作用，重力加速雾滴下落，空气阻力促使雾滴速度衰减，直至雾滴以一定的速度到达靶标作物上。而实际上，雾滴在沉积过程中更多的是受到环境中风速、温度、湿度、光照等的影响。风速影响雾滴的飘移，温度、湿度、光照等影响雾滴的蒸发。由于目前农药喷施器械及雾化原理所限，形成的雾滴大小非常不均匀，粒径范围在 $10 \sim 1000 \mu m$。

一般，$100 \mu m$ 以下的雾滴在环境中风速、温度、湿度、光照等的影响下，运行速度和粒

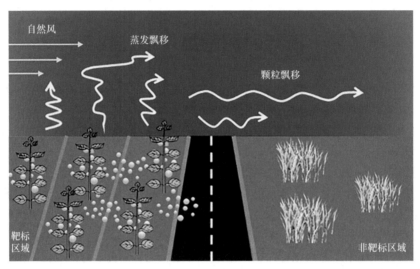

图 2-1 颗粒飘移和蒸发飘移示意图

径会急剧衰减；速度的衰减导致雾滴滞留空中时间延长，因沉积过慢而发生飘移；粒径的衰减导致雾滴下降速度变慢，因完全蒸发而进入大气环境。相比而言，在相同初始速度和同一喷施场景条件下，100μm 以上的雾滴具有较大的动能，受风速、温度、湿度、光照等环境因素的影响程度较低，雾滴飘移距离小，更易沉积到靶标区域内。

由此可见，需要正确认知农药雾滴的空间运行行为及主控因素，基于实际防控场景的需要调控雾滴性能，从而提高雾滴剂量传递效率。农药喷施技术应该是基于防控对象及其生态环境的使用方式、喷施器械、喷施参数等的最优组合与集成，应该是一套技术体系。主要是调控选定施药器械的雾化参数（喷头型号、压力、喷液量、喷施倾角等）和选择合适的农药助剂，基于喷施场景需求改善雾滴性能（粒径与分布、运行速度与倾角等）。

2.1.2 雾滴蒸发和飘移

药液蒸发过程的动力学以及热力学特性取决于多方面因素，如界面的润湿性、接触角的滞后性、界面的粗糙程度等。自然环境条件下液滴在光滑固体界面上的蒸发表现为两种模式：接触半径恒定的 CCR（constant contact radius）模式和接触角恒定的 CCA（constant contact angle）模式；而液滴在粗糙界面上的蒸发表现除上述两种模式外，还存在混合模式（mixed mode）。

Yu 等（2009）研究了不同液滴直径大小、不同相对湿度、不同表面活性剂等因素对液滴在蜡质和绒毛状结构天竺葵属植物叶片上蒸发时间及最大铺展面积的影响。结果发现：在一定范围内，液滴蒸发时间随液滴直径的增加和相对湿度的增大而延长；液滴最大铺展面积随液滴直径的增加而增加，而受相对湿度影响不大；添加表面活性剂可以显著改变液滴的蒸发时间和最大铺展面积。在药液中添加表面活性剂烷基聚氧乙烯醚，能够有效缩短液滴在蜡质或绒毛状叶片上的蒸发时间；而添加非离子胶体聚合物类的飘移抑制剂，则可略微延长液滴的蒸发时间。但无论在喷雾中添加烷基聚氧乙烯醚还是飘移抑制剂，液滴在蜡质层结构叶片上的蒸发时间均较绒毛状结构叶片上的蒸发时间长。在具蜡质层结构的天竺葵属植物叶片上，整个蒸发过程中农药液滴的铺展面积逐渐减小；而在绒毛状结构的植物叶片上，在相同液滴体积和相对湿度条件下，液滴的铺展面积持续扩大直到快蒸发完为止。该研究表明，液滴在植物叶片表面的持留时间长短和润湿铺展面积大小受液滴大小、靶标作物叶片表面结构（蜡质层或绒毛状）、相对湿度及添加的表面活性剂等因素影响。据此可以指导农药在不同种类植物上的合理使用剂量和喷雾方法，以达到实现最佳生物效应和有效减少农药用量的目的。

农药液滴在蜡质层和绒毛状叶片上的蒸发及沉积主要受喷雾剂型、液滴粒径和相对湿度的影响。其中，液滴蒸发速率以及在蜡质和绒毛结构叶片上的铺展随添加的表面活性剂种类的不同而不同，加入合适浓度改性后的籽油（modified seed oil，MSO）、非离子表面活性剂（nonionic surfactant，NIS）或混合油表面活性剂（oil surfactant blend，OSB）均能够有效提高喷雾药液的均匀性，增大液滴在蜡质和绒毛状结构植物叶片表面的铺展面积，减少农药用量、提高经济效益及降低环境污染。水滴的润湿铺展面积和蒸发时间因其在叶片的近轴面（正面）、远轴面（背面）以及叶片不同部位（主脉、侧脉和脉间区域）而异；添加表面活性剂后，不同直径液滴的铺展面积均增大，蒸发时间均缩短。就整个叶片表面而言，添加表面活性剂使得直径为 300μm 的液滴的平均铺展面积增加了 203%，蒸发时间减少了 44%；而对直径为 600μm 的液滴，添加表面活性剂后其平均铺展面积增加了 275%，蒸发时间减少了 19%。

2.1.3　雾滴飘移和蒸发的影响因素

农药雾滴飘移是多因素耦合作用下的结果（图 2-2），主要包括雾滴的特征参数，如雾滴初始粒径和速度、理化性质等，施药期间的环境条件，如风速、风向、温度、湿度等，喷雾操作参数，如喷雾角度、喷头类型、喷雾高度等。当雾滴靠近靶标冠层时，雾滴的运动轨迹会受到靶标冠层周围气流的影响出现不同程度的运动偏转，导致雾滴的沉积分布出现差异。

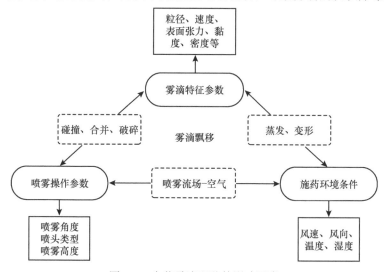

图 2-2　农药雾滴飘移的影响因素

2.1.3.1　雾滴参数

（1）雾滴粒径

农药药液经过喷嘴后会产生具有一定粒径分布的雾滴群。在实际应用过程中，经常使用体积中径（VMD）或数量中径（NMD）来描述雾滴谱的分布特征。雾滴的体积中径是指雾滴粒径小于该值的所有雾滴体积之和占总体积的 50%，类似地，数量中径是指雾滴粒径小于该值的所有雾滴数量之和占总数量的 50%。此外，索特尔直径也可以用来描述雾滴谱分布。根据美国农业工程师学会（American Society of Agricultural Engineers，ASAE）S-572 号标准分类（S-572 Spray Tip Classification by Droplet Size，2009），雾滴按照粒径大小可分为细小雾滴（very fine，＜100μm）、小雾滴（fine，100～175μm）、中等雾滴（medium，175～250μm）、粗雾滴（coarse，250～375μm）、非常粗雾滴（very coarse，375～450μm）、极粗雾滴（extremely coarse，＞450μm）（ISO，2009），详见表 2-1。类似地，英国作物保护委员会（British Crop Protection Council，BCPC）也曾出版过相关的标准（X-572 Spray Nozzle Classification Adopted by the ASAE）（BCPC，1998）。

表 2-1　ASAE S-572 雾滴粒径分类标准

分类标准	符号	颜色	体积中径（VMD）/μm
细小雾滴	VF	红色	＜100
小雾滴	F	橙色	100～175
中等雾滴	M	黄色	175～250
粗雾滴	C	蓝色	250～375
非常粗雾滴	VC	绿色	375～450
极粗雾滴	XC	白色	＞450

小雾滴的比例对雾滴的飘移量有显著的影响。雾滴的粒径越小，在空中的停留时间越长，下落过程中速度衰减越严重，被风携带脱离靶标区域的可能性越大。同时，小雾滴相对于大雾滴更容易受到环境温湿度的影响发生蒸发，导致粒径变得更小，随风飘移距离更远。图 2-3 显示了初始速度为 15m/s 的不同大小雾滴在温度为 30℃、相对湿度为 60%、横向风速为 1m/s 环境中的运动轨迹，可以看出粒径对雾滴的空间飘失距离有明显的影响。

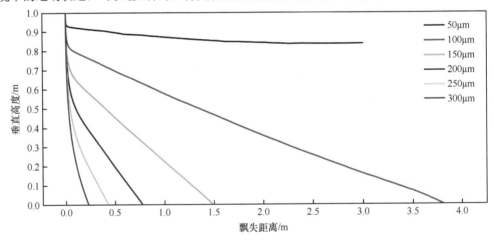

图 2-3　不同粒径雾滴在横向 1m/s 风中的飘失距离（垂直高度 1m 处为雾滴初始位置）

表 2-2 显示了上述不同粒径雾滴在 1m/s 横向风中，释放高度为 1m 时的空间运行时间与最大理论飘失距离，同时考虑了蒸发对雾滴粒径的影响。从该表可以看出，雾滴粒径不仅对空间飘移有明显的影响，而且对雾滴的空间蒸发损失同样有一定的影响。实际上，蒸发会加大雾滴的飘失距离，能够加剧雾滴飘移带来的危害。学者研究表明，雾滴粒径小于 100μm 所占的比例严重影响着雾滴的飘移比例。Wolf（2013）的实验表明，100μm 的雾滴在 25℃、相

对湿度为 30% 的情况下移动 75cm 后，雾滴的直径会因为蒸发损失减少一半。此外，也有学者认为粒径小于 50μm、150μm、200μm 为易飘移粒径的界定线。

表 2-2　不同粒径雾滴在横向 1m/s 风中的运行参数

初始雾滴粒径/μm	运行时间/s	最大理论飘失距离/m	最终雾滴粒径/μm
50	2.93	下风 3m 处完全蒸发	0
100	3.79	3.81	78.51
150	1.49	1.49	143.52
200	0.80	0.77	196.66
250	0.47	0.43	247.83
300	0.28	0.22	298.38

雾滴的粒径大小及分布会受到喷嘴类型、喷嘴大小、喷雾压力、药液理化性质、助剂种类等因素的综合影响。因此在实际喷洒过程中，应结合冠层结构和病虫害防治效果等因素，明确所需的粒径范围，以此选取合适的喷嘴类型及喷雾技术参数，保证农药能够尽可能地沉积在靶标区域内，在为害部位充分发挥药效，达到防治病虫草害的作用。

（2）雾滴速度

通常情况下，雾滴在离开喷嘴时的初始速度最大，在其向靶标冠层运动过程中，速度逐渐衰减，接近靶标时的速度最小。雾滴经过雾化喷头后的初始速度可根据伯努利方程进行计算，如下：

$$V = C\sqrt{2\frac{\Delta P}{\rho_L}} \tag{2-1}$$

式中，V 为雾滴的初始速度（m/s）；C 为流量系数，由喷嘴的内部结构决定；ΔP 为液体压力（Pa）；ρ_L 为药液的密度（kg/m³）。

在静止的空气中，雾滴在下落过程中速度逐渐衰减，通过对雾滴进行受力分析可知，当雾滴所受的空气阻力与自身重力相平衡时，雾滴会匀速降落，此时的速度被称作沉降速度，计算公式如下。

$$V_t = \frac{\rho_L g d^2}{18\eta_a} \tag{2-2}$$

式中，V_t 为雾滴的沉降速度（m/s），ρ_L 为雾滴密度（kg/m³），g 为重力加速度（m/s²），d 为雾滴的直径（m），η_a 为空气的黏度系数 [kg/(m·s)]。

当雾滴的直径小于 50μm 时，可用式（2-2）计算终端速度。当雾滴的直径达到 100μm 时，可用式（2-3）进行估计。

$$V_t = 3 \times 10^7 d^2 \tag{2-3}$$

雾滴直径和雾滴速度决定了雾滴的动能大小，可通过下述公式计算。

$$E_k = \frac{1}{2}mV_{50}^2 \tag{2-4}$$

$$m = \rho_L \frac{\pi}{6}D_{v50}^3 \tag{2-5}$$

式中，E_k 为雾滴的动能（J），m 为雾滴平均质量（kg），V_{50} 为雾滴的平均速度（m/s），D_{v50} 为雾滴的体积中径（μm）。

　　小雾滴由于本身质量较小，维持自身初始动能的能力较弱，在下落过程中受到空气的阻力作用速度逐渐降低，不容易达到靶标区域。如图 2-4 所示，为 100μm 雾滴在施药风速为 3m/s 时，下落过程中的受力与速度演化趋势。对于 100μm 雾滴，初始时刻在水平方向上其与空气的相对速度最大，导致此时的水平曳力最大，随后雾滴在水平曳力的拖拽作用下逐渐向顺风方向加速运动，水平速度逐渐增加，直到增加到与风速基本一致时，雾滴与气流的相对速度基本缩小为 0，相应地水平曳力也几乎减小为 0，此后雾滴在水平方向上基本以风速均匀运动，即水平方向上，雾滴做加速度减小的加速运动，直到水平速度增加至风速。在垂直方向上，初始时刻雾滴与气流的相对速度同样最大，导致初始垂直曳力远远大于重力（比值约为 230），随后雾滴在垂直曳力的拖拽作用下逐渐减速，与气流的相对速度逐渐减小，垂直曳力也随之减小，直到雾滴的垂直速度减为 0 时，曳力也随之减少到 0，即雾滴在垂直方向上做加速度减小的减速运动。

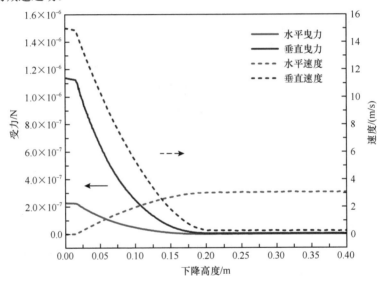

图 2-4　100μm 雾滴在空间运行中的受力与速度演化趋势

　　如图 2-5 所示，300μm 雾滴的空间动态受力和速度演化趋势与 100μm 雾滴的情况相似，最明显的差异在于，300μm 雾滴在初始时刻的垂直曳力和重力比值约为 32，仅为 100μm 雾滴的 1/7 左右，导致相比于 100μm，其垂直速度衰减较慢，在下降高度为 0.4～1.0m 时依然能够保留一定的垂直速度撞击在靶标表面。通过对比分析，发现导致不同雾滴之间的速度演化和飘移距离出现显著差异的原因在于初始曳力与重力的比值。

　　雾滴的飘移潜力与雾滴的动能密切相关，Nuyttens（2007）研究的飘移曲线如图 2-6 所示，体现了雾滴飘移比例与雾滴动能之间的关系。较小的速度和直径均可以导致雾滴的动能降低，E_k 与 V_{50}^2 和 D_{v50}^3 成正比，相比之下，雾滴动能受雾滴体积中径的影响较为明显。

　　对于大多数喷嘴，增加喷雾压力可以提高雾滴的初始速度，但与此同时雾滴的粒径也会随之减小，初始速度与粒径之间体现了协同竞争的关系，因此在实际操作过程中，应选取合适的喷雾压力和流量，使得雾滴的初始动能达到最优，保证农药利用率得到最大程度的提高。

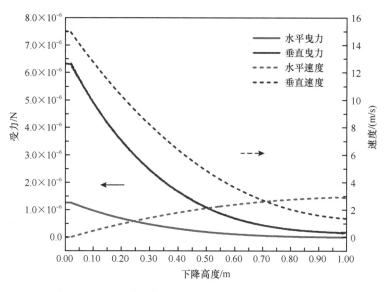

图 2-5　300μm 雾滴在空间运行中的受力与速度演化趋势

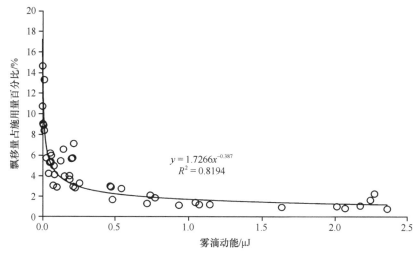

图 2-6　雾滴动能大小与雾滴飘移比例之间的关系

（3）理化性质

药液的表面张力和黏度是影响雾滴飘移最为重要的两个理化性质参数。通过添加功能性助剂，可以改变药液的理化性质，增大药液表面张力和黏度，有可能提高雾化过程中雾滴的粒径，在一定程度上可以降低雾滴飘移的潜在性能。然而，药液化学性质和喷雾条件的组合效应对于雾滴粒径的影响仍未得到准确的预测。

表面张力主要受表面活性剂的影响，向药液中添加相应的表面活性剂能提高雾滴在靶标表面的润湿铺展性能，并可以通过实验现象直观地体现出来，而表面活性剂对雾滴空间飘移的影响效果很难被直接观察到，需要通过雾滴粒径的变化和飘移测试的结果侧面地反映出来。

在实际农业喷雾过程中，水经常被用作溶剂和稀释剂，因此表面活性剂对农药制剂水溶液的影响得到广泛的研究。如表 2-3 所示，Butler 等（1997）通过风洞实验测试了不同喷雾溶液通过 FF 110 03 喷嘴后的雾滴粒径和飘移潜在性能，结果表明相比于水溶液，矿物油和植物油对雾滴体积中径的影响不明显，而添加阳离子表面活性剂和非离子润湿剂后，雾滴的体积中径减小；添加大豆磷脂和有机硅后，雾滴的体积中径增加。

表 2-3 添加不同种类助剂条件下雾滴的体积中径

喷雾药液	组成成分	使用浓度/%	体积中径/μm	<100μm 的体积比例/%
水			256	2.9
Ethokem	阳离子表面活性剂	0.50	234	4.8
Li 700	大豆磷脂	0.50	275	1.6
Agral	非离子润湿剂	0.10	247	3.6
Axiom	矿物油	1	260	2.6
Codacid oil	植物油	1	268	2.0
Silwet L-77	有机硅	0.15	276	1.5

随着时间推移，农药剂型越来越多，表面活性剂和农药剂型的组合效应对雾滴粒径及飘移性能的影响也逐渐得到探索。如表 2-4 所示，Sanderson 等（1997）通过田间试验研究了不同农药剂型和不同表面活性剂组合下雾滴的田间飘移率，同时对雾滴的体积中径进行测试，结果表明，加入非离子表面活性剂减小了雾滴的体积中径，增加了雾滴的田间飘移率，而植物油对雾滴体积中径和田间飘移率的影响不明显。

表 2-4 不同剂型农药和助剂组合下对雾滴体积中径和航空喷雾飘移性能的影响

喷雾药液	体积中径/μm	田间飘移率/%
敌稗 EC	177	19.8
敌稗 EC+非离子表面活性剂	174	21.5
敌稗 EC+植物油	177	20.6
敌稗 WG	219	14.4
敌稗 WG+非离子表面活性剂	208	14.7
敌稗 WG+植物油	220	13.9
敌稗 LF	236	11.5
敌稗 LF+非离子表面活性剂	212	13.4
敌稗 LF+植物油	238	11.4

注：EC 代表乳油；WG 代表水分散粒剂；LF 代表可流动液剂

此外，喷嘴种类对不同剂型药液和助剂类型组合后的雾滴粒径也有显著的影响。如图 2-7 所示，Stainier 等（2006）测试了含有不同剂型和助剂组合下的甜菜宁药液分别通过扇形喷嘴、空心圆锥喷嘴、气吸式喷嘴后的雾滴粒径，结果表明，无论哪种药剂类型和助剂类型组合，喷头种类的影响都是最为显著的。

需要注意的是，表面活性剂的用量对其效果的影响比较明显。一旦使用过量，可能会造成喷雾角度、喷雾形态及流量均匀性分布异常的后果，因此在实际田间作业之前，需要明确所添加助剂的适宜浓度范围，以保证助剂能够发挥最佳的作用效果。

表面张力和黏度不仅会影响雾滴的粒径分布和飘移潜力，还会影响雾滴的空间运行特征，马学虎等（2020）构建了二维气液相界面追踪模型，系统地研究了多因素耦合下单雾滴在横

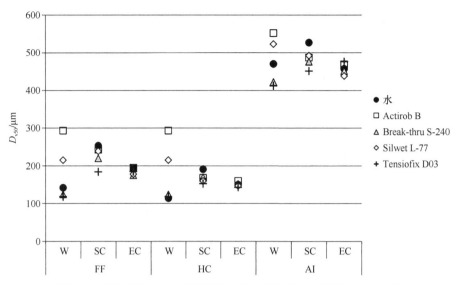

图 2-7　不同喷嘴类型、药液剂型、助剂种类组合下雾滴的体积中径

FF 为扇形喷嘴；HC 为空心圆锥喷嘴；AI 为气吸式喷嘴；W 为水；SC 为悬浮剂；EC 为乳油

向风场中下落时的变形特征，表明雾滴的形变会受黏性力、表面张力等内部作用力和重力、曳力等外部作用力的共同作用，外部作用力能够促进雾滴发生形变，而内部作用力阻碍雾滴的形变，所获得的雾滴空间运行过程中的最大形变量如图 2-8 所示。雾滴的理化性质对空间变

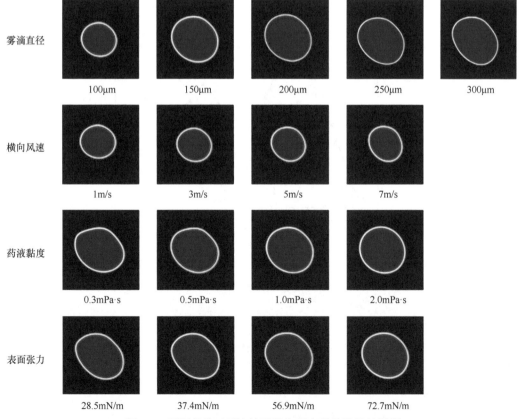

图 2-8　不同条件下雾滴达到最大形变量的计算结果图

形特征的影响规律如图 2-9、图 2-10 所示，结果表明雾滴的形变量随着黏度和表面张力的增加而减小；雾滴的形变周期随着表面张力的增加而缩短，但基本不受黏度的影响。通过研究明晰雾滴的空间形态演化规律与原因机制，可为设计农药减飘策略提供新的思路。

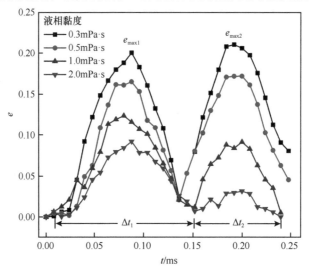

图 2-9　不同黏度的 150μm 雾滴在横向风场中形变量 e 随时间的变化

d_p=150μm；u_a=3m/s；σ=72.7mN/m

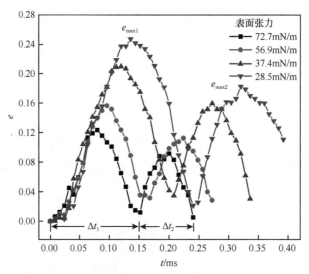

图 2-10　不同表面张力的 150μm 雾滴在横向风场中形变量 e 随时间的变化

d_p=150μm；u_a=3m/s；μ_d=1.0mPa·s

2.1.3.2　环境因素

在田间施药时，风速、风向和温湿度等环境条件对雾滴的空间飘失距离及蒸发损失均有明显的影响。

1. 风速与风向

环境风速被普遍认为是影响雾滴飘移最重要的因素之一，甚至决定雾滴在近距离区域内的飘移损失比例。大量风洞研究表明，雾滴的飘移比例与风速大致呈线性关系，建议在风速为 3～5m/s 的范围内喷洒农药。通常在傍晚时分，地表降温会使得大气稳定性增强，环境风速会随之降低。气象报告中的风速一般指的是距地表 10m 高度处的数值，其他高度处的风速可通过对数风速定律进行估计（Bauer et al.，2004），公式如下。

$$u_z = \frac{u^*}{\kappa} \ln\left(\frac{z + d_r}{d_r}\right) \tag{2-6}$$

式中，z 为距地表的高度（m）；u_z 为距地表高度为 z 处的风速值（m/s）；u^* 为环境风速（m/s）；κ 为冯卡门常数，大小为 0.41；d_r 为地面粗糙度（m）。实际上，湍流效应和蒸发过程会增大雾滴的最大飘移距离，加剧雾滴飘移带来的危害。

如表 2-5 所示，为不同粒径雾滴分别在 1m/s、2m/s、3m/s 横向风中下降 1m 时的飘失距离，结果表明风速对于雾滴的空间飘失距离影响非常显著，尤其是粒径较小的雾滴，当环境风速达到 3m/s 时，不适宜在田间喷洒农药进行病虫害防治。

表 2-5　不同粒径雾滴在不同风速横向风中下降 1m 时的飘失距离　　　　　　（单位：m）

粒径/μm	风速		
	1m/s	2m/s	3m/s
150	1.49	2.95	4.49
200	0.77	1.54	2.33
250	0.43	0.85	1.29
300	0.22	0.45	0.68
350	0.13	0.26	0.40
400	0.09	0.17	0.26

此外，环境风速的增加可提高雾滴表面对流蒸发的强度，加大雾滴的蒸发速率，同时，雾滴所受的曳力也会随风速的增加而增大，导致雾滴的下落时间延长，蒸发损失比例增加。

除了环境风速，风向对雾滴的空间扩散行为也有着不可忽视的影响。如果可能，农药喷洒时不仅要避免强风速的天气，也要避免风向朝向周围敏感动植物区域的天气，以此减少雾滴飘移给周围生态环境带来的风险。

2. 湍流效应

空气的湍流效应对雾滴飘移也会造成影响。当湍流强度增大时，无论是在水平方向还是垂直方向上，雾滴都将会被带到更远的距离。湍流强度被定义为湍流脉动速度的均方根与平均风速的比值。湍流的产生方式包括动态湍流（dynamic turbulence）和热湍流（thermal turbulence）。

动态湍流：物质表面摩擦会减小其附近空气的流速，通常情况下会导致空气流动出现翻转和混合的现象。湍流旋涡的平均尺寸随着高度的增加而增加，同时湍流强度会受到表面粗糙度的影响。在相同风速下，树木或高大作物靶标区域产生的动态湍流强度比草坪等低矮作物区域更大。

热湍流：热湍流或自然对流是由于热空气的密度比周围冷空气的密度小而出现上升趋势造成的。当表面被太阳光照射后，与其接触的空气会被加热，表现出向上流动的趋势，同时热湍流的存在也会增大动态湍流的强度。

针对大多数农作物区域，湍流强度的数值大约在 10%，稳定条件下裸地区域的湍流强度小于 5%，而森林区域的湍流强度在气候不稳定时可达到 15%，甚至超过 20%。湍流强度会控制雾滴群的空间扩散速率，当湍流强度增加时，冠层更高的区域的雾滴沉积量会明显增加，且越靠近喷雾器源头，沉积量越大。通常情况下，湍流膨胀会将低浓度的小雾滴携带到下风区域更远的位置。

3. 大气稳定性

大气稳定性是用来描述空气在垂直方向运动的现象，与边界层的温度梯度相关。图 2-11 阐释了不同大气稳定性条件下的典型温度梯度分布及雾滴群的空间分散模式。

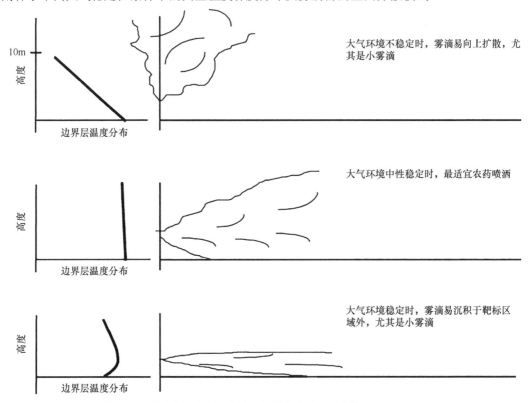

图 2-11　不同大气稳定性条件下烟雾的行为示意图（PISC，2002）

一般，大气温度随着高度增加而下降，然而在晴朗无云的环境中，由于地面有效辐射很强，近地面层气温迅速下降，而高处大气层降温较少，从而出现上暖下冷的逆温现象。在农药喷洒，尤其是航空喷雾时，应该尽量避免温度逆转的天气，原因在于小雾滴更容易被限制在逆温层中，从而被携带更远的距离。

4. 温湿度

环境温度对相对湿度与气流运动均有着一定的影响，一方面当环境温度升高时，水蒸气在空气中的质量扩散系数提高，传质速率增大；另一方面温度升高导致空气的相对湿度降低，雾滴表面与空气中水蒸气的含量差增大，蒸发的推动力增强，促进水分子从雾滴表面逃逸到环境中。

表 2-6 显示了在 t=90s 内纯水雾滴在不同温湿度组合条件下的蒸发速率与粒径变化，可以计算出 100μm 雾滴在温和环境下（常温常湿）的粒径衰减比为 26.40%、质量损失为

60.13%，而在极端环境下（高温低湿）的粒径衰减比提高到 58.08%、质量损失高达 92.64%。因此，当气候环境恶劣时，尽量避免使用生成小雾滴占比较高的喷头，或者添加功能性助剂来减少小雾滴的占比。

表 2-6 纯水雾滴在不同环境条件下的蒸发速率与粒径变化结果

环境条件	D_0/μm	D_t/μm	$K/(\times 10^{-3}\mathrm{mm}^2/\mathrm{s})$
低温低湿（T=20℃，RH=35%）	100	65.28	1.736
常温常湿（T=25℃，RH=62%）	100	73.60	1.320
高温低湿（T=30℃，RH=36%）	100	41.92	2.904
高温高湿（T=35℃，RH=78%）	100	69.60	1.520

注：T 代表温度；RH 代表相对湿度；D_0 代表雾滴初始粒径；D_t 代表时间 t 时的雾滴粒径；K 代表蒸发速率

2.1.3.3 冠层结构

不同种类作物在不同生长时期会呈现出不同的冠层结构，影响着靶标附近流场的速度分布，进而对雾滴在靠近靶标冠层处的运动轨迹造成影响。早期研究中，冠层结构被认为是稳定且均匀分布的，通过设置不同的边界层粗糙度来反映出冠层结构对附近空气流动的影响。然而实际植株冠层中包含枝干、叶片、果实等非均匀性元素，为了考虑这些因素的影响，近年来结构模型、可视化数字模型等用来准确描述植物结构的 3D 模型逐步被开发出来。通过对植物的三维冠层结构进行模拟建模，在模拟冠层的计算域内加入阻力项，重新求解动量方程和湍动能方程，从而得到三维冠层结构对周围流场的影响。Duga 等（2015）在重建三维植物冠层结构的基础上，通过计算流体动力学（CFD）数值模拟获得了冠层内雾滴的运动轨迹及沉积分布（图 2-12）。

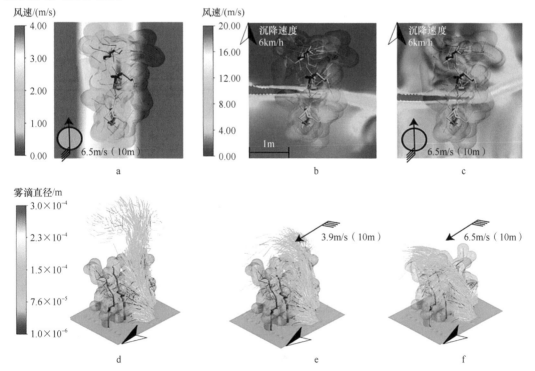

图 2-12 靶标冠层内的气流分布和雾滴沉积分布

随着植物不断生长，冠层叶片密度会逐渐增加，影响雾滴的沉积分布比例。Hong 等（2018a）的研究表明，随着果树叶片变得更密集，树冠内的雾滴沉积比例从 8.5% 增加到 65.8%，而空气飘移比例从 25.8% 降至 7.0%，地面流失比例从 47.8% 降至 21.2%。

2.1.3.4　助剂种类

喷雾助剂，又称桶混助剂，是在农药喷洒之前直接添加在药箱中的助剂，本身不具有生物活性作用，根据其有效成分，可以将助剂分为表面活性剂类、有机硅类、植物油类、矿物油类等。以往人们常常使用防飘喷头、辅助气流、罩盖等机械方式调控雾滴的空间运动轨迹和停留时间，实现防飘减蒸的效果。近些年，随着新型助剂的研发与应用，通过添加助剂来减少雾滴空间飘失和蒸发已经成为提高农药利用率的主要手段之一。

喷雾助剂影响雾滴飘移特性的主要原因在于它能够改变药液的表面张力、黏度等理化性质，从而影响液体的雾化过程，改变雾滴的初始分布特征。宋小沫等（2020）测量了掺混不同种类助剂后水溶液的理化性质，如表 2-7 所示。结果表明在助剂的建议使用范围以内，3 种助剂均会降低液体的表面张力，增大药液黏度，其中 Silwet 408 降低表面张力的能力最强，迈道的增黏效果最好；随后采用激光粒度分析仪测试了上述溶液在喷雾压力为 0.2MPa 时通过空心圆锥 TR80 005 喷头雾化后的雾滴空间粒径分布，结果如图 2-13 所示，表明增大黏度，可

表 2-7　掺混不同种类助剂后水溶液的理化性质

助剂名称	表面张力/(mN/m)	黏度/(mPa·s)
水	72.75	0.98
0.1% Silwet 408	20.82	1.00
0.2% Silwet 408	20.11	1.00
1.0% 倍达通	32.82	1.08
1.5% 倍达通	30.29	1.10
0.2% 迈道	34.78	1.18
0.3% 迈道	33.69	1.21

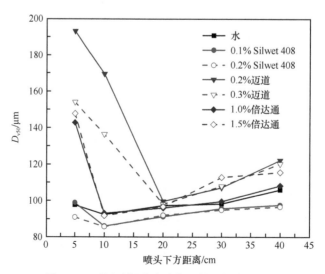

图 2-13　不同助剂溶液雾化后的空间粒径分布

提高雾滴的体积中径，由于雾化过程中液体表面形成的表面波会随着黏性的增强而逐渐衰减，导致液膜难以拉伸成液丝或者液丝难以断裂成小液滴，从而增大雾化区域，导致粒径增加。王潇楠等（2015）利用风洞试验比较了不同类型和浓度的助剂对离心喷头、扇形喷头以及空心圆锥喷头飘移潜在指数的影响，结果表明相比于水，添加助剂后喷头飘移潜在指数的减小量可达到58.2%～98.7%。

雾滴蒸发是在液体表面处水分子从液相逃逸至气相的过程，喷雾助剂可在液滴表面形成一层"保护膜"，改变水分子的逃逸速度，从而影响雾滴的蒸发比例。油类助剂由于具有较低的饱和蒸气压和良好的密封性，可以有效地降低水分的蒸发速率。表面活性剂具有两亲性质，能显著改变体系界面状态，其结构特点决定了水溶液中表面活性剂分子的疏水基能够自发地从溶液内部迁移并富集到界面处，并按照亲水基伸向水中、疏水基伸向空气中的方式排列，气液界面处形成的自组装结构可以锁住水分，一定程度上抑制蒸发（Zhou et al.，2018）。如图2-14所示，为掺混不同助剂的雾滴在温度30℃、相对湿度36%条件下蒸发过程中的图像变化，粒径变化趋势如图2-15所示，结果表明所添加的3种助剂均能够降低雾滴的蒸发速率，延缓蒸发过程。为了探究助剂减缓蒸发的原因与机制，通过显微镜分别观察了各助剂溶液的界面结构，如图2-16所示，可观察到与纯水相比，助剂溶液的界面处会积聚一层膜状结构，气液界面处的分子膜能阻碍水分子从液相向气相逃逸，从而减缓水分蒸发进程。

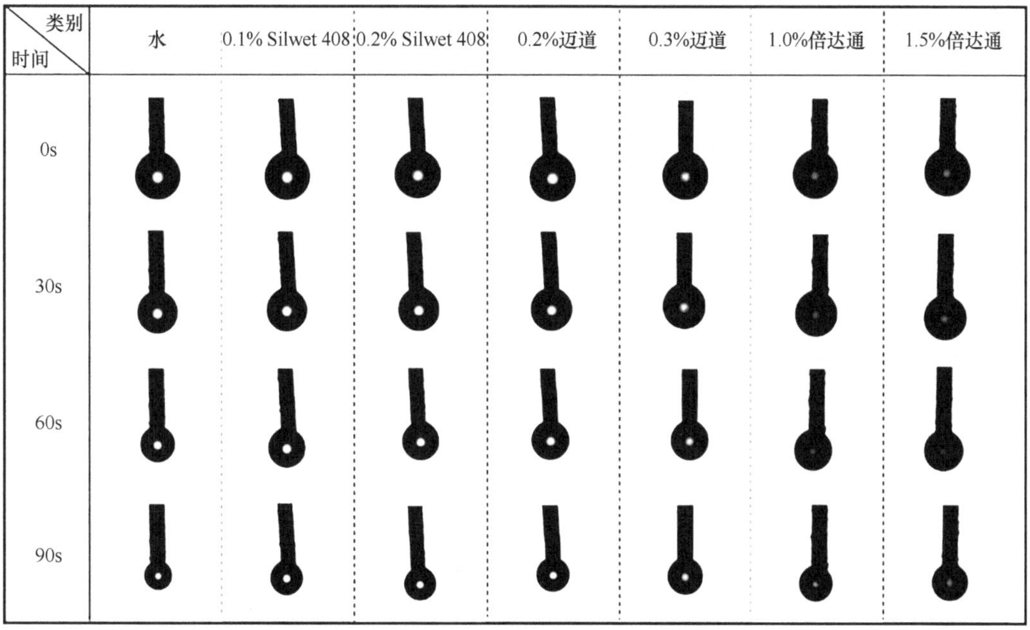

图 2-14　掺混不同助剂的雾滴蒸发实时图像（T=30℃，RH=36%）

2.1.4　雾滴飘移的研究方法

2.1.4.1　风洞试验

由于施药时田间气象的不稳定性和不可控性，田间试验的结果难以重复，想要确定某一因素对雾滴沉积分布的影响并量化较为困难，而风洞试验作为喷雾系统性能测试和喷头分级标准的手段，具有很好的可靠性和重复性，可以弥补田间试验的缺点。

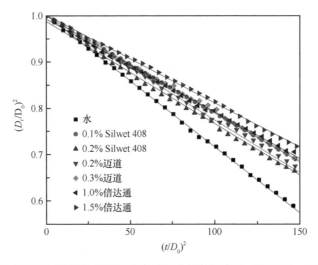

图 2-15　掺混不同助剂的雾滴在蒸发过程中的粒径变化（T=30℃，RH=36%）

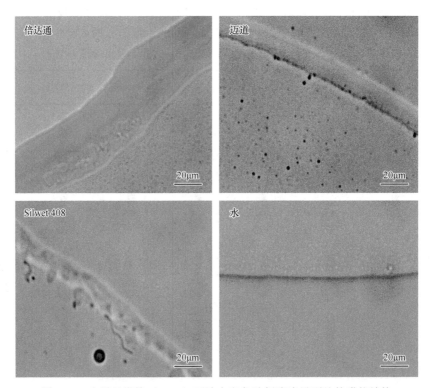

图 2-16　光学显微镜（400×）下纯水和各助剂溶液界面处的膜状结构

风洞试验是以人工方式产生并可准确控制气流来模拟农药实际喷洒过程的气流分布，主要由风源驱动系统、测量控制系统、温湿度调控系统、喷雾系统及雾滴采样收集系统等组成，如图 2-17 所示。马学虎等（2020）设计了一种用于测试农药雾滴空间运行特征与飘移沉积的中小型低速风洞试验装置，可用于模拟田间环境条件，实现农药雾滴空间运行过程中的飘移沉积数据的测量。

关于风洞试验的规范操作，中国制定的国家标准《植物保护机械　喷雾飘移的实验室测量方法　风洞试验》（GB/T 32241—2015）与国际标准 *Equipment for crop protection—Methods*

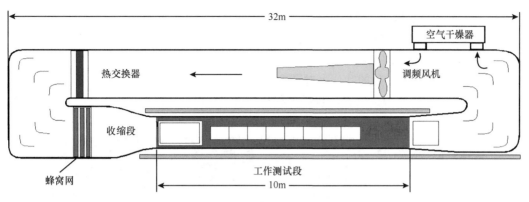

图 2-17　风洞组成示意图（王潇楠等，2015）

for the laboratory measurement of spray drift—Wind tunnels（ISO22856，2008）相对应。针对风洞试验内的雾滴飘移采样方法很多，包括利用棉绳（线）、聚乙烯线、水平管、圆筒等被动收集装置和等动量收集器、旋转收集器等主动采样装置进行采样，如图 2-18 所示。20 世纪 70 年代至今，国内外已经开展了大量关于农药雾滴飘移的风洞试验研究，包括喷头类型、喷雾参数、环境温湿度及助剂种类等因素对喷雾粒径及飘移规律的影响。

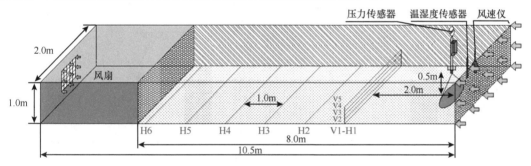

图 2-18　风洞试验过程示意图（Torrent et al.，2019）

2.1.4.2　田间试验

在田间进行农药喷洒过程中的雾滴飘移测试研究是最为真实的手段，同时大田试验结果可用来验证室内风洞或数值仿真获得的飘移沉积模型，以此保证模型的可靠性。由于大田试验的环境较为复杂，田间布样点较多，因此需要消耗大量的人力、物力和财力，通过大量的重复数据来获取不同冠层场景下雾滴的飘移沉积规律。

田间喷雾的飘移测试结果会受多方面因素的综合影响，包括操作者技能、雾滴采样收集方法、布样设计以及测试环境等因素。不同国家制定了不同的测试标准对植保机械的喷雾飘移量进行测试分级，我国制定的国家标准《植物保护机械　喷雾飘移的田间测量方法》（GB/T 24681—2009）与国际标准 *Equipment for crop protection—Methods for field measurement of spray drift*（ISO22866，2005）相对应，国家标准《植物保护机械　喷雾机飘移量分级　第 1 部分：分级》（GB/T 24682.1—2009）与国际标准 *Crop protection equipment—Drift classification of spraying equipment—Part 1: Classes*（ISO22369-1，2006）相对应。2010 年国际标准组织对标准 ISO22369-1 更新完善，并发布新标准 *Crop protection equipment—Drift classification of spraying equipment—Part 2: Classification of field crop sprayers by field measurements*（ISO22369-2，

2010），提出对植保机械施药装备应该进行现场喷雾测试，并记录测试时的环境温湿度、施药参数等信息，对不同喷头的飘移量进行分级。

如图 2-19 所示，田间试验时，经常采用曲别针或塑料夹子将滤纸、卡罗米特试纸或水敏纸等固定在不同冠层高度处的叶片上对雾滴进行收集，经洗脱或扫描后借助分光光度计或图像分析软件获得沉积雾滴的信息，包括沉积量分析、沉积粒径分布、覆盖率、沉积密度等，以此获取典型实际场景下雾滴的飘移沉积分布规律。

图 2-19　田间布样采集雾滴

2.1.4.3　飘移测试平台

田间雾滴飘移测试的不可控性和难以重复性，使得更多学者致力于设计出一种简单、高效、可重复且能够准确测量雾滴飘移过程的标准化方法和装置。2007 年意大利都灵大学农林与食品科学系成功研制出一种新型的农药雾滴飘移测试平台（图 2-20、图 2-21），可以量化分析喷杆喷雾机在特定条件下的潜在飘移值（drift potential value，DPV）。该方法测试依据是当喷杆喷雾机经过靶标区域后，仍然悬停在空气中的雾滴可能在外界气流的携带下未能沉积在靶标区域内，因此对此部分雾滴进行收集分析，计算不同条件下的飘移潜力值。

Gil 等（2014）利用该测试平台获得了一系列常规喷嘴和气吸式扇形喷嘴的雾滴飘移潜力值，结果表明该测试平台可用于现场测试飘移过程，可被认为是对国际标准 ISO22866 的适当补充。同样 Nuyttens 等（2014）通过对比风洞试验和飘移测试平台结果，表明两者之间具有良好的相关性。2012 年，针对该新型测试平台制定了相关的国际标准 ISO22369-3（ISO，2012），2014 年 ISO 的飘移测试工作组（ISO TC 23/SC6/WG16）正式采用该平台方法作为测试水平喷杆式喷雾系统飘移潜力的新方法。

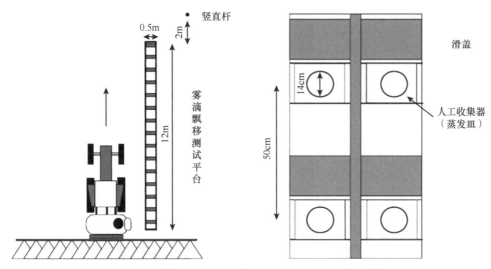

图 2-20　雾滴飘移测试平台（Test Bench）的原理示意图

图 2-21　雾滴飘移测试平台（Test Bench）的田间应用过程

2.1.4.4　数值模拟

计算流体动力学（computational fluid dynamics，CFD）在研究植保领域内农药雾滴飘移的规律与机制方面发挥着重要的作用，能够克服田间试验操作的不可控性和难以重复性。利用流体力学理论，可建立多因素耦合作用下雾滴的空间飘移数学模型，能够定量地预测雾滴的脱靶损失比例和评估雾滴飘移带来的风险，并根据田间试验的结果对模型进一步修正完善，模拟仿真的结果对实际作业中的喷雾决策及影响因素分析有着重要的指导意义。

经过学者的不断研究和探索，建立的雾滴飘移模型主要包括两大类：基于高斯扩散的羽流模型（plume model）和基于拉格朗日粒子追踪技术的雾滴轨迹模型（droplet trajectory model）。羽流模型适合用于预测远距离处（0.5～10km）的雾滴飘移过程，但是空间分辨率较低，而雾滴轨迹模型能够较好地预测近距离处的雾滴飘移过程，同时通过耦合 CFD 技术能够提高模拟的精度。

1. 羽流模型

羽流模型是基于预测大气污染物从污染源排出后的空间浓度分布而建立起来的，它可以估算出在下风不同位置处，气候环境和污染源特性等因素影响下的雾滴浓度分布。

图 2-22 所示为采用基于高斯扩散的羽流模型来描述雾滴空间飘移过程，可考虑大气湍流效应对雾滴轨迹的影响，模型方程如下。

$$C\left(x,y,z,H_s\right)=\frac{Q_m}{2\pi\sigma_y\sigma_z U}\exp\left\{\left[-\frac{y^2}{2\sigma_y^2}\right]-\left[\frac{\left\{z-\left(H_s-\frac{v_p x}{U}\right)^2\right\}}{2\sigma_z^2}\right]\right\} \tag{2-7}$$

式中，$C(x, y, z, H_s)$ 为在下风位置处接收器的雾滴浓度（g/m³），x、y、z 分别为环境空间的水平位置、横向位置、竖直位置（m），H_s 为喷嘴离地的有效高度（m），Q_m 为药液的质量流量（g/s），σ_y、σ_z 分别为水平方向和竖直方向的高斯扩散系数，U 为水平风速（m/s），v_p 为重力沉降速度（m/s）。

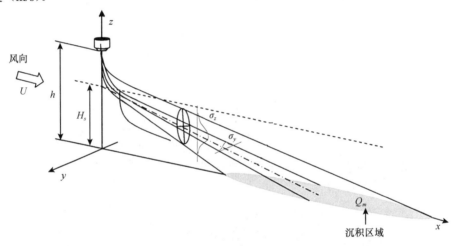

图 2-22　基于高斯扩散的羽流模型示意图

相比于预测地面喷雾，羽流模型更适用于估算航空喷雾中的雾滴飘移损失比例。此外，由于受到近喷嘴处喷雾云特征和蒸发液滴沉降过程的限制，羽流模型仍然难以描述雾滴在近下风距离内的飘移过程。

2. 雾滴轨迹模型

如图 2-23 所示，雾滴轨迹模型是基于拉格朗日粒子追踪技术对雾滴进行受力分析，可考虑雾滴之间的碰撞、破碎等相互作用，以及雾滴与环境之间的蒸发、变形、湍流扩散等相互作用，获得多因素影响下雾滴的空间运行轨迹，预测雾滴群的流动去向。

1989 年美国农业部最先提出了 AGDISP（agricultural dispersion）航空喷雾模型，可以评估多种田间喷雾条件下雾滴的脱靶损失比例，随后发展完善成新的版本 AgDRIFT（agricultural drift），如图 2-24 所示。1995 年，朱和平等针对地面喷雾应用，基于粒子追踪模型并耦合 CFD 模拟技术提出了 DRIFTSIM（drift simulation）模型，其中包含了大量的田间试验数据，如图 2-25 所示。随后 Kruckeberg 等（2012）评价了 DRIFTSIM 模型，认为其预测雾滴的近距离飘失有着很好的精度，但是高估了远距离飘失情况，这是由于模型中用水代替药液，高估

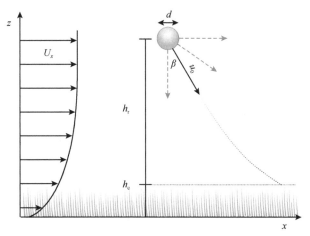

图 2-23　基于拉格朗日粒子追踪技术的雾滴轨迹模型示意图（De Cock et al.，2017）

U_x 为水平方向空气流速（m/s）；h_r 为释放高度（m）；h_c 为作物高度（m）；
u_0 为释放速度（m/s）；β 为雾滴释放角度；d 为雾滴直径（μm）

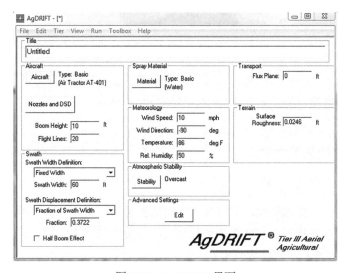

图 2-24　AgDRIFT 界面

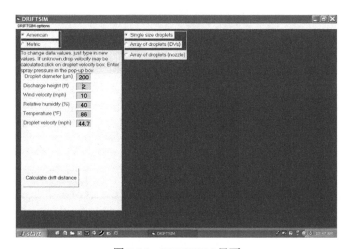

图 2-25　DRIFTSIM 界面

了农药雾滴的蒸发比例。2018 年，朱和平等将 DRIFTSIM 模型拓展应用到果园喷雾中，开发了 SAAS（Simulation of Air-Assisted Sprayers）软件，可用于评估果园喷雾中雾滴的飘移沉积规律，如图 2-26 所示。

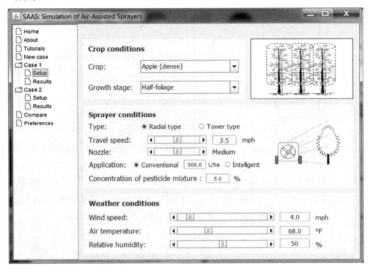

图 2-26　SAAS 界面

实际上，很难获得具有普适意义的通用雾滴飘移模型，数值模拟也不可能完全取代室内试验和田间试验的操作，但是它对于明确雾滴飘移的影响因素、流失规律及调控策略有着强有力的帮助。

2.1.5　雾滴蒸发的研究方法

2.1.5.1　雾滴蒸发的实验研究

根据雾滴与界面的接触情况，可将雾滴蒸发实验分为两类，当雾滴不与界面接触时，可用悬滴法、飞滴法、多孔球法和悬浮法进行雾滴蒸发特性的实验研究。当考虑雾滴在界面上的蒸发过程时，通常利用座滴法进行研究。

如图 2-27 所示，为采用悬滴法研究雾滴蒸发的实验装置示意图。悬滴法是用石英丝、热电偶丝或者铂丝悬挂雾滴，将其置于一定的环境介质中，使悬挂雾滴处于相对静止状态。通

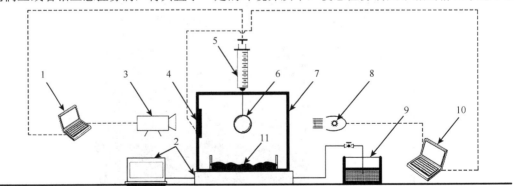

图 2-27　采用悬滴法研究雾滴蒸发的实验装置示意图

1，10-电脑；2-温度控制器；3-CCD；4-温湿度传感器；5-注射单元；6-液滴；7-蒸发腔室；
8-光源；9-循环水；11-湿度控制装置（饱和盐溶液）

过高速摄像和图像处理的手段，对雾滴本身及周围流场进行测量。经常采用该方法来研究雾滴的空间蒸发过程，其具有以下优点：雾滴生成方法简单，容易实现；悬挂的雾滴处于静止状态，便于对热物理参数的测量。然而，由于挂丝本身体积的限制，难以产生 1mm 以下的小雾滴，同时挂丝的存在会使雾滴发生变形，这在蒸发的最后阶段尤其明显，石英丝、铂丝或热电偶丝本身也会改变雾滴和周围环境的热量交换方式。但在挂丝直径小于 0.1mm 时，可以忽略雾滴变形和热量传递改变的影响。

如图 2-28 所示，为飞滴法研究雾滴蒸发过程的实验装置示意图，飞滴法又称为落滴法。首先使用雾滴生成系统生成单个雾滴，将雾滴置入一定的介质环境中做自由落体运动，雾滴在下落过程中持续蒸发。由于重力作用，雾滴在下落过程中运动速度逐渐变快，因此雾滴与周围环境之间的对流换热能力变强，加快了雾滴的蒸发速率，该方法下雾滴完全蒸发所需的时间比传统方法中雾滴完全蒸发所需时间要短。

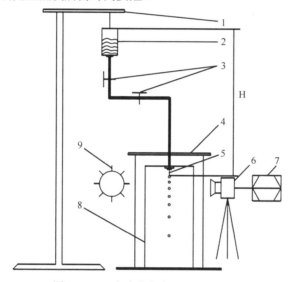

图 2-28　飞滴法蒸发实验装置示意图

1-支架；2-储液瓶；3-节流阀；4-金属支架；5-喷嘴；6-CCD 高速相机；7-XCAP 图像采集系统；8-透明玻璃管；9-固定光源

飞滴法具有以下优点：①雾滴生成简单，易于实现飞滴过程；②雾滴的大小可以由单雾滴生成系统控制，从而满足不同雾滴尺寸的要求；③由于雾滴在空间内做自由落体运动，不存在悬挂雾滴所用材料的干扰，可以对任何成分的原料进行实验研究。然而由于雾滴处于运动状态，给雾滴本身温度压力等参数的监测，以及周围流场参数的监测带来了一定的困难；同时，周围气体与雾滴之间存在相对速度，会为测量的准确度带来一定的影响，尤其是当雾滴的初始速度不为零时。

多孔球法通过向一个雾滴尺寸大小的多孔小球不断地提供液体，使小球的表面保持湿润，将小球近似表征为一个单雾滴。该方法适用于蒸发系数比较低的液体。这种方法的优点在于操作简单，易于实现，表征雾滴的形状较好控制。缺点是只能研究雾滴的稳态蒸发过程，而且计算误差较大。

悬浮法分为气悬法和磁悬法，气悬法是利用雾滴周围气流的浮力与雾滴自身的重力相平衡，使得雾滴悬浮于一定环境介质中；磁悬法是在雾滴中添加具有某种磁性的微粒（如 Fe_2O_3 等），使雾滴悬浮于磁场中。该方法的优点是雾滴不与其他材料接触，不产生导热损失和雾滴形变。缺点是雾滴位置不好控制，测雾滴的难度较大；气悬法中雾滴周围存在对流，增加了雾滴蒸发特性分析的复杂性，磁悬法中磁场对雾滴周围的温度场会产生影响，改变雾滴与周围环境介质的传热过程，影响雾滴的蒸发特性。

座滴法是研究农药雾滴在作物表面蒸发特性的通用方法。主要研究手段是通过微量进样器或微量注射泵等产生一定大小的雾滴，将其置于待测界面上，通过摄像和图像处理方式相结合的手段监测蒸发全过程。由于界面的性质差异，除了观测雾滴在蒸发过程中的体积变化，还可观察雾滴三相线处的变化。一般，将雾滴高度、与界面的接触半径、接触角三者作为主要的观测指标。

2.1.5.2　雾滴蒸发的理论计算模型

雾滴的蒸发是雾滴与周围环境介质之间的传热、传质及动量传递三者相互影响的复杂过程，蒸发所需的热量来自雾滴与周围环境的传热效应，雾滴受热后，表面的水蒸气扩散到周围环境中。质量损失导致雾滴半径随时间减小，直到完全蒸发。同时雾滴周围环境的对流强度也会影响二者之间的传热和传质，热量的传递使雾滴的温度上升，从而加快了雾滴蒸发，雾滴的蒸发又改变了雾滴的直径、运动速率和温度。雾滴特性或环境因子的改变，将导致蒸发特性的千差万别，因此，理论模型的建立是定量研究雾滴蒸发过程的基础。

农药喷洒一般在温度为 15～35℃、相对湿度为 30%～90% 的环境条件下进行，由于施药环境相对稳定，且环境温度远远低于液体沸点，可将蒸发过程看成单纯的质量扩散过程，只需考虑传质过程，传热过程可以忽略。该条件下的雾滴蒸发过程符合著名的 D2 定律，即

$$D_t^2 = D_0^2 - Kt \tag{2-8}$$

式中，D_0、D_t 分别是指初始时刻 t_0、某时刻 t 的雾滴直径（μm）；K 为雾滴的蒸发常数，可反映雾滴的蒸发特性，依据蒸发模型可定量计算各条件下的蒸发常数。

雾滴蒸发模型的基本假设包括：①不考虑雾滴进入高温环境的预热，而是假设雾滴瞬间达到湿球温度并在此温度下开始蒸发；②假设雾滴为对称的球形；具有准稳态的气相边界层，同时忽略热辐射；③气体介质与水蒸气为理想气体；④雾滴内部无温度梯度的存在；⑤雾滴表面为气液相平衡。

球形雾滴在静止介质中稳定蒸发时，通过雾滴附近两个相邻蒸气层的蒸气质量流率应相等，即

$$\dot{m}(r) = \dot{m}(r + \mathrm{d}r) \tag{2-9}$$

式中，r 为以雾滴中心为原点的径向坐标，为通过某一位置的蒸气质量流率。考虑 Stefan 流效应，对任何半径为 r 的球面其表面蒸气质量流率为

$$\dot{m}(r) = -4\pi r^2 \rho_g D_v \frac{\mathrm{d}Y_v}{\mathrm{d}r}\bigg|_{r=D/2} + Y_v \dot{m}(r) = -4\pi r^2 \frac{k_g}{c_{p,g}} \frac{\mathrm{d}Y_v}{\mathrm{d}r}\bigg|_{r=D/2} + Y_v \dot{m}(r) \tag{2-10}$$

式中，ρ_g 为空气密度（kg/m³），D_v 为水蒸气在空气中的扩散系数（m²/s），Y_v 为蒸气的质量分数（%），k_g 为空气导热系数 [W/(m·K)]，$c_{p,g}$ 为空气的定压比热容 [kJ/(kg·K)]。

由 Taylor 公式展开，得

$$\dot{m}(r + \mathrm{d}r) = \dot{m}(r) + \frac{\mathrm{d}\dot{m}(r)}{\mathrm{d}r}\mathrm{d}r \tag{2-11}$$

式中，$\dfrac{\mathrm{d}\dot{m}(r)}{\mathrm{d}r}=0$，即通过各个蒸汽层（半径为 r 的球面）的蒸气质量流率是一个常数，将式（2-11）经过合并整理可得

$$\dot{m}=4\pi r^2\dfrac{-\dfrac{k_g}{c_{p,g}}\dfrac{\mathrm{d}Y_v}{\mathrm{d}r}}{1-Y_v} \tag{2-12}$$

因此有

$$-\dfrac{\mathrm{d}Y_p}{1-Y_v}=\dfrac{c_{p,g}\dot{m}\mathrm{d}r}{k_g 4\pi r^2} \tag{2-13}$$

对式（2-13）左边从 $Y_p=Y_{p,s}$ 到 $Y_p=Y_{p,\infty}$，右边从 $r=D/2$ 到 $r=\infty$ 进行积分，得

$$\dot{m}=2\pi d_p\dfrac{k_g}{c_{p,g}}\ln\dfrac{1-Y_{p,\infty}}{1-Y_{p,s}} \tag{2-14}$$

式中，d_p 为雾滴直径。

静止雾滴初始舍伍德数 $Sh_0=2$，$1+B=\dfrac{1-Y_{p,\infty}}{1-Y_{p,s}}$，则有

$$\dot{m}=\pi d_p\dfrac{k_g}{c_{p,g}}Sh_0(1+B) \tag{2-15}$$

式中，B 为交换系数。

对于运动液滴，即推导出基于稳定扩散模型下的对数形式的传质方程：

$$\dot{m}=\dfrac{\mathrm{d}\left(\dfrac{\rho_p\pi D^3}{6}\right)}{\mathrm{d}t}=\pi d_p\dfrac{k_g}{c_{p,g}}Sh(1+B) \tag{2-16}$$

式中，Sh 为舍伍德数，$Sh=2+0.6\times Re^{1/2}Sc^{1/3}$，$Re$ 为液滴雷诺数，Sc 为气体施密特数；B 为交换系数（或称 Spalding 数），$B=\dfrac{Y_{p,s}-Y_{p,\infty}}{1-Y_{p,s}}$；$Y_{p,\infty}$ 为周围环境中蒸汽的质量分数，$Y_{p,\infty}=0.622\left(\dfrac{\varphi P_s}{P-\varphi P_s}\right)$；$Y_{p,s}$ 为雾滴表面上蒸汽的质量分数，$Y_{p,s}=\left[1+\left(\dfrac{P_g}{P_{p,s}}-1\right)\left(\dfrac{M_g}{M_p}\right)\right]^{-1}$；$P_g$ 为环境压力（MPa）；$P_{p,s}$ 为雾滴表面的蒸气压力（MPa）；M_g 为气体的相对分子质量；M_p 为雾滴的相对分子质量。

整理后得蒸发常数，即

$$K=-\dfrac{\mathrm{d}D^2}{\mathrm{d}t}=\dfrac{4Shk_g}{\rho_1 c_{p,g}}\ln(1+B)=4ShD_v\ln(1+B) \tag{2-17}$$

式中，ρ_1 为测试液体的密度。可根据环境温湿度定量计算出蒸发常数 K，从而推算每一时刻对应的雾滴体积及质量变化等。

2.2 农药雾滴在叶面动态沉积过程中的弹跳与碎裂

2.2.1 概述

　　自然界中，液滴撞击固体或液体表面后弹跳、溅射、碎裂、润湿、沉积、铺展等界面现象随处可见，如喷雾降温、喷墨打印、农药喷洒等。因此，系统研究雾滴在靶标表面的动态沉积过程具有重要研究意义（马学虎等，2018）。但是，农药雾滴在该剂量传递过程中损失约37%，其在靶标表面无法有效润湿沉积而发生弹跳滚落、聚并流失、蒸发损失，从而进入环境中，造成资源浪费和环境污染（杨普云等，2018）。

　　雾滴在靶标表面发生弹跳与碎裂，源于撞击接触时间短暂，毫米级水滴在超疏水光滑表面的接触时间仅 10～12ms。针对农药喷雾过程，雾滴尺寸通常小于 300μm，在超疏水光滑表面接触时间小于 1ms；若在单条纹、交叉条纹、平行条纹或弯曲结构的超疏水粗糙表面，雾滴的接触时间将降低 50% 左右，变得更易弹跳或碎裂。雾滴在固体表面的撞击过程分为四个阶段：运动阶段、扩散阶段、反冲阶段、平衡阶段。起初，惯性力在运动阶段占主导地位致使雾滴铺展，随后雾滴粒径在扩散阶段随时间增加而变大，直至达到最大直径。若雾滴发生润湿翻转，实现固体表面完全润湿，则继续呈"饼状"铺展；若固体表面部分润湿，则雾滴在毛细管力作用下发生收缩，即反冲过程，从固体表面弹跳。当液滴撞击速度超过临界值，雾滴会分裂形成若干小液滴而发生碎裂（图 2-29）。其中，惯性力由雾滴动能决定，与雾滴大小、密度、速度等有关；毛细管力与药液性质等有关。同时，黏滞力伴随雾滴撞击过程，与药液性质和固体表面性质有关。因此，充分认识植物叶片界面特性，掌握雾滴在叶面动态沉积规律，研发高性能农药制剂，提高叶面沉积效率，是实现农药减施增效的关键。

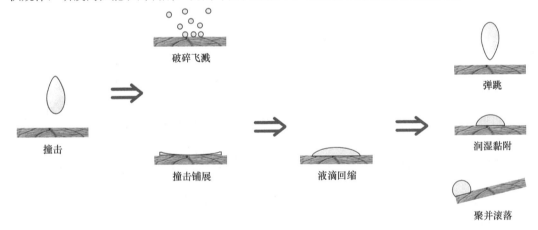

图 2-29　雾滴在叶面的动态沉积过程

2.2.2 植物叶片界面特性与表观表面自由能

　　植物叶面作为农药雾滴作用靶标，其界面结构特性对动态沉积过程具有重要影响。外蜡质层作为靶标表面最外层结构，决定了植物叶片的亲疏水性，使作物克服周围环境产生的生理问题。因此，外蜡质层界面特性（表面化学成分、表面拓扑形貌及表观表面自由能等）对雾滴动态沉积过程具有重要影响，同时因环境因子、植物种类、叶片部位及生长期等因素的不同而存在差异。研究表明，单子叶植物叶片表面以晶体蜡为主，不易润湿；双子叶植物叶片表面以无定型蜡为主，较易润湿。当叶片表面存在微纳米复合结构时，表现出超疏水、低黏附性能，产生自清洁效应。

通常情况下，利用水滴在靶标表面表观接触角（θ）的大小来粗略表征靶标界面结构特性。当 $0°<\theta<30°$ 时，叶片表面光滑并具有亲水性长绒毛，属于超亲水性表面；当 $30°<\theta<90°$ 时，叶片表面具有光滑蜡质层，属于亲水性表面；当 $90°<\theta<150°$ 时，叶片表面具有表皮细胞突起或蜡质钩毛，属于疏水性表面；当 $150°<\theta<180°$ 时，叶片具有多级疏水结构，属于超疏水表面。因此，利用固体表观表面自由能来反映靶标的界面结构特性，其研究方法主要有 Zisman 法及 Owens-Wendt-Rabel-Kaelble（OWRK）法。

Zisman 法是利用同类有机物系列溶液，测定其在固体表面的表观接触角，通过绘制 $\cos\theta$-γ_{LV}（γ_{LV} 为液体表面张力）的线性关系，并利用外延法计算推出 $\cos\theta=1$ 时 γ_{LV} 的值，该值也被定义为固体临界表面张力。Lo 等（1995）根据不同浓度表面活性剂溶液（Silwet L-77、Aerosol OT 和 Triton X-100）在植物叶片表面的接触角，通过 Zisman 法计算得叶片的临界表面张力，发现其数值均集中于 21～25mN/m，为低能表面。Diana 等（2011）根据不同稀释倍数杀菌剂溶液在不同生长期大豆叶片表面的接触角，计算得到其表观表面自由能，结果表明，随着生长期延长，叶片临界表面张力先增加后减少，润湿性先增强后减弱。顾中言等（2002）研究发现，水稻、小麦和甘蓝叶片的临界表面张力分别为 36.7mN/m、36.9mN/m 和 36.4mN/m，低于大多数农药药液推荐浓度下的表面张力，认为这是导致农药药液无法实现对靶有效润湿沉积的关键所在。

OWRK 法是利用不同液体（其中一种需为非极性液体）测定其在固体表面的表观接触角，通过式（2-18）进行计算。

$$\frac{(1+\cos\theta)\gamma_{LV}}{2\sqrt{\gamma_{LV}^{d}}} = \sqrt{\gamma_{SV}^{p}} \cdot \sqrt{\frac{\gamma_{LV}^{p}}{\gamma_{LV}^{d}}} + \sqrt{\gamma_{SV}^{d}} \tag{2-18}$$

式中，γ_{SV}^{d}、γ_{SV}^{p} 分别代表非极性相互作用、极性相互作用；γ_{LV}、γ_{LV}^{d}、γ_{LV}^{p} 分别代表液体表面张力、色散分量、极性分量；利用 $\frac{(1+\cos\theta)\gamma_{LV}}{2\sqrt{\gamma_{LV}^{d}}}$ 对 $\sqrt{\frac{\gamma_{LV}^{p}}{\gamma_{LV}^{d}}}$ 作图，γ_{SV}^{p} 和 γ_{SV}^{d} 可以从斜率和截距中得到，两者相加即为固体表观表面自由能。

郭瑞峰等（2015）利用 OWRK 法研究了 2.5% 高效氟氯氰菊酯水乳剂在苹果叶片表面的润湿性能，发现苹果叶片近轴面表观表面自由能为 52.78mJ/m^2，且以极性分量为主导，而水乳剂 2000 倍稀释液的表面张力为 52.45mN/m，两者数值相近，因而药液在苹果叶片近轴面的接触角下降迅速，有利于润湿沉积。王潇楠等（2018）研究了不同部位荔枝叶片的表观表面自由能，发现其近轴面为 23.74mJ/m^2，远轴面为 11.89mJ/m^2，在稀释 500 倍的 10% 苯醚甲环唑水分散粒剂药液中添加体积分数为 0.4% 的 Silwet stik 助剂后，其表面张力为 21.90mN/m，可实现更快更好的润湿铺展。

利用 OWRK 法，系统研究了不同作物、蔬菜、果树等靶标叶片的表观表面自由能及影响规律，发现叶片表观表面自由能及其分量因物种、生长期、叶片部位及环境因子等的不同而产生差异（张晨辉等，2017；Gao et al.，2020）。其中，单子叶植物（水稻、小麦）叶片表观表面自由能以色散分量为主，不利于农药药液润湿沉积；而双子叶植物（棉花、大豆）叶片表观表面自由能以极性分量为主，有利于药液润湿沉积。随着生长期延长，小麦叶片表观表面自由能逐渐降低，疏水性增强，就同一生长期而言，小麦叶片近轴面表观表面自由能均低于远轴面，说明近轴面叶片疏水性更强；梨树叶片则恰恰相反，随着生长期延长，亲水性增强，对于同一生长期，则远轴面叶片疏水性更强。对于相同生长期苹果叶片，其表观表面自由能随着地域从西向东（新疆、陕西、山西、河北、山东）呈逐渐降低趋势；同时，降雨后叶片表观表面自由能显著增大，说明潮湿环境中叶片表面形成水膜，可提高润湿沉积性能。

2.2.3　润湿基本理论

雾滴在靶标表面的接触角是衡量润湿沉积性能的重要参数，随着研究工作不断深入，润湿模型不断完善，如 Young's 模型［式（2-19）］、Wenzel 模型［式（2-20）］、Cassie-Baxter 模型［式（2-21）］、Wenzel 和 Cassie-Baxter 过渡态模型等均已得到很好的运用。

$$\gamma_{SV}-\gamma_{SL}=\gamma_{LV}\cos\theta \tag{2-19}$$
$$\cos\theta_{W}=r\cos\theta \tag{2-20}$$
$$\cos\theta_{C}=f_{S}\cos\theta_{S}+f_{V}\cos\theta_{V} \tag{2-21}$$

式中，θ、θ_{W} 和 θ_{C} 分别代表 Young's 方程中的本征接触角、Wenzel 方程和 Cassie-Baxter 方程中的表观接触角，θ_{S}、θ_{V} 分别代表表面活性剂液滴在固体、气体表面的接触角；r 代表粗糙度，表示表观固体接触面积与本征固体接触面积之间的比值，$r \geq 1$；f_{S}、f_{V} 分别代表固体接触面积、气体接触面积占总面积的比值；γ_{SV}、γ_{SL}、γ_{LV} 分别代表固体表观表面自由能、固-液界面张力、液体表面张力。图 2-30 分别表示液滴在光滑表面和粗糙表面的润湿模型（Wenzel 润湿状态和 Cassie-Baxter 润湿状态）。

图 2-30　不同润湿模型

叶面表面为存在微纳结构的粗糙固体表面，其润湿状态适宜采用 Wenzel 模型、Cassie-Baxter 模型及 Wenzel 和 Cassie-Baxter 过渡态模型进行模拟。润湿状态的转变需要突破能量壁垒，在时间尺度上存在快速绝热过渡态或慢速非绝热过渡态，靶标表面粗糙度增大提升了由 Cassie-Baxter 状态向 Wenzel 状态转变的阈值，而能量壁垒大小则由靶标表面化学成分决定。对比发现，当处于 Cassie-Baxter 状态时，液滴与固体表面摩擦力降低，滚动角变小，易于滚落，当处于 Wenzel 状态时则液滴与固体表面摩擦力增强，滚动角变大，易于沉积。因此，若要实现农药药液在靶标叶片表面的有效沉积，需保证药液在靶标表面处于完全润湿状态。Bhushan 等（2007）设计了不同形貌粗糙固体表面，用于研究润湿状态转变过程，结果表明，在忽略重力条件下，液滴由于表面效应而在粗糙结构中变形塌陷，不断克服粗糙表面钉扎效应和滞留阻力，当浸没深度大于三维立体结构高度时，可达到完全润湿的 Wenzel 模型状态。隋涛等（2011）从能量的角度分析了液滴在具有微尺度圆柱形阵列的硅片表面从 Cassie-Baxter 状态向 Wenzel 状态转变的条件，发现提高液滴重力势能或增大圆柱阵列的间距有助于实现润湿状态的转变。

David（2005）提出，润湿模式转变是由液滴内外压差（附加压力），即液滴曲率决定的。因此，在雾滴中添加适宜的表面活性剂是提高叶面沉积效率的有效方法。研究表明，表面活性剂分子通过非共价键相互作用（洛伦兹-范德瓦耳斯力、疏水相互作用及静电相互作用等）吸附于气-液和固-液界面，从而改变靶标界面结构性质，实现润湿状态由低黏附性的 Cassie-Baxter 状态转变为高黏附性的 Wenzel 状态。以疏水性靶标表面为例，当表面活性剂浓度高于临界润湿浓度（CWC）时，液滴突破靶标表面钉扎效应而取代三维立体结构中空气层，并伴有毛细管效应，产生半渗透过程，从而有效黏附于靶标表面；但对于亲水性靶标表面，应适度添加表面活性剂以防止液滴因过度润湿而铺展流失。

　　Zhang（2017）研究了非离子表面活性剂聚乙二醇辛基苯基醚（Triton X-100）、阳离子表面活性剂十二烷基三甲基溴化铵（DTAB）及阴离子表面活性剂十二烷基硫酸钠（SDS）在生长至 45d 左右小麦叶片近轴面和远轴面的润湿沉积行为。结果显示 Triton X-100 可有效减小液滴接触角，当表面活性剂浓度超过临界胶束浓度（CMC）时可实现完全润湿而处于 Wenzel 状态；SDS 和 DTAB 润湿能力有限，即使其浓度超过 CMC，接触角依然大于 90°，润湿状态由 Cassie-Baxter 态转变为 Wenzel 和 Cassie-Baxter 过渡态。当液滴处于 Cassie-Baxter 状态时，由于钉扎效应存在而阻碍液滴的润湿和铺展，不利于其在靶标表面附着；当液滴处于 Wenzel 状态时，其在靶标表面黏附性能大幅提升，可实现药液的有效附着沉积。对比不同生长期和生长部位小麦叶片表面的润湿沉积行为发现，当 Triton X-100 浓度超过 CMC 后，药液在任一靶标表面接触角均为 25°，说明药液表面张力降低，有利于液滴取代叶片微纳结构中的空气层，导致其从 Cassie-Baxter 状态向 Wenzel 状态转变，同时由于毛细管效应，液滴在小麦叶片三维立体结构中产生半渗透过程。Zhu 等（2018）研究了非离子型表面活性剂 Triton X-100 对不同生长期和不同叶片部位水稻叶片表面的润湿铺展行为，发现当表面活性剂浓度超过临界润湿浓度（CWC）时，近轴面接触角约为 60°，远轴面接触角约为 50°；随着生长期延长，CWC 由 2 倍 CMC 提高至 10 倍 CMC；当表面活性剂浓度超过 CWC 时，液滴铺展驱动力主要是毛细管作用力和能量耗散（图 2-31）。Zhu 等（2019）研究了 6 种表面活性剂（N-200、N-300、吐温 80、Morwet EFW、DTAB 和 SDS）在茶树叶片表面的润湿沉积行为，发现当表面活性剂

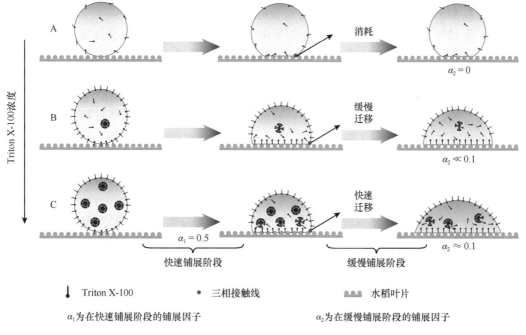

图 2-31　不同浓度 Triton X-100 溶液在水稻叶面润湿铺展动力学示意图

浓度略小于 CMC 时，药液沉积量达到最大值，其中 Morwet EFW 在 0.005%时具有最高沉积量，此时药液在靶标表面接触角最低，具有良好润湿效果。

2.2.4 雾滴在叶面的弹跳行为

2.2.4.1 弹跳、碎裂与沉积

农药药液雾化后撞击作物叶面通常会出现 3 种不同的结果：弹跳、碎裂、沉积。Gaskin 等对添加不同种类助剂（Citowett、Silwet 408、Pinene Ⅱ 及 Bond Xtra）的喷雾药液在黄瓜和豌豆叶片表面的滞留进行了研究。结果表明，添加助剂可改善药液在难润湿豌豆叶片上的滞留，而在易润湿的黄瓜叶片上效果并不显著；其中，添加有机硅表面活性剂 Silwet 408 和黏着剂 Bond Xtra 可促进药液在难润湿叶片上的扩散铺展，提高药液沉积量。

利用蒸馏水和醚菌酯药液雾滴，研究其撞击玻璃表面、玉米叶片及南瓜叶片后的沉积行为。结果表明，雾滴撞击速度、撞击位置、撞击角度、表面材质以及雾滴本身特性均会影响其动态行为及铺展规律。雾滴在南瓜叶片表面铺展速度最快，玻璃表面次之，在玉米叶片上铺展速度最慢；醚菌酯药液雾滴在南瓜叶片表面的铺展直径及铺展速度明显大于蒸馏水；当撞击速度为 1.87m/s 时，雾滴在玉米叶片表面发生振荡现象，当撞击速度为 2.34m/s 和 2.72m/s 时，雾滴在玉米叶片表面均发生了碎裂现象，且碎裂程度随撞击速度的加快而加剧；就撞击角度而言，雾滴在 40° 倾斜玉米叶片表面上的铺展速度最快，在 20° 倾斜叶片上的铺展速度次之，在水平放置的玉米叶片表面上铺展速度最慢。同时采用流体体积（volume of fluid，VOF）函数方法对单个雾滴撞击叶片表面后的行为过程进行仿真分析，最终获得单个雾滴撞击叶片表面后的动态过程图，与仿真结果进行对比分析，发现仿真结果图与实验结果图基本吻合。董祥等对蒸馏水和非离子表面活性剂的雾滴分别撞击竹蕉、一品红、天竺葵和玉米 4 种植物叶片表面后的动态铺展过程进行了研究，并使用 VOF 方法对单个雾滴撞击叶片表面的过程进行数值计算和仿真分析，通过数值计算对雾滴撞击过程进行量化，模拟获得的结果较完整，有利于对雾滴撞击植物叶面后动态行为进行分析研究。

Zhu 等（2019）使用 CLSVOF（couple level set & volume of fluids）界面跟踪方法，研究了马拉硫磷等常用农药雾滴在茶树叶片表面的撞击动力学行为，评估了不同农药制剂在茶树叶片上喷雾沉积的差异，通过测量不同农药雾滴在茶树叶面的静态接触角，表明茶树叶面是亲水性的。同时还分别研究了农药雾滴在叶片表面横向和纵向的液相形态、表面润湿性、压力和速度分布，发现界面跟踪方法模型计算的预测结果与真实的实验数据相吻合，证明了 CLSVOF 界面跟踪方法在深入研究农药雾滴撞击茶树叶片表面的动力学行为方面具有很大的应用潜力。

Zheng 等（2018）研究了添加不同表面活性剂的农药制剂在水稻叶片表面的润湿沉积行为，发现 GY-S903 具有低黏度和良好的润湿性能，能有效提高液滴在水稻叶片表面的沉积行为，减少液滴弹跳；对比不同农药剂型，水分散粒剂、可湿性粉剂、悬浮剂形成的悬浮液，水剂形成的真溶液，乳油、油乳剂形成的乳状液，在水稻叶片表面的弹跳行为，发现与其他剂型相比，油乳剂可显著抑制液滴弹跳，增加药液铺展（图 2-32）。究其原因，乳油、油乳剂较其他农药制剂含有更多的农药助剂（表面活性剂），在高稀释倍数下仍能有效降低药液的表面张力，有效抑制弹跳和碎裂行为，增加农药药液的沉积量。因此，在使用悬浮剂、水分散粒剂、微囊悬浮剂等农药制剂时，建议添加喷雾助剂以期提高农药药液的沉积行为。

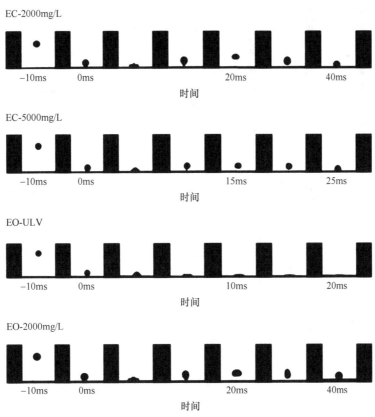

图 2-32 不同农药药液在水稻叶片表面的弹跳行为

EC 代表乳油；EO 代表 W/O 型乳液；ULV 表示超低容量

2.2.4.2 雾滴在叶面弹跳行为的表征

雾滴撞击植物叶片表面的动力学过程，可利用无量纲的参数来表征，主要包括韦伯数（We）［式（2-22）］、雷诺数（Re）［式（2-23）］、毛细管数（Ca）［式（2-24）］等。

$$We=\rho V^2 D_0/\gamma \qquad\qquad (2-22)$$

$$Re=\rho V D_0/\eta \qquad\qquad (2-23)$$

$$Ca=We/Re \qquad\qquad (2-24)$$

式中，ρ 为液体密度（g/m^3），V 为液滴速率（m/s），D_0 为液滴直径（m），γ 为液滴表面张力（N/m），η 为剪切黏度（Pa·s）。通常情况下，在同一体系中 We、Re 的值越大，雾滴越容易发生弹跳和碎裂。Chen 等（2018）研究不同浓度高分子溶液（聚乙二醇，PEO）在超疏水固体表面的弹跳行为，发现随着 We 增加，液滴发生从完全沉积、完全回弹（或部分回弹）到碎裂的过程（图 2-33）。Wang 等（2015）制备了系列亚毫米级柱状阵列疏水靶标表面，发现当 $We<12.6$ 时水滴为球形完全弹起，当 $We>12.6$ 时水滴为圆盘形完全弹起，其驱动力主要为液滴储存于靶标微纳结构中的毛细管能；当添加表面活性剂后，相同大小液滴（体积半径小于毛细管高度）的弹跳高度明显降低，其润湿沉积性加强。

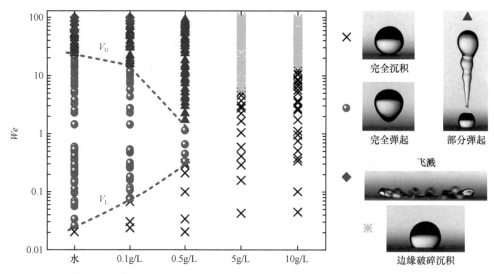

图 2-33 不同浓度高分子溶液（PEO）在超疏水固体表面的弹跳与碎裂

V_U 表示撞击速度上阈值；V_L 表示撞击速度下阈值

2.2.4.3 雾滴在叶面弹跳行为的影响因素

雾滴撞击植物叶面是一个复杂的动力学过程，受到诸多因素的影响，包括雾滴动力学性质、雾滴理化性质、叶面界面结构特性及环境因子。利用 NF100（0.05%）、Tween 20（0.1%）、Silwet 408（0.05%）溶液撞击棉花、小麦和水稻叶片，发现随着雾滴大小和速度的增加，雾滴更易碎裂；雾滴在难润湿表面（小麦、水稻）比易润湿表面（棉花）上碎裂更加明显；当溶液表面张力较低时（Silwet 408），雾滴在撞击过程中大多附着或碎裂，很少发生弹跳，而溶液表面张力较高时（纯水），则雾滴大多弹跳流失。

Boukhalfa 等（2014）使用高速摄影技术观察了雾滴撞击大麦叶面的动态过程，发现雾滴在 Cassie-Baxter 和 Wenzel 润湿模式下都能发生弹跳和碎裂，但在 Wenzel 模式下，有 28%～46% 的飞溅，雾滴可滞留在作物叶面。对比研究光滑铝合金表面和人工制备的具有类荷叶结构的铝合金表面的动态沉积过程，发现在光滑表面上水滴迅速扩展、收缩，但不发生弹跳行为；在粗糙表面上水滴沿径向迅速扩散，达到最大扩散直径后收缩，在 13.4ms 时发生弹跳行为。究其原因，水滴在荷叶表面的润湿符合 Cassie-Baxter 模式，在动态沉积过程中，雾滴挤压空气产生的反作用力致使水滴迅速弹起。当液滴撞击在温度高于液体沸点的固体表面上时，液滴与固体表面接触并立即沸腾或在形成的蒸汽层支持下而发生弹跳。

因此，农药雾滴叶面动态沉积过程的弹跳和碎裂，其本质是雾滴与靶标作物叶面相互作用的液-固界面动态过程，在客观认知靶标作物叶面性质的同时，主要通过改变雾滴理化性质来抑制雾滴在靶标作物叶面的弹跳滚落。

2.2.5 药液在叶面的润湿和铺展行为

农药药液施用后在作物叶片表面润湿和铺展，是农业生产中的常见现象，从而实现农药有效成分的渗透和传递，使作物免受有害生物的侵袭。分析药液在作物叶片上的润湿和铺展行为是有效解决农药使用中的药效、利用率、环境问题的基础。农药有效活性成分对作物病虫害的防治效果除受农药本身毒杀效力的影响外，很大程度上取决于药液在靶标表面的润湿能力和铺展特性。在农药药液施用过程中，常常由于药液的表面张力太大，使其不能在靶标植物上润湿铺展而滚落，因而需要添加农药助剂（表面活性剂）来降低农药药液的表面张力，以期使农药药液在叶片上有良好的润湿铺展效果。但是，当药液在靶标表面的接触角较小时，再降低其表面张力容易形成一层极薄的液膜并黏附于叶片上，而造成农药药液的流失。

Zhang 等（2017）对比不同浓度非离子表面活性剂 Triton X-100、阴离子表面活性剂 SDS、阳离子表面活性剂 DTAB 在小麦叶片表面的润湿铺展行为，如图 2-34 所示，发现药液的表面张力与其在靶标表面的润湿铺展过程息息相关，当表面活性剂浓度超过临界润湿浓度（CWC）时，农药药液可在植物叶片表面迅速铺展，接触角迅速降低，实现润湿翻转。利用聚戊乙二醇单十二醚（$C_{12}E_5$）、Tween 20、Triton X-100、SDS、DTAB 这 5 种表面活性剂研究其在苹果叶片表面的接触角，通过计算表面张力、黏附张力、黏附功等相关参数，分析润湿铺展过程；当 $C_{12}E_5$ 和 Triton X-100 浓度超过 1×10^{-3} mol/L 时可显著减小液滴在靶标表面的接触角，具有良好的润湿铺展性能；在 3% 的高效氟氯氰菊酯水乳剂中添加上述表面活性剂（增效助剂），可以有效提升并延长农药药液对桃小食心虫卵和成虫的药效。

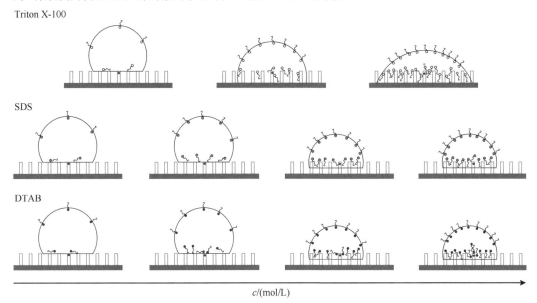

图 2-34　不同浓度表面活性剂分子在小麦叶片表面的润湿铺展行为

通过研究两种农药杀菌剂药液（百菌清、代森锰锌）在 6 种作物表面（樱桃、南瓜、翠菊、线麻、葡萄、辣椒）的润湿铺展特性，结果发现药液的表面张力随农药药液稀释倍数的减小显著降低，在辣椒叶面上的接触角较小，而在其他叶面上接触角并无显著变化。究其原因，辣椒叶片表面较为平整且无毛刺，茄子叶片表面腺毛较少，两者叶片表面较为光滑，容易润湿；而其他叶片表面具有精细的微纳结构，农药药液无法渗透到三维立体结构中而不能有效润湿。顾中言等（2002）利用 Zisman 法表征水稻叶片润湿性，发现其表面蜡质层临界表面张力为 29.90～32.88mN/m，属于低能表面，并研究 52 种农药药液在水稻叶片表面的润湿能力。结果发现，在大容量喷雾和弥雾时，分别有 31 种和 29 种农药经水稀释后的表面张力大于水稻的临界表面张力；各有 2 种农药经水稀释后的表面张力小于水稻叶片的临界表面张力且药液中的表面活性剂浓度低于临界胶束浓度。结果表明，稻田常用农药中的多数在常规喷雾条件下农药药液在水稻上的润湿性较差。因此，在农药制剂研发中应同时兼顾田间使用浓度下药液中表面活性剂的浓度，甚至调整制剂内表面活性剂的种类或增加表面活性剂的用量，以便充分发挥农药有效成分的作用特性，提高对有害生物的防治效果。

因此，针对疏水性作物靶标表面，添加润湿性助剂有利于农药药液的润湿铺展。例如，添加有机硅表面活性剂 L-77 后，因其优异的界面化学性质可在超疏水靶标（如荷叶）表面实现超润湿，当其浓度超过 CWC 时，短时间内液滴在荷叶表面接触角迅速下降，此时幂指数 $n=0.5$，铺展驱动力为马兰戈尼效应，并伴有液滴微纳结构中发生半渗透过程。将有机硅作为喷雾助剂添加至 5% 悬浮剂中，可实现较小雾滴，在较少施药液量条件下实现药液在水稻叶片表面较高的沉积量。

2.3　农药在叶面静态持留过程中的蒸发与形貌

2.3.1　概述

农药药液在靶标作物叶面经碰撞、弹跳、聚并、润湿、铺展等一系列过程而最终以液滴形式存在，农药液滴在作物叶面上的蒸发过程、蒸发时间、铺展面积以及蒸发后药剂沉积形态等是影响农药有效利用率的关键因素。农药液滴在靶标植物叶片表面的蒸发是农药对靶沉积后的重要过程，也是影响农药利用率和对有害生物防控效果的关键（周召路等，2017）。

液滴蒸发过程的动力学以及热力学特性取决于多方面因素，如界面的润湿性、界面的粗糙程度及液滴的理化性质等。液滴在固体表面的蒸发过程存在多种模式：接触半径恒定的 CCR（constant contact radius）模式、接触角恒定的 CCA（constant contact angle）模式及混合模式（mixed mode）等（图 2-35），不同蒸发模式下液滴的形态变化及蒸发时间均有一定差异。

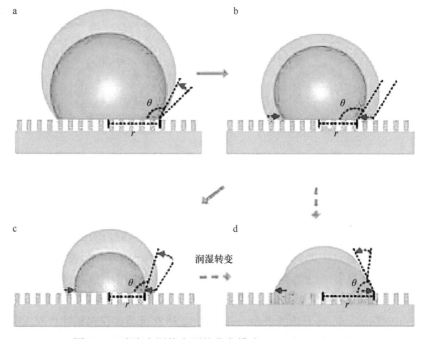

图 2-35　液滴在固体表面的蒸发模式（Xu et al.，2013）

a. 恒定接触半径模式（CCR）；b. 恒定接触角模式（CCA）；c. 混合模式；d. 润湿状态

对于含有不溶性微粒的液滴，液滴在蒸发完后通常会形成一定的沉积形态。沉积形态的首次发现，是在溢出的咖啡干了之后形成的环状的咖啡渍。这一现象被称为"咖啡环效应"（图 2-36）。液滴沉积形态受多种因素的影响，长度参数和时间参数、液滴环流模式、液滴与界面间相互作用力、环境因素、液体的物理化学特性和基质等都能够影响液滴最终的沉积形态。

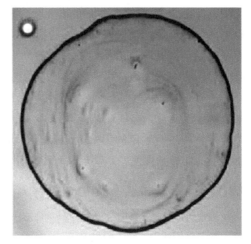

图 2-36　悬浮颗粒形成的咖啡环

　　本节从农药液滴在不同植物界面上的蒸发动力学及液滴的沉积形态研究入手，提高对沉积在靶标植物叶面上农药液滴变化及调控的了解与认知，寻找适合表征农药液滴在靶标植物叶面上蒸发过程的模型，以期为指导农药表面活性剂的合理应用、减少农药液滴在靶标植物叶面的聚并和流失、提高农药有效利用率提供理论依据。

2.3.2　不同植物表面结构及特性对液滴蒸发的影响

　　植物叶面的微观结构与农药液滴在其表面的润湿铺展速率密切相关，从而影响液滴的蒸发行为、植物对农药有效成分的吸收效率（周召路等，2017）。图 2-37 显示了几种典型的作物叶面微观结构。

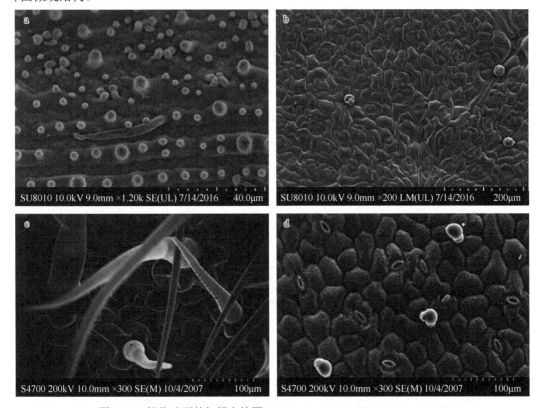

图 2-37　植物叶面的扫描电镜图（Yu et al.，2009；Zhou et al.，2018）

a. 水稻；b. 棉花；c. 绒毛状天竺葵属植物；d. 蜡质状天竺葵属植物

植物叶面上微小细毛的长度和密度会影响液滴的铺展速率。当微小细毛非常短而密时，可以形成小的屏障，使液滴与叶面脱离接触，从而降低液滴的铺展速率。此外，当植物叶面上存在大量的腺孔时，由于其表面粗糙度增加，会导致液滴在植物叶面的铺展速率加快。植物叶面的亲疏水程度通常用液滴与叶面的接触角来表示：当接触角 $\theta < 90°$ 时，叶面表现为亲水，当接触角 $\theta > 90°$ 时则表现为疏水。而叶面的亲疏水程度取决于叶片的表面结构、表面能量（按润湿性质分为高能或低能固体），以及表面粗糙度和清洁度等。植物叶面的化学组分对其亲疏水性质也有一定的影响，含有乙醇和酸类物质的叶片亲水性强，液滴易于展开；而含有蜡质层的叶片亲水性差，甚至具有疏水性，液滴铺展速率小。

2.3.2.1　蜡质层和绒毛状结构叶片对液滴蒸发的影响

液滴大小、相对湿度、表面活性剂等因素对液滴在蜡质和绒毛状结构的植物叶片上的蒸发与沉积均有影响。在一定范围内，液滴蒸发时间随液滴直径的增加和相对湿度的增大而延长；液滴最大铺展面积随液滴直径的增加而增加，而受相对湿度影响不大；添加表面活性剂可以显著改变液滴的蒸发时间和最大铺展面积。在药液中添加表面活性剂烷基聚氧乙烯醚，能够有效减少液滴在蜡质或绒毛状叶片上的蒸发时间；而添加非离子胶体聚合物类的飘移抑制剂，则可略微延长液滴的蒸发时间。但无论在喷雾中添加烷基聚氧乙烯醚还是飘移抑制剂，液滴在蜡质层结构叶片上的蒸发时间均较绒毛状结构叶片上的蒸发时间长。

在具蜡质层结构的天竺葵属植物叶片上，整个蒸发过程中农药液滴的铺展面积逐渐减小；而在绒毛状结构的植物叶片上，在相同液滴体积和相对湿度条件下，液滴的铺展面积持续扩大，直到快蒸发完为止。该研究表明，液滴在植物叶片表面的持留时间长短和润湿铺展面积大小受液滴大小、靶标作物叶片表面结构（蜡质层或绒毛结构）、相对湿度及添加的表面活性剂等因素影响。据此，可以指导农药在不同种类植物上的合理使用剂量和喷雾方法，以达到实现最佳生物效应和有效减少农药用量的目的。相同条件下，液滴在蜡质层结构叶片上的蒸发时间均较绒毛状结构叶片上长，而对于蜡质层结构叶片，由于其润湿性较差，液滴不易铺展，易从植物叶片表面滚落，因此，较长的蒸发时间更增加了液滴流失的概率。

不论叶片表面具有蜡质层还是绒毛结构，为了保证农药的有效利用，喷雾液滴必须尽可能黏附在叶片表面而不是呈珠状滚落，同时必须先渗透到叶片表面的蜡质或绒毛中，再通过细胞壁和气孔到达叶片组织，因此，叶片表面的润湿性是液滴在叶片上沉积、持留、铺展及药液渗透的重要影响因素（Xu et al.，2011）。在实际农药喷施中，可通过添加表面活性剂来增大液滴在润湿性较差叶片上的铺展面积和延长其在润湿性较好叶片上的蒸发时间，以便更好地发挥药效。

2.3.2.2　超疏水结构叶片对液滴蒸发的影响

在粗糙的超疏水界面上，由于固-液接触处存在大量空气，液滴在界面上呈现非润湿状态，在该状态下水滴容易滚落。随着液滴的蒸发，水蒸气逐渐渗透进入固-液接触处粗糙的表面结构中，使水滴在固体表面从非润湿状态转变为润湿状态。对于具有粗糙结构的超疏水表面（荷叶和高分子聚合物表面），在整个蒸发过程中，液滴在固、液、气三相接触处的扩散均被限制，这可能是由于水蒸气渗透到粗糙的表面结构中后，在水和植物蜡质层间形成了强的作用力，使液滴的黏附性增强，液滴的动态自由能不能克服三相接触处的阻力而完成扩散，从而导致固、液接触面积基本不变。随着液滴体积增大，蒸发第一阶段的时间有所延长。

许多植物叶片由于表面蜡质层及微纳米结构的存在而具有疏水特性，研究液滴在此类界面的蒸发过程及模式，为探索农药液滴在疏水植物叶片上的蒸发过程提供了一定的理论基础。例如，水稻由于其超疏水的叶面特性，农药液滴极易从其表面滚落而造成流失，因此可考虑通过添加表面活性剂等措施增加药液润湿能力，使液滴蒸发遵循 CCR 模式，从而在增大铺展面积的同时使接触角快速减小，降低液滴滚落的概率。

2.3.3　表面活性剂对液滴在作物叶面蒸发行为的影响

表面活性剂有助于消除液滴与植物叶面之间的微空气隔层，使植物叶面的亲水性增强。因此，在农药药液中添加适宜的表面活性剂，可以增大液滴在作物叶片表面的铺展面积，从而加大植物叶面对药液的吸收速率。众多研究表明，添加适宜的表面活性剂可以减小喷雾液滴的尺寸，小液滴较大液滴更有利于药液在叶片表面的有效持留和铺展（Ellis et al., 2001）。同时，表面活性剂的加入可促进叶片对药液的吸收和药液生物活性的发挥，但是其添加量应该控制在适宜的范围内，以免造成药液在叶片上的残留。如图 2-38 和图 2-39 所示，添加表面活性剂可使农药液滴在植物叶片表面的铺展面积明显增大，并缩短其蒸发时间；且不同表面活性剂对农药液滴铺展面积及蒸发时间的影响程度差异显著；随表面活性剂添加比例增大，液滴的铺展面积相应增大，其蒸发时间则相应缩短。

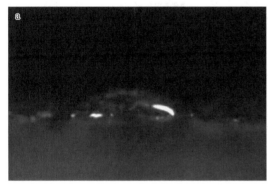

图 2-38　添加（a）和未添加（b）表面活性剂的水滴在蜡质状结构叶片上沉积

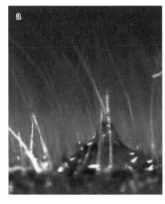

图 2-39　添加（a）和未添加（b）表面活性剂的水滴在绒毛状结构叶片上的沉积

Zhou 等（2017，2018）研究了不同浓度的高分子助剂溶液的液滴在疏水的水稻叶面（图 2-40）和亲水的棉花叶面（图 2-41）的蒸发动力学行为。研究表明，液滴的蒸发受表面活性剂浓度和作物界面特性的共同影响。当表面活性剂浓度较低时，液滴在水稻叶面的润湿性较差，在固-液-气三相接触线处存在空气，液滴蒸发，形成楔形区域。接触角和接触半径同时减小的混合蒸发模式，维持了液滴的椭球形形态，从而延长了楔形区域的存在时间，进而延长了液滴的蒸发时间。图 2-40b 为图 2-40a 中楔形区域的放大。相反，当表面活性剂浓度较高时，润湿性较好，固-液-气三相接触线具有较好钉扎效应，液滴蒸发主要表现为 CCR 模式，液滴形态变化较快，楔形区域存在时间较短，总的结果表现为液滴蒸发速率的加大。液滴在

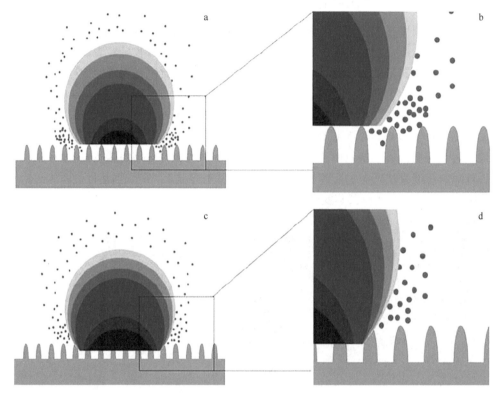

图 2-40 较低表面活性剂浓度（a，b）和较高表面活性剂浓度（c，d）的液滴在水稻叶面的蒸发模式图
（Zhou et al.，2017）

液滴层颜色深浅的变化示意液滴的逐渐蒸发。液滴周围的小圆点为液滴表面蒸发的水蒸气。图 a 中方块处即楔形区域位置处的水蒸气密度大于图 c。b、d 分别为 a、c 的放大

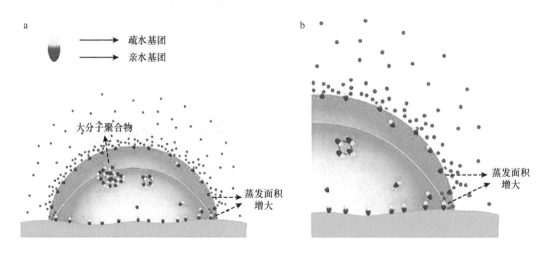

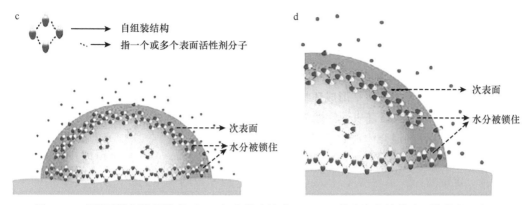

图 2-41　表面活性剂较低浓度（a，b）和较高浓度（c，d）的液滴在棉花叶面的蒸发示意图
（Zhou et al.，2018）

图 a 中椭圆形上端代表表面活性剂的疏水基团，下端代表表面活性剂的亲水基团。液滴周围的小圆点为液滴表面蒸发水。
b，d 分别为 a、c 的放大

棉花叶面的蒸发行为则表现不同，在气-液、固-液界面吸附的表面活性剂分子增大了分子周围液滴的蒸发面积，促进了液滴的蒸发。因此，从 0% 到 0.01% 液滴蒸发时间逐渐缩短。而随着表面活性剂浓度的升高，表面活性剂在浅表层形成吸附势垒，以及表面活性剂分子间相互作用形成的自组装结构使水分子被束缚，从而抑制了液滴的蒸发（Zhou et al.，2018）。

2.3.4　表面活性剂对液滴在作物叶面沉积形态的影响

悬浮剂作为农药使用中常见的一种剂型，药液在喷出落到作物界面后同样存在液滴的蒸发，蒸发完后形成一定的沉积形态。而在农药应用中，依然不希望悬浮颗粒最终呈现咖啡环状的沉积形态，药剂沉积到液滴的边缘会减小作用面积，影响农药利用率。

表面活性剂被广泛用于调控液滴的沉积形态，基础理论是液滴内部的马兰戈尼对流，径向向外的放射状液体流会使表面活性剂分子向液滴边缘移动，从而增加局部表面活性剂浓度，降低液滴边缘的表面张力。在气-液界面形成的浓度差能够使液体从边缘向顶端产生马兰戈尼对流。这种流体运动会使粒子远离固液接触线，从而抑制咖啡环效应的产生，当表面活性剂浓度高于临界胶束浓度时，马兰戈尼对流抑制粒子向液滴边缘移动，从而使粒子实现均匀沉积。表面活性剂除了影响流体运动，还会影响粒子-粒子、粒子-气液界面、粒子-固体界面间相互作用。将阳离子和阴离子表面活性剂混合后，通过调整粒子间相互作用及粒子与气-液界面间亲和力，可以利用光控制咖啡环效应。所有的结果均强调了粒子与界面间相互作用对特定剂型的沉积的影响。对在不同的悬浮液中添加表面活性剂后对沉积形态的影响进行了研究，在不同的表面活性剂浓度下以及粒子或表面活性剂带电的体系中可以观察到沉积形态从典型的咖啡环到完全的均匀的圆盘状，这些现象源于粒子间相互作用和固-液，以及气-液界面间相互作用，这种相互作用下表面活性剂被吸附于粒子表面。这种现象出现在不同的粒子、表面活性剂作用体系中，指出表面活性剂对粒子沉积影响的一般规律。在不同的表面活性剂浓度下以及粒子或表面活性剂带电的体系中沉积形态从典型的咖啡环到完全的均匀的圆盘状。对于同种电荷系统，总是呈现咖啡环效应；对于相反电荷系统，呈现 3 种沉积形态。对于未添加和较低浓度的表面活性剂，液滴蒸发后呈现环状沉积。对于中等浓度的表面活性剂，液滴蒸发后呈现均匀的沉积形态。而对于较高浓度的表面活性剂，液滴蒸发后再次呈现环状沉积形态。解释原因为，由于库仑力和疏水相互作用，表面活性剂吸附在粒子表面，且这两种作用力可调节粒子与固-液界面和气-液界面间的相互作用。当由于表面活性剂分子的吸附粒子成为中性和疏水粒子时，其与气-液界面间的亲和力增强。粒子聚集在气-液界面形成粒子层，保持毛细管内的径向流的影响，直到快蒸发完为止。这种粒子层的存在形成了均匀的圆盘状沉积。在其他情况下，总是形成环状沉积。并且环内粒子沉积的多少与胶体和气-液界面之间的静电相互作用有关。随表面活性剂浓度的增加而出现环状-圆盘状-环状沉积。在相反电荷的粒子、表面活性剂混合体系中总是出现均匀的沉积形态。

在农药应用中，农药悬浮液从喷雾器喷出落到叶片上，液滴最终的沉积形态对农药的利用率具有一定影响。若呈现咖啡环状沉积则减小农药颗粒的作用面积，不利于农药的有效利用。

聚四氟乙烯膜为疏水膜，可作为一种液滴沉积的理想界面进行观察。以添加阴离子表面活性剂 SDS 后的 MSN 悬浮液在聚四氟乙烯膜上的沉积为例进行观察。研究发现当表面活性剂浓度较高时，液滴蒸发完后呈现透明胶状沉积，为观察高浓度时 SiO_2（MSN）在叶片上的分布，对 SiO_2 进行异硫氰酸荧光素（FITC）荧光修饰（MSN-FT），于荧光体视显微镜下观察其分布。如图 2-42 所示，发现当表面活性剂浓度低于临界胶束浓度时，随表面活性剂浓度升高，液滴铺展面积增大；当表面活性剂浓度高于临界胶束浓度时，可能由于表面活性剂分子增多，在液滴边缘的束缚力增强，从而使得液滴铺展面积变化不大。总体观察发现，表面活性剂浓度较低时咖啡环效应明显，而浓度升高后咖啡环效应逐渐减弱。

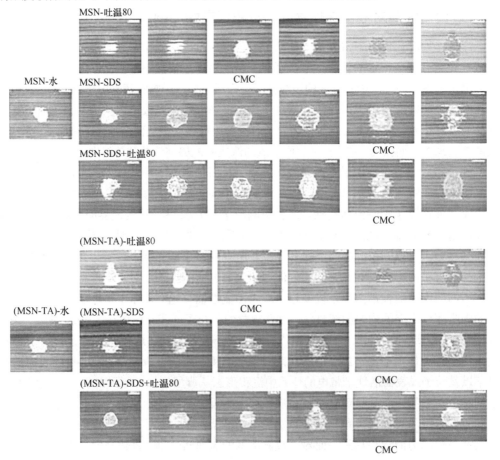

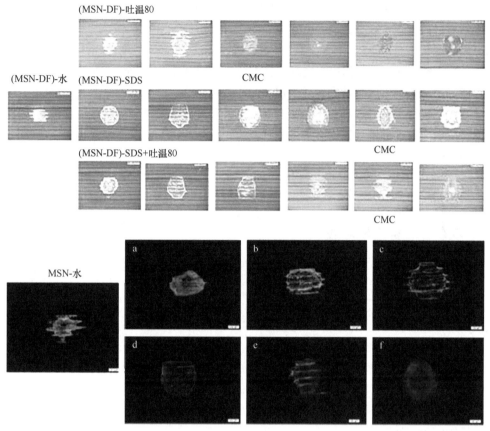

图 2-42　SiO₂ 悬浮液（MSN、MSN-TA、MSN-DF）在水稻叶面的沉积形态观察

MSN-TA 为正电荷修饰的 SiO₂；MSN-DF 为负载苯醚甲环唑 SiO₂。荧光图 a ～ f 中表面活性剂 SDS 浓度依次增大

研究发现，未添加表面活性剂时，液滴沉积形态不规则且铺展面积较小。达到临界胶束浓度（CMC）之前，随着表面活性剂浓度的增加，液滴铺展面积逐渐增大，甘蓝叶片较水稻叶片相比变化显著。当表面活性剂浓度高于 CMC 时，沉积形态中可以观察到透明胶状物，且胶状物厚度及面积随表面活性剂浓度增大而增大。可能是因为随表面活性剂浓度增大，表面活性剂分子间相互作用增强，使得液滴边缘的束缚力增大，一方面限制了液滴铺展面积的增大，另一方面使表面活性剂分子集中沉积，降低了 SiO₂ 沉积形态的可视性。

由于水稻叶片的疏水性大于甘蓝叶片，同浓度表面活性剂液滴在水稻上的铺展面积与甘蓝叶片相比明显较小。说明简单的常规助剂较难在水稻界面实现较好的润湿铺展。在甘蓝界面表面活性剂浓度较低时，液滴的沉积形态多表现为边缘环状沉积的咖啡环效应，在表面活性剂浓度较高时，随铺展面积增大，咖啡环效应逐渐降低，沉积逐渐均匀。在水稻表面，由于其超疏水性及微纳结构的存在，SiO₂ 颗粒多沉积于水稻叶片突起的棱上而凹槽中较少，易造成颗粒的坠落而造成农药流失。当表面活性剂浓度高于 CMC 时，一方面表面活性剂分子的束缚及覆盖作用，降低了 SiO₂ 颗粒从叶片的流失；另一方面液滴润湿性增强，SiO₂ 颗粒易落入水稻叶片凹槽中从而减少颗粒滚落。甘蓝界面上的沉积规律与水稻界面类似。荧光观察发现，随表面活性剂浓度增大，液滴呈胶状沉积后，SiO₂ 颗粒仍呈现较均匀的沉积。甘蓝界面荧光亮度较水稻界面强，可能是由于水稻界面铺展面积小，液滴蒸发时间较长，MSN-FT 光分解，使得荧光强度较低。

在水稻界面 3 种 SiO₂ 体系（MSN、MSN-TA、MSN-DF）的沉积形态差别不大，这可能是由水稻界面的超疏水性导致的。在甘蓝界面，载药后的 MSN-DF 体系铺展面积较大。考虑大部分植物叶片带负电，对 MSN 进行正电修饰，可能有助于增大纳米 SiO₂ 与植物界面间相互作用，增大铺展面积。然而研究发现，正电修饰后的 SiO₂ 对液滴沉积形态无显著影响，甚至在较低表面活性剂浓度时基本表现为铺展面积减小。这一结果可能是由于 MSN-TA 悬浮液液滴蒸发沉积过程中液滴内部正电粒子与植物叶片间通过正负电荷相互作用对液滴接触线产生束缚，限制了液滴的铺展。而当表面活性剂浓度逐渐增大后，则主要表现为表面活性剂分子对液滴接触线的束缚作用。

2.4　农药在靶标体系中的吸收与传导

2.4.1　农药在靶标上的吸收

外源化合物对植物表面的穿透和在体内的运输是非常复杂的过程，与该化合物的理化性质、作物的生理生化过程和环境因素有关。外源化合物首先要穿透蜡质层，然后短距离扩散到叶肉细胞，再通过维管束经过长距离运输到达根、茎、叶的生长点等作用位点。穿过植物蜡质层的外源化合物可以通过质外体途径进入叶肉细胞或直接进入韧皮部筛管/伴生细胞复合体，也可以从共质体途径经过胞间连丝进入韧皮部。外源化合物透过细胞膜的难易程度与该化合物分子的亲脂性、解离常数（pK_a）和植物的生理 pH 有关，非离解状态的分子比离解状态的分子更易透过细胞膜。化合物在细胞之间的短距离输导可以通过胞间连丝实现，而长距离传输则要经过维管组织输导，一般认为由浓度产生的渗透压力是长距离传输的动力。化合物在植物吸收与输导过程中还受到物质电离、"离子井"效应及电荷间作用力的影响。化合物的油水分配系数（K_{ow}）与解离常数都是影响其在植物体内传输性能的重要参数。

总的来看，外源化合物从穿透植物表面到通过长距离传输到达根、茎、叶的顶端分生组织等作用位点，中间要经过穿透叶表角质层、在维管束中的传输、代谢、到达亚细胞器等过程，大致可分为 9 个过程（图 2-43），这 9 个过程分别是：第 1 步，外源化合物穿透叶表的蜡质层；第 2 步，外源化合物到达质外体；第 3 步，外源化合物进入共质体；第 4 步，化合物在植物细胞中的代谢；第 5 步，共质体途径装载进入韧皮部；第 6 步，化合物在韧皮部内的传导；第 7 步，化合物从韧皮部卸载进入库器官；第 8 步，化合物在韧皮部与木质部之间进行交换；第 9 步，化合物在木质部内的传导。目前，关于农药在植物体内传输的报道很少，但是农药也是植物的外源化合物，以上信息将有助于分析理解农药在作物内的输导、分布和代谢过程。

2.4.2　农药的输导性类型

农药在作物内的传输和分布是影响药效的重要因素。农药如果能在作物体内长距离输导，将有利于增加农药与有害生物的接触机会，降低光降解和耐雨水冲刷，从而提高防治效果。农药在作物内的长距离传输主要在韧皮部和木质部内进行。农药经过韧皮部传输可到达茎或根的尖端。木质部主要传递水分和矿质元素，农药可随着蒸腾作用从根部传到叶部。根据农药在植物体内的输导性能，可以将农药分为 5 类。第 1 类的输导性最差，只能在着药点作局部扩散。第 2 类农药能透过植物叶片，从上表面到达下表面，即内渗性，对控制农作物病害来讲是非常重要的性能。第 3 类农药能在木质部内输导，一般是中性农药，进入木质部后随着蒸腾流向上传输，最后分布于叶片的边缘。第 4 类农药能在韧皮部内输导，可以向顶传输，

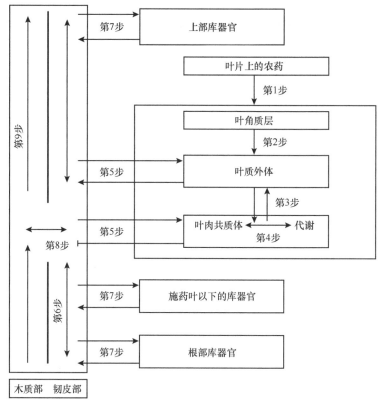

图 2-43　外源化合物在植物体内的传输过程

也可以向植物基部传输，最终到茎尖、未展开的叶片或根尖等分生组织或库器官内富集。第 1、3、4 类农药在植物体内的传输如图 2-44 所示。第 5 类农药既可以在韧皮部也可在木质部内输导，即具有双向输导性能，绝大多数具有韧皮部输导性的农药具有双向输导性。

内吸性农药通常指在植物体内进行长距离运输，并形成系统分布的农药。不同内吸性的农药可以在植物体内形成不同的分布情况，例如，具有木质部内吸性的农药可以随蒸腾拉力往植物蒸腾作用旺盛的地方积累。农药通过哪种方式输导决定了农药在作物中的最终分布，从而赋予了农药不同的优势，能够在木质部传输的农药适合于种子处理或根区施药，具有韧皮部输导性能的农药则有利于控制刺吸式害虫和维管束病害，而具有内渗性的农药则有利于控制叶片背部的隐蔽性害虫。

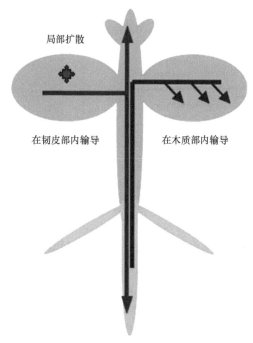

图 2-44　农药在植物体内的局部扩散、在韧皮部和木质部内的输导示意图

2.4.3　影响农药在作物中吸收与传导的因素

农药在作物体内的传输性能与作物形态、作物的生理生化过程和农药的性质有关，其中农药性质包括农药的溶解性、油水分配系数、分子量大小、分子结构等理化性质；此外还受到施药时的自然条件（如湿度）等因素的影响。例如，新烟碱类杀虫剂都可以在植株内输导，但是由于它们的性质各异（表 2-8），在作物中经过传输后在花粉和花蜜中的分布量有很大区别，见表 2-9。

表 2-8　新烟碱类杀虫剂的理化参数（Bonmatin et al.，2015）

有效成分	分子量	水溶性/(g/L)	油水分配系数	解离常数
吡虫啉	255.7	0.61	0.57	不解离
噻虫嗪	291.7	4.1	−0.13	不解离
噻虫啉	252.7	0.184	1.26	不解离
噻虫胺	249.7	0.34	0.905	11.1
啶虫脒	222.7	2.95	0.8	0.7
呋虫胺	202.2	39.83	−0.549	12.6

表 2-9　新烟碱类杀虫剂在花粉和花蜜中的平均分布量范围（Bonmatin et al.，2015）

有效成分	花粉/(ng/g)	花蜜/(ng/g)
吡虫啉	0.1～80.2	0.1～72.81
噻虫嗪	0.1～95.2	0.1～11
噻虫啉	22.3～187.6	1.8～6.5
噻虫胺	0.1 以上	0.1 以上
啶虫脒	3～59.3	2.4 以上
呋虫胺	4～88.3	2.1～13.7

总体上看，对农药输导性能的影响因素的研究主要集中在油水分配系数和解离常数。农药要在作物内输导，必须能透过叶片的表面和生物膜，油水分配系数对这两个穿透过程都很重要。有多位科学家研究了油水分配系数与农药内吸性和输导性的关系，不同研究人员的结果有一定的差距，但总体上是一致的。有些研究人员认为，如果农药的油水分配系数小于 4，则该农药具有一定水溶性，具有内吸性（Bonmatin et al.，2015）。Trapp（2004）报道，如果农药的油水分配系数值为 1～2.5，则该农药对叶片的穿透能力最强。Briggs（1987）合成了系列化合物（结构上分属于 *O*-甲基氨甲酰基肟类和取代苯基脲类），配成营养液后培养大麦苗，然后测试这些化合物在大麦茎秆中的浓度（mg/L），再按式（2-25）计算茎秆浓度系数（stem concentration factor，SCF）。

$$SCF = \frac{\text{茎秆中的化合物浓度}}{\text{营养液中的化合物浓度}} \tag{2-25}$$

结果发现化合物的油水分配系数 $\log K_{ow}$ 在小于 4 的范围内时，随着油水分配系数增加，化合物的茎秆浓度系数增加，表示化合物在大麦茎秆中的吸收输导能力增加，并估算出达到最佳输导能力时的油水分配系数值是 4.5，如图 2-45 所示。

解离常数（pK_a）是影响农药输导性的另一个重要参数。植物韧皮部的 pK_a 大约是 8，木质部的 pK_a 大约是 5。弱电解质化合物更容易在植物中输导。解离常数和油水分配系数共同决定农药的内吸性及其在作物内的输导性，当解离常数大约等于 3、油水分配系数为 1～3 时，作物的根对农药的吸收可达到最大值。油水分配系数和解离常数对农药输导性的意义是公认的。为了进一步研究和预测农药的输导性，研究人员开发了用这两个参数预测农药输导性的模型，即 Bromilow 模型和 Kleier 模型。

Bromilow 通过分析农药的油水分配系数、解离常数值和农药的输导性，得到了一个预测农药输导性的模型（图 2-46），称为 Bromilow 模型。根据此模型，油水分配系数大于 4 的农药没有内吸性，因而也没有输导性；油水分配系数为 0～4 的农药中，大部分只能在木质部输导，少部分既可在木质部输导，还可能在韧皮部输导；油水分配系数为−3～0 的农药，可在木质部或者在韧皮部输导；如果农药的油水分配系数为−3～2.5，同时解离常数为 0～7，则该农药具有最佳的韧皮部输导性。

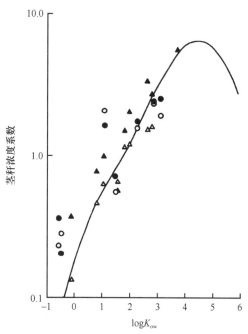

图 2-45　大麦茎吸收外源化合物的茎秆浓度系数与油水分配系数的关系（Briggs et al.，1983）

实心圆和空心圆分别表示 O-甲基氨甲酰基肟类在大麦下部茎秆和中部茎秆的浓度；实心三角和空心三角分别表示取代苯基脲类在大麦下部茎秆和中部茎秆的浓度

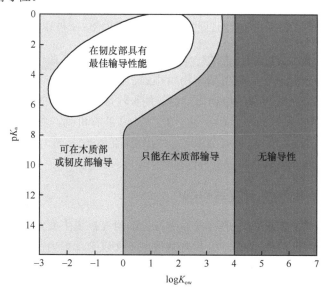

图 2-46　预测农药输导性的 Bromilow 模型（Bromilow et al.，1990）

Bromilow 模型可用来预测农药在作物韧皮部或木质部的输导性能的总体特征。但是，在农业生产中，农业病虫草害的防治效果与农药在韧皮部的输导性具有更紧密的关系。例如，草甘膦可以使杂草烂根，从而达到较理想的除草效果，前提是草甘膦能够从叶面向根部输导；又如，蚜虫多在韧皮部吸食汁液，防蚜虫的杀虫剂最好能够在韧皮部输导。韧皮部输导性使农药在作物中既能向上也能向下输导，而木质部输导性的动力主要来自蒸腾作用，只能向上输导。由于农药的韧皮部输导性比木质部输导性具有更重要的意义，Kleier 根据农药的油水分配系数与解离常数开发了一个专门预测农药的韧皮部输导性能的模型（图 2-47），称为 Kleier 模型。Kleier 模型图上分成了 4 个区域，分别用不同的颜色标示，其中红色区域表示在韧皮部没有输导性，黄色区域表示在韧皮部有很弱的输导性，淡绿色区域表示在韧皮部有中等强度的输导性，白色区域表示在韧皮部有很强的输导性（Chollet et al.，2004）。Kleier 模型对农药韧皮部输导性的预测优于 Bromilow 模型，在现在的研发工作中得到更多应用。

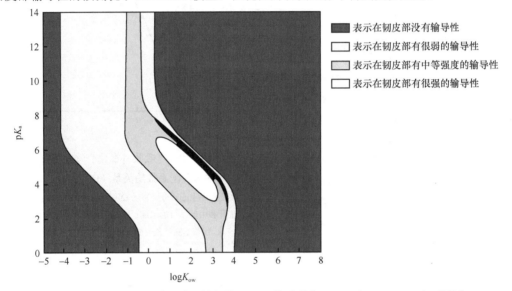

图 2-47　预测农药韧皮部输导性能的 Kleier 模型［仿 Kleier 和 Hsu（1996）重绘］

除了农药的理化性质，组成作物的化学成分也会影响该农药在作物内的输导性。植物体主要由水、脂肪、碳水化合物、蛋白质等物质构成。这些成分对农药的亲和力不同，亲和力上的差异导致具有不同组成成分的植物体对农药的吸收行为不同。Chiou（2001）研究作物根部对土壤中有机物的吸收行为时发现，对于 $K_{ow} \leqslant 100$ 的有机物，根部吸收时水的贡献较大（85% 以上）；对于 $K_{ow}=100$ 的有机物，水和脂肪的作用各占 50%；而对于 $K_{ow} \geqslant 1000$ 的有机物，根部吸收几乎全部来自脂质对有机物的分配作用。

2.4.4　除草剂在植物中的吸收与传导

迄今为止，关于农药在作物中的吸收输导行为的研究报道主要集中在除草剂。无论是哪类农药，它们在作物中的吸收输导行为具有共性，下文以除草剂为例介绍农药在靶标作物中的吸收与传导。

2.4.4.1　除草剂在植物中的吸收

1. 在种子萌发时吸收

除草剂可在植物种子萌发时吸收。Park 等（2017）的研究表明，胚芽鞘是吸收苯胺灵等除草剂的主要部位，且胚芽鞘吸收特性与除草剂的挥发性有关，这些除草剂在土壤中多以气体形式存在并通过扩散作用进入胚芽鞘。苯噻酰草胺也可通过胚芽鞘吸收。Bauddh 和 Singh（2012）的研究表明，芽前处理剂能在植物胚芽鞘细胞壁渗入。未出土植物幼芽和根尖是吸收另一些药剂的主要部位，玉米根尖吸收的豆草隆（chlorimuron-ethyl）多于芽尖，经根尖和芽尖吸收的药剂对根的抑制率分别为 52.6% 和 24.1%，根的中上部几乎不吸收药剂。

2. 在植物茎叶吸收

植物叶片表面有高度类脂的结构，能防止植物体内的水分丧失，调节植物体内外气体交换，阻止外界物质进入体内。从分布上看，叶片由表及里分别为蜡质层、角质层、果胶层和纤维素层（细胞壁）。角质层主要由长链烷烃、醇、醛、酸等组成。各组分并不是界限分明，如蜡质层可嵌入角质层，有些角质又嵌入蜡质层，果胶质也可扩散至角质层内。

叶片是吸收除草剂的主要部位。叶片中角质和蜡质层是除草剂渗透的主要屏障。不同杂草及其在不同环境条件下蜡质含量、成分及晶体结构有所不同。Ruiz-Santaella 和 Prado（2006）发现，水稻（*Oryza sativa*）角质层有大量均匀覆盖的蜡质，形成星形网状结构，氰氟草酯处理 24h 后吸收率仍低于 30%，而稗属（*Echinochloa*）杂草角质层具有较少的蜡质，缺少具有紧密结构的蜡质区域，只形成不均匀的覆盖，该药最大吸收值高达 73%。有学者提出草甘膦可通过亲水途径进入叶子（Tice，2001），这与大多数除草剂渗透叶表皮的方式不同。Reddy（2000）的研究表明，用氯仿去除角质层蜡后的滇缅古柯（*Erythroxylum novogranatense*）叶面对 ^{14}C-草甘膦吸收大大增加，超过 22% 的草甘膦在脱蜡后 6h 内被吸收，288h 后吸收量增加到 82%。

除草剂须通过角质层扩散或通过气孔到达叶表皮及内部细胞，Schreiber（2005）研究指出，叶片表面角质层大部分区域被气孔、表皮毛和亲脂性蜡覆盖，极性化合物通过这种屏障的运动是有限的。除草剂的极性影响其在叶片渗透吸收，进入植物细胞的机制是简单扩散或是协助扩散。亲脂性分子的摄取很大程度上取决于它们分配进入细胞膜的能力，能够比亲水性分子更迅速地渗透进入细胞，且与溶液 pH 无关。阿特拉津对离体的玉米原生质体的渗透非常快，并且在大麦正常根和死亡根中的吸收速度相当。因此质膜不对阿特拉津进入植物细胞构成障碍，对于具有相似理化性质的其他化合物也是如此。中性和亲脂性分子的吸收不依赖能量进行，因此它们跨质膜的转运是简单扩散的方式。弱酸性除草剂有解离、非解离两种状态，两种状态分子的比值受到溶液 pH 和弱酸的解离常数影响。弱酸性药剂的吸收与溶液 pH 密切相关，pH 低，吸收量多。

叶片上存在有机物优先进入的位点，如表皮细胞的垂周壁和叶脉上方区域、表皮毛、保卫细胞、气孔等。角质层具有明显的横向异质性，离子化合物可通过极性扩散途径进入叶片，而亲脂性分子可沿亲脂性蜡和角质层进行扩散。

很多半挥发性除草剂在叶片和空气中的分配作用与药剂本身的辛醇–气分配系数（K_{OA}）有关。$\lg K_{OA} < 8.5$ 的除草剂主要通过气态形式被叶片吸收，且药剂在叶片和空气间的分配会达到一个平衡状态；$\lg K_{OA}$ 在 8.5～11 的药剂，虽然气态吸收仍是主要途径，但这一过程会受到吸收动力学的限制而无法达到平衡；$\lg K_{OA} > 11$ 则主要是附着在颗粒物上沉降至叶片。对于挥发到空气中的除草剂，除了以气态形式经气孔被吸收，附着在大气颗粒物上的除草剂也可通过干湿沉降落在植物叶片表面，再通过扩散作用进入叶片内部。Wild 等（2006）报道，玉米（*Zea mays*）和菠菜（*Spinacia oleracea*）叶中菲（phenanthrene）最初吸附在蜡状角质层上，保留 24～48h，48～96h 后迁移到表皮细胞壁、细胞质和液泡中，144h 后可到达表皮/叶肉界面。

叶面的除草剂是否以结晶或无定形形式存在取决于表面结构以及农药剂型等因素，除草剂在叶片表面的结晶需要能量（以及溶剂）才能使其重返液态，进一步被叶片吸收。添加合适的助剂可以通过改变雾滴的表面性质来增强药液在植物叶片的吸收，促进经表皮、角质层和气孔吸收。Li 等（2016）的研究表明，氰氟草酯加入助剂后，表面张力降低，稗草（*Echinochloa crusgalli*）表皮细胞和蜡质层几乎完全被破坏，随着助剂浓度增加，液滴扩散显著加快，在助剂浓度达到 0.3% 后，杂草对氰氟草酯的吸收也明显增加，杂草抑制率约为单独使用氰氟草酯的 2 倍。

植物生长调节剂会影响杂草对药剂的吸收。芸苔素内酯能够促进植物细胞的伸长和分裂，促进光合作用，进而可能促进药剂吸收。乙烯利与麦草畏、2,4-D 等除草剂混用可促进除草剂在杂草体内的吸收。朱金文等（2003a）报道，空心莲子草用 100mg/L 乙烯利喷雾后，显著促进了植株对随后处理的 ^{14}C-草甘膦的吸收。对照植株中 ^{14}C-草甘膦在点药处理叶片中的吸收量为 21.0%，用乙烯利处理后吸收量提高至 35.6%。

除草剂在植物茎叶的吸收受环境条件影响。温度和湿度可以通过影响助剂来改变除草剂的渗透。施药之前若大风导致的尘粒摩擦损伤叶面角质层，可能会使除草剂易被植物吸收。降雨对除草剂发挥药效有影响，有些带负电荷的除草剂盐（如钠盐）不易被角质层表面所吸收，渗入叶内缓慢，而且有水溶性，极易被雨水从叶面冲洗掉。朱金文等（2011）的研究表明，草甘膦施药后 1h、6h、12h、24h 降雨，空心莲子草生长抑制率比无降雨处理分别下降了 65.1%、42.0%、38.4%、14.2%。一般配制成乳油或油乳剂的除草剂要比水剂受降雨的影响小，因此喷药至降雨的合适时间间隔应根据除草剂的溶解特性及植物叶面的理化性质等决定。

3. 在植物根系吸收

植物根系是吸收除草剂的主要部位，包括分生区、伸长区和分化区，而具有高度活性的根冠吸收较少。除草剂从土壤进入植物体可分为两个过程，一是除草剂通过分配作用到达根系，主要是基于其化学性质和生物利用度的简单扩散。二是除草剂进入根系内的自由空间和细胞内，除草剂从根部表皮到维管组织的传递过程实际上也是在一系列细胞壁和细胞膜之间的分配过程。所有非电离农药均可发生第二个过程，穿过根表皮保护层进入内部组织。经质外体进入的除草剂不能够进入活细胞，只在细胞壁、细胞间隙由外向内扩散，绕过凯氏带进入内皮层细胞。绕过凯氏带之后也可以重新返回质外体扩散直至进入导管，或是经胞间连丝在活细胞之间移动，穿过中柱鞘及中柱内壁细胞到达导管。经共质体途径的除草剂在进入根表皮细胞后，能够通过共质体进入导管。

经根部吸收的除草剂有典型时间特征，首先经过 5～30min 的快速吸收时期，之后进入缓慢吸收时期。植物根系对溶液中除草剂的吸收积累程度与其溶解度成反比，与根系的脂质含量通常呈显著正相关（Gao et al.，2005）。Wild 等（2005）在研究环境中多环芳烃类物质如菲的吸收时发现，菲被植物吸附到根表面，吸收后积累在细胞壁和液泡中，摄取量主要取决于植物根部的脂质含量，蛋白质、脂肪、核酸、纤维素等成分都含有亲脂性成分。Fismes 等（2002）也指出，当除草剂的分子量较大、疏水性较强时，主要通过根部被吸收。

植物吸收土壤中除草剂的程度与药剂的辛醇-水分配系数（K_{ow}）、分子量大小、分子结构、亨利系数（H）等理化性质有关。Shone 等（1974）在研究植物组织对外源化合物的吸收时，提出了根浓度系数（root concentration factor，RCF）的概念［式（2-26）］来描述根从溶液中吸收化合物达到平衡时的状态，即若 RCF=1.0，组织中除草剂浓度和溶液中除草剂浓度相等。RCF＜1.0 表明除草剂在组织中渗透不完全，RCF＞1.0 则表明除草剂在组织中完全渗透。Briggs 等（1982）研究了大麦根对甲基氨基甲酰肟和取代苯脲衍生物的吸收积累能力与药剂脂溶性之间的关系，给出了由 $\log K_{ow}$ 计算 RCF 的经验公式：$\log(RCF-0.82)=0.77\log K_{ow}-1.52$。

$$RCF=\frac{根组织中除草剂浓度（g/g）}{溶液中除草剂浓度（g/mL）} \tag{2-26}$$

这个关系式后来被推广为 $RCF=W+LcK_{ow}b$，式中，W 是植物组织中的水含量，L 是脂含量，c 和 b 是系数，用以校正植物组织和辛醇间的不同，这阐明了化合物的亲脂性和 RCF 的关系。一般，除草剂的初始吸收速率与其亲脂性显著正相关。极性化合物进入根细胞较慢，且仅限于最初的自由空间内，导致 RCF 值只有 0.6～1.0。亲脂性化合物则相反，可以快速地进入根细胞，积累于富含脂肪的组织中。对于 2,4-D 等弱酸性除草剂，RCF 随着 pH 的降低而升高。

植物对草甘膦的吸收和转运与植物种类、植物生育期、施药量、药液中助剂用量及温度、光照等环境因素有关，高光强和高温通过增强植物的快速吸收来改善草甘膦的控草效果。土壤性质是影响植物吸收除草剂的重要因素，因土壤有机质和黏粒的吸附以及微生物作用而失去一定根部吸收渗透量。因此，当土壤有机质含量高、质地黏重时，除草剂用推荐高量。

2.4.4.2　除草剂在植物体内的传导

1. 触杀性除草剂

触杀型除草剂如草铵膦、敌稗、乙氧氟草醚等，能够迅速在植株组织起作用，导致叶片失水、失绿、枯黄等。大豆叶片对草铵膦处理的药害反应，枯斑率随着点样浓度的增加而增大，品种'中豆 32'在 2mg/L 时叶片的平均枯斑率为 38.4%，4mg/L 时为 81.7%，5mg/L 时为 90.5%，在 6mg/L 时达 100%。吡草醚作为触杀型除草剂，茎叶处理后可迅速被吸收到组织中，抑制植物体内原卟啉Ⅳ氧化酶，导致茎叶坏死，或在阳光下脱水干枯。

2. 共质体系输导

植物体内胞间连丝作为一种细胞质结构将相邻的细胞联系起来而形成共质体，通过调控许多离子和分子的输导而广泛地参与植物的生命活动。在电子显微镜下可观察到内皮层细胞与中柱鞘细胞有许多胞间连丝，共质体途径是畅通的。共质体输导的基本形式是扩散，但对于某些离子和分子却是有选择性的。环层细胞质为大多数溶质提供输导的通道，而有些物质的输导则可能是通过连丝小管的内腔、壳层，或是细胞质膜来实现的。共质体可以细分为数个区域，它们各自允许不同大小的分子（从低于 1000Da 到高于 10 000Da）通过。草甘膦等除草剂在杂草体内的传导是随光合产物流在韧皮部输导到生长代谢旺盛的部位。简单一年生植株在韧皮部碳水化合物由源→库的方向传导，且在光合能力最强的组织附近有最大值。主要随韧皮部中蔗糖的运动而移动（Shaner et al.，2012），通过植物细胞的磷酸盐泵进入细胞内部传导到顶端和根部分生组织（Ge et al.，2010）。

叶片中药剂的传导方向与叶片在植株上的相对位置有关。朱金文等研究草甘膦在空心莲子草（*Alternanthera philoxeroides*）中的作用发现，从顶芽开始第 4～5 对叶尤其是叶柄基部着药，7～8 对叶植株的中毒程度最重，最有利于药剂吸收与传导。在 4～5、6～7、8～9、10～12 对叶四个生长期植株上进行 ^{14}C-草甘膦点叶处理后 6d，22.11%～31.33% 的药剂已被植株吸收和传导（表 2-10）。^{14}C-草甘膦传导至地下根茎的量随着叶数的增加而增多，在大于

10 对叶的植株中尤为显著。结果表明 ^{14}C-草甘膦在空心莲子草植株 6～9 对叶时处理，较有利于药剂在地下根茎中的积累。

表 2-10　^{14}C-草甘膦在空心莲子草不同生长期植株中的分布（朱金文等，2002）

植株部位	植株部位 ^{14}C-草甘膦占处理总量的比例/%			
	4～5 对叶	6～7 对叶	8～9 对叶	10～12 对叶
处理叶表面	43.62	45.17	42.86	37.59
处理叶	20.80	21.00	24.13	25.86
处理叶以上茎叶	0.30	0.31	0.80	1.48
处理叶以下茎叶	0.38	0.42	0.75	0.94
侧芽	—	0.04	0.04	0.71
基芽	—	0.25	0.55	0.88
地下茎	0.13	0.14	0.30	0.38
根系	0.50	0.63	0.82	1.08
总量	65.73	67.96	70.25	68.92

注：比较每克干组织中 ^{14}C-草甘膦的含量；"—"表示低于检测方法的最低检出量而未检出

　　放射自显影技术可以提供相关除草剂在不同组织中的分布定位。^{14}C 标记草甘膦处理圆叶牵牛（*Ipomoea purpurea*）叶片，药剂可向上和向下传导，如图 2-48 所示。当对叶柄进行蒸气破坏韧皮部处理后，便不能向外传导。当对茎秆的相应位置进行蒸气处理，药剂不能向下传导，但仍可通过木质部向上传导（图 2-48）。

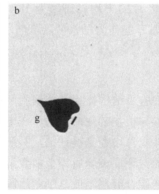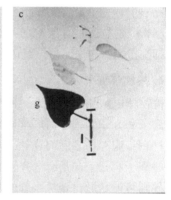

图 2-48　圆叶牵牛中 ^{14}C-草甘膦的放射自显影（Dewey and Appleby，1983）

a. 在叶片 g 进行药剂处理；b. 在叶片 g 进行药剂处理，但叶柄用蒸气环割；

c. 在叶片 g 进行药剂处理，并在处理叶片上方和下方用蒸气环割

　　多年生杂草的生育期是影响药剂传导方向的主要因素，在生长前期，地上部植株生长迅速，有机物消耗多，而叶面积小，光合效率低，有机物以由下而上传导为主。生长中后期地上部生长减慢，消耗少，光合效率提高，光合产物由上向下传导。

　　助剂对除草剂的传导有促进作用。朱金文等（2011）报道，草甘膦 33.7μg/株和 67.4μg/株点叶处理 48h 剪去空心莲子草地上部分，药液中添加有机硅助剂（0.35g/L）后，对再生植株的茎叶生长抑制率分别比对照增加了 8.9% 和 14.8%，说明添加有机硅助剂促进草甘膦在空心莲子草中向下传导，增加了药剂在地下根茎中的积累。朱金文等在研究不同助剂对草甘膦的

增效作用时发现，助剂 UC-12、TL-800、JFC、Tween 20 对草甘膦的增效作用较为显著，对空心莲子草抑制率比 CK 提高了 6～20 个百分点。添加助剂 UC-12、JFC 的处理，空心莲子草根茎复发率降低最多，降低了约 12 个百分点。TL-800 等的处理次之，降低了 6～9 个百分点，说明不同类型的助剂不同程度地促进草甘膦向下传导。

施药方法与药剂传导有关。朱金文等（2003b）报道，草甘膦（300mg/L）加入硫酸铵（1.20g/L）后对空心莲子草再生植株鲜重抑制率比对照提高了 12.2 个百分点（表 2-11），在 [14]C-草甘膦点叶前用硫酸铵喷雾处理，显著促进了植株对 [14]C-草甘膦的吸收与传导。经硫酸铵处理后，[14]C-草甘膦在空心莲子草中的分布发生了明显的变化，处理叶以下部位茎叶和芽中的含量比对照处理略有减少，而处理叶以上茎叶、地下茎、根系中的含量明显提高，地下茎、根系中 [14]C-草甘膦含量分别是对照的 1.39 倍和 1.86 倍。

表 2-11　硫酸铵对草甘膦在空心莲子草中生物活性的影响（朱金文等，2003b）

[14]C-草甘膦浓度/(mg/L)	硫酸铵浓度/(g/L)	鲜重抑制率/% (m/m)	再生植株鲜重抑制率/% (m/m)
300	0	55.6	79.6
300	1.20	75.8	91.8
300	12.0	76.6	92.1
600	0	82.9	90.5
600	1.20	88.6	100
600	12.0	93.2	100

环境条件对除草剂传导有影响。Ghanizadeh 等（2015）的研究表明，温度影响草甘膦的药效，因为草甘膦在液泡的螯合具有温度依赖性，使植物细胞限制除草剂转运的机制在低温（低于 10℃）下不能有效地发挥作用。Eleni 等（2016）报道，低温 8℃使活性液泡膜转运蛋白尤其是 ABC 转运蛋白的表达下降，即没有足够的活性转运蛋白将草甘膦带入液泡中，草甘膦能正常传导。王俊（2018）的研究表明，高温使植物蒸腾作用增强的同时，也有利于根部吸收的除草剂沿木质部向上传导，15～30℃有利于杂草和作物生长，有利于增强内吸性除草剂在植物体内的传导，提高除草效果。但温度过高会抑制一些植物生理代谢，可能对除草效果产生不利的影响。

植物生长调节剂会影响除草剂的传导。朱金文等（2003a）报道，在 [14]C-草甘膦点叶处理前用乙烯利喷雾处理空心莲子草，显著促进了植株对 [14]C-草甘膦的吸收与传导（表 2-12）。经乙烯利处理后，植株除处理叶以上茎叶外，其余各部位的 [14]C-草甘膦含量均高于对照，其中植株的基芽、地下茎和根系部位提高最为明显，[14]C-草甘膦含量分别是对照的 3.56 倍、1.75 倍和 2.35 倍。

表 2-12　乙烯利对 [14]C-草甘膦在空心莲子草中传导的影响（朱金文等，2003a）

植株部位	植株干重/g	[14]C-草甘膦含量/(μg/g)	
		CK	乙烯利处理
处理叶	0.019	56.92	113.56
处理叶以上茎叶	0.045	0.35	0.33
处理叶以下茎叶	0.183	0.12	0.30
侧芽	0.028	0.45	0.46

续表

植株部位	植株干重/g	^{14}C-草甘膦含量/(μg/g)	
		CK	乙烯利处理
基芽	0.004	0.82	2.92
地下茎	0.067	0.20	0.35
根系	0.054	0.52	1.22

3. 质外体系输导

质外体系包括细胞壁、细胞间隙及分化成熟的木质部等，被认为是物理连续体，水和溶质在蒸腾力作用下移动，其中溶质还可以在没有蒸腾的情况下通过简单扩散来移动（Kim et al.，2018）。除草剂在质外体系中的扩散取决于浓度差，进入活细胞时跨膜扩散的难易程度除与浓度差有关，还取决于化合物本身的亲脂性。药剂被根系吸收后，通过一系列吸附−解吸附过程逐渐进入导管，进入导管的农药向上移动时又不断与导管周围的亲脂物质发生一系列的吸附−解吸附作用（Paraíba，2007）。

植物根中有质外体系屏障存在，保证内部各种生理代谢在稳定的环境中进行，凯氏带对根部吸收有特殊作用，能限制经质外体途径输导的离子进入中柱，也能限制经质外体途径进入中柱的离子回流到皮层，这也是除草剂进入质外体系的屏障（Roppolo et al.，2011）。

质外体 pH 的相对稳定对养分的转运以及细胞正常的生理代谢是十分重要的。植物吸收 NH_4^+ 和 NO_3^- 后引起质外体 pH 的变化，因植物种类和器官而异。木质部传导在植株的基部较显著，并在植株中从下往上逐渐降低。

4. 质外−共质体系输导

木质部和韧皮部输导的物质有时可以相互移动，很多除草剂的输导并不局限于单一的体系，而是能够在两种体系中输导。药剂在细胞壁扩散，当接近内皮层细胞壁时可进入活细胞内，一旦绕过凯氏带，可以重新回到细胞壁的水相中继续扩散，最终进入木质部。除草剂可以经由气孔的连续水通道进入植物体内，如草甘膦、杀草强等，进入叶片非共质体后，可经胞间连丝进入共质体，随后与韧皮部的光合产物流一起输导。

采用微放射性自显影技术可以进行除草剂在细胞或亚细胞水平的定位，如用 ^{14}C-毒莠定（picloram）处理大豆根部后，在茎的木质部分布较多，韧皮部也有分布，说明可通过共质体系和质外体系两种途径传导（图 2-49）。

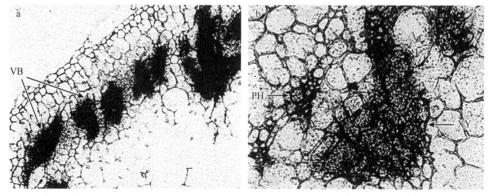

图 2-49　施用 ^{14}C-毒莠定后大豆茎段的微放射性自显影照片（O'Donovan and Vanden Born，1981）

VB 表示维管束；PH 表示韧皮部；XY 表示木质部

第3章 水稻有害生物防控中农药损失规律与高效利用机制

3.1 水稻田农药的流失途径

在水稻田喷雾施药后,有以下4个主要途径导致农药的大量损失。

第一,农药在水稻植株上的沉积率低,流失多。①水稻是低能表面植株,在水稻上使用的绝大多数常规农药品种的推荐剂量药液的表面张力大于水稻的临界表面张力,使得喷雾器械产生的农药雾滴在水稻叶片的表面产生弹跳、聚合、滚动、滑落、反弹等行为而难以沉积在水稻表面。②生产上主要采用大容量喷雾的方式,力求使药液均匀覆盖在水稻表面,结果沉积在水稻表面的雾滴累积的药液量超出了水稻叶片的最大持液量(流失点),反而导致药剂大量流失,农药在水稻表面的沉积量极少。

第二,沉积在水稻表面的农药剂量呈现严重的不均匀分布,产生"水桶效应"。由于水稻冠层的阻挡以及冠层本身的不均匀性,使得:①叶面喷雾的农药雾滴难以穿透水稻冠层抵达水稻基部;②雾滴难以沉积到叶片背面;③不同植株间的雾滴分布也不均匀,农药沉积量少的部位犹如决定水桶储水量的短板,是左右田间农药药效的关键部位。为确保防治效果,农药沉积量少的部位应具备杀死病虫的有效剂量,那么沉积量多于有效剂量的部位则导致了农药剂量的损失。

第三,沉积在水稻叶片上的农药雾滴远远超出所需数量。为最大限度地保护水稻免遭病虫为害,需要农药雾滴与病虫接触时一举杀死病虫害,因此每个农药雾滴应含有杀死病虫害的致死剂量。然而,病虫不会主动向农药雾滴聚集,要使病虫容易接触到农药雾滴,就需要在水稻群体内农药沉积量少的部位也要有足够多的农药雾滴。但除少数雾滴外,其他的大量雾滴中的农药剂量没有发挥杀死病虫的作用,为无效剂量。

第四,给药时间不在很多害虫个体的最佳受药时期。多种病虫为害水稻,生产上常采用以 1~2 种病虫为主要防治对象,兼治同时发生的其他病虫害的总体防治措施。害虫的最佳受药时间在初龄幼(若)虫期,在一种害虫的卵孵化高峰期用药,其他害虫并不正好也处在卵孵化高峰期,即便是同一种害虫,在卵孵化高峰期用药,一部分幼(若)虫已经错过了最佳受药期,一部分卵块还未孵化,因此需要通过加大农药用量来防治错过最佳受药期的个体,同时保证药效衰减后的剂量仍能杀死后孵化的幼(若)虫。这也是导致农药用量增加的主要原因。

3.2 水稻田农药的损失规律

3.2.1 农药的主要沉积部位与有害生物的为害部位之间的位置差

用农药防治为害水稻的病虫害,水稻植株是农药的第一靶标或载药靶标,农药只有沉积在水稻植株上才能更好地发挥作用,为害水稻的病虫害是农药的作用靶标或终极靶标,农药只有抵达病虫的发生部位,才能有效地控制或抑制病虫害的发生与为害,起到保护水稻安全生长的作用。因此,稻田喷雾施药后农药在作物冠层的沉积结构与病虫害为害部位存在明显的位差,包括针对第一靶标的沉积率、针对作用靶标或终极靶标的生态位差异和同一生态位中不同部位间的剂量差异。

3.2.1.1　农药在水稻植株上的沉积率

稻田喷雾施药后,沉积在水稻植株以外部分的农药必然与为害水稻植株的病虫害存在位置差,所以沉积在水稻植株表面的农药剂量将影响对病虫害的防治效果。

影响水稻植株上农药沉积率的主要因素如下。

1. 水稻植株单位面积的药液流失点和最大稳定持液量

从图 3-1 可以看到,将清水喷洒到水稻表面,随着喷水量的增加,水稻单位面积上的持液量随之增加,过流失点（POR）后,持液量开始下降并趋于稳定而形成最大稳定持液量（R_m）。流失点是水稻单位面积持液量的饱和点,也是水稻叶片单位面积的最大持液量,继续增加喷水量,水稻单位面积上的持液量因超出饱和点而溢出,并随着液体从水稻叶片上流失的惯性,持液量持续下降至水稻叶片上没有多余的液体可以自动流失止,所以自最大稳定持液量起,水稻单位面积的持液量不再随喷水量的增加而变化。由图 3-1 可知,在与地面成 30°、45°、60° 夹角的水稻叶片上,流失点分别为 7.4mg/cm²、6.1mg/cm²、4.8mg/cm²,最大稳定持液量为 4.1mg/cm²、1.9mg/cm²、1.5mg/cm²,与流失点相比,分别减少了 3.3mg/cm²、4.2mg/cm²、3.3mg/cm²。

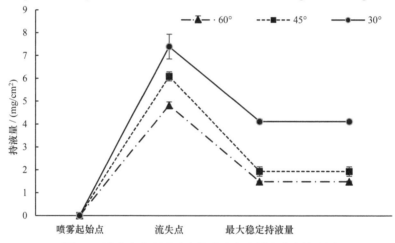

图 3-1　清水在水稻叶片上的流失点和最大稳定持液量

2. 水稻叶片的临界表面张力

以'南粳 44'为例,对不同表面张力的溶液在水稻叶面的接触角的余弦值 $\cos\theta$ 与溶液表面张力作图（图 3-2）,将作图获得的直线外延至 $\cos\theta=1$ 处,该处对应的溶液表面张力视为水稻的临界表面张力值。图 3-2 表明'南粳 44'水稻叶片正面、背面的临界表面张力分别是 29.90mN/m 和 31.22mN/m,为低能表面。

3. 药液表面张力及表面活性剂种类

溶液中表面活性剂浓度低于临界胶束浓度时,表面张力随表面活性剂浓度的增大而降低;溶液中表面活性剂达到临界胶束浓度时,表面张力不再随表面活性剂浓度的增大而改变或改变很少。配制低浓度至高浓度的系列表面活性剂溶液,测定其表面张力,作浓度对数与表面张力的曲线图,曲线转折点相应的浓度为该表面活性剂的临界胶束浓度。图 3-3 表明表面活性剂 Silwet 408 的临界胶束浓度为 78.49mg/L,对应的表面张力为 20.77mN/m;TX-10 的临界胶束浓度为 31.25mg/L,对应的表面张力为 29.01mN/m。清水的表面张力为 71.8mN/m,大于

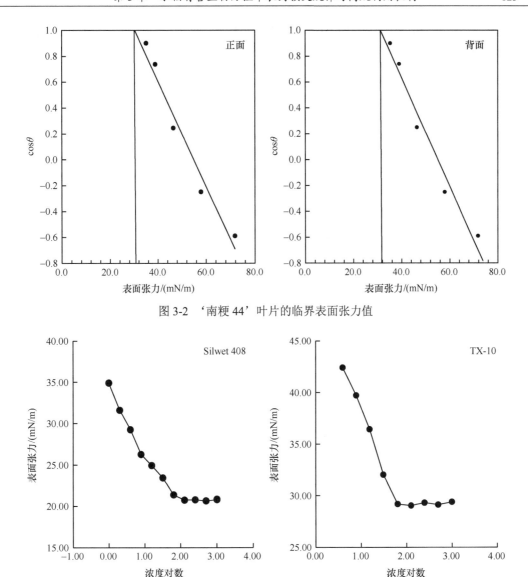

图 3-2　'南粳 44'叶片的临界表面张力值

图 3-3　Silwet 408、TX-10 的表面张力值和临界胶束浓度

水稻叶片的临界表面张力。表面活性剂 Silwet 408 和 TX-10 溶液的表面张力小于水稻叶片的临界表面张力。从图 3-4 可以看到，使用 Silwet 408 后，在与地面成 30°、45°、60° 夹角的水稻叶片上，最大持液量分别为 14.3mg/cm²、12.7mg/cm²、10.3mg/cm²，最大稳定持液量分别为 8.0mg/cm²、6.8mg/cm²、5.2mg/cm²；使用 TX-10 后，在与地面成 30°、45°、60° 夹角的水稻叶片上，最大持液量分别为 11.0mg/cm²、9.9mg/cm²、7.3mg/cm²，最大稳定持液量分别为 5.7mg/cm²、4.0mg/cm²、3.2mg/cm²。与清水比，使用 Silwet 408 和 TX-10 可大幅增加水稻持液量。

由图 3-5 可知，当溶液中 Silwet 408 和 TX-10 的用量达到临界胶束浓度时，水稻的最大持液量和最大稳定持液量最大，大于或小于临界胶束浓度都将减少持液量。徐德进等（2014）以生物染料丽春红-G 为示踪剂，采用比色法测定了丽春红-G 在水稻植株上的沉积率，用清水溶解丽春红-G，通过手动喷雾器进行大容量喷雾，发现丽春红-G 在水稻分蘖期、孕穗期、扬花期的沉积率分别为 20.24%、34.25%、39.46%；在清水溶解的丽春红-G 溶液中添加 100mg/L

的表面活性剂 TX-10，使溶液的表面张力小于水稻叶片的临界表面张力、溶液中的表面活性剂浓度达到临界胶束浓度，用手动喷雾器进行大容量喷雾后，丽春红-G 在水稻分蘖期、孕穗期、扬花期的沉积率可分别增加到 35.56%、43.87%、46.10%。

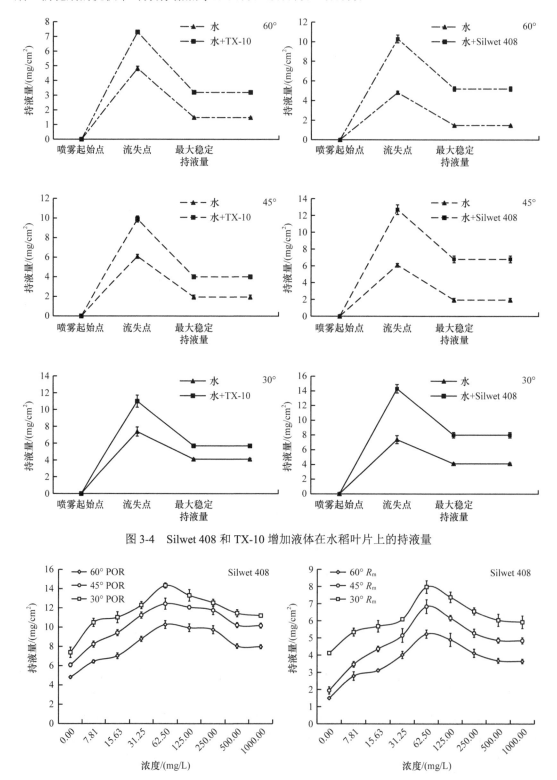

图 3-4　Silwet 408 和 TX-10 增加液体在水稻叶片上的持液量

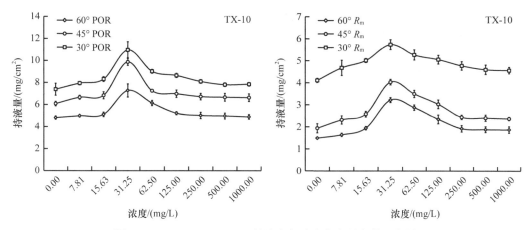

图 3-5　Silwet 408、TX-10 的浓度与溶液在水稻上的沉积量

POR 表示最大持液量（流失点）；R_m 表示最大稳定持液量

　　因此，在稻田喷洒农药时，药液的表面张力要小于水稻的临界表面张力，药液内的表面活性剂达到临界胶束浓度，同时用小于水稻植株的最大持液量的药液量，可以最大限度地增加农药在水稻植株上的沉积量。

3.2.1.2　作物群体内农药沉积部位与有害生物发生部位的生态位差异

　　按图 3-6 的方式在水稻孕穗期和扬花期检测了手动喷雾器大容量喷雾后示踪剂（丽春红-G）在水稻群体内的空间分布，其垂直方向的分布结果列于表 3-1。从表 3-1 可以看到，沉积在水稻中层以上的示踪剂分别占 82.58% 和 82.33%，而在水稻基部，丽春红-G 也主要沉积在表示叶片正面的载玻片上，沉积在表示茎秆垂直面的载玻片上的示踪剂分别只有 1.17% 和 1.59%。说明手动喷雾器叶面喷洒的农药绝大多数沉积在水稻叶片的正面，即使在水稻基部也主要沉积在一些老叶的正面。在孕穗期和扬花期，示踪剂在表示叶片正面的载玻片上的沉积量分别占总沉积量的 85.1% 和 84.9%（徐德进等，2014），而沉积在基部褐飞虱栖息为害的茎秆部位的示踪剂不足总沉积量的 2%。将手动喷雾器大容量喷雾后示踪剂在水稻植株上的沉积率乘以其在水稻基部的分布比例，沉积在水稻基部茎秆部位的示踪剂只占喷洒量的

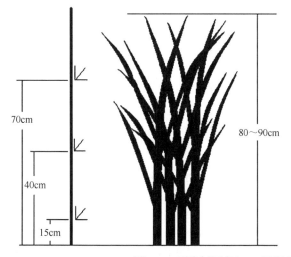

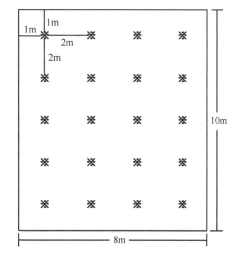

图 3-6　示踪剂丽春红-G 沉积部位的田间取样示意图

0.40%～0.73%。说明采用手动喷雾器叶面喷雾的方式防治褐飞虱和水稻纹枯病，沉积在水稻基部褐飞虱和纹枯病为害部位的农药剂量只占投入量的 0.5% 左右（图 3-7）。

表 3-1　手动喷雾器叶面喷雾后丽春红-G 在稻田内的沉积分布

位置			分配比/%		沉积率 [a]/%		沉积率 [b]/%	
			孕穗期	扬花期	孕穗期	扬花期	孕穗期	扬花期
上层	水平	正面	19.24	18.74	6.59	7.40	8.44	8.64
		背面	0.68	0.41	0.23	0.16	0.30	0.19
	45°角	正面	23.00	26.85	7.88	10.60	10.09	12.38
		背面	1.35	2.22	0.46	0.88	0.59	1.02
	垂直面		8.16	7.50	2.80	2.96	3.58	3.46
中层	水平	正面	12.08	10.94	4.14	4.32	5.30	5.04
		背面	0.30	0.41	0.10	0.16	0.13	0.19
	45°角	正面	14.97	12.80	5.13	5.05	6.57	5.90
		背面	0.19	0.37	0.06	0.15	0.08	0.17
	垂直面		2.61	2.09	0.89	0.82	1.15	0.96
下层	水平	正面	7.01	6.23	2.40	2.46	3.08	2.87
		背面	0.37	0.25	0.13	0.10	0.16	0.11
	45°角	正面	8.76	9.33	3.00	3.68	3.84	4.30
		背面	0.10	0.27	0.04	0.11	0.05	0.13
	垂直面		1.17	1.59	0.40	0.63	0.51	0.73
合计			100.00	100.00	34.25	39.46	43.87	46.10

注：沉积率=总沉积率×分配比。a 表示药液表面张力＞水稻临界表面张力；b 表示药液表面张力＜水稻临界表面张力

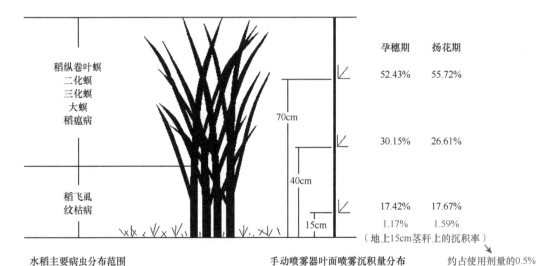

图 3-7　水稻主要病虫与农药沉积量在水稻不同生态位的分布

图 3-8 是喷雾塔内模拟防治褐飞虱的试验结果。将栽种水稻'南粳 44'的盆钵内置于网罩内，至孕穗期，每盆水稻接种室内饲养的褐飞虱 3 日龄若虫 80～100 头，稳定后计数并进

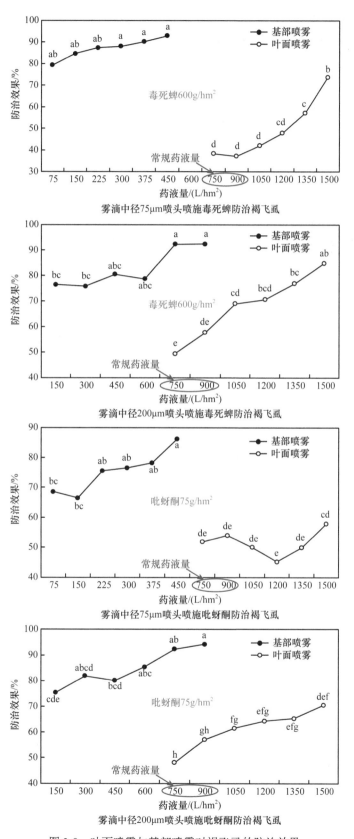

图 3-8　叶面喷雾与基部喷雾对褐飞虱的防治效果

行试验。用毒死蜱和吡蚜酮作为供试药剂，用叶面喷雾和基部对准褐飞虱直接喷雾两种方式（图3-9）、两种孔径的喷头进行试验。结果证明，使用毒死蜱有效剂量600g/hm²、吡蚜酮有效剂量75g/hm²，无论是以触杀作用为主的毒死蜱还是具有内吸作用的吡蚜酮，对准基部喷雾的防治效果远远好于叶面喷雾。这说明叶面喷雾时水稻冠层截留了防治褐飞虱的药剂，严重影响了对褐飞虱的防治效果。

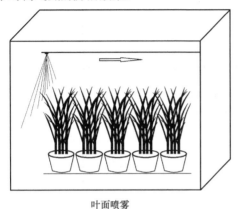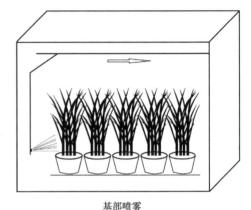

叶面喷雾　　　　　　　　　　　　　基部喷雾

图3-9　喷雾塔内两种喷雾方式防治褐飞虱

3.2.1.3　水稻植株同一生态位内农药沉积量不均匀造成的"水桶效应"

褐飞虱田间分布的基本状态是以迁入雌成虫为中心繁殖形成的个体群，为典型的聚集分布。綦立正等（1988）在江苏太湖地区农业科学研究所选择常规单季晚粳稻田3块，在褐飞虱大量迁入阶段基本结束、种群处于稳定增长初期的8月3～5日，以随机取样的方法调查褐飞虱的田间分布状态，每样点取1穴水稻，共调查4396穴，记录每穴虫量，连同田间的观察频次列于表3-2，由该表可看出褐飞虱的田间分布极不均匀，每穴10头以内的观察频次占全

表3-2　褐飞虱的田间观察频次（綦立正等，1988）

虫数/穴	频次	虫数/穴	频次	虫数/穴	频次
0	239	11	122	22	4
1	348	12	91	23	10
2	474	13	78	24	4
3	492	14	58	25	3
4	508	15	53	26	6
5	444	16	47	27	3
6	380	17	27	28	5
7	316	18	21	29	4
8	251	19	20	30	2
9	205	20	16		
10	156	21	9		

部样点的 86.74%，其中没有褐飞虱的样点占 5.44%，每穴 20 头以上的观察频次占全部样点的 1.14%。褐飞虱获得致死剂量药剂后死亡。假设沉积在每穴水稻基部的农药剂量均等，并且足以控制每穴 30 头的最大虫量，那么对于每穴 30 头以下虫量的水稻，沉积在水稻基部的农药剂量则没有被完全利用，对于没有褐飞虱的水稻则沉积的农药剂量完全没有发挥作用，因而降低了农药的有效利用率。实际上，根据徐德进等（2014）的报道，分布在每穴水稻基部的农药剂量并不相等，有的多，有的少，甚至很少。当药剂沉积量少的水稻与褐飞虱数量最多的水稻在同一穴时，需要沉积的农药剂量能够有效控制褐飞虱为害，否则将影响防治效果。那么同样在药剂沉积量少但褐飞虱数量少于最多虫量的情况下，以及在药剂沉积量多、褐飞虱数量少的情况下，农药在杀死褐飞虱的同时有多余的剂量，这些多余的剂量成为不发挥作用的无效剂量（图 3-10）。就像水桶的短板决定了水桶的储水量一样，农药沉积量少的水稻植株决定了对褐飞虱的田间防治效果，多于最低有效剂量的农药就像水桶中多于短板的水量被浪费了，势必将降低农药的有效利用率。这就是农药沉积量分布不均匀的"水桶效应"，决定防治效果的是水桶的短板。

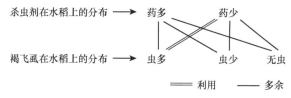

图 3-10　杀虫剂在水稻上的分布与利用情况

　　图 3-11 表明了水稻二化螟、三化螟和稻纵卷叶螟的卵块在水稻冠层内的分布状态，它们的幼虫孵化后很快钻蛀或爬行至心叶为害，能够接触药剂并被触杀的时间很短。然而，从表 3-1 可以看出，在水稻冠层部位，沉积在叶片正面的量远远多于叶片背面。从图 3-12 能看到，同一样点不同部位、不同样点同一部位的农药沉积量也有很大的差异，沉积量少的部位成了"水桶"的短板。为了确保对害虫的防治效果，需确保沉积量少的部位拥有杀死害虫的致死剂量，那么沉积在叶片正面的农药剂量中的绝大部分是被浪费的无效剂量。

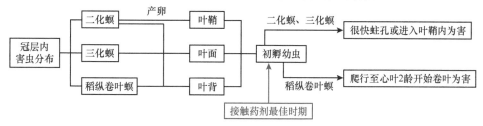

图 3-11　水稻主要害虫在水稻冠层内的分布及最佳防治时期

　　在稻田用叶面喷雾的方式使用农药，主要沉积在水稻的冠层部位，与在基部为害的稻飞虱（褐飞虱、白背飞虱和灰飞虱）形成了生态位的差异。在水稻冠层部位，农药主要沉积在叶片的正面，与分布在叶背面的害虫形成了生态位的差异。农药与病虫发生为害部位的生态差异，使得大量农药为无效剂量，直接影响了农药的有效利用率。即便在同一生态位内，农药沉积量与病虫害的分布也不均匀，它们并不处在多对多、少对少的一一对应的状态下，当农药剂量与病虫害处在少对多的情况下，分布少的农药剂量能够控制分布多的病虫害时，才能确保农药的防治效果。

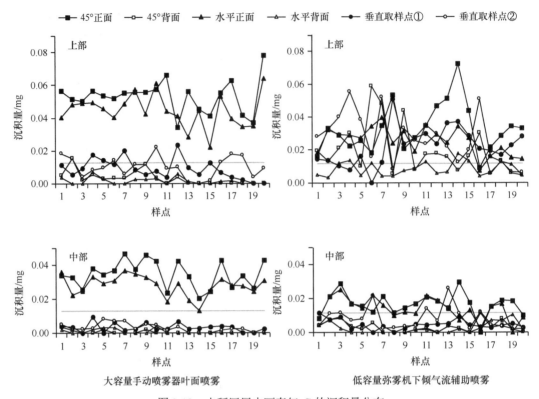

图 3-12　水稻冠层内丽春红-G 的沉积量分布

决定水桶贮水量的是最短的那块板，喷雾施药后，在水稻群体内农药沉积分布量最少的部位决定防治效果。

3.2.2　农药的给药时间与有害生物的最佳防控期之间的时间差

3.2.2.1　害虫群体的防治适期与个体最佳受药时间

害虫在田间发生时的各个幼虫龄期及化蛹、羽化、产卵、孵化等虫期，都是遵循零星出现、缓慢增加、快速增加、再缓慢增加直至停止，种群数量按 S 形的逻辑斯谛模式增长，如果以日期作为横坐标、当日出现的害虫某个虫期或幼虫龄期的数量作为纵坐标绘图，则是一条近似的常态分布曲线。通常把害虫各发育阶段的累计数量在群体中约占 16%、50%、84% 时分别作为群体发育进度的始盛期、盛期（高峰期）、盛末期的标准。

水稻二化螟是为害水稻的主要害虫，由于寄主多，发生期长，每一代往往有 2～3 个发生高峰期。由图 3-13 可以看到，5 月 20～30 日为一代二化螟第一个蛾高峰，6 月 3～13 日为一代二化螟第二个蛾高峰。一代二化螟，灯下见到虫蛾到产卵约需 3d 时间，卵期 5d 左右，共计约 8d 幼虫孵化。

二化螟为钻蛀性害虫，害虫钻蛀后施药，害虫不能直接接触药剂，必然影响防治效果。因此，需要在害虫钻蛀前用药防治才能确保杀虫剂，尤其是触杀型杀虫剂的药效。二化螟卵块都于上午 6～12 时孵化，幼虫孵化后即从叶上爬至茎秆或吐丝下垂后咬孔侵入，作为单个害虫个体来说，幼虫裸露在外的时间极短。但从图 3-13 可知，作为群体，从虫卵开始孵化到全部结束，跨度可达 1 个月之久，所以要对所有个体在极短的裸露时间施药是完全不可能做到的事情，很多幼虫错过最佳用药时期必定影响防治效果。

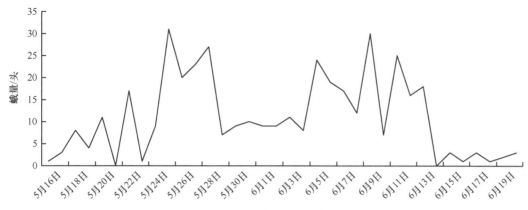

图 3-13　二化螟灯下蛾量（2004 年江苏句容）

从水稻秧田采集二化螟卵块，用塑料吸管将同一天采集的发育进度接近的卵块接种于盆栽水稻钵内（图 3-14），每钵水稻接 1 个卵块，每处理接 3 钵水稻，清水处理为对照。用触杀性的菊酯类农药处理接卵块后的盆栽水稻，按田间有效用量和药液用量计算药剂浓度。卵块孵化前施药，即在盆栽水稻内接种卵块后进行喷雾施药。卵块孵化后施药，察看吸管内卵块的孵化进度，当卵块全部孵化后进行喷雾施药。为避雨淋和日光暴晒，喷药后将盆栽水稻移入玻璃房内并遮阳。当清水对照为害症状明显时调查枯鞘数和害虫死亡数、药剂的保苗效果和杀虫效果（表 3-3）。

图 3-14　二化螟盆栽试验

表 3-3　菊酯类农药防治水稻二化螟的盆栽试验结果

药剂	用量/[g(a.i.)/hm²]	保苗效果/%		杀虫效果/%	
		卵孵化前施药	卵孵化后施药	卵孵化前施药	卵孵化后施药
	7.5	95.85ab	76.84bc	100.00a	99.71a
2.5% 高效氯氟氰菊酯 SC	15	98.02a	59.50c	100.00a	100.00a
	30	90.86ab	81.11ab	100.00a	99.71a

续表

药剂	用量/[g(a.i.)/hm²]	保苗效果/%		杀虫效果/%	
		卵孵化前施药	卵孵化后施药	卵孵化前施药	卵孵化后施药
7.5% 高效氯氰菊酯 SC	30	87.94ab	71.02ab	100.00a	100.00a
	60	93.98a	69.03b	100.00a	99.71a
	120	90.09ab	66.39b	100.00a	99.53a
7.5% 顺式氯氰菊酯 SC	20	83.12a	37.30b	99.66a	100.00a
	40	88.46a	44.86b	99.53a	100.00a
	80	98.02a	51.65b	100.00a	99.71a

注：a.i. 表示有效成分；不含有相同小写字母的表示同一药剂不同处理的保苗效果或杀虫效果在 0.05 水平差异显著。下同

从表 3-3 可看到：①卵块孵化前将有触杀作用的菊酯类农药喷洒在水稻表面，幼虫在孵化后钻蛀前接触药剂而死亡，保苗效果都在 83% 以上，卵块孵化幼虫钻蛀后喷施菊酯农药，幼虫接触不到药剂，除自然死亡外，其余幼虫造成危害，保苗效果都在 82% 以下，显然不及卵块孵化前施药的效果，有的处理甚至达到了差异显著水平。②两个时间点施药的杀虫效果都很好，都在 99% 以上，然而杀死害虫的时间点也不同，二化螟幼虫的习性是初孵幼虫先集中为害，2 龄后分散转移为害，所以一个主要在钻蛀前杀死害虫，保苗效果好，另一个则在分散转移的时期杀死害虫，而初孵幼虫已经钻蛀造成了为害，保苗效果差。③无论是保苗效果还是杀虫效果、卵块孵化前施药还是卵块孵化幼虫钻蛀后喷施，不同浓度之间没有显著差异，说明在特定的时间点施药，在药效衰退前，由田间低剂量计算的浓度足以控制害虫，过多的剂量只是浪费。

从图 3-15 可以发现，田间二化螟的卵孵化是较长时间内的连续过程，包含卵孵化的始盛期、盛期（高峰期）和盛末期，对于一个害虫群体，如在卵孵盛期施药，施药前已孵化钻蛀的害虫将难以接触到药剂；而在卵孵初期施药，如果卵孵化期的持续时间长，或施用的杀虫剂持效期短，将影响对卵孵后期孵化的蚁螟的防治效果。

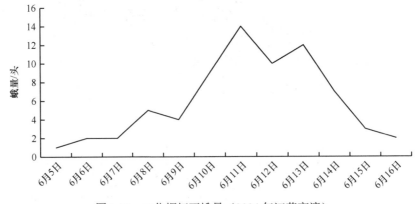

图 3-15 二化螟灯下蛾量（2004 年江苏高淳）

菊酯类农药防治二化螟的田间试验在南京市高淳区进行。与句容一样，一代二化螟有 2 个蛾高峰，5 月 21～30 日为二化螟第一个蛾高峰，产卵于水稻秧田，5 月 29 日至 6 月 8 日为卵孵化高峰，6 月 10 日左右水稻秧苗移栽至水稻本田，第一个卵孵高峰的防治适期：5 月底防

治一次，移栽前的 6 月 7～8 日防治一次，做到秧苗带药移栽。图 3-15 是 6 月 5 日后的二化螟灯下蛾量的变化，从中可见 6 月 10～14 日为二化螟的第二高峰期，灯下见蛾到卵孵化始盛期一般为 7～8d。6 月 18 日，即秧苗移栽 2 周后喷药防治二化螟。此时，6 月 10 日以前少量二化螟成虫所产的卵已孵化，6 月 10 日的卵处在孵化期，6 月 10 日以后所产的卵块还未孵化。7 月 10 日，清水处理区有明显的二化螟为害状时调查的试验结果见表 3-4。

表 3-4　菊酯类农药防治水稻二化螟的田间试验结果

药剂	用量/[g(a.i.)/hm²]	保苗效果/%	杀虫效果/%
2.5% 高效氯氟氰菊酯 SC	7.5	56.80b	56.75b
	15	72.17ab	78.72a
	30	85.75a	86.95a
7.5% 高效氯氰菊酯 SC	30	71.41b	72.47b
	60	86.46ab	89.73ab
	120	94.52a	93.30a
7.5% 顺式氯氰菊酯 SC	20	78.35b	75.60b
	40	87.46ab	85.07a
	80	90.88a	90.18a

图 3-16 是施药时的害虫龄期分布与药效预期示意图。从图 3-16 看，卵孵盛期用药，既要杀死施药前孵化的大龄期幼虫，又要杀死施药后孵化的初孵幼虫。由表 3-3 的盆栽试验结果可以看到，如果成虫在极短的时间内集中产卵，虫卵的孵化期短，较低的农药剂量便可取得良好的防治效果。然而事实上二化螟成虫的发生期长、产卵时间不一导致卵块孵化期的持续时间长。当农药使用后的毒力衰减至低于杀死初孵幼虫的最低致死剂量时，对害虫不再有效。从田间试验看，6 月 18 日用药，除极少数 2 龄幼虫已经完成扩散转移外，大多数已孵化的幼虫处在 1 龄期内，盆栽试验的结果表明低剂量仍可杀死这些幼虫，而表 3-4 所示的田间试验结果却表明低剂量的防治效果显著不如高剂量，说明农药的使用剂量少，毒力衰减至低于最低致死剂量的时间短，防治效果差。提高农药剂量，将药效维持到孵化期结束，可以提高菊酯农药防治二化螟的田间效果。

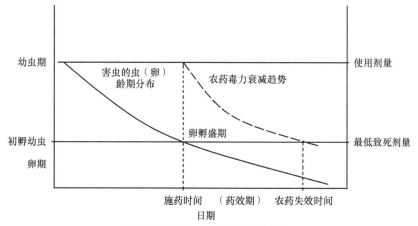

施药时的害虫龄期分布与药效预期（1）

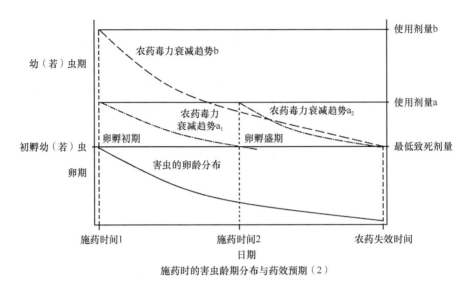

施药时的害虫龄期分布与药效预期（2）

图 3-16　施药时的害虫龄期分布与药效预期

如果将用药时间提前至卵块的孵化初期（图 3-16），需要增加农药用量或者增加用药次数来维持药效至孵化期结束。

水稻二化螟、三化螟、大螟都是钻蛀性害虫，稻纵卷叶螟卷叶为害，它们的成虫的发生期较长，导致产卵期长，卵块的孵化期长。初孵幼虫对药剂最敏感，而单个幼虫裸露在外的时间却很短，而对群体而言幼虫裸露在外的时间则较长。在卵孵化始盛期或盛期（高峰期）施药防治，一部分害虫已错过最佳受药时间，另一部分害虫还未到最佳受药时间，为确保防治效果，需要加大农药用量，触杀性农药可在已钻蛀或卷叶害虫扩散转移时杀死害虫，在较长时间内杀死陆续孵化的幼虫；内吸性药剂则用于杀死已钻蛀或卷叶的较大害虫及陆续孵化的幼虫。虽然在整个世代的防治适期用药，但不是所有幼虫对药剂最敏感的时间用药，增加了农药用量，导致农药的浪费。

3.2.2.2　世代重叠害虫防控中的个体与群体的最佳受药时间

昆虫由于发生期及成虫产卵期较长等原因，在一定的时间和空间，属于不同世代的各龄期的个体同时共存的现象称为世代重叠。

褐飞虱有远距离迁飞的习性，是我国水稻生产上的重要害虫。褐飞虱的成虫和若虫栖息在水稻基部，通过刺吸取食为害水稻，严重时可造成大量减产，甚至绝收。由于迁入代成虫的迁入期长，并且成虫的产卵历期也长，造成田间发生世代重叠，但各虫态仍然有比较明显的峰次。

芦芳等（2010）对上海地区 2007 年褐飞虱后期迁入和虫源地进行了个例分析，指出2007 年 8 月下旬至 9 月初，上海各地明显出现褐飞虱的灯诱高峰，南汇灯诱高峰日为 8 月 22日、8 月 28 日，虫量分别为 134 头、137 头，显著多于 7 月 19 日的 55 头（图 3-17）。逐日解剖田间长翅型成虫的卵巢，发现 8 月 23 日至 9 月 8 日期间具有Ⅲ级以上成熟卵巢的成虫占84.7%，交配率高达 65.9%，符合迁入型成虫的性质；9 月 9～26 日，Ⅰ级卵巢的比例明显上升至 57.1%，交配率下降至 26.5%，符合迁出种群的卵巢发育结构。结合奉贤和崇明的灯下虫量，上海地区 2007 年后期的褐飞虱迁入峰次分布在 8 月 22～23 日、8 月 27～31 日，峰期长达 10d。

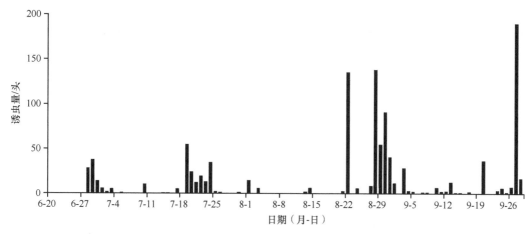

图 3-17　2007 年南汇褐飞虱灯诱虫量（6 月 20 日至 9 月 28 日）（芦芳等，2010）

表 3-5 是褐飞虱各虫态的发育历期，28～30℃时，成虫羽化后的产卵前期为 3d 左右，卵期为 8d 左右。表 3-6 反映了褐飞虱成虫的繁殖力，28～30℃时，每头雌成虫的产卵量为 250～700 头，根据平均每天产卵量，每头雌成虫的产卵历期为 13.2～17.7d，平均 15.45d，成虫平均寿命 18.87d。

表 3-5　在 5 种温度下褐飞虱的发育历期（李汝铎，1984）　　　（单位：d）

项目		温度/℃				
		22	25	28	30	32
未成熟期	卵期	12.26±0.69	9.34±0.93	8.08±0.82	7.64±0.81	8.12±1.00
	1 龄	4.65±0.61	3.51±0.22	3.29±0.40	3.02±0.55	3.27±0.54
	2 龄	2.84±0.54	2.31±0.48	2.03±0.34	2.33±0.51	2.78±0.62
	3 龄（若虫期）	2.59±0.51	2.32±0.46	2.06±0.24	2.35±0.47	3.11±0.39
	4 龄	3.18±0.43	2.39±0.48	2.17±0.37	2.64±0.54	3.92±1.57
	5 龄	4.58±0.64	3.38±0.48	3.07±0.30	3.66±0.61	5.24±1.33
	平均若虫历期	17.75±1.01	13.91±0.76	12.62±0.63	14.00±0.78	18.32±4.64
	雄虫未成熟期历期合计	30.01	23.25	20.70	21.64	26.64
	雌虫未成熟期历期合计	29.31	23.47	21.04	22.16	26.21
成熟期	产卵前期	2.88	2.25	2.00	2.72	5.35
	产卵高峰前期	6.16	5.13	5.10	5.16	7.50
	雄虫（寿命）	23.04	23.91	21.65	17.56	16.42
	雌虫	27.70	18.20	19.92	16.35	8.47
	平均	25.37	21.06	20.78	16.96	12.45
平均世代历期		36.17	28.38	25.80	26.80	33.94

表 3-6　5 种温度对褐飞虱实验种群繁殖的影响（李汝铎，1984）

项目		温度/℃				
		22	25	28	30	32
繁殖力	平均产卵量/（粒/头）	501.36	697.33	705.44	247.68	32.25
	平均每天产卵量	27.25	35.24	39.81	18.71	3.89
	总生殖力（♀，$\sum m_x$）	250.68	348.54	352.72	123.84	16.13
	净生殖力（R_o）	140.6314	277.156	251.9635	61.5870	3.6063
内禀增长力	r_m	0.1264	0.1570	0.1782	0.1374	0.0378
	λ	1.1347	1.1700	1.1950	1.1472	1.0385

按下列公式计算各虫态高峰历期，结果列于表 3-7。

$$迁入成虫高峰末期=灯下诱虫高峰末期+成虫历期 \tag{3-1}$$

$$卵高峰始见期=成虫高峰始见期+成虫历期+产卵前期 \tag{3-2}$$

$$卵高峰末期=成虫高峰末期+产卵前期+产卵历期+卵期 \tag{3-3}$$

$$n 龄若虫高峰始见期=成虫高峰始见期+产卵前期+卵期+\sum(n-1) 个若虫历期 \tag{3-4}$$

$$n 龄若虫高峰末期=成虫高峰末期+成虫历期+产卵前期+产卵历期+卵期+\sum n 个若虫历期 \tag{3-5}$$

$$本地成虫高峰末期=迁入成虫高峰末期+产卵前期+产卵历期+卵期+若虫历期+成虫历期 \tag{3-6}$$

表 3-7　褐飞虱田间各虫态的高峰历期

虫态	高峰始见期	高峰末期
迁入成虫高峰历期	8 月 22 日	9 月 18 日
卵高峰历期	8 月 25 日	10 月 4 日
1 龄若虫高峰历期	9 月 2 日	10 月 7 日
2 龄若虫高峰历期	9 月 5 日	10 月 9 日
3 龄若虫高峰历期	9 月 7 日	10 月 11 日
4 龄若虫高峰历期	9 月 9 日	10 月 13 日
5 龄若虫高峰历期	9 月 11 日	10 月 15 日
本地成虫高峰历期	9 月 14 日	10 月 16 日

注：各虫态历期均取整数

从表 3-7 可以看到，进入 9 月 10 日以后，田间褐飞虱处在迁入代成虫、卵及各龄若虫的高峰期内；9 月 15 日后，迁入代成虫、卵、各龄期若虫以及新产生的迁出代成虫完全重叠；结合图 3-17 看，9 月 9～26 日，田间成虫的 I 级卵巢的比例上升，主要为迁出长翅型成虫；9 月底灯下出现迁出型成虫的诱虫高峰。表 3-7 仅仅是 8 月 22～31 日迁入成虫所形成的各虫态的重叠现象，再加上高峰期前后迁入的成虫以及 6 月底至 7 月初和 7 月中旬迁入的褐飞虱成虫形成的本地虫源的后代，田间褐飞虱各虫态完全重叠。

陈元洲等（2007）报道，2006 年江苏盐城一代褐飞虱有 7 月 4 日和 7 月 12 日两个迁入峰，二代于 8 月 13～15 日出现迁入峰，8 月 26 日至 9 月 1 日为第三代迁入峰。表 3-8 为系统观察田四代褐飞虱的发生情况，从该表可以看出，成虫、卵、低龄若虫和高龄若虫重叠发生。

表 3-8　系统观察田四代褐飞虱发生情况（陈元洲等，2007）

日期	总虫量/(头/百穴)	成虫/(头/百穴)	若虫/(头/百穴)		卵量/(粒/百穴)
			低龄	高龄	
9 月 11 日	4 536	4 536	极少	极少	252 200
9 月 15 日	6 132	3 400	极少	2 725	19 800
9 月 20 日	24 526	2 890	16 580	5 056	96 300
9 月 25 日	29 166	1 509	22 750	4 907	
10 月 5 日	24 120	168	18 139	5 813	
10 月 10 日	25 426	4 813	9 128	11 485	

周天豹等（2007）报道，江苏省灌云县 2006 年 8 月 20～22 日、26～28 日和 9 月 14～18 日有 3 个褐飞虱迁入峰，系统观察田 8 月 25 日调查，虫量 110 头/百穴，其中短翅成虫 5 头/百穴，高龄若虫 86 头/百穴，卵量 520 粒/百穴，显然这些主要属于早期迁入的成虫形成的本地虫源。系统观察田 9 月 5 日调查 1474 头/百穴虫量，其中短翅成虫 60 头/百穴，长翅成虫 136 头/百穴，低龄若虫 585 头/百穴，卵量 4840 粒/百穴，这已然是本地虫源和迁入虫源的混合种群，9 月 20 日调查，虫量 3190 头/百穴，其中成虫 20 头/百穴，高龄若虫 60 头/百穴，低龄若虫 3110 头/百穴。系统观察田虫量从 9 月上旬激增后，一直持续到 10 月上旬，持续时间长达 30d，10 月 5 日调查，虫量 2750 头/百穴（其中低龄若虫占 75%），卵量为 1120 粒/百穴。褐飞虱各虫态重叠，与表 3-7 的计算结果吻合。

褐飞虱不同龄期的若虫及成虫与若虫之间的体型相差很大，对农药的敏感性差异也较大，从表 3-9 可以发现，1 龄若虫与 3 龄若虫对药剂的敏感性相差 3 倍左右，与长翅型成虫相差 10 倍以上，3 龄若虫与长翅型成虫也相差 3 倍，显然在田间防治初孵的 1 龄若虫，农药用量最少。

表 3-9　褐飞虱不同龄期对农药毒力的敏感性差异

试验药剂	试虫龄期	毒力回归方程	LC_{50}/(mg/L)	95% 置信限
吡虫啉-仲丁威 （1∶9）	1 龄若虫	$y=1.9744x+3.4054$	6.4215	5.0102～7.8573
	3 龄若虫	$y=4.3601x-1.0337$	24.2004	21.2791～27.4012
	长翅型雌成虫	$y=2.6593x+0.0658$	71.6829	56.6149～84.6968
噻嗪酮-混灭威 （1∶5）	1 龄若虫	$y=1.7283x+3.7611$	5.2098	4.0860～6.2976
	3 龄若虫	$y=3.2309x+0.8173$	19.7061	3.8309～30.8267
	长翅型雌成虫	$y=3.3731x-1.3165$	74.5783	58.9014～88.7994

由表 3-7 可知，成虫迁入高峰始见期后 10～11d 就是 1 龄若虫高峰始见期，此时用药对这些若虫的效果较好，然而同时，田间还有长翅型成虫及大量的卵块，要兼治成虫，减少成虫产卵量，就需要大幅增加农药用量，即便如此，也不能同时兼杀卵块，当药效衰退，田间大量卵块孵化，若是褐飞虱大发生年份仍然会对水稻造成危害，仍然需要用药防治。

胡胜昌等（2007）报道了 2005 年、2006 年上海市青浦区 8 月 25 日至 9 月 15 日的褐飞虱迁入峰，最少为 178 头/d（2006 年），峰期长达 9d，其中连续 6d 平均日迁入量千头以上（图 3-18）。正常在 9 月 10～12 日 1～2 龄若虫高峰期用药防治，但由于青浦 9 月上中旬阴雨低温（图 3-19），第 1 次防治推迟至 9 月 16 日，同时调查显示，成虫密度较高的田块未孵化的卵块仍然较多，卵量达458.3万粒/亩，甚至高达5680万粒/亩。9月26～30日第2次用药防治，一些田块甚至防治了3次。

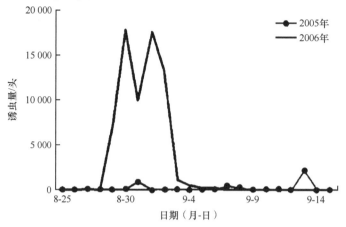

图 3-18 单灯诱到褐飞虱成虫数量（迁入量）（胡胜昌等，2007）

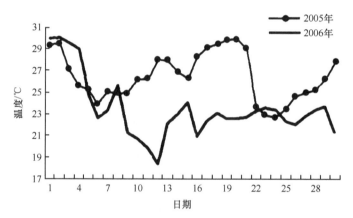

图 3-19 9月青浦气温变化图（胡胜昌等，2007）

褐飞虱为世代重叠害虫，尤其在水稻生长的中后期，田间成虫、卵及各龄期若虫共存，低龄若虫对药剂敏感，生产上选择在低龄若虫高峰期用药防治，但要取得好的防治效果，兼治高龄若虫和成虫，就需要加大农药用量，在大发生年份还需要增加用药次数，才能有效控制褐飞虱对水稻的危害。

稻纵卷叶螟和褐飞虱为迁飞性害虫。以成虫为起点、广东和广西南部的发生为基础，稻纵卷叶螟全年分为8个世代。以成虫为起点，经卵、1龄、2龄、3龄、4龄、5龄若虫发育到下一代成虫的过程为褐飞虱的一个世代，全国划分为8个世代。以中文数字标明全国统一划分的世代，在中文数字后括号内的阿拉伯数字表明江苏划分的世代（表3-10）。

表 3-10 稻纵卷叶螟和褐飞虱世代划分

全国统一世代	稻纵卷叶螟		褐飞虱	
	发生时间	江苏发生世代	发生时间	江苏发生世代
第一代	4月15日以前		4月中旬以前	
第二代	4月16日至5月20日		4月下旬至5月中旬	

全国统一世代	稻纵卷叶螟		褐飞虱	
	发生时间	江苏发生世代	发生时间	江苏发生世代
第三代	5 月 21 日至 6 月 20 日		5 月下旬至 6 月中旬	
第四代	6 月 21 日至 7 月 20 日	四（2）代	6 月下旬至 7 月中旬	四（1）代
第五代	7 月 21 日至 8 月 20 日	五（3）代	7 月下旬至 8 月中旬	五（2）代
第六代	8 月 21 日至 9 月 20 日	六（4）代	8 月下旬至 9 月中旬	六（3）代
第七代	9 月 21 日至 10 月 31 日		9 月下旬至 10 月中旬	七（4）代
第八代	11 月 1 日至 12 月 10 日		10 月下旬以后	

资料来源：《稻飞虱测报调查规范》（GB/T 15794—2009），《稻纵卷叶螟测报调查规范》（GB/T 15793—1995），江苏省植物保护站编著的《农作物主要病虫害预测预报与防治》

    稻纵卷叶螟在江苏发生 2～3 个世代，四（2）代和五（3）代为主害代，六（4）代成虫大量外迁，在暖秋年份部分成虫滞留在迟熟晚稻上产卵、为害。近年来，随着水稻机插秧、直播田的大面积推广应用，水稻生育期明显推迟，秋季温度偏高，水稻生长嫩绿，六（4）代稻纵卷叶螟在江苏滞留比例增加，危害加重。由于六（4）代稻纵卷叶螟发生高峰期正值水稻穗期，一旦功能叶被害，严重影响水稻产量。

    从表 3-10 可以看到，稻纵卷叶螟和褐飞虱各世代的发生时间几乎重叠，在两种害虫的一般发生年份，常采用兼治的方法防治两种害虫。由于稻纵卷叶螟的 2 龄幼虫开始卷叶为害，因此在幼虫孵化盛期至 1 龄幼虫高峰期作为用药防治的适期。由于不同年份两种害虫迁入期及生长发育的差异，稻纵卷叶螟的防治适期并不总是防治褐飞虱的最佳时期。

    图 3-20～图 3-22 是 2006 年南京市高淳区稻纵卷叶螟和褐飞虱灯下诱虫量。稻纵卷叶螟：6 月 6 日灯下见虫，连续至 6 月 20 日。6 月 28 日至 7 月 3 日有虫迁入，为四（2）代成虫。7 月 17 日至 8 月 23 日为五（3）代成虫，高峰期为 8 月 11～21 日。8 月 25 日至 9 月 7 日为六（4）代成虫。褐飞虱：6 月 7 日灯下见虫，至 7 月 3 日，间断性有虫迁入，这些属四（1）代成虫。7 月 16 日五（2）成虫开始迁入，至 8 月 21 日止，高峰期为 8 月 12～17 日。六（3）代成虫从 8 月 29 日迁入，至 9 月 6 日止。

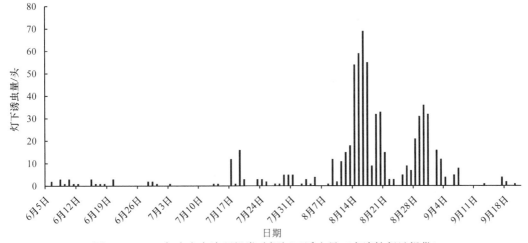

图 3-20 2006年南京高淳稻纵卷叶螟灯下诱虫量（高淳植保站提供）

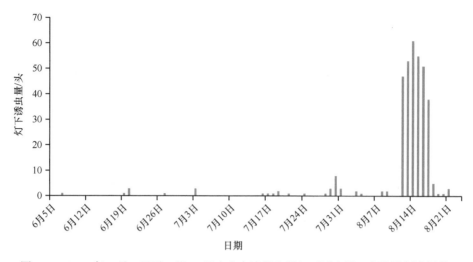

图 3-21　2006 年 6 月 5 日至 8 月 21 日南京高淳褐飞虱灯下诱虫量（高淳植保站提供）

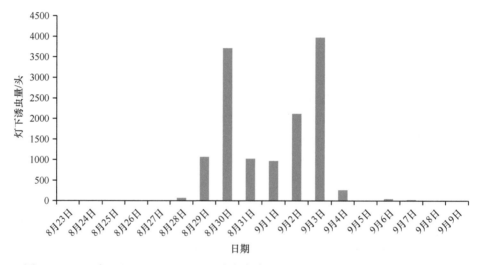

图 3-22　2006 年 8 月 23 日至 9 月 9 日南京高淳褐飞虱灯下诱虫量（高淳植保站提供）

表 3-11 和表 3-12 是稻纵卷叶螟各虫态及雌成虫卵巢发育历期。

五（3）代稻纵卷叶螟有 7 月 17～20 日、7 月 29～31 日、8 月 3～5 日和 8 月 9～21 日 4 个成虫峰。

防治适期（卵孵化高峰期）=蛾高峰日+4 级卵巢历期+卵历期

第一个蛾高峰后的防治适期=7 月 17 日+5d+5d=7 月 27 日

第二个蛾高峰后的防治适期=7 月 29 日+5d+5d=8 月 8 日

第三个蛾高峰后的防治适期=8 月 3 日+5d+5d=8 月 13 日

第四个蛾高峰后的防治适期=8 月 9 日+5d+5d=8 月 19 日

五（2）代褐飞虱有 7 月 29～31 日和 8 月 12～17 日两个迁入峰。

根据公式：n 龄若虫高峰期=成虫高峰期+产卵高峰前期+卵期+$\sum(n-1)$ 个若虫历期，计算稻纵卷叶螟防治适期时的褐飞虱虫态或若虫龄期。

7 月 29 日+5d+8d=8 月 11 日（卵孵化高峰期）

8 月 12 日+5d+8d=8 月 25 日（卵孵化高峰期）

表 3-11　稻纵卷叶螟各虫态历期

世代	指标	卵	幼虫 一龄	二龄	三龄	四龄	五龄	全期	预蛹	蛹	成虫
第一代	历期/d	5~6	4.4	3.4	3.2	3.4	5.5~6.0	17~23	2.2	8~9	5~8
	温度/℃	21~26	24.6	23.0	22.0	21.0	20.0	22~25	21.3	22~25	
第二代	历期/d	4~6	3.0	2.5~3.2	2.1~2.4	2.5~3.0	3.5~5.0	15~17	1.0	6~7	4~7
	温度/℃	23~28	26.6	24~29	25~31	27~30	28~32	26~31	27.6	27~31	
第三代	历期/d	3.3~5.0	3.0~3.5	2	2	2~3	4~5	14~17	1.0	6~7	3~5
	温度/℃	28~33	28.0	29~30	29~30	29~31	30~31	28~30	30	27~30	
第四代	历期/d	3.5~5.0	3~4	2.5~3.0	3	2.5~4	5~6	15~21	1.6	10~13	4~7
	温度/℃	26~30	27	25~29	28	24~30	23~29	22~30	26	20~22	
第五代	历期/d	3.5~7.0	2.4~4.0	2.2~4.5	2.7~4.0	3.1~5.5	5.6~7.0	19~29	1.1~2.0	9.3~21.8	8~12
	温度/℃	19~31	19~29.4	18~29.1	17~18	17~27.3	16~24.9	19~27	22~24	16.1~24.6	
第六代	历期/d	8~10	5.5	5	5	7.2	14	39.6	3.1		
	温度/℃	18~20	20	19	19	18	17	18	16.1		

资料来源：中国农业科学院植物保护研究所主编《中国农作物病虫害（第二版）》上册

表 3-12　稻纵卷叶螟雌成虫卵巢分级特征及历期

卵级（历期）	1级乳白透明期 0.5d (12~18h)	2级卵黄沉积期 0.5~2.5d (36~48h)	3级成熟待产期 2~4d (40h左右)	4级产卵盛期 3~6d	5级产卵末期 6~9d
发育时期（历期）	羽化后 0.5d (12~18h)	羽化后 0.5~2.5d (36~48h)	羽化后 2~4d (40h左右)	羽化后 3~6d	羽化后 6~9d
卵巢发育特征	初羽化时卵巢小管短而柔软，全透明，发育到 12h 后小管中下部隐约可见透明的卵细胞	卵巢小管中下部卵细胞形成，每个有一半乳白色的卵黄沉积，一半仍透明	卵巢小管长，基部有 5~10 粒或以上淡黄色成熟卵，卵巢小管末端有暗黄色卵巢管塞	卵巢小管长，基部有淡黄色的成熟卵 15 粒左右，约占小管 1/2，无卵巢管塞	卵巢小管短，卵巢萎缩，每小管中仍有成熟卵 8~10 粒，有部分畸形，卵粒变形或两粒黏合在一起，也可能有卵巢管塞
脂肪细胞的特点	乳白色，饱满，呈圆形或圆形	同左	黄色，长圆形，呈丝状	很大，大部分分丝状，少数长圆形	极少，都呈丝状
交尾产卵情况	未交尾，交配囊瘪，呈粗管状，未产卵	大部分未交配，少数交配 1 次，交配囊状，可透见精包，未产卵	交尾 1~2 次，交配囊膨大，可透见 1~2 个饱满精包，未产卵	交尾 1~6 次，交配囊膨大，呈透见 1~2 个饱满精包或个精包残体，大量产卵	交尾 1~6 次，个别 4 次，交配囊中可见 1~2 个精包残体或 1 个饱满精包，产卵很少

资料来源：江苏省植物保护站编著的《农作物主要病虫害预测预报与防治》

五（3）代稻纵卷叶螟的第一个防治适期时，田间才开始有五（2）代褐飞虱成虫迁入，显然不是褐飞虱的防治适期。五（3）代稻纵卷叶螟的第二、第三个防治适期与五（2）代褐飞虱第一个卵孵化高峰期基本吻合，8月11日用药防治，五（3）代稻纵卷叶螟主要处在卵孵化期至2龄幼虫期，也是用药防治的好时期。五（3）代稻纵卷叶螟的第四个防治适期，也是最重要的防治时间为8月19日，此时田间的褐飞虱以成虫和卵为主，不是防治的最佳时间。

六（4）代稻纵卷叶螟的蛾高峰为8月25日至9月7日，六（3）代褐飞虱迁入高峰为8月29日至9月4日，其间也是水稻破口期，稻田内还存在五（2）代褐飞虱的成虫、卵和若虫。

六（4）代稻纵卷叶螟的防治适期=8月25日+5d+5d=9月4日

9月4日用药防治，可以兼治五（2）代褐飞虱的高龄若虫和两个世代的成虫，这显然不是防治褐飞虱的好时机。

以上分析说明，以防治稻纵卷叶螟为主兼治褐飞虱时，往往错过了防治褐飞虱的最佳时间。如果再兼治其他病虫害，将变得更加复杂，多个病虫将错过最佳的用药防治时间。

当然，田间病虫害的发生受到多种因子的影响，如水稻品种、栽种时间、栽培方式、气候条件、农药品种的持效性、防治水平等，都能影响病虫害的种群数量。在一些病虫害发生较轻的年份，使用兼治的方法，省工省本，但在一些病虫害的重发生年份，就需要针对性的用药防治。

袁联国等（2007）报道，上海市奉贤区2007年稻纵卷叶螟成虫高峰多次出现，五（3）代针对前峰、主峰和尾峰开展3次防治，六（4）代开展2次防治，并以主峰为依据进行适期用药，而不以水稻破口期作为用药期。将汉忠等（2007）报道，江苏省宜兴市2006年稻纵卷叶螟大发生，为此四（2）代在7月8～9日、7月22～23日防治2次，五（3）代在8月2～3日、8月11～12日、8月21～22日防治3次，六（4）代在8月31日至9月1日防治1次。周建平等（2008）报道了2007年太湖西线稻区稻纵卷叶螟的为害情况与防治技术，在7月8～9日，主攻四（2）代稻纵卷叶螟、二代灰飞虱，兼治螟虫的第1次水稻病虫害总体防治；7月16～17日，针对四（2）代稻纵卷叶螟二峰，进行水稻病虫害的第2次总体防治，有效控制了稻纵卷叶螟的为害。7月29～30日，开展以防治五（3）代稻纵卷叶螟、稻飞虱、纹枯病为主的第3次水稻病虫害总体防治，8月8～9日开展了以五（3）代稻纵卷叶螟为主的第4次总体防治。针对六（4）代稻纵卷叶螟大发生、水稻品种繁杂、破口时间不一的特点，以防治稻纵卷叶螟及褐飞虱为主，结合水稻破口期用药，于9月2～4日和9月13～15日开展第5、6次总体防治，取得了较好的防治效果。

胡胜昌等（2007）报道，针对2006年8月29日至9月6日上海市青浦区的褐飞虱迁入峰，9月15～19日、9月26～30日进行2次防治，部分田块防治3次。程家安和祝增荣（2006）报道，2005年褐飞虱大发生，8月下旬，浙江省嘉兴市新丰镇观察圃的褐飞虱虫量达近千头/百穴，到9月下旬达近万头/百穴；7月10日前后，中国水稻所观察圃的虫量为12头/百穴，到9月初超过万头/百穴，农民施药8～10次甚至以上，单位面积的用药量几乎为常年的2倍。马来宝等（2006）报道，江苏省兴化市2005年褐飞虱七（4）代、八（5）代虫量大、为害重，全市9.33万hm^2水稻，七（4）、八（5）代累计防治27.06hm^2，其中4代平均防治1.8次，5代平均防治1.1次。

3.2.3　农药使用剂量与有害生物有效防控需求之间的剂量差

3.2.3.1　田间农药用量与有害生物所需致死剂量间的差异

害虫获得致死剂量后死亡，田间害虫的致死剂量为个体致死剂量之和（公式3-7）。然而农药的田间实际用量远远大于害虫群体的致死剂量。下面将以褐飞虱为例，叙述农药田间用量与所需致死剂量的巨大差异。

$$致死剂量_{群体} = \sum_{个体=1}^{\infty} 致死剂量_{个体} \tag{3-7}$$

1. 导致褐飞虱种群90%死亡的杀虫剂致死剂量和致死浓度

褐飞虱个体获得致死剂量后死亡，但由于个体间的差异，每个个体所需要的致死剂量不同。将导致群体中50%个体死亡的剂量称为半数致死剂量，用LD_{50}表示，用LD_{90}表示导致90%个体死亡的剂量，剂量单位为μg/头或μg/g；同样，将导致群体中50%个体死亡的药剂浓度称为致死中浓度，用LC_{50}表示，LC_{90}则表示导致90%个体死亡的药剂浓度，浓度单位为mg/L。

王荫长等于1995年测定了4种常规杀虫剂对采集自安徽省安庆地区的褐飞虱种群雌成虫的触杀毒力，结果见表3-13。

表 3-13　4种杀虫剂对褐飞虱雌成虫的触杀毒力

杀虫剂	回归方程	LD_{50}/(μg/头)	LD_{90}/(μg/头)
杀螟松	$y=6.3534+1.1258x$	0.0628	0.8634
甲萘威	$y=7.3219+1.5401x$	0.0311	0.2111
异丙威	$y=7.0915+1.5026x$	0.0406	0.2891
混灭威	$y=6.9515+1.4937x$	0.0494	0.3560

注：x表示药剂浓度的常用对数值；y表示死亡率的概率值

刘泽文等于2000年在江苏省南京市江浦县（现浦口区）采集了褐飞虱种群，经室内用吡虫啉连续筛选21代后育成抗性品系，并以在室内不接触任何农药条件下持续饲养的褐飞虱种群为敏感品系，以2002年自南京江浦杂交水稻田采集的褐飞虱种群为田间品系，分别测定了4种杀虫剂对敏感、田间及抗性3个品系褐飞虱雌成虫的触杀毒力，结果列于表3-14。

表 3-14　4种杀虫剂对褐飞虱抗感品系及田间品系雌成虫的触杀毒力

杀虫剂	褐飞虱品系	回归方程	LD_{50}/(μg/头)	LD_{90}/(μg/头)
吡虫啉	敏感	$y=17.749\,3+3.251\,7x$	0.000 12	0.000 30
	田间	$y=12.255\,4+2.330\,3x$	0.000 77	0.002 73
	抗性	$y=9.796\,9+2.517\,2x$	0.008 74	0.040 13
马拉硫磷	敏感	$y=10.068\,3+2.973\,2x$	0.019 74	0.053 26
	田间	$y=6.262\,6+2.285\,2x$	0.280 22	1.019 30
	抗性	$y=6.210\,0+2.310\,6x$	0.299 46	1.073 99
仲丁威	敏感	$y=12.102\,9+3.100\,7x$	0.005 12	0.013 26
	田间	$y=8.027\,9+2.562\,4x$	0.065 82	0.208 21
	抗性	$y=7.703\,4+2.361\,3x$	0.071 63	0.249 98

续表

杀虫剂	褐飞虱品系	回归方程	LD_{50}/(μg/头)	LD_{90}/(μg/头)
	敏感	$y=13.739\ 8+3.680\ 4x$	0.004 22	0.009 41
噻嗪酮	田间	$y=8.785\ 1+2.415\ 2x$	0.027 09	0.091 92
	抗性	$y=8.355\ 5+2.197\ 3x$	0.029 71	0.113 82

上述试验结果（表 3-13 和表 3-14）明确了这些杀虫剂导致褐飞虱成虫 50% 和 90% 死亡的致死剂量。

王彦华等（2008）测定了 9 种常规杀虫剂对 2005 年江苏省南京市稻田中褐飞虱种群 3 龄若虫的致死浓度，结果列于表 3-15。

表 3-15　9 种杀虫剂对 2005 年江苏南京稻田中褐飞虱 3 龄若虫的致死浓度

杀虫剂	回归方程	LC_{50}/(mg/L)	LC_{90}/(mg/L)
噻虫嗪	$y=5.5234+1.8918x$	0.53	2.52
噻嗪酮	$y=5.0673+1.6572x$	0.92	5.40
烯啶虫胺	$y=4.8863+1.5581x$	1.18	7.86
啶虫脒	$y=3.7837+1.7043x$	5.17	29.21
异丙威	$y=3.1868+2.1006x$	7.30	29.74
仲丁威	$y=0.5142+3.4968x$	19.18	44.60
速灭威	$y=0.2555+3.3576x$	25.89	62.34
混灭威	$y=0.1621+3.1992x$	32.53	81.81
吡虫啉	$y=2.2642+1.6534x$	45.15	269.03

2. 杀虫剂防治褐飞虱的田间推荐剂量

通过田间药效试验确定杀虫剂防治褐飞虱的田间推荐剂量。根据褐飞虱田间药效试验准则，在进行防治褐飞虱的田间药效试验时，通常每个处理小区的面积为 $15\sim50m^2$，小区间筑小田埂，防止施药后各小区内的田水互相流动而影响试验结果。供试农药至少设高、中、低 3 个处理剂量，设清水处理为对照，每处理最少 4 次重复，即 4 个小区，小区随机区组排列。在褐飞虱低龄若虫期并在百穴虫量为 1000～2000 头时进行试验。除极少数颗粒剂外，绝大多数试验采用背负式手（电）动喷雾器及药液量为 $750\sim900kg/hm^2$ 的大容量喷雾施药。试验前调查虫口基数，于处理后 1～3d 和 7d 调查试验结果，或者根据试验农药的持效期调整调查次数和调查时间。从当地或附近气象站获取试验期间的气象资料，分析影响试验结果的气象因素。采用平行跳跃法调查田间虫量，每小区调查 10～20 点，每点 2 穴水稻，用白色瓷盘或塑料盘紧靠水稻基部，摇动或拍打稻丛，将褐飞虱震落于盘内，统计褐飞虱的虫量，计算防治效果。根据全国范围内两年八地的试验结果，一般将防治效果达到 90% 左右的农药剂量作为田间推荐剂量。

在新编农药手册、农药登记公告汇编、农药安全科学使用指南等公开资料上的杀虫剂防治褐飞虱的田间推荐剂量和喷雾药液用量列于表 3-16，按生产中防治稻飞虱的常规用量 $750\sim900kg/hm^2$ 计算其他在资料中未提及的药液用量。

表 3-16　防治褐飞虱常规杀虫剂的田间推荐剂量及喷雾药液用量

杀虫剂	田间推荐剂量/[g(a.i.)/hm²]	喷雾药液用量/(L/hm²)
杀螟松	375～562.5	750～1125
马拉硫磷	562.5～750	1125～1500
甲萘威	600～900	750～1125
异丙威	450～600	1125～1500
混灭威	750～937.5	900～1050
仲丁威	375～750	1500
噻嗪酮	75～112.5	600～750
速灭威	375～750	1500～2250
吡虫啉	75～150	900～1125
啶虫脒	27～36	750～1125
噻虫嗪	7.5～15	750～1125
氯噻啉	15～30	750～1125
烯啶虫胺	30～75	750～1125

3. 褐飞虱防治指标与杀虫剂的有效利用率

当田间病虫害的种群数量增长到可造成经济损害而必须采取防治措施时的临界值为经济阈值，在实际防治中，经济阈值主要考虑的是防治费用应小于等于防治后的直接收益。达到经济阈值时的病虫害种群数量被称为防治指标。褐飞虱的防治指标列于表 3-17。

表 3-17　褐飞虱的防治指标

世代	水稻类型	防治时段	防治指标/(头/百穴)
五（2）代	籼稻	8 月 10～20 日	100
	粳稻		50～100
六（3）代	籼稻	8 月 21～31 日	≥8～10
		9 月 1～10 日	≥12
七（4）代	粳稻	抽穗期	≥5
		灌浆期	≥8～10
		蜡熟期	≥12～20

参考资料：江苏省植物保护站编著的《农作物主要病虫害预测预报与防治》

以五（2）代 100 头/百穴的防治指标为基础，根据表 3-13 和表 3-14 的 LD_{90} 值计算导致田间发生虫量 90% 死亡的有效剂量，并根据田间推荐剂量计算农药有效利用率（表 3-18）。按防治指标中的最高虫量 100 头/百穴和 333 500 头/hm² 水稻计，从表 3-18 可以看到，田间杀虫剂推荐剂量是田间虫量 90% 死亡所需剂量的千倍以上，甚至更高，即杀虫剂的实际利用率远不足 0.1%。如果以六（3）代和七（4）代的防治指标为基准进行计算，则杀虫剂的有效利用率更低。

表 3-18　田间防治褐飞虱的杀虫剂使用量强度及有效利用率

杀虫剂	90% 防效的杀虫剂有效剂量/[g(a.i.)/hm²]	杀虫剂使用量强度（倍）	有效利用率/%
杀螟松	0.287 9	1 302～1 954	0.051～0.077
甲萘威	0.070 4	8 523～12 784	0.008～0.012
异丙威	0.096 4	4 667～6 223	0.016～0.021
混灭威	0.118 7	6 317～7 896	0.013～0.016
吡虫啉	0.000 1	749 525～1 499 250	0.000 07～0.000 13
	0.000 9	82 376～164 753	0.000 61～0.001 21
	0.013 4	5 604～11 208	0.008 92～0.017 84
马拉硫磷	0.017 8	31 668～42 224	0.002 37～0.003 16
	0.339 9	1 655～2 206	0.045 32～0.060 40
	0.358 2	1 570～2 094	0.047 76～0.063 68
仲丁威	0.004 4	84 799～169 598	0.000 59～0.001 18
	0.069 4	5 400～10 801	0.009 26～0.018 52
	0.083 4	4 498～8 996	0.011 12～0.022 23
噻嗪酮	0.003 1	23 899～35 848	0.002 79～0.004 18
	0.030 7	2 447～3 670	0.027 25～0.040 87
	0.038 0	1 976～2 964	0.033 74～0.050 61

注：按机插秧的株行距 0.3m×0.1m 和 100 头/百穴褐飞虱计，田间虫量为 333 500 头/hm²。杀虫剂使用量强度=推荐用量/90% 防效的杀虫剂有效剂量

　　田间防治时褐飞虱的实际虫量可能多于防治指标，以表 3-15 中吡虫啉对褐飞虱田间品系的毒力为准，计算田间不同虫量时杀虫剂的有效利用率，结果列于表 3-19。从表 3-19 可以看到：随着田间虫量的增加，杀虫剂的有效利用率升高，但当虫量达到 1000 头/百穴时，杀死 90% 的虫量后田间仍然残余 100 头/百穴，达到了五（2）代防治指标的最高虫量，这种情况下，生产上常通过增加农药用量或者增加防治次数来控制褐飞虱的数量，从而又拉低了农药的有效利用率。

表 3-19　吡虫啉田间防治褐飞虱的使用量强度及有效利用率

田间虫量/(头/百穴)	90% 防效的杀虫剂剂量/[g(a.i.)/hm²]	杀虫剂使用量强度（倍）	有效利用率/%	残剩虫量/（头/百穴）
100	0.000 9	82 376.4～164 752.8	0.000 61～0.001 21	10
500	0.004 6	16 475.3～32 950.6	0.003 03～0.006 07	50
1 000	0.009 1	8 237.6～16 475.3	0.006 07～0.012 14	100
5 000	0.045 5	1 647.5～3 295.1	0.030 35～0.060 70	500
10 000	0.091 0	823.8～1 647.5	0.060 70～0.121 39	1 000

　　根据表中杀虫剂推荐用量和药液用量计算杀虫剂的田间使用浓度，再与表 3-15 中的 LC_{90} 值进行比较，结果列于表 3-20。从表 3-20 可以发现，除吡虫啉外，所有药剂的田间推荐使用浓度均高于褐飞虱虫群 90% 死亡的致死浓度，甚至高达 10 倍以上。而 2005 年江苏南京的褐飞虱对吡虫啉已有 551.8 倍的抗药性，该杀虫剂不再适用于防治水稻褐飞虱。

表 3-20　田间防治褐飞虱的喷雾液药剂浓度及浓度强度

杀虫剂	LC$_{90}$/(mg/L)	喷雾液的杀虫剂质量浓度/(mg/L)	杀虫剂浓度强度（倍）
噻虫嗪	2.52	10～20	3.97～7.94
噻嗪酮	5.40	100～188	18.52～34.81
烯啶虫胺	7.86	750～1500	6.36～12.72
啶虫脒	29.21	36～48	1.23～1.64
异丙威	29.74	300～533	10.09～17.92
仲丁威	44.60	250～500	5.61～11.21
速灭威	62.34	167～500	2.68～8.02
混灭威	81.81	714～1042	8.73～12.74
吡虫啉	269.03	67～167	0.25～0.62

注：杀虫剂浓度强度=药液质量浓度/LC$_{90}$

从以上分析可以清楚地看到，为了有效控制褐飞虱的为害，生产上已然采用了超量、超浓度使用农药的方式，农药的田间用量远远大于田间褐飞虱种群数量 90% 死亡的剂量。

3.2.3.2　农药单个雾滴有效量与有害生物防控效果之间的差异

除了农药在水稻上的沉积率、农药在水稻上的沉积部位及沉积量分布不均匀导致的"水桶效应"是造成田间农药用量大于实际需要的因素，单个农药雾滴的农药剂量及单位面积上的雾滴密度也是造成农药用量大于实际需要的重要原因。

1. 农药有效剂量的分布形式对防治效果的影响

对于喷雾使用农药，人们往往采用大容量喷雾的方法，力图实现药液在植株表面的全覆盖，确保农药在靶标作物表面形成保护膜，使其免遭病虫为害。然而大容量喷雾容易导致药液用量超出靶标作物持留药液的饱和点，使农药剂量随药液流失，持留在靶标作物表面的药剂呈均匀覆盖的分布形式，Ebert 和 Derksen（2004）认为这不是一种好的分布形式。假设取食是获取农药剂量的唯一途径，并且亚致死剂量无效，害虫获得致死剂量后死亡。以咀嚼式害虫为例，Ebert 和 Derksen（2004）认为，当农药均匀地完全覆盖在叶片表面时，叶片的损耗率符合模型 $l=1/d$（l 为叶片损耗率，d 为致死剂量）。在害虫可涉及的单位面积上均匀覆盖的剂量 $d=1$ 时全部叶片被吃，$d=2$ 时 1/2 的叶片被吃，$d=4$ 时 1/4 的叶片被吃，叶片的损耗率与致死剂量成反比。单位面积上的剂量越多，叶片受损面积越小，如果害虫只咬一口就能获得致死剂量，叶片的损耗率最小。如果有害虫 20 口吃完叶片，叶片上需要有 20 倍的致死剂量，加上喷雾至叶片滴水止，流失约 50% 的剂量，因此，需要喷洒 40 倍的致死剂量使叶片免遭害虫的为害。叶片面积越大，需要的致死剂量就越多，农药浪费就越多。例如，稻纵卷叶螟，防治指标为每穴虫卵 1～2 头（粒），按每穴 10 株水稻，每株水稻 4～5 张叶片，每穴水稻有叶片 40～50 张，每张叶片约 1cm 宽、30～40cm 长，为防治这 2 头初孵幼虫，需要在这些叶片的正反面布满幼虫咬一口叶片就死亡的药剂，其浪费的农药剂量非常惊人。

将雾滴在叶片表面的药液累积量控制在饱和点以内，以不完全覆盖的沉积点分布在植物表面，可以减少药剂的流失。但单位面积上沉积点的数量、每个沉积点的农药剂量，也与药剂保护植物的效果和害虫的死亡及剂量浪费有密切的关系。

如果害虫一口吞掉 1 个沉积点，当沉积点携带的农药剂量超出致死剂量时，多余的剂量被浪费，当沉积点携带的农药剂量不足致死剂量时，害虫会吃第二口、第三口，甚至更多，直至累积到致死剂量止，当沉积点携带的农药剂量为致死剂量时，吃掉沉积点的害虫死亡。

如果害虫一口可以吃掉一个沉积点，并且单位叶面积内只有一个雾滴的沉积点，沉积点携带的农药剂量为致死剂量，即 $d=1$。沉积点在叶片上的位置是随机的，害虫的取食位置也是随机的，害虫吃到沉积点便获得致死剂量，但害虫可以第一口就获得致死剂量，也可能是吃掉整张叶片的最后一口获得致死剂量，也可以是第二口或倒数第二口、第三口或倒数第三口获得致死剂量，以此类推。Ebert 和 Derksen（2004）认为，害虫任何一口获得致死剂量的概率相同，当很多害虫在不同的单位面积上进行类似的行为时，累计有接近一半的叶片被吃，如果单位面积上有 2 个沉积点，1/2 叶片中的 1/2 被吃，符合模型 $l=1/2d$。说明在 1 头害虫所处的单位叶面积内，沉积点越多，被吃的叶面积越少，保护效果越好。

如果害虫需要两口以上才能吃掉 1 个沉积点，沉积点携带的农药剂量 $d=1$，害虫咬一口沉积点时没有获得致死剂量，那害虫会继续取食，但取食方向是随机的，因此第二口并不一定咬在沉积点上，如果单位面积上只有一个沉积点，害虫便不容易获得致死剂量，如果叶片表面沉积点偏少，害虫也有可能在多个沉积点的间隙处长时间取食直至遇到其他沉积点获得致死剂量。

如果沉积点的农药剂量 $d<1$，即不足致死剂量，即便吃掉了沉积点，害虫仍然继续取食为害直至获得致死剂量。将足以杀死一个幼虫的剂量分成两个沉积点，每个沉积点的剂量位于叶片不同的半边。害虫先吃掉 1/2 叶片获得第一个沉积点的毒物，平均来说，再吃掉剩余的 1/2 叶片获得第二个沉积点的毒物。因此，当将杀死一个幼虫的剂量分成 n 个沉积点、幼虫需要 n 个沉积点才能获得致死剂量时，符合模型 $l=1-1/2n$。当 n 变大时，致死剂量就会更加均匀地分布在叶片表面，而没有沉积到农药剂量的叶片面积趋向于零，即成为均匀覆盖的状态。

2. 农药沉积结构对防治效果的影响

喷雾施药时，农药剂量通过雾滴传输到靶标植物表面形成沉积点，不同的雾滴粒径、药剂浓度和雾滴数量转化为叶片表面不同大小、不同密度和不同农药剂量的沉积点，组成在叶片表面的农药沉积结构，其单位面积的农药剂量如式（3-8）所示（Ebert and Downer，2006）。

$$\text{Dose}_{\text{env}} = \sum_{S=0}^{\infty} N_S V_S C_S \tag{3-8}$$

式中，S 为雾滴粒径，N_S 为雾滴数，V_S 为雾滴体积，C_S 为药液浓度。

不同的农药沉积结构对害虫的防治效果不同。Ebert 等（1999a）采用了一种称为混合设计的专门响应面方法对数据进行分析，这种设计综合了沉积点的大小、单位面积上沉积点的数量及药剂浓度对药效的影响。雾滴粒径和药剂浓度决定了雾滴的农药剂量。

Ebert 等（1999a）以 431.8ng 氟虫腈为有效剂量，通过不同的雾滴粒径、雾滴数、药剂浓度处理直径为 4cm 的甘蓝叶片。设定最低浓度时，需要规定的 431.8ng 药剂全部应用于直径为 4cm 的叶片上。每个叶片上放置 1 头粉纹夜蛾幼虫，确保没有其他幼虫的"竞争"并消除自相残杀。全部 12 个处理的平均死亡率为 32.7%，而最低死亡率为 8.9%，最高死亡率为 69.6%，造成这种差异的根本原因是不同的农药沉积结构（表 3-21）。

表 3-21　不同沉积结构的氟虫腈对粉纹夜蛾的效果（Ebert et al.，1999a）

处理	雾滴粒径/μm	浓度/(g/L)	雾滴数/个	死亡率/%	标准差
1	160	0.589	1800	37.5	0.236
2	397	0.300	232	21.4	0.184
3	988	0.300	15	8.9	0.135
4	2437	0.300	1	23.2	0.122
5	397	69.583	1	17.9	0.170
6	983	4.569	1	21.4	0.130
7	160	1059.723	1	26.8	0.179
8	160	70.650	15	35.7	0.254
9	160	4.568	232	67.9	0.251
10	200	0.300	1800	28.6	0.210
11	179	0.420	1800	33.9	0.036
12	395	4.516	16	69.6	0.229

　　从图 3-23 看，在农药剂量相同的情况下，最低浓度区域和最少沉积点的区域，供试虫的死亡率低，小雾滴沉积区域的死亡率较高，而死亡率最高的区域位于等边三角形中心偏向小雾滴的区域，而太小的雾滴粒径和过度增加雾滴粒径会降低死亡率。雾滴粒径、药剂浓度和雾滴数量不是孤立存在的，它们之间交互联动，组成了不同的农药沉积结构，构成了等边三角形中不同的死亡率区域，同时也构成了等边三角形中不同保叶效果的区域。

　　虫子获得致死剂量至害虫死亡需要时间。Ebert 等（1999b）用总剂量是杀死小菜蛾幼虫所需剂量的 5 倍的苏云金杆菌（Bt），用不同雾滴粒径、雾滴数、药剂浓度处理相同面积的甘蓝叶片。从图 3-24 可以看到，增加幼虫的取食时间，死亡率增加，但不同沉积结构的死亡率范围不同，取食约 4000min 时死亡率为 1.8%～88%，取食 4320min 时死亡率为 18.3%～95%。

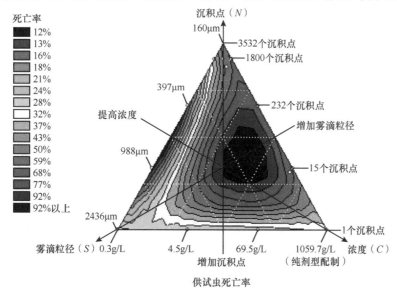

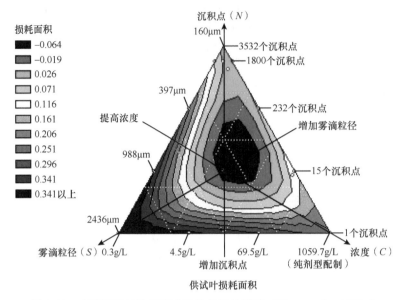

图 3-23　农药沉积结构对害虫防治效果的影响（Ebert et al.，1999a）

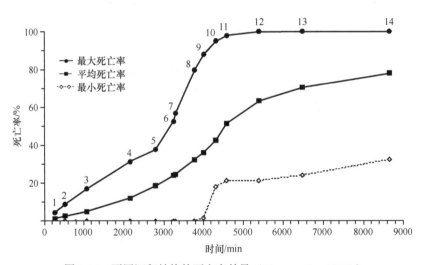

图 3-24　不同沉积结构的死亡率差异（Ebert et al.，1999b）

从图 3-25 可以看到，苏云金杆菌（Bt）处理后的不同时间段，害虫的高、低死亡率区域不同。处理后 2800min，大雾滴-低浓度-沉积点少的区域的害虫死亡率高于小雾滴-低浓度-沉积点多的区域，高于小雾滴-高浓度-沉积点少的区域。到 3000min，等边三角形中心区域的害虫死亡率高于周边，而大雾滴-低浓度-沉积点少的区域的害虫死亡率仍高于小雾滴-低浓度-沉积点多的区域和小雾滴-高浓度-沉积点少的区域。处理后 4000min，害虫的最高死亡率区域仍在等边三角形的中心位置，大雾滴-低浓度-沉积点少的区域的害虫死亡率仍然高于小雾滴-低浓度-沉积点少的区域，但小雾滴-低浓度-沉积点多的区域的低死亡率区域缩小，而小雾滴-高浓度-沉积点少的区域的害虫死亡率仍然最低。到了处理后 6480min，害虫的最高死亡率区域出现在小雾滴-低浓度-沉积点多的区域，而小雾滴-高浓度-沉积点少的区域的死亡率仍然最低。

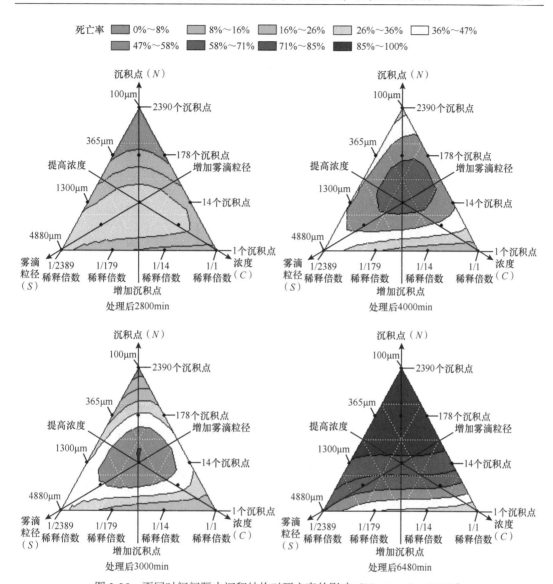

图 3-25　不同时间间隔内沉积结构对死亡率的影响（Ebert et al., 1999b）

低浓度意味着药液用量大，虽然沉积点少，因雾滴大，单个雾滴形成的沉积点的覆盖面大，害虫容易接触到雾滴，但一口吃不完，害虫获得的农药剂量少，然而害虫对药剂的敏感性不同，在害虫获得较少剂量情况下仍然能够杀死一些比较敏感的害虫。所以在较短时间内大雾滴-低浓度-沉积点少的区域，害虫的死亡率较高，但随着时间的推移，死亡率的增高幅度低。在小雾滴-高浓度-沉积点少的区域，每个雾滴形成的沉积点的覆盖面积小，虽然单个雾滴携带的农药剂量很高，但害虫与雾滴的接触概率低，难以获得致死剂量，死亡率低。

因此，在喷雾施药中，在雾滴数不足的情况下提高农药剂量，可以增加单个雾滴的有效剂量，但并不能取得好的防治效果。同样在确定了农药剂量的情况下，依靠增加药液用量，可以提高农药在植株表面的覆盖率，降低单个雾滴的农药有效量或者害虫在施药后第一口取食时获得的农药剂量，虽然可以杀死一些比较敏感的个体，但终究会影响防治效果。调节好雾滴粒径、药剂浓度和雾滴数量，在植株单位面积上形成合理的农药沉积，可以取得好的防治效果。

在喷雾塔中模拟氯虫苯甲酰胺对稻纵卷叶螟的防治效果，在相同剂量下用调控药液浓度和改变相同雾滴中径的方法，调节雾滴数量和单个雾滴的农药剂量，发现雾滴体积中径为 200μm，雾滴密度低于 50 个/cm² 时，显著影响药剂对稻纵卷叶螟的防治效果，当雾滴密度低于 10 个/cm² 时，即便再增加农药剂量也不能有效提高防治效果，但当达到 80 个/cm² 时，不同剂量间防治效果相当。说明农药雾滴与害虫的接触概率高，并在接触雾滴时就获得致死剂量，是决定药剂防治效果的关键因素，高剂量的农药雾滴，在杀死害虫后的多余剂量被浪费。雾滴数量少，增加农药用量只是增加了单个雾滴的载药量，雾滴不与害虫接触便不能发挥作用，与害虫接触的雾滴中，超出致死剂量的部分被浪费（图 3-26）。

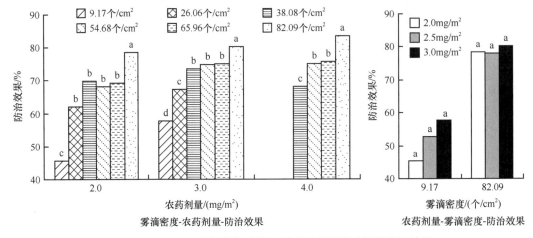

图 3-26 不同沉积结构的氯虫苯甲酰胺对稻纵卷叶螟的防治效果

从表 3-22 可以看到，当雾滴体积中径为 200μm 时，模拟用药液量为 900kg/hm²，雾滴密度为 82.09 个/cm²，减少药液用量至 450kg/hm²，药剂浓度提高了，增加了单个雾滴的有效剂量，但减少了单位面积上的雾滴数量，显著影响了防治效果。减小雾滴体积中径至 75μm，同样 450kg/hm² 的药液用量，增加了单位面积上的雾滴数量，虽然降低单个雾滴的有效剂量，但提高了防治效果。说明药剂浓度不是决定药剂防治效果的重要因素。确保单位面积上足够多的雾滴数量，保证害虫与雾滴的接触概率，并在接触雾滴时获得致死剂量，在极短的时间内杀死害虫，才能更好地起到保护作物的作用。

表 3-22 不同沉积结构的氯虫苯甲酰胺对稻纵卷叶螟的防治效果

农药有效剂量/(mg/m²)	体积中径/μm	每亩水量/kg	药剂浓度/(mg/L)	雾滴密度/(个/cm²)	保叶效果/%	显著性
	200	60	22.2	82.09	73.79	a
2.0	200	30	44.3	38.08	56.92	b
	75	30	44.2	140.06	75.60	a
	200	60	27.8	82.09	77.09	a
2.5	200	30	55.7	38.08	62.86	b
	75	30	55.7	140.06	80.78	a
	200	60	33.3	82.09	74.61	ab
3.0	200	30	66.7	38.08	65.07	b
	75	30	66.7	140.06	81.33	a

注：在同一农药有效剂量下，同列不含有相同小写字母的表示保叶效果在 0.05 水平差异显著

3.2.3.3　单位面积上的农药沉积结构与雾滴密度的"地雷效应"

农药雾滴是农药有效剂量的载体，单个农药雾滴携带单个害虫的致死剂量，确保害虫与雾滴接触时杀死害虫，为了确保害虫与雾滴的高接触概率，植株表面要有足够多的雾滴数量。从表 3-22 可以发现，雾滴体积中径 200μm、每亩水量 60kg 时，雾滴密度约为 80 个/cm^2；雾滴体积中径 75μm、每亩水量 30kg 时，雾滴密度约为 140 个/cm^2。然而，人们并不知道害虫在水稻群体内的确切位置，害虫也不会主动向有农药雾滴的地方聚集，为了防治害虫，都是采取地毯式无差别喷雾施药的方式，这势必造成农药剂量的大量浪费。

水稻中后期的生长量很大，按机插秧稻田 0.3m×0.1m 的种植密度计，有 33.35 万穴水稻/hm^2，按 10 株水稻/穴计，为 333.5 万株水稻/hm^2，按每株水稻 4～5 张绿叶计，为 1334 万～1667.5 万叶/hm^2。表 3-23 为水稻二化螟、三化螟和稻纵卷叶螟的防治指标，以四（2）代稻纵卷叶螟为例，平均 1.5～2 粒（头）/穴，初孵幼虫体长约 0.1cm，平均每穴水稻有 40～50 张叶片，叶片长为 30～40cm，宽约 1cm。成虫产卵于水稻叶片上，但产卵位置随机，为了保护水稻叶片免遭为害，需要在全部叶片的正面与背面布满 80～140 个/cm^2 农药雾滴，而杀死 1.5～2 头体长 0.1cm 的初孵幼虫只需要几个雾滴即可，大量的雾滴被浪费。

表 3-23　水稻 3 种害虫防治指标

稻田害虫	发生世代	防治指标	备注
二化螟	第一代	秧田：7500 个卵块/hm^2	40～80 粒卵/卵块
	第二代	大田：中晚粳稻穴枯鞘率 1% 左右	
三化螟	第一代	秧田：450 个卵块/hm^2	40～120 粒卵/卵块
	第二代	大田：450 个卵块/hm^2	达到 1500 个卵块/hm^2 时，5d 后需进行第 2 次防治
	第三代	前期发生地块水稻孕穗（大肚）植株达 10% 以上	达到 1500 个卵块/hm^2 时，5d 后需进行第 2 次防治
稻纵卷叶螟	四（2）代	卵（虫）150～200 粒（头）/百穴	
	五（3）代	卵（虫）100～150 粒（头）/百穴	
	六（4）代	卵（虫）100～150 粒（头）/百穴	

参考资料：江苏省植物保护站编著的《农作物主要病虫害预测预报与防治》

水稻二化螟，平均 1% 的枯鞘率，但需要在 100 穴水稻上布满含有致死剂量的雾滴的有效密度；三化螟，450 个卵块/hm^2，需要对 33.35 万穴/hm^2 的水稻进行喷雾，并使水稻植株上布满含有致死剂量的雾滴。喷雾施药，含有致死剂量的农药雾滴类似于地雷，通过喷雾使其按有效的密度标准布满在作物表面，但只有极少数的雾滴能起到杀死害虫的作用，其他大量的农药雾滴没有起到杀死害虫的作用。

3.3　水稻田农药的高效利用机制

3.3.1　增加农药在水稻植株表面的沉积量

在固-液界面中，临界表面张力是表征固体表面能的一个指标，用以说明液体在固体表面的可润湿性。只有液体的表面张力小于固体临界表面张力时，才可以在固体表面完全润湿。

通过 Zisman 图法测定的水稻叶片的临界表面张力见表 3-24，从测定的结果来看，不同品种及生育期的水稻叶片的临界表面张力存在差异，其临界表面张力值为 29.9～36.7mN/m。

表 3-24　水稻叶片的临界表面张力值

品种	生育期	临界表面张力值/(mN/m)	品种	扬花期倒 2 叶	临界表面张力值/(mN/m)
扬辐粳 8 号	分蘖期	34.5	南粳 44	正面	29.9
	孕穗期	34.3		背面	31.2
	扬花期	34.3	武运粳 7 号	正面	30.6
武育粳 3 号	分蘖期	34.6		背面	32.2
太湖粳 2 号	分蘖期	36.7	南京 11	正面	31.0
				背面	31.9
			武香糯 8333	正面	31.9
				背面	32.9

徐广春等（2012）测定了不同企业生产的在水稻上登记使用的 46 种农药产品田间使用浓度下药液的表面张力及药液中表面活性剂的临界胶束浓度（表 3-25～表 3-27），用于分析常用农药在水稻叶片上的润湿能力。总体来看，大多数产品在推荐使用浓度时的药液表面张力大于水稻叶片的临界表面张力，难以在水稻植株表面润湿铺展。从剂型看，在被测定的品种中，乳油最有利于在水稻表面铺展沉积，除个别外，田间使用浓度的乳油药液可以在水稻叶面铺展并沉积。可湿性粉剂，尤其是高含量的可湿性粉剂、水分散粒剂、可溶液剂等，在田间使用浓度条件下，药液难以黏着在水稻叶面。试验表明，绝大多数的农药药液在水稻叶面形成水珠而滚落，沉积率极低。

表 3-25　稻田常用农药的药液表面张力的测定结果（一）（徐广春等，2012）

药剂	大容量喷雾		弥雾	
	药液浓度/(mg/L)	表面张力/(mN/m)	药液浓度/(mg/L)	表面张力/(mN/m)
80% 多菌灵 WP	1250.0	63.18	4167	63.18
5% 井冈霉素 AS	250.0	46.84	833.0	46.53
50% 杀螟丹 SP	1200.0	62.45	4000.0	61.81
36% 杀虫单 SP	1200.0	62.39	4000.0	62.35

注：大容量喷雾为每公顷施药液量 750kg，弥雾为每公顷施药液量 225kg。WP 代表可湿性粉剂，AS 代表水剂，SP 代表可溶粉剂。下同

表 3-26　稻田常用农药的药液表面张力的测定结果（二）（徐广春等，2012）

药剂	大容量喷雾		弥雾		药液内表面活性剂的 CMC	
	药液浓度/(mg/L)	表面张力/(mN/m)	药液浓度/(mg/L)	表面张力/(mN/m)	药液浓度/(mg/L)	表面张力/(mN/m)
50% 多菌灵 WP	1250.0	51.67	4167	51.67	69.8	51.67
60% 多菌灵 WP	1250.0	54.20	4167.0	54.20	288.4	54.20
50% 甲基硫菌灵 SC	1500.0	35.89	5000.0	35.89	150.1	35.89

续表

药剂	大容量喷雾		弥雾		药液内表面活性剂的 CMC	
	药液浓度 /(mg/L)	表面张力 /(mN/m)	药液浓度 /(mg/L)	表面张力 /(mN/m)	药液浓度 /(mg/L)	表面张力 /(mN/m)
70% 甲基硫菌灵 WP	1500.0	40.22	5000.0	40.22	467.7	40.22
20% 井冈霉素 SP	250.0	43.10	833.0	43.10	70.8	43.10
1.8% 阿维菌素 ME	20.0	35.22	66.7	35.22	3.1	35.22
2% 阿维菌素 EW	20.0	36.23	66.7	36.22	0.6	36.22
3% 阿维菌素 EW	20.0	35.98	66.7	35.98	1.5	35.98
5% 阿维菌素 SL	20.0	33.44	66.7	33.44	7.6	33.44
1% 甲维盐 ME	20.0	38.09	66.7	38.09	9.1	38.09
5% 甲维盐 WG	20.0	42.10	66.7	42.10	7.9	42.10
200g/L 吡虫啉 SL	40.0	39.29	133.3	39.29	31.6	39.29
70% 吡虫啉 WG	40.0	55.28	133.3	43.25	1389.5	32.31
70% 吡虫啉 WG	40.0	48.63	133.3	44.38	524.6	39.82
25% 吡蚜酮 SC	100.0	55.64	333.3	48.12	1766.3	36.92
5% 甲维盐 WG	20.0	37.63	66.7	35.57	138.0	32.92
50% 吡蚜酮 WG	100.0	41.27	333.3	37.44	418.6	35.42
10% 吡虫啉 WP	40.0	40.54	133.3	37.30	57.7	37.30
20% 杀虫单 AS	1200.0	35.64	4000.0	33.67	1930.7	33.67
20% 三环唑 WP	400.0	33.57	1333.3	33.57	421.7	33.57
20% 吡虫啉 WP	40.0	42.79	133.3	39.09	93.3	39.09

注：SC 代表悬浮剂，ME 代表微乳剂，EW 代表水乳剂，WG 代表水分散粒剂，SL 代表可溶液剂。"药剂"一列所列"5% 甲维盐 WG""70% 吡虫啉 WG"等相同药剂，是来源于不同生产企业的。表 3-27 同此

表 3-27　稻田常用农药的药液表面张力的测定结果（三）（徐广春等，2012）

药剂	大容量喷雾		弥雾		药液内表面活性剂的 CMC	
	药液浓度 /(mg/L)	表面张力 /(mN/m)	药液浓度 /(mg/L)	表面张力 /(mN/m)	药液浓度 /(mg/L)	表面张力 /(mN/m)
25% 多菌灵 WP	1250.0	30.86	4167.0	30.86	245.5	30.86
1.8% 阿维菌素 EC	20.0	32.82	66.7	32.83	4.3	32.83
1.8% 阿维菌素 EC	20.0	27.67	66.7	27.67	2.0	27.67
1.8% 阿维菌素 EC	20.0	29.20	66.7	29.20	10.1	29.20
3% 阿维菌素 EC	20.0	27.71	66.7	27.71	4.5	27.71
4% 阿维菌素 EC	20.0	31.33	66.7	31.33	9.3	31.33
5% 阿维菌素 EC	20.0	27.33	66.7	27.33	7.0	27.33
2% 阿维菌素 CS	20.0	28.29	66.7	28.29	5.3	28.29
4% 甲维盐 EC	20.0	28.39	66.7	28.39	6.3	28.39
1% 甲维盐 ME	20.0	28.68	66.7	28.68	3.8	28.68
2.5% 甲维盐 ME	20.0	28.33	66.7	28.33	2.3	28.33
25% 吡蚜酮 WP	100.0	29.68	333.3	29.68	52.8	29.68

续表

药剂	大容量喷雾		弥雾		药液内表面活性剂的 CMC	
	药液浓度/(mg/L)	表面张力/(mN/m)	药液浓度/(mg/L)	表面张力/(mN/m)	药液浓度/(mg/L)	表面张力/(mN/m)
20% 吡虫啉 SL	40.0	29.22	133.3	29.22	31.3	29.22
30% 吡虫啉 ME	40.0	40.15	133.3	33.18	250.4	30.62
60% 吡虫啉 SC	40.0	48.24	133.3	43.44	1004.0	30.73
70% 吡虫啉 WG	40.0	49.48	133.3	40.24	464.1	28.75
25% 吡蚜酮 WP	100.0	49.26	333.0	41.67	1995.3	29.15
25% 噻嗪酮 WP	200.0	35.78	667.0	29.04	2818.4	24.33
20% 氯虫苯甲酰胺 SC	40.0	36.24	133.0	29.44	185.9	27.91
2.5% 吡虫啉 EC	40.0	31.22	133.3	28.35	58.4	28.35
4% 阿维菌素 ME	20.0	29.98	66.7	29.13	45.7	29.13

　　导致这种现象的主要原因：①不同企业用于生产产品的表面活性剂种类不同，表面张力存在差异，达到临界胶束浓度（CMC）时的药液表面张力仍然大于水稻的临界表面张力；②用量不够，表面活性剂达到 CMC 时的药液表面张力小于水稻的临界表面张力，但推荐剂量的田间使用浓度中表面活性剂未达到 CMC；③效率较差，表面活性剂达到 CMC 时的用量太多，制剂中难以达到如此用量。

　　在田间使用农药时，使用表面活性剂（桶混助剂）调节药液的表面张力，使之小于水稻的临界表面张力，增加药剂在水稻表面的沉积量。为了更好地发挥桶混助剂的效果，增加农药在水稻植株上的沉积量，真正达到对农药增效减量的目的，用于稻田喷雾使用农药的桶混助剂能使药液的表面张力小于水稻的临界表面张力，助剂的临界胶束浓度低，在药液中的用量达到或超过临界胶束浓度，农药雾滴抵达水稻后的初始接触角明显小于 90°。因此要明确当地主要水稻种植品种的临界表面张力，了解当地市场上农药桶混助剂的主要性能。在田间实际使用时先将使用的药剂加入药箱内，根据田间药液用量加水并搅匀，然后将药液点滴在水稻的表面，当液滴的初始接触角＞90° 时，加用功能助剂。先加少许助剂，搅匀，再将药液点滴在水稻叶片，观察初始接触角，重复加入助剂，搅匀，观察液滴初始接触角，直至初始接触角明显小于 90° 止。

　　田间药液用量也是影响农药在水稻植株上沉积率的重要因子。通过合理使用助剂可以增加水稻植株的药液持留量，但只要多于流失点（最大持液量），药液就会流失至最大稳定持液量，药剂随药液流失（表 3-28），减少药剂的沉积量。

表 3-28　药液在水稻（'南粳 44'）叶面的流失点和最大稳定持液量

药剂	药剂浓度/(mg/L)	杰效利浓度/(mg/L)	流失点/(mg/cm²)			最大稳定持液量/(mg/cm²)		
			60°	45°	30°	60°	45°	30°
水	0	0	4.82±0.33b	6.09±0.45b	7.39±1.21b	1.49±0.07b	1.94±0.46b	4.12±0.21b
水+杰效利	0	125	9.94±0.90a	12.08±0.45a	13.31±1.33a	4.66±0.33a	5.41±0.46a	6.90±0.63ab
5% 井冈霉素 AS	150	0	4.89±0.56b	6.12±0.22b	7.33±0.28b	2.46±0.38b	2.59±1.01b	4.31±0.68b
	150	125	9.96±1.15a	12.48±0.46a	13.56±0.48a	4.67±0.29a	5.63±0.78a	6.87±1.06a

续表

药剂	药剂浓度/(mg/L)	杰效利浓度/(mg/L)	流失点/(mg/cm²)			最大稳定持液量/(mg/cm²)		
			60°	45°	30°	60°	45°	30°
10% 吡虫啉 WP	40	0	5.31±0.37b	6.60±0.35b	8.07±0.38b	2.56±0.37b	3.21±0.08b	4.30±0.32b
	40	125	9.89±0.85a	11.86±1.08a	11.52±0.54a	4.64±0.34a	5.24±0.37a	5.38±0.40a
70% 吡虫啉 WG	50	0	5.01±0.26b	6.23±0.48b	7.39±0.71b	2.56±0.29b	2.78±0.89b	4.32±0.46b
	50	125	9.84±0.95a	11.79±0.80a	13.18±0.62a	4.68±0.58a	5.33±0.30a	6.43±0.26a
30% 吡虫啉 ME	40	0	5.27±0.42b	6.54±0.43b	7.74±0.48b	2.63±0.51b	3.48±0.48b	4.23±0.09b
	40	125	9.87±0.74a	11.70±0.75a	13.36±0.52a	4.70±0.27a	5.44±0.96a	6.41±0.52a
25% 吡蚜酮 SC	100	0	5.13±0.18b	6.49±0.37b	8.00±0.35b	2.49±0.38b	3.29±0.38cb	4.19±0.46b
	100	125	9.86±0.33a	11.63±1.15a	13.11±0.81a	4.68±0.30a	5.21±0.47a	6.50±0.47a
50% 多菌灵 WP	1000	0	4.84±0.62b	6.48±0.38b	7.34±0.35b	2.55±0.34b	2.73±0.51b	4.30±0.61b
	1000	125	10.01±0.66a	12.18±1.38a	13.22±1.15a	4.67±0.27a	5.49±0.62a	6.88±0.62a

注：不含有相同小写字母的表示同一药剂加与不加助剂之间在 0.05 水平差异显著

当然药液用量太少，会导致水稻单位面积上的雾滴数减少，降低药剂与病虫的接触概率，最终影响防治效果。经研究证实，雾滴体积中径（VMD）在 $100\sim200\mu m$ 时，较合适的雾滴密度为（120 ± 40）个$/cm^2$。在不同生长期的稻田内，以雾滴密度为基准，进行预喷雾。通过调节器械的喷雾参数，获得符合雾滴密度标准的水稻不同生长期的药液用量，确保药液在水稻的最大持液量范围内，药剂与病虫的接触概率高，农药单位剂量的防治效果好。

3.3.2 研究可控缓释颗粒剂及根部施药技术

将有内吸作用的农药制成缓释颗粒剂，在水稻移栽时撒在水稻根部，在病虫发生期间释放，由水稻根部吸收，因植株蒸腾作用引起液流向植株上部运动，能够抵达喷雾施药不能到达的部位，使得药剂在植株体内的分布更加均匀（图 3-27）。

图 3-28 比较了叶面喷雾施药与颗粒剂根部施药后农药在水稻植株上的分布，显然根部施药增加了水稻基部的药剂分布，冠层部分与基部的药剂趋于平均分布，并且药剂是随着蒸腾作用的液体流到植株的各部位，叶片正面和背面的分布也应当比叶面喷雾更加均匀，于是可以减弱喷雾施药导致的农药主要沉积部位与稻飞虱和纹枯病之间的生态位差异，减弱农药沉积部位，尤其是叶片正面与背面的不均匀分布导致的"水桶效应"。

根部施药后，农药在叶片的正、背面均匀分布，而杀死病虫只需少量的药剂，比如初孵幼（若）虫只需一口咀嚼或刺吸植株便能获取致死剂量而死，大量的药剂仍然浪费。但药剂在害虫发生初期便开始持续缓释，使得所有的初孵幼（若）虫都可在第一次取食时获得致死

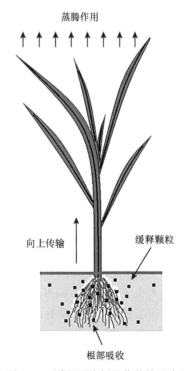

图 3-27 缓释颗粒剂吸收传输示意图

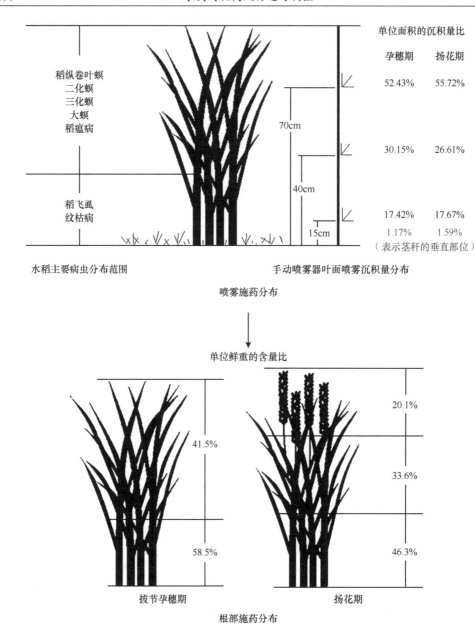

图 3-28　叶面喷雾施药和颗粒剂根部施药后农药在水稻植株上的分布

剂量，而此时是害虫对药剂最敏感的受药时期，死亡所需要的剂量最少，避免了因防治已错过最佳受药期的大龄幼（若）虫和保证药效衰减后仍能杀死后孵化的幼（若）虫而需要加大农药用量的无奈。

　　河南好年景生物发展有限公司提供的防治水稻病虫害的药肥混合缓释颗粒剂，在水稻移栽前用人工或机械撒入稻田，在水稻病虫害发生期间释放，可兼治多种水稻病虫害。相对茎叶喷雾省工省药的成效显著，一般可减少施药 2～3 次，使农药用量降低 20%～30%。如果改用插秧施肥一体机，使得分散在水稻行间的颗粒剂集中条施在秧苗边（图 3-29），或者将水稻种子与颗粒剂混合后用机械进行条播或点条播（图 3-30），可进一步减少农药用量。

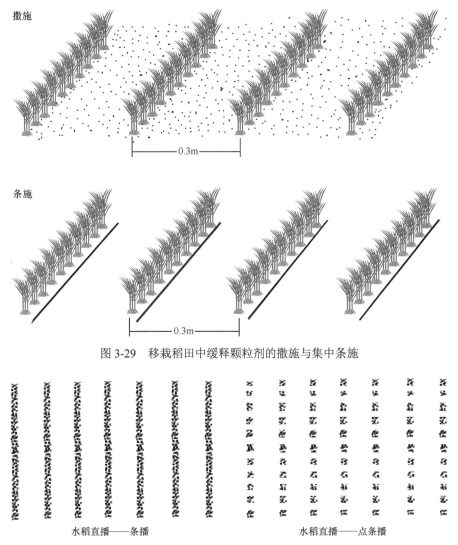

图 3-29　移栽稻田中缓释颗粒剂的撒施与集中条施

水稻直播——条播　　　　　　　　　水稻直播——点条播

图 3-30　直播稻田中颗粒剂集中施用

3.3.3　研发智能植保机械

发展智能植保机械，在自动获取田间有害生物信息的基础上，根据病虫发生量按需进行变量施药，是精准农业的发展目标。Tian（2002）研制的基于机器视觉的精准对靶智能喷雾机，可通过以多摄像头机器视觉系统实时采集图像信息，以速度传感器采集机器速度信息，利用机载计算机对采集到的信息进行分析，并通过喷雾控制系统控制每个喷头的开关，实现精准变量施药。邱白晶等（2004）研制的基于地理信息技术的自动对靶变量喷雾控制装置，以地理信息系统（GIS）、全球定位系统（GPS）、遥感技术（RS）和决策支持系统（DSS）为基础，根据田间病虫分布差异，可自动改变作业参数，实施精确定位及定量管理，从而实现精准变量施药。虽然中国目前在基于图像传感器的作物病虫害探测等方面的研究水平与国外相比仍存在一定差距，但随着智能植保机械在有害生物识别方面以及施药计算方法等技术的不断创新与完善，随着人工智能的不断发展，终将实现依据有害生物在田间的差异性分布进行精准变量施药，彻底改变无差别地毯式的施药方式，从而大幅提高农药有效利用率，减少农药用量。

第 4 章　小麦有害生物防控中农药损失规律与高效利用机制

目前小麦生产中病虫草害逐年加重，农药用量逐年攀升。影响农药对靶传递损失与高效利用的因素是多方面的，从而影响农药的药效，最终影响农药的田间使用量。在小麦病虫草害防控中，农药的施用方式主要为拌种、缓释颗粒剂土壤处理以及喷施，目前大多数药剂为喷施。从器械喷出的农药向有害生物的传递过程可以被分解为一系列不同的环节，药物损失可以发生在任何一个环节。器械使用不当、雾滴飘移、蒸发、药剂挥发、雨水稀释甚至冲刷、水解、光解、细菌分解、溶解、土壤吸收及渗漏等都能造成农药损失。另外，药液的效能还可能因为药物与叶面的结合能力小而影响药效（孙文峰等，2009）。可以通过选择合理的施药时间、可靠的喷雾器械、添加助剂、改善农药剂型等措施，降低喷施过程中的农药损失，提高农药利用率。

4.1　小麦有害生物防控中农药对靶传递损失规律

在小麦病虫草害防控中，影响农药对靶传递损失与高效利用的因素主要归纳为以下 6 个方面：农药的种类、施药方式、施药时间（含环境条件）、施药剂量、加工质量，以及喷雾助剂的使用等。

4.1.1　农药的种类与小麦病虫草害防控需求之间的差异

生产中农药用量居高不下与农药的不合理使用密切相关。农药种类与病虫草害防控需求间存在巨大差异，甚至在没有防治靶标时，许多药剂作为无效成分喷施到田间。众所周知，每种农药都不是万能的，都有其特定的防除对象，而对防除对象之外的病虫草害无效或效果差。小麦田除草剂氯氟吡氧乙酸防除麦田猪殃殃、打碗花效果好，但是对播娘蒿、荠菜效果差，对禾本科杂草无效；氟唑磺隆防除雀麦、野燕麦、看麦娘效果较好，对大穗看麦娘、节节麦、硬草效果差；三唑酮防控小麦白粉病、锈病效果好，对小麦赤霉病效果差；吡虫啉防除小麦田蚜虫、飞虱效果好，但对小麦红蜘蛛无效；等等。

目前我国农村的多数土地还是由农户自己管理，由于农村劳动力进城打工，留守务农的大多是老弱妇孺，鲜有人懂得农药知识，基本上是依赖于农药经销商推荐药剂进行病虫草害的防控。受过专业训练经营农药的经销商很少，多数农药经销商对农药知识似懂非懂，懂得"没有农药是万能的"这个道理，但是又对农药的作用方式、作用特点、防治谱、使用时间、使用方式等具体特性和病虫草害识别知之甚少。在对有害生物及药剂特性不了解的情况下，为了保证良好的防控效果和经营收入，农药经销商一般推荐农户几种药剂混配使用，如果病虫草害控制不住，就再混配几种试试。这种状况使得在生产中防除一个靶标对象，3～5 种药剂混合喷施的现象比比皆是，再加上某些叶面肥，一次施药混配 10 种药剂的情况也不在少数。多数农药原有的药效不能正常发挥，许多无效的农药打到田间，无形中使农药使用量扩大了几倍。

要做到农药的高效利用，减少农药损失，降低农药使用量，首先要做到的就是农药的精准对靶施药，去除无效农药的使用，针对田间病虫草害靶标精准选择药剂。

4.1.2 农药的施药方式与小麦病虫草害防效密切相关

小麦病虫草害的化学防治，归根到底是要取得好的防控效果，保证小麦高产稳产。但是即使针对靶标病虫草害选对了农药品种，也未必能取得好的防除效果。药剂的给药方式也是影响药效的因素之一。给药方式决定了农药是否能到达病虫草害靶标，对防效的好坏亦起着至关重要的作用。例如，蝼蛄、蛴螬、金针虫等地下害虫在地下为害，小麦叶片喷雾很难作用到靶标害虫上，起不到防治效果；蚜虫为害初期往往在小麦下部叶片的背面，无内吸作用的拟除虫菊酯类杀虫剂喷雾到小麦上部茎叶很难接触虫体，起不到防治效果。

就茎叶喷雾来说，农药是通过喷雾装置喷洒到作物叶面或茎秆上，喷雾质量在很大程度上决定着药效。在施药过程中，雾滴分布均匀性、覆盖率和飘移性 3 个喷雾质量指标中的任何一个指标达不到要求，都会影响整体效果。如果雾滴分布严重不均匀或飘移量较大，不但会造成对目标的遗漏处理，给害虫、病菌或杂草的复发留下隐患，更为严重的是可能造成药害。而雾滴对目标的覆盖率不高，必定降低药物，特别是喷洒杀菌剂的作用效果。

不同的植保机械因喷雾机制和喷头不同，药液的雾滴大小影响着农药的有效沉积，从而影响农药应用效果。目前生产中的喷雾机械仍以传统的人工背负式喷雾器为主，随着经济和科学技术的发展，以及近几年土地的集约化和农村植保服务团队的需求，喷杆式喷药机械和植保无人机实现了跨越式的发展。对于使用不同喷雾机械，农药雾滴在小麦上的沉积及对病虫草害的防除效果的影响也进行了一些对比研究。

翟勤等（2019）比较了大疆植保无人机、自走式喷杆喷雾器、电动喷雾器、弥雾机 4 种喷雾机械喷施 45% 戊唑醇·咪鲜胺 EW 防治小麦赤霉病的效果，分别施药 2 次，第 2 次药后 20d 调查，防效分别为 73.9%、92.5%、85.1% 和 72.7%。

关祥斌（2018）选用 3WSH-1000 型、3WX-280H 型喷杆喷雾机和人工背负式手动喷雾器 3 种施药方式防治麦田蚜虫，采用诱惑红作为指示剂，研究 3 种喷雾器械在麦田的雾滴沉积分布、农药利用率及对麦蚜的防效。结果表明，雾滴密度以 3WSH-1000 型喷雾机在小麦上部、中部、下部均最大，手动喷雾器在中部、下部雾滴穿透性较差，显著小于 3WSH-1000 型喷杆喷雾机。沉积量也以 3WSH-1000 型喷雾机在小麦上部、中部、下部均最大，手动喷雾器均最小，且在小麦上部、下部的沉积量显著低于其他两种喷雾机。农药沉积率也以 3WSH-1000 型喷雾机最高，为 63.6%；3WX-280H 型喷雾机农药沉积率为 52.1%；手动喷雾器农药沉积率最低，为 40.5%。3WSH-1000 型喷雾机、3WX-280H 型喷雾机和人工背负式喷雾器施药后 7d 对麦蚜的防效分别为 95.52%、90.82%、86.63%。综合农药沉积率、防治效果，确定 3WSH-1000 型喷雾机是较理想的统防统治机型。

苏小计等（2018）在陕西省小麦田，对比研究了单旋翼无人机、四旋翼无人机、六旋翼无人机、二十四旋翼无人机、罗宾逊 R-44 直升机、背负式电动喷雾器、背负式弥雾机、自走式喷杆喷雾机、风送式远程喷雾机 9 种植保机械防治小麦穗蚜的效果。选用的药剂为高效氯氟氰菊酯，采用诱惑红作为指示剂，施药时温度 21～30℃，相对湿度 63%～86%，风速 0～0.5m/s。结果表明，单旋翼无人机、四旋翼无人机、六旋翼无人机、二十四旋翼无人机、罗宾逊 R-44 直升机、背负式电动喷雾器、背负式弥雾机、自走式喷杆喷雾机、风送式远程喷雾机作业时，雾滴中径（DV50）分别为 206μm、245μm、235μm、103μm、214μm、148μm、156μm、233μm 和 199μm。其中，二十四旋翼无人机雾滴中径最小，为 103μm，四旋翼无人机雾滴中径最大，为 245μm。由此可见，不同类型植保机械在小麦田喷雾作业时产生的雾滴粒径差异明显。9 种植保机械农药沉积率与对麦蚜的防治效果趋势基本一致。电动喷雾器、背负式弥雾机、自走式喷杆喷雾机的农药沉积率较高，为 51.4%～63.7%，对麦蚜的防效为 93.6%～98.1%；其次为单旋翼无人机、四旋翼无人机和风送式远程喷雾机，农药沉积率为 32.4%～42.6%，对麦蚜的防效为 80.6%～87.9%；二十四旋翼无人机、罗宾逊 R-44 直升机的农药沉积率最低，为 15.7%～19.0%，麦蚜防效为 46.7%～49.8%；六旋翼无人机农药沉积率较好，为 40.1%，但麦蚜防效略低，为 54.1%，可能与田间蚜虫分布不均匀等因素有关。室内试验条件下细雾滴、小粒径表现出良好的喷雾和防除效果（孔肖，2018），但是本试验结果表明，雾滴中径最小的二十四旋翼无人机在实际防控中表现的农药沉积率低，对麦蚜的防治效果差。这与田间喷雾环境下条件复杂，空气温度、湿度、风力等直接影响雾滴的蒸发、挥发和飘移有关，小雾滴的蒸发量和飘移量大，影响了农药的沉积和药效的发挥。

王国宾（2016）在田间采用喷杆喷雾机、弥雾机、手动喷雾器、电动喷雾器、多旋翼无人机、无人直升机 6 种植保机械进行喷雾，探讨不同植保机械喷雾状况与麦蚜防效之间的关系。结果表明，不同植保机械喷施吡虫啉防治小麦蚜虫效果受雾滴粒径、药剂浓度、雾滴密度、雾滴分布均匀性、雾滴穿透性，甚至操作者的技术等因素的影响。6 种植保机械中，喷杆喷雾机（使用 TEEJET 110-04 喷头）喷雾均匀性以及雾滴穿透性最好，对麦蚜的防治效果最佳，为 90.7%，弥雾机雾滴粒径较细，在单个喷幅以及在小麦冠层不同位置的雾滴穿透性较差，对麦蚜的防治效果为 83.0%，手动喷雾器以及电动喷雾器喷雾均匀性受到操作者影响较大，雾滴均匀性以及穿透性一般，对麦蚜防治效果分别为 83.9%、85.8%；多旋翼无人机（安装离心雾化喷头）以及无人直升机（安装有 TEEJET 110-02 喷头）喷施药剂浓度较高，施药量较少，喷雾均匀性也受到操作者影响较大，对麦蚜防效分别为 70.9%、78.4%。

李美等（2018）以不同喷药器械（植保无人机飞防、自走式喷药机、人工背负式喷雾）于小麦穗期分别配备不同喷头喷施高效氯氟氰菊酯和戊唑醇，以诱惑红为指示剂，测定了小麦雾滴在小麦不同冠层雾滴沉积分布和雾滴均匀度。结果表明，3 种喷药机械在小麦上部叶片着药量最大，其次为中部叶片，由于叶片的相互遮挡，下部叶片着药液量最低。从中下部叶片的着药量来看，自走式喷药机高于人工背负式喷雾，高于植保无人机飞防。从小麦植株上药液沉积率来看，飞防扇形喷头 020 沉积率最高，达 75.03%，其次为自走式喷药机 030 喷头，沉积率在 56.7%～71.03%，无人机扇形喷头 015 沉积率也较高。各种喷药方式 010 喷头药液沉积率都不高，在飞防时与植株叶面距离远，加上有风影响，沉积率最低，仅 9.99%，机器和人工的药液沉积率也较低，在 20% 左右。总体上，人工打药药液沉积率最低，为 14.76%～21.32%。从不同喷药方式看，人工背负式喷雾药液流失最多，自走式喷药机药液沉积量最大，植保无人机药液沉积量居中，但是不同喷头差异较大。从各处理的变异系数来看，精准自走式喷药机的变异系数最小，在 21.1%～41.3%。人工背负式喷雾的变异系数在 18.6%～60.3%。植保无人机飞防不同喷头间差异较大，扇形喷头 020 的变异系数最小，为 18.7%～32.4%；其次为扇形喷头 015；扇形喷头 010 的变异系数较高，上部叶片为 59.1%，下部叶片为 75.5%；锥形喷头 015 的下部叶片变异系数最大，高达 109.0%。由此可以看出，田间风力对小喷头和锥形喷头的喷雾雾滴的沉积有较大影响。

高兴祥等（2019）进行了植保无人机极飞 P20 喷施甲基二磺隆加锐超麦（20% 双氟·氟氯酯）防除小麦田杂草的试验。试验在亩用 1.0L 水量下设计了小、中、大 3 种喷头孔径，雾滴大小分别为 90～120μm、150～200μm 和 250～300μm；试验还在中喷雾孔径下设计了 3 个亩用水量，分别为 0.75L、1.0L、1.5L；试验时无风。研究结果表明，在药剂相同的情况下，植保无人机亩用水量和喷头孔径等喷雾因子对药剂沉积及杂草防效的影响显著。从喷头孔径来看，无风情况下，小、中、大喷头孔径处理农药沉积量基本相同，但是小喷头和大喷头药剂沉积变异系数较大，说明喷雾不均匀，中喷头喷雾质量最好；从药效上也可以看出中喷头处理杂草防效为 86.2%，高于小喷头和大喷头处理的 84.2% 和 78.2%，大喷头效果最差。从不同水量试验可以看出，对于植保无人机来说，随水量增大药剂沉积量增高，水量低于 1.0L/亩时，药剂沉积量显著降低；从杂草防效上来看，随水量增加，杂草防效增加，亩用水量为 0.75L、1.0L、1.5L 时，杂草防效分别为 74.8%、85.9% 和 88.2%。相同喷头情况下，水量的变化对药剂沉积量的变异系数影响不大。

杨希娃等（2012）利用德国 Lechler 生产的 3 种喷头（LU120-02、AD120-02 和 IDK120-02）进行了麦蚜防除试验，其体积中径（volume median diameter，VMD）相差约 100μm，分别为小雾滴（128.3μm）、中雾滴（238.8μm）、大雾滴（315.7μm）。结果表明：大雾滴 IDK 喷头在小麦冠层的平均沉积量显著小于 LU 和 AD，而 LU 和 AD 两种喷头之间无显著差异性，小雾滴 LU 喷头喷施的药液平均覆盖率显著好于 AD 和 IDK，覆盖率随着雾滴粒径的增加而递减；但小雾滴 LU 喷头喷施的药液的地面损失最大，且显著高于其他两种喷头；3 种喷头都体现了对麦蚜的良好防效；从沉积量、沉积均匀性及地面损失量来衡量，中雾滴 AD 喷头优于其他两种喷头。

从生物效应的角度来分析，小雾滴的效果更好，但同时小雾滴产生飘移的可能性也大。通过改变喷雾参数，雾滴的飘移性得到改善的可能性很大，从而减轻对环境的污染。喷雾飘移性和覆盖率与雾滴的大小直接相关。如果选择的雾滴大小合适，可用最小的药量、最小的环境污染达到最大程度控制病虫害的目的。喷头是喷雾装置中最为重要的部件之一，雾滴的大小、密度、分布状况等在很大程度上都决定于喷头的类型、大小和质量。目前，常用喷头按作用原理分为压力式和离心式两种喷头。压力式喷头应用历史长，适用于大容量喷雾。由于压力喷头产生的雾滴有较大的初速度，其抗飘移性能明显优于离心式喷头，其缺点在于产生的雾滴粒谱较宽，使其难以达到精量喷雾的要求。离心式喷头的优点在于产生的雾滴粒谱范围较窄，因其雾滴的大小取决于其转速，容易从同一喷头得到不同大小的雾滴。喷头的间隔和高度是与喷头类型同样重要的影响雾滴分布均匀性的参数。喷头间隔的选择与喷头雾锥角的大小相关，而高度是根据间隔而定的。面积喷洒要求雾滴在整个喷洒平面上能够均匀分布，但这两个参数配合不当就会造成喷头之间喷幅重叠或漏喷。带状喷雾的喷头间隔取决于植物的行距，高度也根据植物的高度和宽度而定，以喷幅刚能完全覆盖植行为宜。喷头的安装角度（与垂直面的夹角）对雾滴分布均匀性也有影响。不论是何种喷雾机，喷头都是喷雾机上最为重要的部件，但是大多数农户自始至终只使用购买喷雾机时随机配带的喷头，还没有意识到应在不同的场合换用不同的喷头。由此导致了应使用圆锥雾喷头的地方使用扁扇喷头，而在应该使用扁扇喷头的地方却使用锥雾喷头的错误（孙文峰等，2009）。

在喷头喷雾时，由于运动雾滴与周围气流的共同作用，在喷雾区域中存在夹带气流，这股气流可以看作为空气射流，夹带气流的运动方向与雾滴的运动方向一致，气流由雾滴运动引起，同时又胁迫细小雾滴向下运动，所以能够帮助减小飘失。当外界气流速度大于夹带气流速度时，外界气流对雾滴的影响大，易将细小的雾滴吹出喷雾区域形成飘失，反之则不会发生飘失。喷雾区域内小雾滴飘失主要受喷雾技术参数的影响，如喷头性能、喷雾高度、行驶速度、喷雾压力、喷雾角度，而这些参数是人为可控的（吕晓兰等，2011）。

由此可以看出，针对小麦病虫草害，不同的施药方式、喷雾机械及其配备的喷头、喷雾用水量等因素都与农药的对靶沉积展布等密切相关，影响着农药对靶传递过程中的损失，从而影响农药的高效利用和农药的药效。

4.1.3　农药的施药时间与有害生物的最佳防控期之间的时间差

除了农药的选择和施药方式，施药时间亦影响农药最终的防效。施药过早或过晚，都会影响药效。

以病害为例，病害的防控以预防为主，治疗为辅。尤其是保护性杀菌剂，应当在病害发病前或发病初期喷施，保护未生病叶片或植株。治疗性杀菌剂也是在发病初期喷施效果好。以小麦纹枯病为例，小麦前期感病，抽穗前后，病菌侵入茎基部后，呈现中间灰褐色、四周褐色的近圆形或椭圆形眼斑，导致茎基部失水坏死，在田间形成枯株白穗。很多农户在小麦抽穗期喷药防控效果很差。一个原因是纹枯病病原菌侵染小麦茎基部，抽穗期喷药，药剂很难到达感病部位，再就是抽穗期病害已经影响小麦生长，很难治愈。小麦纹枯病的最佳防控时期是在始病期和返青期，前期可通过拌种防控，返青期可通过茎叶喷雾防控。以赤霉病为例，赤霉病为流行性病害，气温、相对湿度、降雨量以及日照时数都不同程度地影响小麦赤霉病的发生和流行，赤霉病在小麦穗期显现，但实际上是在小麦抽穗扬花期遇连续阴雨菌丝侵染为害，在麦田看到白穗症状时喷施药剂已经起不到防治作用。防治小麦赤霉病用药 1 次的最佳施药期为小麦扬花初期；最佳用药次数为 2 次，可在扬花初期后间隔 5～7d 再用药 1 次。

以害虫为例，低龄幼虫表皮蜡质层薄，农药更容易渗透，对农药敏感，即低龄幼虫期用药，害虫更容易着药死亡，药效高；反之高龄幼虫期用药，害虫耐药性强，防效低。农户最常用的方法是加大用量，致使农药用量增高。此外，在害虫种群数量达到经济阈值时应及时喷药防控。以小麦蚜虫为例，百株蚜量在 500 头时为其防治的经济阈值，此时期及时防控，假设药剂的防治效果为 90%，剩余蚜量为 50 头，对小麦生产无影响，可不再进行防控。但如果百株蚜量在 6000 头时才进行防控，防治效果仍为 90%，此时剩余蚜量为 600 头，仍在防治经济阈值之上，仍需喷药防治，无疑使农药的用量增加了一倍。

以冬小麦田杂草防除为例，山东省农户常规防控时期为 3 月下旬，在小麦返青后期用药，此时期用药对禾本科杂草近乎无效，对阔叶杂草防除也往往达不到理想的效果。为了提高防效，农户往往提高药剂用量，造成小麦甚至后茬作物药害频发。对杂草来讲，其幼苗期（2～5叶期）对除草剂最敏感，施药时期提前不仅可以保证很好的除草效果，还可大幅降低除草剂使用量。常规种植的冬小麦田适宜的喷药时期是杂草基本出齐后，小麦越冬前和早春小麦返青初期。冬前施药相对冬后施药可降低除草剂使用量 30%。相同施药剂量下，冬前施药除草效果远远高于冬后施药。

为明确小麦和杂草在不同生长状态、不同温度下，对除草剂的敏感性，以及不同除草剂对几种杂草的防除效果，李美等（2007）、高兴祥等（2016）分别在小麦越冬前、越冬期、冬后小麦返青期不同环境条件下，进行了不同除草剂防除大穗看麦娘、麦家公、猪殃殃等杂草的田间试验。结果表明：①冬前杂草基本出齐后，杂草叶龄小时，对除草剂相对敏感，喷施除草剂效果最好。②在小麦越冬期不宜喷施除草剂。越冬期气温低，此时施药，很多除草剂如氯氟吡氧乙酸、炔草酯、精噁唑禾草灵、唑啉草酯、苯磺隆等对温度敏感，除草效果显著降低。低温下小麦对除草剂的耐药性降低，易产生药害，如啶磺草胺、甲基二磺隆等药剂，施药后冬前看不出明显的药害，但返青后药害明显，引起小麦植株的黄化、矮化等症状，或出现除草不增产的隐性药害。③小麦返青期施药，施药越早、杂草越小，除草效果越好，随着杂草叶龄增大，除草效果显著降低，此期喷药宜早不宜晚。

高兴祥等（2016）选择了啶磺草胺、氟唑磺隆、甲基二磺隆+甲基碘磺隆钠盐、精噁唑禾草灵、炔草酯、唑啉草酯、三甲苯草酮（肟草酮）、异丙隆等 8 种除草剂，每个药剂选用田间推荐剂量，分别于小麦越冬前、越冬期、返青初期进行了 3 次施药试验，以期明确各除草剂对大穗看麦娘的田间防除效果、最佳使用时间等。各药剂推荐剂量不同时期施药防除大穗看麦娘效果如表 4-1 所示。

表 4-1　各药剂推荐用量不同时期施药防除大穗看麦娘效果对比（高兴祥等，2016）

药剂处理	用量/(g/hm²)	鲜重防效/%（小麦拔节期）		
		越冬前施药	越冬期施药	返青初期施药
7.5% 啶磺草胺 WG	10.1	100±0a	97.0±2.5ab	97.6±1.0a
	14.06	99.4±0.6a	97.6±0.9ab	97.1±1.5a
70% 氟唑磺隆 WG	26.25	60.2±9.6c	−9.3±15.8d	1.1±9.5g
	36.75	54.2±5.6c	32.1±13.0c	−2.5±4.4g
3.6% 甲基二磺隆+甲基碘磺隆钠盐 WG	10.8	87.3±2.8ab	94.6±1.5ab	80.1±5.7abc
	16.2	92.6±1.0ab	98.6±0.8a	89.2±2.1ab
69g/L 精噁唑禾草灵 EW	62.1	93.5±3.2ab	41.4±5.4c	84.1±2.8abc
	103.5	96.8±2.9ab	46.8±5.8c	89.3±2.4ab
15% 炔草酯 WP	45	81.1±3.2b	40.5±10.9c	67.1±6.5c
	67.5	89.7±4.6ab	76.0±7.5ab	91.0±3.2ab
50g/L 唑啉草酯 EC	45	99.9±0.1a	74.1±7.4b	46.2±5.5d
	60	99.3±0.7a	88.9±1.6ab	75.8±6.8bc
40% 肟草酮 WG	400	79.7±6.0b	−2.4±6.8d	8.4±14.2fg
	600	89.9±3.7ab	24.0±11.6c	14.5±8.7fg
50% 异丙隆 WP	900	38.2±13.0d	2.2±11.2d	33.0±5.9de
	1350	58.0±13.3c	35.7±6.1c	23.3±6.0ef

由试验结果可以看出，越冬前施药总体要比越冬期和返青初期施药效果好。其中，45g/hm² 用量唑啉草酯 3 个施药时期效果差异最大，鲜重防效分别为 99.9%、74.1%、46.2%。精噁唑禾草灵和炔草酯不仅表现出越冬前效果好，还表现出在越冬期效果显著下降。3 个施药时期，62.1g/hm² 用量精噁唑禾草灵的鲜重防效分别为 93.5%、41.4%、84.1%，45g/hm² 用量炔草酯分别为 81.1%、40.5%、67.1%。26.25g/hm² 用量氟唑磺隆越冬前鲜重防效为 60.2%，越冬期和越冬后基本无防效。

高兴祥等（2016）选择了 11 种除草剂分冬前和冬后返青初期两个施药时期进行了防除麦家公田间效果测定（表 4-2），两次施药时期施药结果可以看出，11 种药剂在田间表现效果不一。唑草酮、辛酰溴苯腈、双氟磺草胺、苯磺隆冬前冬后施药均有较好的效果；啶磺草胺和乙羧氟草醚效果略差于以上药剂；2 甲 4 氯钠冬前施药效果较好，但冬后施药较差；其他药剂氯氟吡氧乙酸、麦草畏、灭草松、异丙隆两次施药对麦家公防除效果均较差。因此，在以麦家公为主要草害的小麦地块，可选用持效性药剂双氟磺草胺或苯磺隆；麦家公植株较小时也可以用触杀型除草剂唑草酮或辛酰溴苯腈，冬前施药时也可以选用 2 甲 4 氯钠等激素类除草剂。尽量采用冬前施药进行防治。

表 4-2　冬前或冬后施药防除麦家公田间效果（拔节初期调查）（高兴祥等，2016）

药剂	剂量/（g/hm²）	冬前施药		冬后返青初期施药	
		株防效/%	鲜重防效/%	株防效/%	鲜重防效/%
75% 苯磺隆 DF	22.5	88.9±3.2a	91.0±1.5a	76.9±9.9a	82.5±3.6a
200g/L 氯氟吡氧乙酸 EC	200	47.8±5.9d	72.6±2.2bc	45.8±5.6c	55.6±7.2c
13% 2 甲 4 氯钠 AS	840	81.5±7.2a	83.5±2.5a	35.6±4.2c	41.2±4.2c
48% 麦草畏 AS	195	32.0±6.9c	52.0±6.9c	25.2±6.2c	25.8±5.1c
480g/L 灭草松 AS	375	49.5±5.9c	23.2±7.5c	16.7±5.2c	22.7±6.2c
40% 唑草酮 WG	30	92.5±2.1a	94.1±2.2a	85.9±2.5a	89.5±2.5a
25% 辛酰溴苯腈 EC	562.5	84.3±5.2a	95.6±1.6a	85.6±2.9a	90.1±3.1a
10% 乙羧氟草醚 EC	75	75.9±4.9b	82.5±3.5b	73.3±3.2b	68.0±5.9c
50% 异丙隆 WP	1500	61.9±8.2b	47.5±6.9c	55.5±4.1c	56.5±5.9c
7.5% 啶磺草胺 WG	14.06	73.7±4.6b	85.6±2.5b	81.9±5.6a	84.3±4.2b
50g/L 双氟磺草胺 SC	4.5	91.2±3.2a	93.6±4.1a	83.5±3.5a	90.2±3.2a

注：DF 代表干悬浮剂，下同

李美等（2007）选择小麦田防除阔叶杂草的 6 种除草剂，在田间不同温度下施药，对比分析了 6 种药剂防除猪殃殃的效果（表 4-3）。综合冬季和春季两次施药结果可以看出，试验的 6 种药剂中，苄嘧磺隆、麦草畏受温度影响较小，两次施药对猪殃殃均表现出理想的防除效果。灭草松、2 甲 4 氯钠虽然受温度影响也较小，但二者对猪殃殃的控制作用稍差。氯氟吡氧乙酸和苯磺隆，尤其是氯氟吡氧乙酸，对猪殃殃的防效明显受环境温度影响，冬季低温、猪殃殃处于休眠状态时施药，除草效果较差，而春季气温回升、猪殃殃开始生长时施药，对猪殃殃的防除效果显著提高。由此可以看出，防除猪殃殃可选择苄嘧磺隆、麦草畏、氯氟吡氧乙酸等药剂，且冬季低温下不适宜喷施除草剂。

表 4-3　6 种药剂不同时期施药防除猪殃殃效果（拔节初期调查）（李美等，2007）

处理	用量/（g/hm²）	越冬期施药		返青初期施药	
		株防效/%	鲜重防效/%	株防效/%	鲜重防效/%
10% 苄嘧磺隆 WP	750	91.7a	96.6a	81.0b	97.4a
48% 麦草畏 AS	300	91.4a	90.8b	81.2b	95.4a
56% 2 甲 4 氯钠 SP	1500	65.5c	64.7c	86.0a	90.3b
25% 灭草松 AS	5250	57.5d	65.2c	71.0c	89.7b
20% 氯氟吡氧乙酸 EC	900	69.7c	59.1d	72.6c	75.4c
75% 苯磺隆 DF	27	80.6b	54.4e	53.9e	60.4de

温度也是影响杀虫剂活性和药效的重要因素。一般认为大多数氨基甲酸酯和有机磷杀虫剂的毒性与温度呈正相关，即随温度升高，毒性增强；拟除虫菊酯对某些昆虫的防效与温度呈负相关，即随温度升高，毒性降低。但也有一些杀虫剂对某些昆虫防效呈温度负相关，对另一些则呈温度正相关。裴秀芹（2014）的研究结果表明，室内试验 5℃、10℃处理都能降低

麦长管蚜对吡虫啉的敏感性，随温度升高，麦长管蚜对吡虫啉的敏感性增高，30℃、35℃处理的麦长管蚜最为敏感。田间试验在 5 月 21 日一天中不同时间进行施药，对吡虫啉的药效有较大的影响，14:00 防效最高，17:00 防效最低，分别为 65.79% 和 38.60%。

雾滴在目标物上的沉积，在很大程度上要受到气温、相对湿度、风速和风向的影响。气温和相对湿度对雾滴运动的影响，主要表现在对小雾滴的蒸发上。除此以外，气温和相对湿度还对雾滴在植物表面上的附着存在影响。在高温、低湿的天气下，植物的叶面对雾滴的容纳性比较差，由于叶面上小绒毛湿润不够，雾滴难以与叶面完全贴合，使许多雾滴难以停留在植物上，而从叶子中间落下了。但是湿度太大时，喷洒的雾滴能够保持在叶面上的比例也是有限的，受饱和度的限制，过多的液体会滴漏到下层叶面上，再流到土壤中。风速和风向是对喷雾作业影响更大的因素。风力可以使雾滴完全脱离目标而造成相邻作物的药害或对邻近地面水的污染。特别是带状或点状喷雾时，这种情况就可能造成喷洒完全无效。飘移一直是喷雾作业中需要严格控制的因素，但野外作业要想完全避免飘移是不可能的。喷杆式喷雾设备对风向很敏感，如果风向与喷杆平行或夹角很小时，沿着喷杆布置的喷头产生的雾体的覆盖面会出现不正常的重叠，这种现象很容易造成喷雾不均匀，在整块地上出现漏喷和药害。

由此可以看出，农药的施药时间及施药环境条件对农药的防除效果影响非常大，是影响农药的对靶传递损失与高效利用的重要因素。

4.1.4　农药的施药剂量与有害生物有效防控需求之间的剂量差

农药的施药剂量也是影响农药对靶传递损失与高效利用的重要因素。农药田间推荐用量往往高于有害生物的致死剂量。

罗兰等（2014）采用玻片浸渍法测定了几种药剂对麦蚜的室内毒力，结果表明 10% 氯氰菊酯 EC 的 95% 致死浓度（LC_{95}）为 138.07mg/L。查阅农药登记信息，10% 氯氰菊酯 EC 的田间登记推荐剂量为 24～32mL/亩，以每亩用水量 30kg 计算，田间推荐有效剂量为 800～1067mg/L，是 95% 致死剂量的 5.8～7.7 倍；10% 吡虫啉 WP 的 LC_{95} 为 100.14mg/L，10% 吡虫啉 WP 的田间登记推荐剂量为 20～40g/亩，田间推荐有效剂量为 667～1333mg/L，是 95% 致死剂量的 6.67～13.33 倍；22% 氟啶虫胺腈 SC 的 LC_{95} 为 45.72mg/L，田间推荐有效剂量为 133～200mg/L，是 95% 致死剂量的 2.9～4.4 倍。许贤等（2008）报道苯磺隆对敏感种群的播娘蒿抑制生长 90% 剂量（ED_{90}）为 1.59g(a.i.)/hm^2，苯磺隆的田间登记推荐剂量是 11.25～22.5g(a.i.)/hm^2，是 ED_{90} 的 7.1～14.2 倍。由此可以看出：田间登记推荐剂量往往高于药剂本身对靶标的生物活性。田间登记推荐剂量是经过多地多点在田间自然环境中喷施满足 90% 以上防效的结果，是田间风、光、温度、湿度、药液损失及病虫草害发育时期的综合因素作用的结果。

在生产实际应用中，农户的施药剂量还往往高于农药登记推荐用量 2～3 倍，甚至更高。如前几年 75% 苯磺隆 DF 防除小麦田阔叶杂草登记用量为 1.0～2.0g，但生产上用到 5～10g 非常普遍。目前双氟磺草胺、炔草酯等药剂在生产中的实际用量也是登记用量的 3～5 倍，这种给药剂量偏高的例子不胜枚举。一方面原因是农户用药时期不恰当，往往过晚，错过了最佳用药时期，正常用量喷药效果下降，不能满足要求，如多数小麦田除草剂冬前杂草 2～5 叶期防效最好，农户使用时间一般为春季小麦返青末期，杂草过大，且进入快速生长期，耐药性增强；另一方面也与药剂连续长时间单一使用，造成有害生物对其产生抗药性有关。高兴祥等（2014）报道，山东省的播娘蒿有 78.38% 的种群对苯磺隆已经产生了抗性，其中 51.72%

的种群已产生了 50 倍以上的抗药性，邹平韩店种群的抗药性已达到 1120.67 倍。由此可以看出，针对抗药性种群靠提高用药量是解决不了问题的，应该采取轮换使用其他药剂等措施减轻抗性靶标的危害。

因此，盲目提高用药量，造成农药的施药剂量偏高也是影响农药的对靶传递损失与高效利用的重要因素。

4.1.5　农药的加工质量与小麦病虫草害的防除效果密切相关

影响雾滴飘失的相关因素很多，系统归类如下：①药液特性，主要包括制剂类型、药液黏度、表面张力和挥发性等；②施药机具和使用技术，如喷头型号、喷雾高度、喷雾压力、喷头位置等；③气象因素，如风速、风向、温度、相对湿度等；④操作者的操作技能（吕晓兰等，2011）。王潇楠等（2015）报道喷头类型、药液性质、助剂等是影响雾化性能的主要因素。因此，药液特性对农药的高效利用起着至关重要的作用。同种药剂，不同厂家生产的产品，其药效往往也存在较大差异，由此说明生产上农药制剂加工质量良莠不齐。

农药的药效很大程度上取决于药液在靶标植物叶面上的展布，只有当液体的表面张力小于植物叶片表面的临界表面张力，以及药液中的表面活性剂用量达到其临界胶束浓度时，才能在喷雾后在植物叶片表面很好地润湿展布。水的表面张力为 72mN/m 左右，小麦和大多数禾本科植物为疏水植物，小麦临界表面张力为 36.9mN/m（顾中言等，2002），如果农药的推荐剂量的药液表面张力大于小麦的临界表面张力，喷洒到小麦叶片上的药液绝大多数会以球形液滴的形式从植株上滚落下来，影响农药对病虫草害的防治效果。

收集济南市面上小麦田推荐使用的杀虫剂、杀菌剂、除草剂 55 种，测定其推荐剂量下的表面张力，如图 4-1～图 4-3 所示。结果表明，试验 15 种小麦田杀虫剂在推荐剂量下，6 种药剂表面张力值偏高，在 37mN/m 以上。试验 20 种小麦田杀菌剂在推荐剂量下，有 7 种药剂药液表面张力值在 37mN/m 以上。试验的 20 种小麦田除草剂中，有 9 种药剂推荐剂量药液表面张力值在 37mN/m 以上。由此可以看出，不同企业农药加工质量参差不齐。35%～45% 的药剂没有考虑到药液表面张力问题，如果去除药剂中乳油制剂，这个比例更高。这些药剂喷施后，遇风很容易从小麦叶片或杂草叶片上滚落，农药利用率极低。

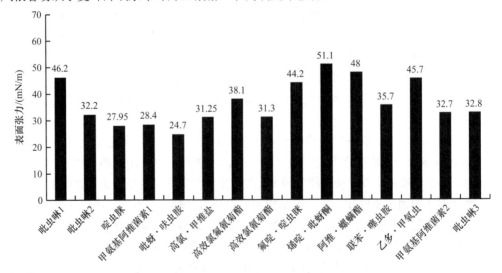

图 4-1　市售杀虫剂推荐剂量下药液的表面张力

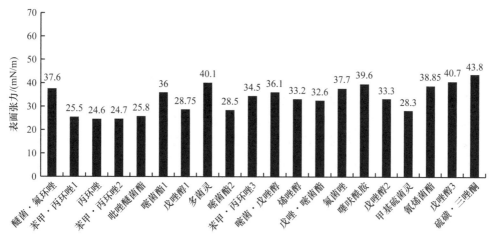

图 4-2　市售杀菌剂推荐剂量下药液的表面张力

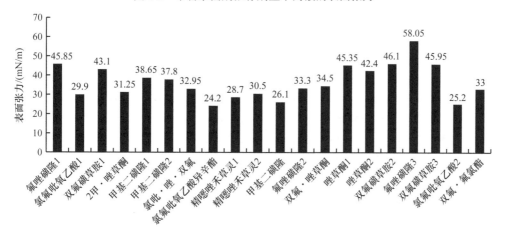

图 4-3　市售除草剂推荐剂量下药液的表面张力

4.1.6　喷雾助剂与农药防除小麦病虫草害的效果密切相关

农药助剂是指除农药有效成分以外的，任何被添加在农药产品中，本身不具有农药活性和有效成分功能，但能够或有助于提高或者改善农药产品理化性能的单一组分或多个组分的物质（水除外）。农药助剂在提高农药药效，改善药剂性能，稳定制剂质量等多方面都起着相当重要的作用。按照在农药中的使用方式，将农药生产加工中使用的助剂称为配方助剂；将农药使用时，现混现用的助剂称为桶混助剂或喷雾助剂。在农药中添加桶混助剂可提高农药利用率，改善喷雾药液性能，提高防治效果。如添加促沉降、促吸收、抗飘移、抗蒸发、抗雨水冲刷等性能的助剂，以及水质调节剂、增效剂、药害减轻剂等。最常见的是植物油或矿物油类增效剂和利于提高农药的抗雨水冲刷、增加润湿和铺展等作用的表面活性剂，如有机硅助剂、液体肥料和高分子助剂等（张宗俭等，2016）。加入合适的喷雾助剂后，药液的动态表面张力、黏度等性质发生变化，因此在相同的喷头和压力下，喷出液滴的大小、飘移和蒸发等过程都会发生变化，药液雾滴和植物叶片的相互作用如弹跳、吸附等也会改变。

邱占奎等 2006 年报道，有机硅表面活性剂 Silwet 408、非离子表面活性剂 OP-10 和 JFC 可显著降低药液的表面张力，其中 Silwet 408 在质量分数为 0.05% 时可使水的表面张力降到 22.05mN/m，表面活性最强。当药液中含有 0.001% 的有机硅表面活性剂 Silwet 408 时，其在小麦叶片上的接触角即开始显著减小，且在小麦背面的接触角小于在正面的接触角。在 10% 吡虫啉可湿性粉剂稀释 2500 倍药液中添加 Silwet 408，药液的表面张力和其在小麦叶片上的接触角明显减小，雾滴在小麦叶片上扩展面积明显增大。进一步田间试验表明，使用手持离心式低容量喷雾机喷雾，在 10% 吡虫啉可湿性粉剂药液中添加质量分数为 0.05% 和 0.1% 的 Silwet 408，可显著增加对小麦蚜虫的防治效果，防效由 88.6% 提高到 93.5%~95.4%。

仪美芹等（1999）报道，吡虫啉加上优选出的增效助剂 S 加工制成的 3% 吡蚜灵乳油对麦长管蚜毒力比吡虫啉提高 8.34 倍，由于大幅度提高了杀虫活性，克服了低温条件下不易发挥药效的缺点，使田间有效成分用量大大降低。

王潇楠等（2015）报道助剂类型及浓度对不同喷头的飘移有显著影响。该研究利用风速、温度、湿度可调风洞及荧光分析仪比较分析了不同浓度抗蒸发助剂 Agrospred 730（又名 AS-2）及防飘移助剂 Break-thru Vibrant、Silwet DRS-60、Greenwet 360 对离心喷头、平面扇形雾喷头 Lechler ST110-015、空心圆锥雾喷头 TR80-015 及德国联邦农作物研究中心施药技术研究所（JKI）规范中的对比参考喷头 Lumark F110-03 的飘移潜在指数（DIX）的影响，并利用雾滴粒径仪测试其雾滴体积中径。结果表明：AS-2 的体积分数为 0.05% 时，抗蒸发效果显著；3 种防飘移助剂防飘效果显著，3 种助剂对 3 种液力式喷头的防飘效果依次为 TR80-015＞ST110-015＞Lumark F110-03。

喷头是植保机械的重要部件，其雾化性能直接影响农药的沉积与飘移。Dexter（2001）提到助剂是影响喷头雾化性能的主要因素之一，当添加一定浓度助剂之后，喷雾角与扇面宽度均会减小。Miller 和 Butler（2000）针对常用液力式喷头、防飘喷头等，研究助剂如何影响雾滴粒径、雾滴速度及雾滴谱变化，同时对比了加入不同助剂雾滴雾化后的飘移情况。Butler（1997）就不同助剂如何影响液力式喷头的雾化性能做了详细研究，分析得出添加不同助剂条件下不同类型喷头雾滴大小及液膜长度的变化，比对分析雾滴雾化后的飘移指数。

航空植保是指应用农用飞机或直升机防治病虫害和除草的措施。相对于常规人工喷洒，无人机植保效率高；无人机植保适应性强，不受山地、水田等地形因素，垄作、平作等种植方式，高秆、矮秆、林果以及作物生长周期的限制，有效解决了作业难题；无人机植保实现了人机分离，农药在喷洒过程中几乎对作业者没有危害，提高了农药喷洒的安全性。由于其具有的诸多优点，我国无人机植保近几年快速兴起，2015 年出现井喷式增长，2018 年飞防面积已达到 2.7 亿亩次。无人机每亩施药量 1L 左右，喷雾作业高度在 2m 左右，无人机的超低量喷雾对药液的性能有了更高要求。最早开发的适用于飞机作业的农药专用剂型是超低容量液剂，它是一种直接喷施到靶标无须稀释的特制油剂，具有低黏度和高稳定性，适合于利用飞机喷洒成 60~100μm 的细小雾滴，均匀分布于作物茎叶表面，有效发挥防治病虫害的作用。纳米制剂也是目前飞防专用药剂研究的重点。据报道，暨南大学张子勇教授在 2016 年世界精准农业航空大会上指出，采用水性化纳米农药是解决农业航空植保适用性问题、提高防效和降低污染的最佳路径。纳米农药在喷洒后，不会随着液滴中水分的蒸发形成农药的结晶聚集体，而会均匀分散为纳米微粒，而且由于加入了抗飘移剂，增大药液黏度，喷洒时一般可抵抗飘移的发生。但是目前市场上适合飞防的制剂非常少，大部分还是应用常规制剂。在飞防农药制剂中尚未添加抗飘移抗蒸发成分或难以添加，因此需要在配药时加入具有抗飘移、抗蒸发等综合性能的飞防专用增效剂来提高药液的沉积率（张宗俭等，2016）。

众多研究结果表明，添加不同助剂影响着农药在靶标上的沉积量，从而影响农药对靶标病虫草害的防除效果。

4.2　小麦有害生物防控中农药高效利用机制

由上文分析可以看出，小麦田病虫草害防控中农药的高效利用调控措施应该从影响农药对靶传递损失的因素，以及造成农药药效低、用量高的诸多因素入手。主要有以下措施。

4.2.1　针对靶标精准选药

首先，在小麦田病虫草害防控中要做到对靶施药，减少无效农药的施入，针对田间病虫草害靶标精准选择药剂。

在病虫草害防控中，由于药剂的作用特点不同和选择性较强，每种药剂都有其特定的防除对象，对其防除对象以外的靶标则防效差或无效，应正确识别田间病虫草害发生的种类，科学选择药剂，有的放矢控制病虫草害。在选购药剂时一定要认真阅读产品说明书，必要时咨询当地植保部门。小麦田病虫草害精准选药参见表 4-4。

表 4-4　小麦田病虫草害精准选药推荐表

病虫草害种类	药剂选择
地下害虫（蛴螬、金针虫、蝼蛄、地老虎）	辛硫磷、二嗪磷
红蜘蛛	阿维菌素、联苯菊酯
吸浆虫	倍硫磷、辛硫磷、二嗪磷、高效氯氟氰菊酯、吡虫啉
蚜虫	吡虫啉、呋虫胺、吡蚜酮、敌敌畏、抗蚜威、马拉硫磷、噻虫嗪、噻虫胺、氯氰菊酯、高效氯氟氰菊酯
全蚀病	硅噻菌胺、苯醚甲环唑、嘧菌酯、戊唑醇
根腐病	丙环唑、咯菌腈、多菌灵·福美双、戊唑醇·福美双
茎基腐病	多菌灵、烯唑醇、丙环唑
散黑穗病	戊唑醇、苯醚甲环唑、灭菌唑、多菌灵·福美双
纹枯病	井冈霉素、多抗霉素、苯醚甲环唑、丙环唑、咯菌腈、戊唑醇、醚菌酯、三唑醇、氟环唑
锈病	百菌清、嘧啶核苷类抗菌素、丙环唑、叶菌唑、氟环唑、戊唑醇、环丙唑醇、粉唑醇、醚菌酯、吡唑醚菌酯、己唑醇、三唑酮
白粉病	硫磺、福美双、三唑酮、丙环唑、腈菌唑、咪鲜胺
赤霉病	甲基硫菌灵、福美双、叶菌唑、多菌灵、戊唑醇、咪鲜胺、醚菌酯、氰烯菌酯、丙硫菌唑
播娘蒿、荠菜	双氟磺草胺、2 甲 4 氯钠、苯磺隆、2,4-滴异辛酯等
抗性荠菜	双氟磺草胺与 2 甲 4 氯、2,4-滴异辛酯等
抗性播娘蒿、麦瓶草	双氟磺草胺与氟氯吡啶酯、唑草酮、2 甲 4 氯、2,4-滴异辛酯
婆婆纳	苯磺隆、苯磺隆+唑草酮、苯磺隆+辛酰溴苯腈等
猪殃殃	氯氟吡氧乙酸、氟氯吡啶酯、麦草畏、唑草酮、苄嘧磺隆
麦家公、麦瓶草	苯磺隆、2,4-滴异辛酯或二者与辛酰溴苯腈等的复配制剂
早春萌发的藜、打碗花、萹草等	氯氟吡氧乙酸、苯磺隆
节节麦	甲基二磺隆
雀麦	啶磺草胺、氟唑磺隆、甲基二磺隆

病虫草害种类	药剂选择
莴草	炔草酯、精噁唑禾草灵、异丙隆、三甲苯草酮
大穗看麦娘	啶磺草胺、精噁唑禾草灵、炔草酯、甲基二磺隆、唑啉草酯
野燕麦	啶磺草胺、氟唑磺隆、甲基二磺隆
早熟禾	啶磺草胺、异丙隆、甲基二磺隆
看麦娘、日本看麦娘、硬草	炔草酯、精噁唑、异丙隆、三甲苯草酮、啶磺草胺、甲基二磺隆、环吡氟草酮
多花黑麦草、碱茅或棒头草	炔草酯、唑啉草酯、啶磺草胺
多花黑麦草、野燕麦	炔草酸、唑啉草酯
抗精噁唑禾草灵的看麦娘、日本看麦娘	甲基二磺隆+氟唑磺隆+双氟磺草胺或甲基二磺隆+吡氟酰草胺
节节麦、雀麦及部分阔叶杂草	甲基二磺隆+氟唑磺隆+双氟磺草胺、甲基二磺隆+吡氟酰草胺

4.2.2　选择恰当的施药方式，提高农药对靶沉积量

小麦田病虫草害防控中，应针对靶标选择恰当的施药措施，加强根部施药研究。"播种是基础，管理是关键"，播种期是小麦病虫害全程综合防治的基础，种子药剂处理或选用适宜的包衣种子是保证苗齐苗壮的重要措施。小麦播种期需要防治的虫害主要有蛴螬、蝼蛄、金针虫、地老虎等地下害虫及小麦吸浆虫越冬幼虫，药剂拌种还可以防治其他苗期害虫，如麦蚜、红蜘蛛等。小麦病害如黑穗病、赤霉病、根腐病主要是靠种子或土壤带菌进行传播的，从幼苗期就开始侵染，所以对于这类病害，种子处理是最有效的防治措施。另外，药剂拌种还可以减轻苗期纹枯病、白粉病、锈病、叶枯病、病毒病等多种病害的危害。

喷雾防除应选择适合的喷雾机械。目前生产中的喷雾机械仍以传统的人工背负式喷雾器为主，随着近年来土地集约化和农村植保服务团队的发展，喷杆式喷药机械和植保无人机发展较快，但由于标准化的生产设备及配套喷药技术尚不健全，喷药机械和喷药技术水平参差不齐。以不同喷头、不同喷雾粒径来讲，室内试验条件下细雾滴、小粒径表现出良好的防治效果，但是田间环境复杂，温度、湿度、光照、风力等直接影响雾滴的蒸发、挥发和飘移，小雾滴易挥发和飘移，大雾滴则表现出较好的沉降效果。如果实际的雾滴比需要的雾滴大，所浪费的农药就会以雾滴直径三次方的速率增长。一个 400μm 的雾滴体积比一个 40μm 的雾滴体积大 1000 倍。最优的雾滴大小会因不同的施药对象和条件而变化，但总的来讲，小于 100μm 的雾滴则更容易被害虫或叶面所吸收。但当药液是以水为稀释剂，并且是在气温高的条件下喷洒时，则必须强调飘移的问题，因为这种条件下雾滴的直径会因为蒸发而很快地减小，导致农药含量高的细小药滴飘移很远的距离。对于冠层郁闭程度高的作物，较大粒径的雾滴有利于穿透冠层，而且大而均匀的雾滴减小飘移的效果是非常显著的（孙文峰等，2009）。另外，作物叶面所能承载的药液量有一个饱和点，超过饱和点，就会发生药液自动流失现象，所以饱和点也称为流失点，发生流失后，药液在植物叶面达到最大稳定持液量。在常规大容量喷雾法中如果能很好地研究并控制喷雾量在流失点以下，就可能大大降低农药的流失量。植物叶片上药液流失与喷雾方法、雾滴大小、药液特性等因子有关。因此，如何提高喷雾机械喷药的沉积量，也是当前应研究的科学问题。

目前，对于不同环境条件下不同的喷雾器械应设定的参数及配备的喷头等没有标准可依，农户多以出厂配备为标配，不管田间实际情况，一套标配打天下，防效忽好忽坏不稳定。以

无人植保机为例，随着我国农业规模化、产业化、规范化发展，智能植保无人机以其高超的作业效率、节水节药、不受作物生长时期影响等优势，在农业病虫草害防控中发挥了越来越重要的作用。但是人们对植保无人机在农业生产病虫草害防控应用的评价褒贬不一，防控效果忽高忽低极不稳定、药液浓度高、药液飘移距离远，成为制约无人机产业发展的瓶颈问题。其原因归根结底是应用理论研究严重滞后，缺乏足够的数据支持，飞行高度、流量、雾滴大小等操作随意性大，这些问题严重制约了植保无人机的进一步推广应用。因此，应加大喷药参数、喷药环境对药液在靶标上的沉积和持液量影响的研究，更好地指导田间农药喷洒技术。

4.2.3　选择恰当的时间施药，充分发挥药剂效果

小麦田病虫草害防控中，选择恰当的施药时间与环境条件施药，充分发挥药效，也是农药高效利用的重要调控措施。

小麦栽培管理过程中，各地应因地制宜，总结本地小麦病虫草害的发生特点和防治经验，制订病虫草害防治计划，适时进行田间调查，及时采取防治措施，才能有效控制病、虫和杂草的为害，保证小麦的丰产丰收。小麦生产管理过程中，应抓好地下害虫的防治；在小麦灌浆初期蚜虫一般都能达到防治指标，一般年份百穗蚜量高峰时可达 2000 头以上，因此，应将蚜虫作为小麦虫害的防治重点，全面监测与防治；小麦白粉病、纹枯病、锈病、赤霉病等几种主要病害，不同年度、品种、田块间有较大差异。白粉病、赤霉病与品种关系较大，与小麦长势、播期也有较大关系。赤霉病是气候型病害，准确预报还有一定难度，因此生产上仍应坚持"主动出击，预防为主"的防治策略，一般情况下仍以药剂防治为主。在品种感病时白粉病易大发生，可提前用药；纹枯病发生田块间差异较大，一般年份应以查治为主，重点以早播田、高密度田为主，冬季气温偏高、春季雨水偏多的典型年份可以进行普治。麦田杂草是影响小麦产量的重要因素，应全面防治。山东省小麦田病虫草害综合防治历见表 4-5，各地应根据自己的情况采取具体的防治措施。

表 4-5　山东省小麦田病虫草害综合防治历

生育期	时期	主要防治对象	次要防治对象	防治措施
播种前		病毒病	赤霉病、白粉病、锈病、茎腐病等	选用抗病品种
播种期	10 月上中旬	地下害虫、散黑穗病、腥黑穗病、全蚀病、纹枯病	白粉病、锈病、病毒病、根腐病、叶枯病、蚜虫、红蜘蛛、吸浆虫	土壤处理、药剂拌种
冬前苗期、分蘖期	10 月下旬至 11 月中旬	杂草、纹枯病	白粉病、锈病、红蜘蛛、蚜虫	喷施除草剂、杀菌剂、杀虫剂
分蘖末期、返青初期	2 月中旬	杂草	纹枯病、锈病	喷施除草剂、杀菌剂
拔节至孕穗期	3 月下旬至 4 月上旬	锈病、红蜘蛛、吸浆虫、麦茎蜂	白粉病、叶枯病、根腐病、麦秆蝇	喷施除草剂、杀菌剂、杀虫剂、杀螨剂及植物生长调节剂
抽穗至灌浆期	4 月下旬至 5 月上旬	赤霉病、白粉病、锈病、叶枯病、吸浆虫、蚜虫	根腐病、黏虫、麦叶蜂	喷施杀菌剂、杀虫剂
成熟期	5 月中下旬			施用植物生长调节剂

除草剂防治不同生长期杂草效果差异大，杂草叶龄小的时候，对除草剂相对敏感，因此，

冬小麦田喷药一般应在杂草出齐后尽早施药。相同防效情况下，冬前施药较冬后施药可减少除草剂用量30%。冬麦田杂草防除有两个适宜的喷药时期，第一个适宜时期是冬前11月中旬，一般适期播种的小麦播后30~40d，小麦处于分蘖初期，此时田间越年生杂草95%以上都已出苗，此时喷施除草剂除草效果较好。第二个适宜时期是春季气温回升后，小麦返青期，2月下旬至3月上中旬，春季施药也宜早不宜迟。这个时期主要用于播期偏晚的麦田。

黄淮海冬小麦种植区这两个喷药时期气温波动较大，喷药时及喷药后遇低温，容易造成药效下降，除草效果不好；另外，如喷施啶磺草胺、甲基二磺隆等药剂当天或第二天遇强降温，会导致小麦出现黄化、矮化等药害症状。所以喷施除草剂前应关注气象预报信息，喷药前后3d内不宜有强降温（日低温0℃或低于0℃），且要掌握在白天喷药时气温高于10℃（日平均气温6℃以上）时喷施除草剂，既有利于除草剂药效的发挥，同时也避免了小麦药害的发生。黄淮海冬小麦种植区两个适宜的喷药时期一般干旱少雨。在干旱情况下，除草剂在杂草表层及体内吸收、传导、运输、发挥受到影响，导致除草剂杀草速度和防除效果均受到较大影响。土壤相对湿度在40%~60%时最有利于除草剂药效的发挥。除草剂的使用应结合灌溉或降雨后的有利时机，及时用药。干旱情况下尽量选用受墒情影响较小的除草剂或除草剂混配制剂，以减轻干旱对除草剂除草效果的影响。

4.2.4　严格按照推荐剂量科学用药

小麦田病虫草害的防除应仔细阅读药剂说明书，按照推荐剂量科学用药。治理病虫草害应因地制宜，针对不同病虫草害种类应选择相对应的药剂。另外，最好是选择不同作用类型的药剂混用，且每年使用的药剂应有所不同，即做到不同作用类型药剂的混用和轮换使用，避免重复使用同类药剂的单一选择压下，病虫草害抗药性的上升。

由于许多农户在同一区域用同一类型的农药，小麦田病虫草害的抗药性问题日益突出。小麦白粉病菌对三唑酮等药剂已产生了普遍的抗性；长江中下游冬麦区的看麦娘和日本看麦娘对精噁唑禾草灵等乙酰辅酶A羧化酶（ACCase）抑制剂产生了普遍的抗性，黄淮冬麦区播娘蒿、荠菜等对苯磺隆等乙酰乳酸合成酶（ALS）抑制剂的抗性也已非常普遍，给小麦田病虫草害防除带来新的难题。但应对抗药性病虫草害的办法不是加大农药的剂量和增加喷药的次数，正确的做法应该是减少喷药的次数，选择不同作用机制的药剂交替使用。科研和推广部门还应加强抗性水平监测和抗性机制研究，提出有针对性地进行抗性病虫草害治理的措施，指导农户科学用药，控制农药的使用时段，或者限制某一类农药在特定年份特定地区的使用。推广小麦田病虫草害的综合治理和科学防控，是小麦田病虫草害可持续治理的关键措施。

4.2.5　提高农药的加工质量，加强新剂型研制

农药的剂型、加工质量和药液特性是影响农药吸收利用及药液雾滴飘失、沉积的重要因素。应提高现有农药剂型加工质量，更加注重农药药液的黏度、表面张力和挥发性等影响农药药液沉积的因素。在农药田间喷雾时，调整药液表面张力和接触角，增加药液在靶标上的黏附力，将在一定程度上减少药液流失现象。仔细研究这个规律，将会提高农药有效利用率，降低农药进入环境中的量。

另外，药剂在植物叶片上的沉积持液量也决定着其生物效果，药液在植物叶片上的润湿性是由叶片表面的物理和化学特征与药液的物理特性决定的。农药喷雾中，用肉眼就能发现有些植物叶片容易被药液润湿（如播娘蒿、荠菜等阔叶杂草），有些则很难被润湿（如小麦、

节节麦等），因而，研究不同植物叶片表面的差异是提高农药雾滴沉积持留的基础。不同植物叶片由于表面特征和形态结构的差异，对雾滴细度和润湿性能有不同的要求。因此，喷施杀虫剂和杀菌剂时应重点关注小麦叶片的特性，喷施除草剂时，则应根据防除对象的不同，关注不同的靶标杂草叶片特性，针对不同的叶片特性，采用不同的农药剂型与喷雾方法。

随着喷药手段的变化，应更加注重适合植保无人机的配套剂型的加工。应大力加强可以提高农药利用率或促进农药对靶沉积的农药新剂型的开发及配套应用技术研究，如农药缓释剂、纳米制剂等。

4.2.6　加强助剂的研发及配套使用技术研究

由于农药助剂在提高农药药效、改善药剂性能、稳定制剂质量、促沉降、促吸收、抗飘移、抗蒸发、抗雨水冲刷等多方面都起着相当重要的作用，应加大对农药助剂的配套研发及配套使用技术研究。

农药雾滴与叶片表面撞击时，会发生弹跳现象，特别是难润湿植物叶片，添加表面活性剂会减少液滴弹跳次数，增加沉积量。但并不是在药液中添加了表面活性剂，降低了表面张力，就一定能增加药液在植物叶片上的沉积量。表面活性剂有时也会减少药剂在植物叶片上的沉积量，药液表面张力降低后，增加了在难润湿叶片小麦和禾本科杂草上的沉积量，却减少了在猪殃殃、婆婆纳等阔叶杂草上的沉积量。表面张力的改变有时对药剂的沉积没有影响，这些都是由叶片表面特征和表面活性剂特性的相互关系决定的。所以，针对不同的靶标应选用不同的表面活性剂。应加强助剂与叶片的相互作用研究以及助剂的配套使用技术研究。

第5章　苹果有害生物防控中农药损失规律与高效利用机制

5.1　苹果主要病虫害发生情况

随着苹果栽培方式的改变、品种的更新，以及农药施用量不断增加，苹果园害虫发生种类和特点产生了较大变化。主要表现：金纹细蛾（*Phyllonorycter ringoniella*）、苹果黄蚜（*Aphis citricola*）等一些次要害虫上升为主要害虫；桃小食心虫（*Carposina sasakii*）、梨小食心虫（*Grapholita molesta*）、苹小食心虫（*Grapholita inopinata*）等食心虫为害程度降低；苹小卷叶蛾（*Adoxophyes orana*）、芽白小卷蛾（*Spilonota lechriaspis*）、朝鲜球坚蜡蚧（*Didesmococcus koreanus*）等食叶害虫和介壳虫类害虫得到了有效控制；山楂叶螨（*Amphitetranychus viennensis*）、二斑叶螨（*Tetranychus urticae*）和苹果全爪螨（*Panonychus ulmi*）在不少果区混合发生且为害严重；而苹果蠹蛾（*Laspeyresia pomonella*）、苹果绵蚜（*Eriosoma lanigerum*）等检疫性害虫基本上得到控制，但部分果区发生仍较重且存在蔓延为害趋势；印度小裂绵蚜（*Schizoneurella indica*）、蠼螋（*Labidura riparia*）等苹果新害虫在局部果区发生并造成危害。

我国苹果害虫领域学者通过研究，明确了桃小食心虫、螨类、金纹细蛾等害虫的空间分布型及相应的抽样技术。这些研究结果为进一步提高害虫的测报水平和防控效果奠定了理论依据。

在对苹果害虫发生规律与影响因子、空间分布与抽样技术等研究基础上，通过建模实现了苹果绵蚜发生区域的预测预报（洪波等，2012），并完成了食心虫、金纹细蛾等害虫发生期与发生量的短期预测预报技术研究。同时，国家和地方也出台了苹果害虫测报调查的行业或地方标准，如《梨小食心虫测报技术规范》（范仁俊等，2011）。在这一过程中，我国也成功研制出能够用于梨小食心虫、苹果蠹蛾等害虫性诱剂预测预报的信息素主要成分，并研究提出了基于性诱剂监测的成虫诱捕量代替传统的卵果率作为梨小食心虫防治指标，有效解决了卵果率调查难度大、准确度差的问题（杜娟等，2013）。此外，在建立不同区域、不同品种苹果上苹果黄蚜、苹果绵蚜、桃小食心虫（范保银等，2011）等害虫为害损失模型的基础上，开展了经济阈值研究，制定了科学的防治指标并广泛推广应用。

在众多的病害中，苹果树腐烂病菌（*Valsa mali*）、轮纹病菌（*Physalospora piricola*）、褐斑病菌（*Marssonina mali*）和斑点落叶病菌（*Alternaria alternaria*）是当前发生最为普遍、为害最为严重的病原菌。除此之外，白粉病菌（*Podosphaera leucotricha*）、锈病菌（*Gymnosporangium yamadai*）、粉红单端孢菌（*Trichothecium roseum*）、炭疽菌（*Colletorichum gloeosporioides*）在我国部分地区也有发生，在某些年份可造成重大经济损失（胡清玉，2016）。近年来，在甘肃、黑龙江、云南等省份均开展过腐烂病发生情况调查，不同地区、不同树龄的果树发病程度也有差异。上述三省的平均病株率分别为30%～55%、40%～45%、30%～33%，但部分重病园平均病株率达90%以上。苹果轮纹病是我国苹果生产上最重要的病害之一，在山东、河北、河南、山西等种植区发生尤重，是苹果生产的重大威胁。任洁等（2014）在河北的研究表明，在不套袋和不用杀菌剂防治的情况下，采收时苹果因轮纹病造成的产量损失率为6.61%～38.02%，3年平均损失率为22.84%。经过室温储藏45d后，累计损失率为30.00%～65.39%，3年平均损失率为51.58%，这表明轮纹病是苹果生产上的重大威胁。

在 20 世纪 70 年代，斑点落叶病在我国开始流行，目前已经发展成为我国苹果上的四大病害之一，在我国苹果主产区普遍发生为害。往往会造成早期叶片大量脱落，落叶严重的果树早期落叶率甚至达到 80% 以上。褐斑病是导致苹果早期落叶的主要病害，广泛分布于我国的各苹果产区，流行年份重病园 8～9 月的落叶率高达 80%～100%。

5.2 苹果病虫害化学防治现状

化学防治仍然是苹果害虫防控的主要技术手段，特别是在害虫防治的关键时期，化学防治起到其他措施无法取代的作用。

药剂选择上，害虫抗药性检测结果表明苹果害虫已对多种化学杀虫剂产生了抗药性。例如，苹果黄蚜已对有机磷杀虫剂、拟除虫菊酯类杀虫剂、新烟碱类杀虫剂等先后产生了不同程度的抗药性（彭波等，2010）。苹果绵蚜、二斑叶螨等害虫也对多种杀虫剂产生了不同程度的抗药性，如苹果绵蚜对吡虫啉（祝菁等，2016），山楂叶螨对甲氰菊酯，苹果全爪螨对阿维菌素、哒螨灵、三唑锡等药剂，均产生了不同水平的抗药性。此外，还针对不同苹果害虫种类开展了防控药剂筛选、农药新剂型和混配药剂等研究，如研发 2.5% 高效氟氯氰菊酯微乳剂用于防治桃小食心虫等。对害虫已产生高水平抗性的药剂及具有交互抗性的药剂，应暂停使用。同时，用药时应优先选择生物杀虫剂，并注意不同作用机制药剂轮换使用，以延缓抗性的发展。

施药方式上，针对苹果黄蚜、苹果全爪螨等害虫的生物学习性，研究了不同施药方式下药剂的防治效果。结果显示，25% 噻虫嗪水分散粒剂喷雾防治苹果黄蚜的效果优于灌根法（仇微等，2013），而药剂防治苹果棉蚜则是灌根法优于喷雾法。同时，研究了苹果园喷雾器在不同施药量、喷片孔径等条件下对苹果全爪螨、桃小食心虫等害虫的防效（张鹏九等，2016）。其中，柱塞泵式喷雾机在喷片孔径为 1mm、单株用药量 3L 时防治桃小食心虫效果最好。此外，农药施用时添加有机硅等助剂可降低药液的表面张力、提高其在苹果叶片上的附着力和扩展能力，对于提高农药利用率和防治效果具有重要作用。

而在病害方面，自 2013 年以来，很多人在不同地区针对苹果树腐烂病开展了田间药剂防治试验，筛选出了噻霉酮、甲硫萘乙酸、甲基硫菌灵、百菌清、戊唑醇等用于病斑治疗。保护性药剂中，倍量式波尔多液的持效期最长。化学防治仍是针对轮纹病应用最广泛的防治技术，近年来，不同学者针对轮纹病开展了防治药剂的筛选和测试，发现波尔多液、戊唑醇、苯醚甲环唑和代森铵等对轮纹病有较好的室内抑菌及田间防控效果，其中倍量式波尔多液对轮纹病的持效期最长达 20d 以上。同时，国家苹果产业技术体系研发的新型植物源提取物制剂"树安康"也展现出对轮纹病的良好防效。在研究中发现，轮纹病菌群体中已经出现了对唑类杀菌剂及甲基硫菌灵杀菌剂敏感性下降的亚群体，而且不同三唑类杀菌剂之间还存在交互抗药性，这一现象值得警惕。斑点落叶病防治的主要措施同样为化学防治。多抗霉素、戊唑醇、异菌脲和苯醚甲环唑等是对斑点落叶病防效较好的药剂。但近年来的研究表明，一些产区的斑点落叶病菌菌株已经对多抗霉素产生了较低程度的抗药性。用苯醚甲环唑与 2-巯基苯并噻唑锰锌或克菌丹复配都有增效作用。不同药剂的持效期差异较大，多抗霉素、代森锰锌、异菌脲和戊唑醇的保护作用持效期可达 7d。在雨后 24h 喷药，多抗霉素、异菌脲、戊唑醇和双胍三辛烷基苯磺酸盐也能取得较好防效，但雨后 48h 再喷药，则防效明显下降（刘保友，2018）。因此，斑点落叶病的药剂防治一方面要注意选择药剂种类，另一方面要注意喷药关键时机。争取在雨前保护性喷药，如果雨前未喷药，尽量应在雨后 24h 内喷施有效药剂。目前，国内已登记的防治苹果褐斑病的杀菌剂单剂主要有氟环唑、肟菌酯、异菌脲、多菌灵和丙环唑等。其中，三唑类药剂是防治褐斑病的有效药剂，在褐斑病菌侵染后 1 周内使用（潜育期 10d），治疗效果可达 99%，越接近发病期，治疗效果越差。

5.3　苹果园农药对靶传递损失规律及影响因素

5.3.1　苹果园农药对靶剂量传递的影响因素

5.3.1.1　苹果主要病虫害发生位置及时间

昆虫的空间分布型是指昆虫在其生存空间的分布形式。我国苹果害虫研究学者通过研究，明确了桃小食心虫、螨类、金纹细蛾、蚜虫等害虫的空间分布型及相应的抽样技术。

1. 桃小食心虫

桃小食心虫（*Carposina sasakii*）又名桃蛀果蛾，主要为害桃、梨、苹果等多种水果。为害方式是幼虫先蛀食果肉，再随之蛀食果心，最终导致果实畸形。此时苹果表面产生黑褐色小孔，1～2d 流出果胶，干后成为蜡质膜，果实表面呈流泪状。桃小食心虫在我国分布范围比较广，是果树生产中危害比较严重且发生较为普遍的食心类害虫，被列为果园常年防治的主要对象。桃小食心虫成虫在北方地区 1 年发生 1～2 代。

桃小食心虫主要的发生部位在果实。5 月开始出土，出土后结茧化蛹，高峰期在 5 月下旬到 6 月中旬。随后成虫开始在果实上产卵。卵孵化后开始为害果实。桃小食心虫成虫空间分布型属于聚集型的负二项分布，一般采取对角线取样法。

2. 苹果黄蚜

苹果黄蚜（*Aphis citricola*）又名绣线菊蚜，分为有翅胎生雌蚜和无翅胎生雌蚜。一般发生规律：年均发生 10 代左右，主要以卵的形式寄生在枝梢或芽旁越冬。第二年春天树体芽萌动时开始孵化，在 5 月上旬孵化结束。首先是初孵的若蚜为害 10d 左右，接着是产生无翅胎生雌蚜和少量有翅胎生雌蚜。5～6 月继续以孤雌生殖的方式进行繁殖。6～7 月繁殖速度最快，危害最为严重。7～8 月环境条件影响虫量。

苹果黄蚜多在果树的春梢和秋梢上发生较为普遍。苹果黄蚜发生后一般会布满枝梢、叶片等部位，通过刺吸树体的汁液造成叶片卷缩，从而为害树体的生长，严重时还伴有蚂蚁与其共生。苹果黄蚜有趋嫩为害的特性，只为害新梢顶端 1～4 片嫩叶及嫩茎轴，随着新梢的生长，为害部位逐渐上移，5 月是新梢生长第一次旺盛期，也是苹果黄蚜最佳营养期，其繁殖速度快，苹果黄蚜发生与新梢生长呈高度的正相关。进入 6 月，新梢生长缓慢，苹果黄蚜营养状况恶化，繁殖速度急剧下降。

3. 叶螨类

苹果树上常见害螨有山楂叶螨、苹果全爪螨、二斑叶螨。其中，山楂叶螨一年发生 6～10 代，一般情况下，苹果现蕾后至开花前是其出蛰时期，随着气温的升高，发育速度加快，收麦前是其数量积累阶段，此后因高温干旱群体数量急剧增加，形成发生为害高峰。苹果全爪螨一年发生 7～8 代，幼螨、若螨主要在叶背为害，静止期多在叶背基部的主侧脉两侧固着。雌成螨活跃，活动于叶片正反面，一般不拉丝结网，在为害严重、群体密度过大、寄主营养状况不良时也可吐丝下垂，随风飘移扩散。二斑叶螨一年发生 10 代以上，以受精的越冬型雌成螨在果树的根茎部、翘皮、裂缝、杂草根部、落叶下越冬，次年初春期，在地上越冬的雌成螨开始出蛰，集中在宿根杂草上活动，惊蛰前后陆续上树进行为害。

山楂叶螨、二斑叶螨和苹果全爪螨均属于普通聚集分布，但山楂叶螨和二斑叶螨在苹果树上层树冠的聚集度高于中下层，外层高于内层，而苹果全爪螨是在树冠中、下层树冠的聚集度高于上层，内层高于外层。

4. 卷叶蛾类

苹果树上常见的卷叶蛾类有金纹细蛾、卷叶蛾等。其中金纹细蛾在我国大部分落叶果树区 1 年发生 5 代，以蛹在被害的落叶虫斑里越冬。常在树根颈部的萌蘗上产卵，待到苹果展叶后再产卵于苹果叶片上。4 月中旬即可见到幼虫潜入叶片为害。5 月下旬至 6 月上旬发生当年第一代成虫，第二代在 7 月中、下旬，第三代在 8 月中旬，第四代在 9 月中下旬。

对金纹细蛾来说，其空间分布型随世代不同发生变化，且在树冠不同方位上也存在差异。通过曹春玲等（2014）计算分析，内侧与外侧比较，前四代在内侧的种群数量显著高于外侧的种群数量，第五代内侧与外侧间差异不显著。马丽等（2009）研究发现洛川果区金纹细蛾种群以树冠的下方为主要分布区域，即前 4 代金纹细蛾种群数量为树冠下部＞中部＞上部，但第五代金纹细蛾种群数量为树冠上部＞中部＞下部。垂直方向上，第五代种群更趋向于上层分布。

5. 苹果腐烂病

苹果腐烂病又称烂皮病、臭皮病，主要为害 6 年生以上的结果树，是为害果树枝干最严重的病害。发病初期，揭开树干表皮，可以见到红褐色或暗褐色润湿状或黄色的干斑。春季，病部外观呈红褐色，隆起表现为圆形或长圆形，现水渍状病斑，质地松软，受压易凹陷，流出黄褐色汁液，带有酒糟味。后期病部失水干缩、下陷，病健分界处产生裂痕缝，病皮为暗色，并逐步扩大，导致树干枯死。夏秋季，主要在当年形成的落皮层上，产生红褐色稍湿润的表面溃疡，边缘参差不齐，病部表皮糟烂，松软，到晚秋初冬时期，形成红褐色或咖啡色坏死点，冬季继续扩展，导致大块树皮腐烂，造成树势衰弱，枝干枯死，果树死亡，甚至会发生毁园（马烨，2019）。

杜占涛等（2013）研究发现，苹果树腐烂病菌的分生孢子在树冠高度以内周年均可传播扩散，传播高峰期为 2～6 月。Wang 等（2016）通过多年观察发现，腐烂病菌分生孢子角可以周年释放。桂腾茸等（2014）在云南昭通的研究发现，苹果腐烂病菌在当地的越冬存活率为 64.0%，在苹果生长季节内病疤面积扩展有两个高峰，分别为 6 月和 9 月。

6. 苹果轮纹病

多数苹果轮纹病病菌以皮孔为中心侵染枝干，在初期出现暗褐色、水渍状小斑点，逐渐扩大形成圆形或近圆形褐色瘤状物，直径约 1cm，青灰色。病部与健部之间有较深的裂纹，后期染病组织干枯并翘起，中央突起处周围出现散生的黑色小粒点。在主干和主枝上瘤状病斑发生严重时，多个病斑密集，造成主干大枝病部树皮粗糙，呈粗皮状。病斑上的小黑点后期常扩展到木质部，阻断水分、养分的输导和贮存，严重削弱树势，造成枝条枯死。主要在果实成熟期侵染果实，发病初期，在果面上以皮孔为中心出现圆形、黑至黑褐色小斑，逐渐扩大呈深浅相间的同心轮纹状病灶。其外缘有明显的淡色水渍圈，界线不清晰，略微凹陷，有的短时间周围有红晕，下面浅层果肉稍微变褐、湿腐。后期外表渗出黄褐色黏液，病灶扩展，果实很快腐烂。腐烂时果形不变。烂果有酸腐气味，有时渗出褐色黏液。整个果烂后表面散生粒状小黑点，脱水变成黑色僵果。

肖洲烨等（2013）研究发现，在我国苹果主产区，轮纹病菌普遍以有性生殖作为越冬形态，也是初侵染的重要来源。Zhao 等（2016）对我国北方苹果产区的轮纹病菌侵染规律进行系统研究发现，苹果果实在 5 月下旬到 8 月中旬为敏感时期，容易受到病菌侵染。在 5～6 月侵染的果实，最早在 8 月上旬显症，9 月进入显症高峰期。9 月侵染的果实，1 周后即可显症。从 5 月初到 9 月底，枝干均感病。一年生新梢从 6 月到 8 月中旬最易感病，在此期接种，潜育期最短，为 25d。8 月底之前接种，当年即可显症，之后再接种，则到下一生长季才显症。

7. 苹果斑点落叶病

苹果斑点落叶病主要为害叶片，尤其是展叶 20d 的幼嫩叶片，造成枯斑、落叶，也为害枝条和果实，发病严重时，果园病叶率达 90% 以上，不仅造成果树大量落叶，而且影响果实的正常膨大和着色，在发病后期，可以侵染果实，致使果实品质变劣。

斑点落叶病以菌丝体在落叶、芽的鳞片及病枝上越冬，次年春季在病斑上产生分生孢子，通过风雨传播，侵染新生叶片。一般在 5 月开始发病，6 月出现发病小高峰，全年发病高峰出现在 7～8 月。降雨是病害流行的主导因素，夏季每一次降雨过后几乎都伴随一次侵染发病高峰。斑点落叶病菌大量侵染的决定性天气条件：在 24h 内，降雨量（mm）与降雨持续时间（h）的乘积至少要达到 12，且降雨开始后空气相对湿度维持在 90% 以上至少 10h。也有研究认为，降雨与随后的发病高峰之间一般有 10～15d 的间隔。

8. 苹果褐斑病

发病初期叶面出现黄褐色小点，逐渐扩大为圆形，中心黑褐色，周围黄色，病斑周围有绿色晕圈，直径 1.0～2.5cm，病斑中心出现轮纹状黑色小点，为病斑分生孢子。病斑背部中央深褐色，四周浅褐色，无明显边缘。果实发病初期为淡褐色小点，逐渐扩大为近圆形褐色病斑，表面下陷，边缘清晰，直径 4～6mm，组织疏松不深，呈干腐海绵状。叶柄染病后呈长圆形褐色病斑，常导致叶片枯死脱落。

苹果褐斑病一年有多次再侵染，其周年流行动态可划分为 4 个阶段：4～6 月为初侵染期，其中自苹果落花至 6 月底是子囊孢子的侵染期，也是防治褐斑病的第一个关键时期。7 月是病原菌累积期，初侵染病斑于 7 月发病，并大量产孢，进行再侵染，不断积累侵染病原菌，该期是防治褐斑病的第二个关键时期；8～9 月是褐斑病的盛发期，7 月底当病原菌累积至一定数量，再遇连续阴雨，可导致病原菌的大量侵染，引起严重落叶。10～11 月是病原菌的越冬准备期，病菌在病叶内不断生长扩展，并产生一种小型孢子。10 月底，果园内的病叶数量直接决定了越冬病菌的数量。

5.3.1.2 苹果叶片界面特性的影响

靶标表面的界面特性，对农药剂型的选择及加工至关重要。基于靶标表面润湿性能指导农药剂型的选择，并结合不同生长期靶标表面润湿性能，建立农药剂型的用药策略，对有效控制有机溶剂的用量、降低农药制剂的环境影响具有现实意义。Hall 等（1974）在对水稻、玉米、小麦、甘蓝、黄瓜等一年生或多年生草本作物润湿性能的研究中发现，不同靶标表面性质对润湿性能具有一定影响（顾中言等，2002；Puente et al.，2011）；顾中言等（2002）进一步探讨了靶标表面性质影响润湿性能的原因，指出不同靶标表面润湿性能的差异主要取决于叶表面的微观结构，其中上表皮蜡质层的存在是其主要原因。

苹果树是大型乔砧果树，由于其特殊的生长环境及特殊的生长周期，其果树叶片，尤其是其表面润湿性有着明显的周期变化。因此对其表面润湿性的时空动态变化研究就显得尤为重要。

1. 苹果叶片近轴面接触角时空动态分布

取不同时期苹果叶片将其进行网格划分，如图 5-1 所示。

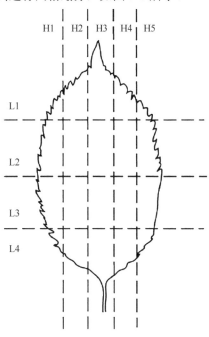

图 5-1　苹果叶片网格化示意图

假设苹果叶片每个方格内的平均接触角为方格中心点的接触角，据此数据进行插值计算，从而形成同一时期苹果全叶片接触角分布的等高线图。相似地，可获得落花期、幼果期、果实膨大期和果实膨大后期 4 个时期的接触角分布等高线图（图 5-2），图中 X 轴表示叶横向，Y 轴表示叶纵向，图例中颜色深浅对应的数据表示接触角的大小。

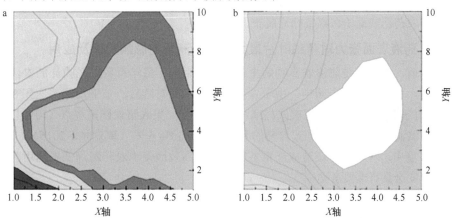

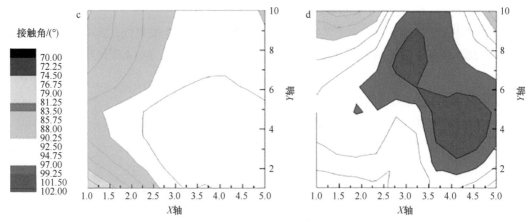

图 5-2　不同时期苹果全叶片接触角分布等高线图

a. 落花期；b. 幼果期；c. 果实膨大期；d. 果实膨大后期

从不同时期的接触角分布可以看出，落花期，叶缘左右两侧的接触角小于中心主叶脉部位，较大的接触角分布于全叶片中间右下方区域。幼果期，苹果全叶片接触角整体增大，叶缘部位的接触角小于中心主叶脉部位，叶缘右侧的接触角明显大于叶缘左侧，叶尖部与叶基部的接触角趋于相同，最大接触角依然位于全叶片中间右下方区域。果实膨大期，苹果叶片接触角超过 90° 的区域变大，叶缘左侧的接触角明显小于叶缘右侧，叶尖部的接触角逐渐小于叶基部。果实膨大后期，苹果全叶片接触角整体大幅增加，除叶尖部左右两侧叶缘处的接触角小于 90° 外，其他部位的接触角均超过 90°。叶尖部的接触角大于叶基部，但叶基两侧的接触角要高于叶尖两侧。

通过比较苹果全叶片 4 个时期的接触角分布等高线图，可以看出苹果叶片的接触角分布并非左右轴对称，最大接触角主要分布于叶片中间右下方区域，这可能与叶片生长角度不同从而导致所受光照强度不同有关。

从以上结果可以看出当苹果叶片在未进入果实膨大期时，全叶片的接触角基本都小于 90°。从全叶片接触角平均值来看，除果实膨大后期外，其他 3 个时期接触角均小于 90°。一般，接触角小于 90° 为易润湿，接触角大于 90° 为不易润湿，若接触角远远大于 90° 则表现为斥水特征。也就是说，在苹果膨大期之前（含膨大期）苹果叶片正面基本都是易于被水润湿的。即农药药液易于在苹果叶片展布。

2. 药液表面张力对苹果叶片最大稳定持液量的影响规律及应用

目前，农药仍是防治农作物病虫害的主要手段，每年有数以亿吨计的农药药液喷洒在农作物上，尤其是在苹果园中，由于农药使用技术相对落后，年平均施药达到 8～15 次，且由于果园施药器械落后（以担架式柱塞泵喷枪为主）、果农错误施药观点（习惯以药液在作物叶片表面滴淌为标志）等，导致农药的利用率仅为 30% 左右（郭瑞峰，2015），未被利用的农药进入环境中，对人类健康造成严重威胁。科学高效地使用农药对降低果园用药成本、确保果园环境安全具有重要意义。

通常提高农药利用率主要从改进农药施药器械和添加农药助剂两方面实现（顾中言，2002）。而影响农药药效发挥的重要因素是药液性质和靶标表面性质，其中表面张力是最常用的参数。此外，大量研究将持液量作为药液在靶标表面润湿过程的主要表现形式，并认为只有小于靶标表面临界表面张力的药液才能迅速被靶标表面持留，进而发挥药效。通过添加外源或内源农药助剂可有效降低药液的表面张力，从而提高药液在靶标表面的最大稳定持液量，进而起到改善农药在靶标表面润湿性能的作用。

在实际施药过程中，不同植物叶片表面亲、疏水性既决定了药液在叶片表面的弹跳效果（Boukhalfa et al.，2014），又决定了农药助剂的添加效果，因此，有必要针对不同植物探讨不同表面张力药液与最大稳定持液量之间的关系，并将二者关系简化，以指导估算实际施药过程中的最大农药使用量，达到提高农药利用率的目的。从表 5-1 可以看出，苹果树近轴面在前后生长时期均以色散力分量占主导，在前期呈现出一定的亲水性，但随着生长时期的增加，极性分量占比降低，疏水性增强。对苹果叶片远轴面进行了测量，由于远轴面绒毛较多，测试结果规律性不明显，在后期的研究过程中将寻找新方法进行测量。

表 5-1　苹果叶片表面自由能及其分量

叶面位置	日期（月-日）	接触角/(°)			表面自由能 /(mJ/m²)	表面自由能分量及其所占比例			
		水	乙二醇	甲酰胺		色散力分量 /(mJ/m²)	比例/%	极性分量 /(mJ/m²)	比例/%
近轴面	4-28	73.81	51.42	44.53	40.21	32.99	82.04	7.22	17.96
	8-26	96.76	69.90	78.28	29.22	28.17	96.41	1.05	3.59

本节以苹果叶片为研究对象，通过对苹果叶片表面自由能及农药载药体系溶液表面张力的测定，建立农药载药体系与表面张力的对应关系，明确不同表面张力药液与不同生长期苹果叶片最大稳定持液量之间的关联，为农药载药体系在苹果叶片表面的润湿提供理论依据，并以此为理论基础探索一种估算果树最大施药量的方法。

3. 不同表面活性剂在苹果叶片表面最大稳定持液量的变化特征

通过研究吐温 80、十二烷基硫酸钠、有机硅助剂、聚乙二醇单辛基苯基醚 4 种常用表面活性剂药液表面张力对苹果叶片最大稳定持液量（R_m）的影响，发现 4 种表面活性剂药液使用后，生长前、后期苹果叶片的 R_m 均随表面张力的减小而减小。当溶液达到临界胶束浓度（CMC）后，吐温 80 药液的表面张力基本不变，苹果叶片 R_m 也趋于恒定。聚乙二醇单辛基苯基醚溶液浓度达到 CMC 时，近轴面 R_m 随表面张力变化趋于平缓，远轴面则出现大幅波动。有机硅助剂溶液浓度高于 CMC 时，R_m 随表面张力的减小出现轻微增加。此外，苹果叶片生长后期近轴面只有在 30° 倾角时 R_m 随表面张力减小而减小，60° 倾角和 90° 倾角时 R_m 变化不大。

通过以上研究可知，苹果叶片生长前期近轴面的 R_m 为生长后期的 3 倍左右，与近轴面有所不同，苹果叶片生长后期远轴面的 R_m 略高于生长前期。且在同一生长期，苹果叶片远轴面的 R_m 均远高于近轴面的 R_m，这说明苹果叶片近、远轴面表面结构不同，影响 R_m 的因素也不同，其中影响苹果叶片近轴面 R_m 的因素为表面蜡质层的分布，而影响苹果叶片远轴面 R_m 的因素为表面绒毛的分布。此外，苹果叶片的 R_m 随叶倾角的增大而减小，值得指出的是，随着叶倾角的增大，部分表面活性剂在苹果叶片的 R_m 随表面张力的变化幅度也在减小。

4. 苹果叶片最大稳定持液量与表面张力的关系

根据临界胶束理论，当表面活性剂的浓度高于 CMC 后，表面活性剂的溶液性质会发生变化，这种变化不只与表面张力有关，还与表面活性剂的结构、种类等有很大关系。本研究重点关注液滴表面张力与最大稳定持液量之间的关系，对未达到 CMC 时不同表面张力溶液对应

的 R_m 进行了最小二乘法线性拟合，结果见表 5-2。

表 5-2　不同时期近轴面、远轴面在不同表面张力下 R_m 的拟合曲线

生长时期	30° 近轴面	30° 远轴面	60° 近轴面	60° 远轴面	90° 近轴面	90° 远轴面
生长前期 叶片	$y=6.13x-154.72$ $R^2=0.87$	$y=5.79x-50.46$ $R^2=0.84$	$y=4.66x-110.00$ $R^2=0.90$	$y=5.49x-72.10$ $R^2=0.81$	$y=2.71x-47.09$ $R^2=0.88$	$y=3.58x-22.02$ $R^2=0.83$
生长后期 叶片	$y=0.86x-4.62$ $R^2=0.90$	$y=4.40x-4.74$ $R^2=0.78$	$y=0.58x-0.42$ $R^2=0.91$	$y=1.72x+58.17$ $R^2=0.56$	$y=0.32x+4.97$ $R^2=0.90$	$y=0.13x+80.95$ $R^2=0.14$

注：y 代表 R_m；x 为药液表面张力

研究结果发现，苹果叶片生长前期近轴面 R_m 在不同表面张力下拟合曲线的斜率均小于远轴面（30° 除外），这表明苹果叶片生长前期远轴面 R_m 受表面张力的影响较近轴面大。同一生长期，不同叶倾角 R_m 在不同表面张力下拟合曲线的斜率随叶倾角的增大而减小，这表明随着叶倾角的增大，近、远轴面 R_m 受表面张力的影响逐渐减小。苹果叶片生长后期近、远轴面 R_m 在不同表面张力下拟合曲线的斜率变化规律与生长前期相似，且苹果叶片生长前期近、远轴面 R_m 在不同表面张力下拟合曲线的斜率大于生长后期，这表明苹果叶片生长后期近、远轴面 R_m 受表面张力的影响较生长前期小。

5. 基于最大稳定持液量的苹果树施药量估算

为进一步挖掘最大稳定持液量（R_m）的实用价值，以表面张力与 R_m 之间的关系为基础，结合果树常用冠层参数（平均叶倾角、叶面积指数等），对果树施药量进行精确评估，从而为大容量果树精准用药提供理论基础。

叶面积指数是总叶面积与冠层地面投影面积的比值，故可通过冠层地面投影面积与叶面积指数估算总叶面积，再通过测量平均叶倾角，并根据不同表面张力药液与苹果叶片最大稳定持液量之间的关系，估算出不同表面张力药液在苹果树上的最大喷药量。

笔者以试验苹果园的果树为例，随机选取 6 棵果树进行估算。测得苹果叶片近轴面平均叶倾角为 41.73°，故选择近轴面 30° 叶倾角时表面张力与 R_m 的变化曲线。当近轴面叶倾角为 41.73° 时，远轴面叶倾角为 138.27°，大于试验所测的 90° 叶倾角。由上述研究发现，叶倾角越大，叶片最大稳定持液量越小，故选择 90° 为远轴面叶倾角。此外，测得每棵果树冠层地面投影面积的平均值为 15.14m^2，冠层指数平均值为 2.1。因此，果树最大施药量 $=(Y_1+Y_2)\times L\times S$，其中 Y_1 为近轴面 30° 叶倾角时的 R_m，Y_2 为远轴面 90° 叶倾角时的 R_m，L 为叶面积指数，S 为冠层地面投影面积。

需要指出的是，在苹果树生长后期最大施药量估算中，由于远轴面 90° 叶倾角时药液表面张力与 R_m 之间线性关系较差，且药液表面张力对 R_m 的影响非常小（表 5-1），故选取远轴面 90° 叶倾角时的 R_m 均值。图 5-3 为估算出的苹果树生长前期、生长后期最大施药量与药液表面张力的关系，由该图可知：当药液表面张力为 34.81mN/m 时，苹果树生长前期和生长后期最大施药量一致；当药液表面张力大于 34.81mN/m 时，苹果树生长前期最大施药量高于生长后期最大施药量。从两个方程的斜率可看出，苹果树生长前期最大施药量受药液表面张力的影响大于生长后期。

以上可以说明，当药液浓度未达到 CMC 时，随着药液表面张力降低，药液持留量增加，基于此建立一元线性回归方程，并结合果树平均叶倾角、叶面积指数、冠层地面投影面积等植物冠层参数，可以估算出果树的最大施药量，从理论上控制田间用药量，降低农药使用的

盲目性，农药用量可减少 10%。

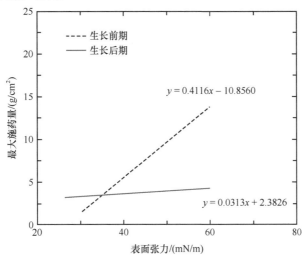

图 5-3　最大施药量与药液表面张力的关系

5.3.1.3　苹果不同栽种模式的影响

苹果树是我国北方栽培面积最大、产量最高的果树。目前，苹果树在建园初期往往缺乏合理的树形规划，这样很容易造成果园密闭，种植密度不合理，通风透光较差，影响苹果园的发展壮大。苹果在生产过程中修剪的树形很多，树形选择合理与否、修剪是否恰当对果实品质影响很大。目前，我国苹果树常见的几种栽种模式包括乔砧稀植、乔砧密植、矮砧密植。

1. 乔砧稀植

我国乔砧稀植主要源于 20 世纪 80 年代以前，当时我国苹果生产主要为大冠稀植栽培，采用的代表树形为基部三主枝疏散分层形，这种果园由于年代久远，目前基本已经消失。目前主要的乔砧稀植果园，来源于对密植乔砧果园的改造，这种乔砧密植果园来源于 20 世纪 80 年代以后密植苹果栽培的普及推广。随着时间的推移，果园郁闭现象严重，为了能解决这一问题，对果园进行间伐改造以降低果树密度，从而形成乔砧稀植。乔砧稀植栽培体系下株行距 7～9m，每亩栽植 10～15 株，树形主要为基部三主枝接近自然半圆形、主干疏层形、四主枝十字形、开心形。主干高度为 1.0～1.5m，主枝为 3～5 个，螺旋交错排列，无主干头，呈开心形。主枝间方位角最好为 90°，错开排列；主枝上一般不留侧枝，直接着生斜背上的大、中、小型结果枝组；冠层厚度 2.0m 左右，树体总高度为 4.0～4.5m。

优点：树体骨干上侧枝较少，层次分明，叶幕层厚度适中，均匀分布，树冠内部光照条件良好，结果体积大，果实品质优良。缺点：这种栽植方式不利于修剪、喷洒、采摘；同时大树冠叶幕层厚，内膛光照极差，结果多在树冠外围，形成球面结果，单位面积产量不高，不能充分利用土地与空间；整形修剪技术复杂且周期长，始果较晚。

2. 乔砧密植

此种果园主要来源于 20 世纪 80 年代以后，密植苹果栽培普及推广，开始采用的树形为基部三主枝小冠疏层形，后来随着人们对早期丰产期望值不断提高，种植密度也不断加大，树形多采用自由纺锤形和细长纺锤形，在宽行密植栽培条件下，苹果树采用细长纺锤形。此种果园一般采用 2～3m×3～4m 的株行距定植栽种方法。乔砧密植栽培体系下每亩栽植

40～50 株，树体总高度为 3～3.5m，树形主要为小树冠稀疏层形、改良小树冠形和自由纺锤形。树体整体瘦长，树形结构简单，结果时间早，品质较优，产量丰富，从群体结构上解决果园的光照问题。

优点：结果时间较早，前期增产快，单位面积产量高。缺点：树冠难以控制，后期控制不好会造成郁闭。主要技术难点是人工控冠和促花措施。

3. 矮砧密植

矮化宽行密植栽培技术是来源于 20 世纪 70 年代初通过引进国外苹果矮化密植栽培和利用嫁接栽培苹果短枝型矮化密植栽培经验，然后逐渐发展起来的技术，是苹果树栽培的一个新趋势，同时作为一个新的栽培理念越来越受到人们的重视，也是现代标准化果园的栽培模式。与乔砧相比，矮砧苹果需要的栽培空间小，适合密植，管理方便，便于机械化操作、标准化生产，生产效率高，能够显著节约劳动力；成花效果较好的同时，结果时间早，产量丰盛，果实较大，养分更易积累到果实上，结的果实普遍品质好，生长周期短。矮砧密植，每亩栽植 80～150 株，树形以主干形、细长纺锤形、高纺锤形、"Y"字形、"V"字形为主。

优点：宽行矮株，易于机械化操作，果园修剪等管理简单，节省人力物力，成花容易，生产快，品质高；与传统模式相比管理更加机械化、规模化、标准化。缺点：苗木长势太弱，根系较浅，主干不强，定干太低，同时中心干较细，保留的主枝稀少，抗风能力弱，基本建设成本高；抗旱性差和抗冻性差；如果施肥和水分管理不当，很容易出现树木过早衰老；如果树枝没有拉到位，很容易造成树枝少，开花困难，影响中央树干的生长。

通过上述介绍可以看出，苹果在不同的栽种模式下其冠层结构有着很大差异。因此有必要对植保器械在不同栽种模式下果园的农药喷施沉积结构进行分析，用以确定适宜不同果园的植保器械。以我国苹果主要产区山西运城地区为例，对不同栽种模式下苹果园的冠层参数进行了分析梳理，结果见表 5-3。由于运城地区属于苹果老产区，大部分果园建于 20 世纪 90 年代。因此，大量果园属于当时流行的乔砧密植果园，正如上节内容所述，此种果园经过十几年的生长，由于管理的缺失，大多出现非常严重的郁闭现象。从表 5-3 可以看出，有些乔砧密植果园其叶面积指数甚至可以达到 5.0 以上。因此，当地果农在政府的引导下对部分老旧果园进行了间伐改造，使其变成了乔砧稀植果园，叶面积指数降至 2.3～3.0。从表 5-3 也可以看出，改造后的乔砧稀植果园，其冠幅显著增加。

表 5-3　不同栽种模式下的冠层参数

栽种模式	冠幅/m	叶面积指数（6～8 月）	树高/m	树龄/年
乔砧稀植	5×3.3～7×4	2.3～3.0	3.5～4.5	20≤
乔砧密植	4.5×3～5×4	2.8～5.0	2.5～4	10～25
矮砧密植	2×1.5～3×2	2.0～2.7	2～3.5	5～15

以目前苹果园大力推广的风送式喷雾机为例，对不同栽种模式下的果园进行了农药喷施，对农药的沉积位置及有效利用率进行了研究。

从图 5-4 可以看出，3 种栽种模式下其沉积结构有所不同。乔砧密植果园顶部沉积量最低，仅占 6.17%，乔砧稀植果园与矮砧密植果园顶部相差不大，为 17%～19%。乔砧果园中冠层底部药液沉积量最高，矮砧果园冠层中部沉积量最高，原因是乔砧果树树高高于矮砧果树，且乔砧果树为便于管理提高光照利用率，普遍有提干 1m 左右的管理措施，即树干 1m 以下不生树枝, 而矮砧果树一般提干高度为 0.30~0.50m。因此, 农药冠层沉积分布有差别。3 种树形内外层沉积分布均为外侧高于内侧。但乔砧密植果园中冠层内外侧沉积量差别最小, 矮砧密植果园次之, 乔砧稀植果园内外沉积差别最大。原因在于乔砧稀植果树冠幅最大（表 5-3）, 每列树之间冠层交叉量很小。而乔砧密植果园虽然冠幅大于矮砧密植果园, 但每列树之间冠层交叉严重, 弥雾机只能从冠层下部通过, 离树干较乔砧稀植果树近。因此, 冠层内外侧沉积差别不大。从叶片沉积量来说, 乔砧密植果园、乔砧稀植果园、矮砧密植果园的叶片沉积量分别为 3.37mg/m^2、9.59mg/m^2、16.39mg/m^2。可见在相同施药剂量下, 乔砧密植果园叶片沉积量最低, 矮砧密植果园沉积量最高。因此, 无论是从农药使用量, 还是病虫害发生状况来分析, 改造乔砧密植果园都是势在必行的。

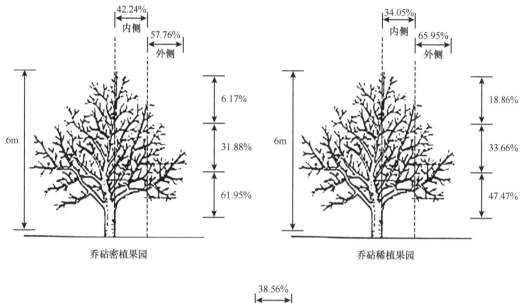

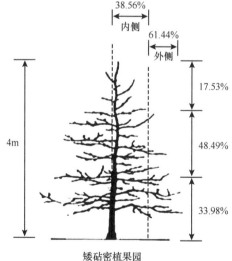

图 5-4　果园风送式喷雾机在不同类型果园中的沉积结构

5.3.1.4　不同施药器械产生的影响

目前, 药剂防治方法仍是当前果树病虫害防控的一项主要措施, 除考虑药剂本身特点做到对症下药、科学用药外, 针对环境、作物、靶标使用合适的施药器械也是提高农药利用率的一个关键途径。为比较果园的不同施药器械，山西省农业科学院特引进 3WG-8 风送式自走履带弥雾机（江苏南通）、担架柱塞泵式机动喷雾器（ZL-22-160 型，三缸高压柱塞泵）、植保无人机（四旋翼植保无人机，TY5A-10），开展田间施药试验，通过研究其不同的沉积率，检验高效施药器械在果园的应用效果，摸索相关的精准用药技术，为实现病虫害绿色防控、促进化学农药减量增效探索新途径。

根据实验室测定的洗涤液中指示剂诱惑红的浓度、洗涤单位面积内的诱惑红浓度，按照如下公式，计算喷雾后指示剂诱惑红在果树冠层中叶片单位面积沉积量（mg/cm²）。根据叶片单位面积沉积量与冠层的总叶面积，计算全树叶片上的沉积量，再结合喷雾小区指示剂的喷洒量，按照如下公式计算喷雾药液在叶片上的有效沉积率（%）。其中，叶面积指数是总叶面积与冠层地面投影面积的比值。通过冠层地面投影面积与叶面积指数估算总叶面积。

$$叶片单位面积沉积量（mg/cm^2）=\frac{洗涤液中诱惑红浓度（mg/mL）\times 洗涤液体积（mL）}{叶片面积（cm^2）} \quad (5\text{-}1)$$

$$总叶面积（cm^2）=叶面积指数\times冠层地面投影面积（cm^2） \quad (5\text{-}2)$$

$$有效沉积率（\%）=\frac{叶片单位面积沉积量（mg/cm^2）\times总叶面积（cm^2）}{小区内诱惑红喷洒量（mg）}\times100\% \quad (5\text{-}3)$$

试验小区为单列 20m 长（13 棵树），从试验结果可以看出（表 5-4），在矮砧密植果园中，由于株距小，其叶面积指数达到 2.40～2.53，较乔砧稀植果园高，有效沉积率在 1mm、0.75mm 孔径下分别达到 32.07%、41.36%。

表 5-4　风送式自走弥雾机在矮砧密植果园的有效沉积率

器械	孔径/mm	喷雾压力/MPa	施药量/L	叶面沉积量/(mg/m²)	总叶面积/m²	有效沉积率/%
风送式自走弥雾机	1.0	3.0	8.2	11.48±3.41	121.48±21.4	32.07
	0.75	3.0	3.9	7.32±3.04		41.36

图 5-5 为风送式自走弥雾机在压力为 1.5MPa、喷片孔径为 1.0mm 时，药液在不同位置的

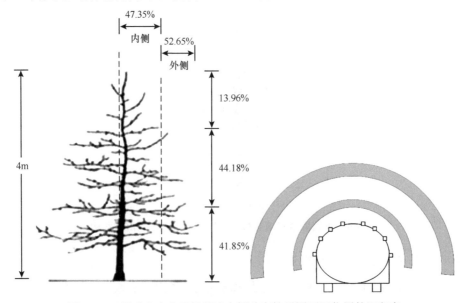

图 5-5　风送式自走弥雾机药液在矮砧密植果园不同位置的沉积率

沉积率。上部沉积 13.96%，中部沉积 44.18%，下部沉积 41.85%；内侧沉积 47.35%，外侧沉积 52.65%，即树冠中下部沉积占总沉积的 80% 以上，内外侧沉积相当，表明风送式自走弥雾机喷雾雾滴有较好的穿透性和附着性。

为了与风送式自走弥雾机的测试结果做比较，测试果园选相同果园对担架柱塞泵式喷雾器的有效沉积率进行测试，结果见表 5-5。

表 5-5 担架柱塞泵式喷雾器在果园的有效沉积率

器械	孔径/mm	喷雾压力/MPa	施药量/L	叶面沉积量/(mg/m²)	总叶面积/m²	有效沉积率/%
担架柱塞泵式喷雾机	1.0	2.5	12	26.33±8.15	62.62±2.62	29.17
	1.0	2.0	12	30.85±7.26		34.18

从表 5-5 中数据可以看出，在相同孔径下，保持每株树 12L 喷药量时，喷雾压力在 2.0MPa 下的有效沉积率高于喷雾压力在 2.5MPa 下的有效沉积率。其原因可能是，在相同施药量下，2.0MPa 喷雾压力下的施药时间长于 2.5MPa 喷雾压力下的施药时间，因此 2.0MPa 喷雾压力下果树叶片上沉积的药液更加均匀。另外，与风送式自走弥雾机比较可以看出，在相同栽种模式下相同冠层参数的果园中，担架柱塞泵式喷雾器的最大有效沉积率高于风送式自走弥雾机的最大有效沉积率。其原因主要是两种施药方式的主要流失途径不同，担架柱塞泵式喷雾器属于大容量人工手持喷雾，具有良好的人工定向性，可以避免树与树之间的无效喷雾，主要流失途径是单一叶片的着药量超过叶片最大持液量，从而导致药液流失。不过，虽然担架柱塞泵式喷雾器的有效沉积率高于风送式自走弥雾机的有效沉积率，但担架柱塞泵式喷雾器的喷药量是风送式自走弥雾机的 1.3～3 倍。图 5-6 为担架柱塞泵式喷雾器在压力为 2.5MPa、喷片孔径为 1.0mm 时，药液在不同位置的沉积率。上部沉积 30.01%，中部沉积 37.56%，下部沉积 32.43%；内侧沉积 44.95%，外侧沉积 55.05%，由于是人工喷施，因此上中下冠层沉积分布无明显差异，均为 30% 以上，冠层内/外侧沉积量接近 1：1。

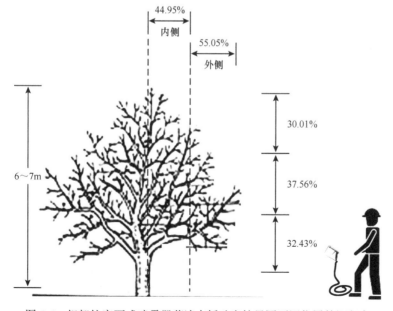

图 5-6 担架柱塞泵式喷雾器药液在矮砧密植果园不同位置的沉积率

　　表 5-6 为果园新兴喷药方式植保无人机的有效沉积率计算结果。从该表数据可以看出，植保无人机在矮砧密植栽种模式下的苹果园中，有效沉积率与风送式自走弥雾机基本一致，矮砧密植果园的有效沉积率为 37.61%，主要流失途径为两树间的无效喷药量和外飘喷药量。从 3 种植保器械的有效沉积率测试试验结果可以看出，使用风送式自走弥雾机和植保无人机等机械化植保器械，在条件适合的果园中其有效沉积率均可达到 32%~42%，高于人工手持控制的担架柱塞泵式喷雾器。

表 5-6　植保无人机在苹果园的农药有效沉积率

果园栽种模式	飞行速度/(m/s)	飞行高度（距树顶高度）/m	施药量/L	叶面沉积量/(mg/m²)	总叶面积/m²	有效沉积率/%
矮砧密植	1	1	0.78	2.43±1.37	121.48±2.14	37.61

　　图 5-7 为植保无人机在距离树顶 1m、飞行速度 1m/s、流量 1.3L/min 时，药液在不同位置的沉积率。上部沉积 39.41%，中部沉积 34.88%，下部沉积 25.71%；内侧沉积 45.87%，外侧沉积 54.13%，即树冠上中部沉积占总沉积的 70% 以上，外侧沉积占 50% 以上，冠层内/外侧沉积量接近 1∶1。

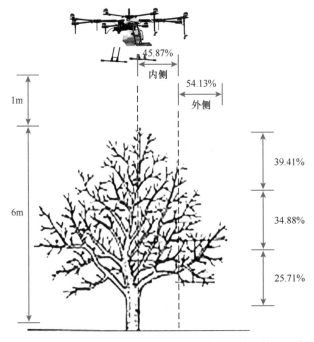

图 5-7　植保无人机药液在矮砧密植果园不同位置的沉积率

　　从药液量使用方面看，人工担架柱塞泵式喷雾器的药液使用量是风送式自走弥雾机的 1.3~3 倍，是植保无人机的 15 倍。因此，无论从提高农药有效沉积率的角度，还是节省药液量的角度来说，淘汰传统的人工担架柱塞泵式喷雾器，对于提高农药有效利用率、减少农药使用量都具有重要意义。需要指出的是，在测量果树冠层参数时，不同栽种模式下的果树，其冠层范围的确定略有不同。对于非郁闭型果园，果树冠层阴影面积应为单列果树冠层最外侧滴水线所围成的地面面积；而对于郁闭型果园，应将整个果园面积视为冠层阴影面积，测定农药有效利用率时，需要全园喷洒。另外，本研究的计算方法对应的有效沉积量，主要是针对沉积在叶片上的药液量，并未将沉积在树干上的药液纳入计算范围。因此，本研究的计算方法仅限于花后，叶片面积基本保持不变。而对于春季果园，即花蕾期前或冬季清园时期的果树，由于叶片较小甚至没有，因此落在树干上的药液量不可忽略，在测量靶标单位面积上的沉积量时，应在树干上铺设塑料布，用以测量果树树干上的沉积量。

5.3.2　苹果关键生育期病虫害的发生规律和防治措施

苹果关键生育期主要病虫害的发生规律和防治措施，如表 5-7 所示。

表 5-7　苹果关键生育期主要病虫害的发生规律和防治措施

物候期	防控对象	管理措施
12 月至翌年 2 月 休眠期	腐烂病、干腐病、枝干轮纹病、斑点落叶病、叶螨类、蚜虫类、介壳虫类等	1. 推迟冬剪时间，减轻低温对伤口的伤害，并对剪锯口、伤口涂药保护，促进愈合。 2. 刮除枝干粗翘皮，刮治腐烂病斑并涂药。 3. 剪除病虫枝、干枯枝，清扫残枝落叶集中烧毁。 4. 2 月上中旬解除诱虫带集中烧毁。
3～4 月 萌芽至开花期	腐烂病、干腐病、枝干轮纹病，蚜虫类、棉蚜、卷叶蛾、叶螨、金龟子、介壳虫等越冬害虫	1. 3 月重点对腐烂病发病部位及轮纹病病瘤细查、刮治、涂药。 2. 3 月中下旬，药剂涂刷主干、大枝，辛菌胺 50 倍液+氨基酸 10 倍液或甲硫·锰锌 100 倍液。 3. 根据去年秋季施肥量及花量，补充施入速效性化肥或复合肥。 4. 萌芽初期，全园喷布 3～5 波美度石硫合剂一遍，呈淋洗状态；间隔 1 周后，喷布 1.8% 阿维菌素 3000 倍液+48% 毒死蜱 1000 倍液。 5. 果园挂设频振式杀虫灯、糖醋液等。 6. 为应对低温灾害，此期应密切关注气象预报，加强土肥水管理，做好晚霜冻害防控工作，降低灾害损失。
5 月 落花期至幼果期	锈病、白粉病、霉心病及其他病害，蚜虫、红蜘蛛等，缺钙症	1. 此时期，幼果对药剂比较敏感，禁止使用铜制剂或乳油制剂。 2. 5 月上旬是防治苹果锈病的关键时期，器械应选用小孔径喷头，雾化好，不刺激果面，防止产生果锈。同时兼防白粉病、红蜘蛛等，可选用 4.5% 高效氯氰菊酯 2000 倍液+50% 多菌灵 600 倍液+1.8% 阿维菌素 3000 倍液+10% 吡虫啉 2000 倍液等药剂进行防治，结合补钙可增加 15% 速效钙 1500 倍液。 3. 5 月中下旬，果实套袋前 2～3d，以杀菌为主兼防虫害，可选用 2.5% 高效氯氰菊酯 2000 倍液+70% 甲基硫菌灵（甲托）1000 倍液+20% 啶虫脒 2500 倍液等，结合补钙可增加 15% 速效钙 1500 倍液。生产中，应根据病虫害发生情况确定是否增加打药次数，确保果实无虫、无菌入袋。霉心病较重的果园，落花末期，喷施 1.6% 噻霉酮 1000 倍液或 3% 多抗霉素 500 倍液进行防治。
6 月 幼果期	轮纹病、炭疽病、早期落叶病、黑星病等；蚜虫类、金纹细蛾、桃小食心虫、梨小食心虫、顶梢卷叶蛾、叶螨	1. 6 月是发生早期落叶病与食心虫的关键时期。交替使用三唑类杀菌剂和保护性杀菌剂防治幼果病害，施药次数宜 1～2 次，具体以降雨频次确定。药剂可选择使用 45% 咪鲜胺 2000 倍液或 30% 醚菌酯 2000 倍液或 70% 丙森锌 600 倍液或 80% 代森锰锌 800 倍液等。 2. 应用性诱剂对金纹细蛾、苹小卷叶蛾等害虫进行监测防治，当单个性诱捕器诱捕到 5 头害虫时，立即喷药防治。 3. 6 月中旬是防治桃小食心虫的关键时期，应用性诱剂诱杀成虫或于 6 月初药剂处理树盘下土壤防治桃小食心虫，药剂可选择 50% 辛硫磷 500 倍液。根据降雨频次，确定树上喷药时间，降雨次数较多，可在 6 月中旬观测喷药，若干旱，在下旬喷药，可选择的药剂为 1.8% 阿维菌素 3000 倍液等。 4. 注意防治红蜘蛛，药剂可选择 15% 哒螨灵 2000 倍液、34% 螺螨酯 4000 倍液等。 5. 应用 25% 灭幼脲 3 号 2000 倍液或阿维菌素类药剂防治金纹细蛾或卷叶蛾。 6. 轮纹病、腐烂病严重的果园，第二次主干、大枝涂药防治，可选用药剂波尔多液（硫酸铜：生石灰：水比例为 1∶2∶16）、30% 甲基硫菌灵+25% 丙环唑 100 倍液等。

续表

物候期	防控对象	管理措施
		7. 雹后处理：果园受冰雹灾害后，应及时清理残枝、落叶、落果，集中进行深埋，并对损坏树枝的残条、植物组织进行摘除。同时，及时在枝干上韧皮部开裂处涂抹腐烂病药剂，防止病害侵染；对没有受害的果子，及时喷药、套袋，对已受害的果子，严重者摘除，其余不再套袋。对于雹灾严重的果园，以恢复树势为主，及时补喷叶面肥——磷酸二氢钾等，保证花芽分化，为来年丰产打好基础。
7月 果实膨大期	斑点落叶病、黑星病、疫腐病、白粉病、桃小食心虫、山楂叶螨、二斑叶螨、金纹细蛾、卷叶蛾，缺钙症	1. 7月防治斑点落叶病为主的病害。以内吸性药剂和波尔多液为主，用药以1~2次为宜。药剂可选用45%咪鲜胺2000倍液、醚菌酯2000倍液、80%代森锰锌800倍液或波尔多液等。 2. 应用性诱剂继续诱杀食心虫类、金纹细蛾及卷叶蛾等害虫，药剂喷防可选用20%甲氰菊酯1500倍液等菊酯类杀虫剂、灭幼脲3号2000倍液、20%杀铃脲6000倍液等进行防治。 3. 继续注意防治红蜘蛛等，药剂可选择15%哒螨灵2000倍液、三唑锡、34%螺螨酯4000倍液等。
8~9月 果实膨大期	斑点落叶病、黑星病、疫腐病、白粉病，金纹细蛾、卷叶蛾	1. 8月仍然重视斑点落叶等病虫的后期防治，临近早熟品种果实成熟，宜选用生物低毒农药，可选用10%多抗霉素1500倍液、80%代森锰锌800倍液、1.0%苦参碱等。为增进果实品质，喷药防病虫时，可加配20%速效钾1000倍液。 2. 注重基肥施入，增强树势，提高树体抗病能力，提倡秋肥早施，每亩用农家肥3~4m³或用生物菌肥每株2~3kg，NPK复合肥（15∶15∶15）3~4kg。 3. 9月轮纹病、腐烂病严重的果园，第三次主干、大枝涂药防治，可选用波尔多液（硫酸铜∶生石灰∶水为1∶2∶16）、30%甲基硫菌灵+25%丙环唑100倍液等。仔细检查腐烂病，刮除病疤并涂药保护。
10~11月 果实成熟期至落叶期	腐烂病、炭疽病、斑点落叶病等越冬病菌	1. 10月上中旬，树干绑扎诱虫带诱集越冬害虫。 2. 11月上中旬落叶初期，加倍喷布1.8%辛菌胺500倍液+25%苯醚甲环唑1000倍液杀除越冬病菌。 3. 树干涂白防冻防病，可用生石灰∶硫磺∶水比例为2∶1∶5。 4. 秋末初冬，树盘覆膜保墒。园地翻耕，有条件的果园进行冬灌。

5.3.3　苹果园农药对靶剂量传递规律初探

5.3.3.1　不同施药方式对剂量传递的影响

药液在不同的施药方式下，对防治效果会产生不同的影响，喷雾施药是目前防治病害的主要方式之一，具有防治范围广、见效快的特点，但此种施药方式只能将药液的25%~50%沉积于作物叶片，造成农药浪费和环境污染，注射施药方式作为一种新的化学施药方式，是通过向树干内强行注入药剂，使林木、果树所需杀虫、杀菌、植物生长调节剂等药液直接进入木质部导管的蒸腾液流中，传导到标靶部位，从而实现防治病虫害、矫治缺素症、调节植株和果实生长发育的目的，此种施药方式不受降雨、干旱等环境条件，以及树木高度、为害部位等的限制，具有施药剂量精确、药液利用率高和环境污染小的特点，但其速效性较差。

以苹果黄蚜为例，苹果黄蚜（*Aphis citricola*）又名绣线菊蚜，广泛分布于我国河北、内蒙古、山西、山东、河南等地区，主要为害蔷薇科果树和柑橘，主要寄主有苹果、梨、山楂等果树，是我国北方果园的重要害虫之一，苹果黄蚜往往都是群集为害，成虫与若蚜刺吸嫩梢汁液，被害叶向叶背横卷，严重时直接脱落，苗圃、幼树的嫩梢区受害严重。目前我国对苹果黄蚜的防治主要依靠化学农药防治，近几年由于农药的使用量较大，同时喷施时期不合理，导致苹果黄蚜的耐药力逐渐提高，甚至已经产生了抗药性，主要农药品种防治效果明显下降，严重影响了苹果的产量和品质。现有的调查表明吡虫啉对山西晋中地区苹果黄蚜的 LD_{90} 为 1.10μg/头，而氯氰菊酯的 LD_{90} 为 1.74μg/头，结合当地果园平均每棵树的黄蚜数量可知，防治 1 亩地所需的药量为 0.594g。随后，通过喷雾法和树干高压注射法对苹果黄蚜进行了防治。

表 5-8 为采用树干高压注射法和传统喷雾施药法施用吡虫啉 20d 的苹果黄蚜防治效果，由表可知，吡虫啉施用 1d 后，传统喷雾施药的苹果黄蚜防治效果明显高于树干高压注射防效，其中喷雾施药的防治效果达到了 90% 以上，而高剂量（0.1750g）高压注射的防效仅为 82.81%。吡虫啉施用 5d 后，喷雾施药后的防效依然维持在 90% 以上，树干高压注射的防效虽较 1d 后有所提高，但高剂量高压注射的防治效果仍低于喷雾施药的防治效果。需要指出的是，吡虫啉施用 10d 后，喷雾施药对苹果黄蚜防效开始降低，低于高剂量高压注射的防效，与中剂量高压注射的防效相当。吡虫啉施用 15d 后，喷雾施药和高压注射两种方式的防治效果均呈下降趋势，喷雾施药与中剂量高压注射的防效接近，约为 85%，高剂量高压注射的苹果黄蚜防治效果接近 90%。吡虫啉施用 20d 后，喷雾施药后的防效下降至 66.21%，与低剂量高压注射的防治效果相当，此时高剂量高压注射的苹果黄蚜防治效果仍可达到约 80%。

表 5-8 70% 吡虫啉 WG 20d 防治效果

处理	剂量	1d 防效/%	5d 防效/%	10d 防效/%	15d 防效/%	20d 防效/%
	0.0875g	70.80±3.15c	75.02±2.98c	77.64±2.43b	71.57±3.09c	66.74±4.28b
高压注射	0.1225g	72.80±1.33c	84.71±1.79b	88.44±3.75a	85.30±4.76a	77.19±6.49a
	0.1750g	82.81±3.24b	88.98±3.12a	90.80±2.34a	88.30±2.98a	80.67±1.56a
传统喷雾	0.0875g/L	91.42±1.57a	92.80±3.46a	87.05±3.65a	83.54±4.65b	66.21±5.61b

注：同列数据后不含有相同小写字母的表示在 0.05 水平差异显著，下同

由表 5-8 可知，将高压注射法与传统喷雾法防效相近的喷药量进行比较，喷雾法喷施 1 亩地的药量是 18.38g，树干高压注射法所施药量为 10.5g，而实际需要的药量仅为 0.594g，说明树干高压注射法在不影响防治效果的前提下，可以有效减少施用量，从而实现农药的减施增效，更好地保护环境。

张鹏九等（2019）以噻虫嗪进行试验，噻虫嗪是第 2 代新烟碱类高效低毒杀虫剂的代表，在世界范围内被广泛使用，以保护作物免受害虫为害。表 5-9 为采用树干高压注射法和传统喷雾施药法施用噻虫嗪 20d 对苹果黄蚜的防治效果，由表可知，噻虫嗪施用 1d 后，喷雾施药的防效高达 90.14%。施用 5d 后，喷雾施药的防效开始降低，高压注射防效开始提高，其中喷雾施药和高剂量（0.10g）高压注射的防效相近，均约 80%。噻虫嗪施用 10d 后，喷雾施药的防效继续降低，同时高压注射的防效继续增加，其中高（0.10g）、中（0.07g）剂量高压注射的防治效果明显高于传统喷雾施药的防效。噻虫嗪施用 15d 后，喷雾施药和高压注射的防治效果均有下降，其中喷雾施药防效降至 66.49%，低剂量（0.05g）高压注射的苹果黄蚜防治效果低于 60%。噻虫嗪施用 20d 后，喷雾施药和中剂量高压注射的防效相近，而高剂量高压注射的防治效果为 77.16%。

表 5-9　25% 噻虫嗪 20d 防治效果

处理	剂量	1d 防效/%	5d 防效/%	10d 防效/%	15d 防效/%	20d 防效/%
	0.05g	51.55±6.04c	61.03±2.39c	68.35±5.30c	59.76±6.73c	46.56±5.96c
高压注射	0.07g	68.78±3.79b	71.59±2.33b	83.56±3.76b	79.10±4.79b	64.39±1.50b
	0.10g	74.09±2.75b	80.76±1.52a	91.85±4.15a	89.64±5.28a	77.16±2.88a
传统喷雾	0.05g/L	90.14±0.49a	80.66±3.24a	73.64±2.40c	66.49±3.05c	66.00±6.99b

以上试验结果表明，内吸性药剂采用传统喷雾施药的速效性均明显高于注射式，且内吸性药剂（除低剂量外）在两种不同施药方式下均体现出较好的持效性。其中注射施药方式在高剂量下，对苹果黄蚜的持效性明显高于传统喷雾施药。总体而言，传统喷雾施药的防效高峰出现在施药后第 1～5 天，而注射的防效高峰出现在施药后第 10～15 天，且注射的防效和持效性随药剂施用浓度的增加而增强。

5.3.3.2　功能助剂对农药对靶剂量传递的影响及防效

在对作物叶片表面的结构性质等特征进行分析后，便需要添加表面活性剂来对药液进行优化，从而使农药可以更好地附着在作物叶片表面，在减少农药使用量的同时，提高防治效果，表面活性剂通过降低液体的表面张力，起到乳化、增溶、润湿和分散等作用，从而能够降低药液的用药量、提高药液对作物的安全性，还可以提高经济效益，是农药制剂研究中必不可少的重要成分。

在质量分数 3%～7% 范围内（表 5-10），随着聚戊乙二醇单十二醚（$C_{12}E_5$）量的增加，3% 高效氟氯氰菊酯水乳剂药液的表面张力不断减小；同时随着药液稀释倍数逐渐增大，其表面张力也逐渐增大。在药液稀释范围为 2000～4000 倍时，添加 3%～7% $C_{12}E_5$ 后其表面张力低于未添加助剂的药液，但 5%～7% 助剂添加量之间差异不显著，表明添加 $C_{12}E_5$ 可显著降低高效氟氯氰菊酯水乳剂的表面张力，有利于促进该药液在靶标上的润湿黏附。

表 5-10　添加不同量 $C_{12}E_5$ 后高效氟氯氰菊酯水乳剂药液表面张力变化情况

处理	$C_{12}E_5$ 含量/%	表面张力/（mN/m）		
		稀释 2000 倍	稀释 3000 倍	稀释 4000 倍
	0	52.45±1.3a	53.40±0.7a	57.23±1.5a
3% 高效氟氯氰菊酯水乳剂	3	49.15±1.4b	50.12±3.3a	52.14±2.0b
	5	44.36±1.8c	46.21±1.9b	47.25±1.5c
	7	44.13±1.1c	45.69±1.1b	46.67±0.7c
对照（水）		72.56		

与 $C_{12}E_5$ 的作用效果相同，在质量分数 3%～7% 范围内，随着聚乙二醇单辛基苯基醚（Triton X-100）添加量的增加（表 5-11），3% 高效氟氯氰菊酯水乳剂药液的表面张力不断减小；同时随着药液稀释倍数的逐渐增大，其表面张力也逐渐增大。在药液稀释 2000～4000 倍时，添加 3%～7% Triton X-100 后其表面张力显著低于未添加助剂的药液，但同样 5%～7% 助剂添加量之间差异不显著，表明添加 Triton X-100 也可显著降低高效氟氯氰菊酯水乳剂的表面张力，推测与 $C_{12}E_5$ 效果相同，都能有利于促进该药液在靶标上的润湿黏附。从表 5-12

可以看出，随着表面活性剂浓度的增加，静态接触角逐渐减小。添加 $C_{12}E_5$ 可显著改变 3% 高效氟氯氰菊酯水乳剂药液在苹果树成熟叶片近轴面的静态接触角。在稀释倍数为 2000 倍时添加 $C_{12}E_5$，水乳剂药液在成熟叶片近轴面的静态接触角最小为 35.47°，远轴面的静态接触角最小为 33.47°，均显著低于未添加 $C_{12}E_5$ 时的静态接触角 50.90° 和 45.21°。在稀释 3000 倍时，形成的静态接触角分别为 40.17° 和 37.49°，同样显著低于药液本身的 55.71° 和 50.23°，稀释 4000 倍时实验结果与前两个的稀释倍数的结果相同。研究表明，3 个稀释倍数下添加质量分数为 3% 时的表面活性剂时形成的静态接触角与不添加时差异不显著，但当质量分数提高到 5%～7% 时，形成的静态接触角与不添加时差异显著。

表 5-11　添加不同量 Triton X-100 后 3% 高效氟氯氰菊酯水乳剂药液表面张力变化情况

处理	Triton X-100 含量/%	表面张力/(mN/m)		
		稀释 2000 倍	稀释 3000 倍	稀释 4000 倍
3% 高效氟氯氰菊酯水乳剂	0	52.45±1.4a	53.40±0.7a	57.23±0.3a
	3	49.23±1.2b	51.09±0.6b	52.38±1.1b
	5	45.49±1.1c	46.92±0.9c	47.52±1.0c
	7	45.28±0.9c	46.07±1.2c	47.11±0.6c
对照（水）		72.56		

表 5-12　添加不同量 $C_{12}E_5$ 后 3% 高效氟氯氰菊酯水乳剂药液在苹果叶片上的静态接触角

叶片部位	$C_{12}E_5$ 含量/%	静态接触角/(°)		
		稀释 2000 倍	稀释 3000 倍	稀释 4000 倍
近轴面	0	50.90±1.2a	55.71±1.3a	55.11±1.2a
	3	47.95±0.7a	53.04±0.8b	52.94±1.7a
	5	39.54±2.4b	44.95±1.1c	47.02±1.4b
	7	35.47±1.6c	40.17±1.7d	42.75±0.8c
远轴面	0	45.21±1.0a	50.23±1.2a	49.42±0.9a
	3	42.95±2.4a	48.14±0.5a	47.98±1.0ab
	5	39.67±1.1b	45.22±1.6b	46.12±1.5b
	7	33.47±1.5c	37.49±1.3c	39.54±1.2c

从表 5-13 可以看出，添加 Triton X-100 时，3% 高效氟氯氰菊酯水乳剂药液在苹果成熟叶片上的整体变化趋势与添加 $C_{12}E_5$ 时的效果相似，两者均可显著改变 3% 高效氟氯氰菊酯水乳剂药液在苹果树成熟叶片近轴面的静态接触角。在药液稀释倍数为 2000 倍时添加 Triton X-100，水乳剂药液在成熟叶片近轴面的静态接触角最低为 36.84°，远轴面的静态接触角最低为 34.49°，均显著低于未添加 Triton X-100 时的静态接触角 50.90° 和 45.21°。在稀释 3000 倍时，形成的静态接触角分别为 42.65° 和 36.57°，同样显著低于药液本身的 55.71° 和 50.23°，稀释 4000 倍时实验结果与前两个稀释倍数的结果相同。研究结果与添加 $C_{12}E_5$ 时结果相同，在 3 个不同稀释倍数下，当添加质量分数为 3% 时的表面活性剂时，降低静态接触角的效果不明显，但当质量分数提高到 5%～7% 时，形成的静态接触角与不添加时差异显著。

表 5-13　添加不同量 Triton X-100 后 3% 高效氟氯氰菊酯水乳剂药液在苹果叶片上的静态接触角

叶片部位	Triton X-100 含量/%	静态接触角/(°)		
		稀释 2000 倍	稀释 3000 倍	稀释 4000 倍
近轴面	0	50.90±1.2a	55.71±1.3a	55.11±1.2a
	3	48.21±0.6b	52.71±1.2b	53.68±0.7a
	5	40.11±0.6c	45.25±1.7c	46.95±1.1b
	7	36.84±0.4d	42.65±0.9d	43.58±0.7c
远轴面	0	45.21±1.0a	50.23±0.6a	49.42±0.9a
	3	43.25±2.0ab	48.62±1.2ab	48.92±0.7a
	5	40.65±1.2b	46.24±0.3b	47.55±3.1a
	7	34.49±1.5c	36.57±1.2c	38.66±2.6b

从图 5-8 可以看出，无论在近轴面还是远轴面，随着体系中 $C_{12}E_5$ 量的逐渐增加，其黏附张力也呈逐渐增加趋势，说明越容易在苹果树叶片表面黏附沉积。

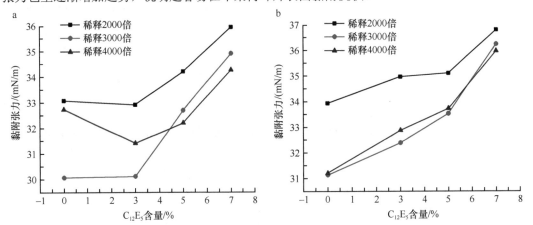

图 5-8　添加不同量 $C_{12}E_5$ 对 3% 高效氟氯氰菊酯水乳剂药液在苹果树果实膨大期叶片近轴面（a）与远轴面（b）表面黏附张力的影响

从图 5-9 可以看出，与表面活性剂 $C_{12}E_5$ 含量的变化相同，无论在近轴面还是远轴面，随着体系中 Triton X-100 含量的逐渐增加，其黏附张力也呈逐渐增加趋势，说明在苹果树叶片表面能更好地黏附沉积。

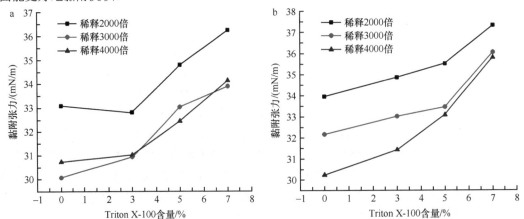

图 5-9　添加不同量 Triton X-100 对 3% 高效氟氯氰菊酯水乳剂药液在苹果树果实膨大期叶片近轴面（a）与远轴面（b）表面黏附张力的影响

图 5-10 表明，随着 $C_{12}E_5$ 含量的增大，3% 高效氟氯氰菊酯水乳剂药液的固-液界面张力呈逐渐减小趋势，浓度越高降低越多，从而说明其吸附量也越大，润湿性越好。

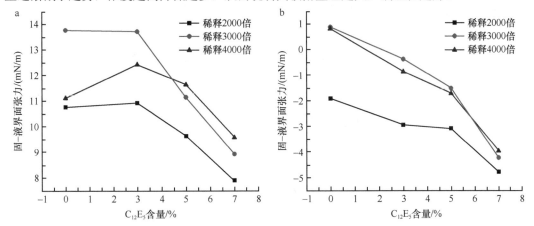

图 5-10　添加不同量 $C_{12}E_5$ 对 3% 高效氟氯氰菊酯水乳剂药液在苹果树果实膨大期叶片近轴面（a）与远轴面（b）表面固-液界面张力的影响

图 5-11 表明，与表面活性剂 $C_{12}E_5$ 含量的变化相同，随着 Triton X-100 含量的逐渐增大，3% 高效氟氯氰菊酯水乳剂药液的固-液界面张力呈逐渐减小趋势，并且浓度越高降低越多，吸附量也越大。表面活性剂分子主要通过疏水相互作用及范德瓦耳斯力等使疏水基团吸附于苹果树叶片，而亲水基团则朝向连续相，从而使苹果树叶片的固-液界面张力降低。

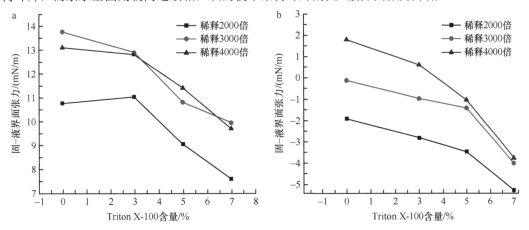

图 5-11　添加不同量 Triton X-100 对 3% 高效氟氯氰菊酯水乳剂药液在苹果树果实膨大期叶片近轴面（a）与远轴面（b）表面固-液界面张力的影响

从图 5-12 和图 5-13 可以看出，随着两种表面活性剂含量的增加，3% 高效氟氯氰菊酯水乳剂在苹果树叶片表面的黏附功（W_A）逐渐减小，在含量为 5% 时达到一个最低值，随后当含量增加到 7% 时，黏附功开始变大。这是由于刚开始，接触角逐渐减小，表面张力也逐渐减小，所以黏附张力也逐渐减小，当表面活性剂浓度超过 CMC 后，其表面张力开始保持稳定不变，但接触角持续变小，黏附张力也开始变大，因此表面活性剂在超过 CMC 之后，倾向于继续向固体表面吸附。

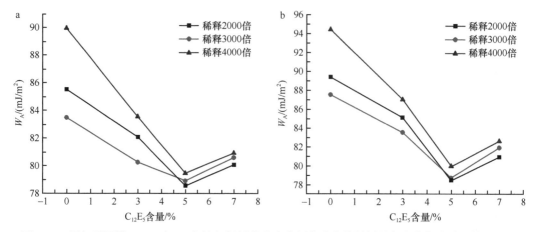

图 5-12　添加不同量 $C_{12}E_5$ 对 3% 高效氟氯氰菊酯水乳剂药液在苹果树果实膨大期叶片近轴面（a）
与远轴面（b）表面黏附功（W_A）的影响

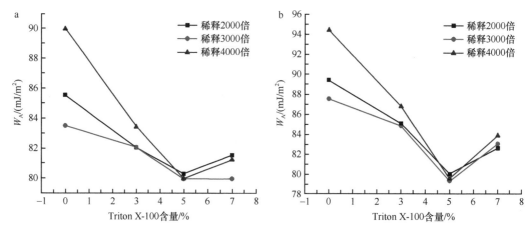

图 5-13　添加不同量 Triton X-100 对 3% 高效氟氯氰菊酯水乳剂药液在苹果树果实膨大期叶片近轴面（a）
与远轴面（b）表面黏附功（W_A）的影响

　　添加 $C_{12}E_5$ 与 Triton X-100 两种表面活性剂后，发现在 3 种不同的稀释倍数下，添加 3 种
不同质量分数的表面活性剂后均能降低原药液的表面张力，并且浓度越高降低程度越明显。
添加表面活性剂后，在不同稀释倍数下，两种表面活性剂可以明显减小原药剂在苹果叶片上
形成的接触角，提高黏附张力，降低在叶片上的固−液界面张力。从表 5-14 可以看出，当稀
释 2000 倍时，未添加 $C_{12}E_5$ 表面活性剂时，3% 高效氟氯氰菊酯水乳剂在 5d、10d、15d 的
防治效果分别为 81.70%、82.47%、80.15%，在添加表面活性剂后，除第 15d 防治效果与对
照组差异不显著外，5d 和 10d 后均一定程度上提升了防治效果，当添加的质量分数为 3%
时，防治效果分别提升为 83.51%、83.76%；当添加质量分数为 5% 时，防治效果分别上升到
86.60%、84.54%；当进一步添加表面活性剂质量分数达到 7% 时，防治效果分别达到 89.43%、
85.82%，提高药效作用明显。当稀释 3000 倍时，对比稀释 2000 倍时，防治效果呈现一定程
度下降，当未添加表面活性剂时，防治效果在 5d、10d、15d 的防治效果为 72.79%～78.34%，
当添加质量分数为 3% 时，防治效果提升为 74.54%～79.77%；当添加质量分数为 5% 时，防
治效果为 75.87%～78.44%；当进一步添加表面活性剂质量分数达到 7% 时，防治效果达到

76.08%～80.60%。通过对比可以发现，添加表面活性剂后的防治效果都有一定的提升，5d 后的提升不明显，没有显著差异，但在 10d 和 15d 后的防治效果与对照差异明显。当稀释 4000 倍时，药剂的防治效果进一步下降，对照组在 3 个时期后的防治效果下降为 66.54%～72.44%，在添加不同质量分数的表面活性剂后，防治效果与对照相比仍有一定程度的提高，其中当添加质量分数为 7% 时，3 个时期的防治效果均为 70% 以上，并且与对照组相比差异明显。

表 5-14　添加不同量 $C_{12}E_5$ 后 3% 高效氟氯氰菊酯水乳剂对桃小食心虫的田间防治效果

（单位：%）

时间	添加 $C_{12}E_5$ 质量分数	施药前蛀果率	稀释 2000 倍		稀释 3000 倍		稀释 4000 倍	
			施药后蛀果率	防治效果	施药后蛀果率	防治效果	施药后蛀果率	防治效果
5d	0	0.25	0.96	81.70±0.3c	2.36	78.34±1.2a	9.4	72.44±0.2b
	3%	0.38	1.02	83.51±1.6bc	2.35	79.77±0.3a	9.15	73.58±1.3ab
	5%	0.41	0.93	86.60±2.1b	2.51	78.44±0.8a	9.11	73.80±1.8ab
	7%	0.28	0.69	89.43±0.8a	2.17	80.60±1.6a	8.32	75.78±0.9a
10d	0	0.31	0.99	82.47±1.3b	2.78	74.64±2.0b	10.38	69.67±2.1c
	3%	0.22	0.85	83.76±1.1ab	2.51	76.49±1.0ab	9.79	71.17±1.1b
	5%	0.15	0.75	84.54±2.7a	2.39	77.00±0.8ab	9.44	72.02±1.9ab
	7%	0.26	0.81	85.82±1.3a	2.30	79.06±1.9a	9.22	73.01±1.3a
15d	0	0.38	1.15	80.15±2.2a	3.03	72.79±2.1b	11.49	66.54±1.1b
	3%	0.51	1.23	81.44±1.1a	2.99	74.54±2.0a	10.81	68.98±0.9a
	5%	0.32	1.02	81.96±1.0a	2.67	75.87±1.5a	10.33	69.85±2.9a
	7%	0.27	0.92	83.25±0.5a	2.60	76.08±1.9a	9.97	70.78±3.3a
	CK	0.32	4.20		10.06		33.52	

注：在同一时间内，同列防治效果数据后不含有相同小写字母的表示差异显著（$P<0.05$）

在山西省农业科学院植物保护研究所自主研制的 3% 高效氟氯氰菊酯水乳剂中添加 $C_{12}E_5$ 表面活性剂后，其防治效果在不同的稀释倍数下都获得了提高，同时在持效性方面也好于对照未添加组，说明此种非离子表面活性剂在未来的农药新剂型研究中有着非常广泛的应用前景。本研究的理论成果，为将来探究实现 3% 高效氟氯氰菊酯水乳剂药液性能的改善以及提高在苹果树对桃小食心虫的防效提供了一定的理论与技术支持。

5.4　苹果园农药对靶高效利用及绿色防控技术

5.4.1　苹果园不同施药器械高效利用技术

目前，对苹果有害生物的防治，通过喷雾法进行的化学防治仍然为主要的防治手段。但是，现有施药机械多为柱塞泵式机动喷雾机，制造加工质量参差不齐，喷头标准不一，使用较长时间后缺乏及时的维护和保养，导致器械漏液现象严重，药液雾化效果变差，农药有效利用率变低。同时，果农施药技术仍停留在传统喷雾技术水平上，农药流失量大、环境污染重、药品残留量高等众多问题严重。因此，山西省农业科学院植物保护研究所针对上述问题，对果园现有施药器械及其应用技术进行了研究优化，为提高农药有效利用率、提高果实品质、减少农药使用等提供了保障。

根据实地调查果园病虫害实际发生情况，针对性选择已获得国家农药登记许可，且在有效使用期内的杀菌剂或杀虫剂。农药品种应选择稀释倍数较高、农药毒性低、果实残留量低的高效防治药剂。在一个防治时期应选择作用机制不同的农药品种交替使用。宜选用水乳剂、微乳剂、水分散粒剂等环境友好型农药剂型。

根据当地苹果园病虫害变化规律，结合苹果休眠期、萌芽期、落花后至套袋前等不同物候期和气象因素等条件，按照山西省农业科学院植物保护研究所制定的地方标准及时喷药防治。使用柱塞泵式喷雾机施药时，施药压力 2.5MPa，喷片孔径 1.0mm。平均雾滴粒径 250μm 左右、雾滴覆盖率 80% 以上、雾滴沉积量 150μL/cm^2，使用风送式果园弥雾机施药时，果树行距应大于喷雾机宽度的 2 倍以上，喷施压力 2.5MPa、风机转速 3000r/min、行进速度 4.5km/h，空心圆锥雾喷头，孔径为 1.0mm，雾滴沉积密度 60～200 个/cm^2、平均雾滴粒径 200μm 左右、雾滴覆盖率 40%～60%（正面）、雾滴沉积量 13～30μL/cm^2。

5.4.2　苹果园施药器械农药有效利用率评价技术

农药有效利用率是指单位面积内沉积在靶标上的农药量占所使用农药总量的比例，即农药有效沉积率，一般意义上是将整个作物视为靶标，农药沉积在作物上的部分，认定为可发挥作用的剂量，见式（5-4）。

$$P= n/N×100\%　　　　　　　　　　　（5-4）$$

式中，P 为农药有效沉积率，n 为沉积在靶标作物表面的农药剂量，N 为农药投放量。在本式中，对于一般大田作物，n 可以通过采集整株作物进行淋洗计算单株作物上的农药剂量，再根据单位面积内作物的总株数，计算单位面积内沉积在靶标作物表面的农药剂量。

根据实验室测定的洗涤液中指示剂诱惑红的浓度、洗涤单位面积内的诱惑红浓度，按照式（5-1）计算喷雾后指示剂诱惑红在果树冠层中叶片上的单位面积沉积量（mg/cm^2），根据式（5-2）计算冠层的总叶面积，再结合喷雾小区指示剂的喷洒量，按照式（5-3）计算喷雾药液在叶片上的有效沉积率（%）。

通过叶面沉积量、果树冠层参数（叶面积指数、冠层地面投影面积）可以直接计算出果树的农药有效沉积率，此计算方法可以更加真实地反映出果园农药的实际利用情况。同时通过将果园果树冠层结构量化为叶面积指数、冠层阴影面积等指标，可以选择果园不同栽种模式下所适宜的植保器械。此外，通过结合地面流失率的测量，还可计算出果园农药的外飘量，从而调整喷雾器械的喷雾角度、雾滴大小、喷雾流量等参数。虽然此次试验研究对象为苹果园，但与其冠层结构相似的桃、梨、枣等乔砧果园均可使用此技术计算农药沉积率。

第6章 棉花有害生物防控中农药损失规律与高效利用机制

中国是棉花种植和消费大国，棉花年产量600万～800万t，约占世界总产量的30%，棉花年消费量1000万t左右，均居世界第一。我国的棉花消费量明显大于棉花产量，因此必须提高有限种植面积上的棉花产量（马小艳等，2016）。新疆维吾尔自治区因突破了"矮密早"栽培技术，大面积提升了棉花单产，已成为我国的主要产棉区。我国三大棉区的主要自然条件及常种品种见表6-1。

表6-1 我国三大棉区的主要自然条件及常种品种（王双双等，2015）

棉区名称	无霜期/d	≥15℃积温/℃	生长期间日照时数/h	生长期间降雨量/mm	海拔/m	常种棉花品种
长江流域棉区	220～300	>4000	3500～4100	>600	<500	酒棉3号，苏棉8、12号，鄂抗棉5号，川棉109等
黄河流域棉区	180～230	3500～4100	1400～1500	400～700	<3500	中棉所19、23，冀棉24等
西北内陆棉区	155～230	3000～4900	>1500	<150	-100～1400	军棉1号，新陆早1、5号，新陆中66号，中棉所12、19，冀棉24等

目前，化学农药仍然是防治棉花病虫害的主要手段。早期主要采用背负式手动喷雾器防治棉花病虫害，作业效率低，且对棉花中后期的病虫害防治效果不佳；目前新疆多数农户使用拖拉机为动力、采用液力雾化的悬挂式喷杆喷雾机，受拖拉机底盘的限制，棉花封行后无法下地，且纯液力雾化的雾滴难以穿透棉花冠层，到达棉花的中下部，农药有效利用率低。上述两种施药方式均采用大容量喷雾技术，通常使得药液从叶片表面流失，造成严重的资源浪费和环境污染。由于具有运行成本低、作业效率高、喷雾均匀等优点，近年来植保无人机发展迅速，因其在施药过程中产生下压风场，有助于增加雾滴在棉花冠层中的穿透性，提高雾滴在冠层中下部的沉积量，从而提高农药的有效利用率。

6.1 棉田农药的主要沉积部位与有害生物的为害部位之间的位置差

棉花整个生育期分为苗期、蕾期、花铃期和吐絮期。其中苗期、蕾期和花铃期是病虫害易发生时期。苗期主要以立枯、枯萎、炭疽、猝倒病为主；苗期、蕾期、花铃期和吐絮期是棉花蚜虫、棉盲蝽、棉蓟马和棉红蜘蛛等害虫的发生为害时期。

新疆等地普遍采用了矮化密植的种植模式。棉花苗期，可使用背负式电动喷雾机下田对准棉花植株进行喷雾。棉花蕾期、花铃期及吐絮期的枝叶交叉封行，人工下田行走困难，通常选用担架式机动喷雾机、高地隙喷杆喷雾机、高地隙吊杆喷雾机以及风送远程喷雾机等大型机械或植保无人机等防治病虫害。

但悬挂式喷杆喷雾机受拖拉机底盘的限制无法下地且喷雾量大，使农药雾滴从叶片流失，悬挂式喷杆喷雾机使用纯液力雾化喷头，在棉花生长中后期难以穿透棉花冠层到达棉花的中下部。红蜘蛛和蚜虫在棉花叶片背面为害，背负式电动喷雾机及悬挂式喷杆喷雾机等很难使雾滴沉积到叶片背面，触杀性药剂难以发挥杀虫作用。

6.2 棉花生长中期和后期雾滴沉积规律

6.2.1 植保无人机喷药在棉花生长中期雾滴沉积规律

6.2.1.1 喷雾参数对棉花生长中期雾滴沉积分布的影响

试验在新疆库尔勒市和什力克乡库勒村新疆农业科学院植物保护研究所试验田进行。种植模式为棉花单作,于 2019 年 4 月 18 日机械铺膜+滴灌带播种,膜宽 1.45m,采用"一膜四行"种植模式,宽窄行。种植密度为 15 万~18 万株/hm²,棉花长势和田间管理均匀一致。棉花品种为'新陆中 66 号',试验时间为 6 月 27 日,棉花生长期为中期,17~19 叶,棉花平均株高 50~55cm,叶面积指数为 1.556。

田间采用 MG-1P 型植保无人机进行喷雾,试验共设置 9 个处理,喷雾介质为清水+诱惑红,各处理的喷雾参数设置如表 6-2 所示,喷头的雾滴粒径分布: ST110-01 喷头(处理 1、6、7)100~130μm,ST110-015 喷头(处理 2、5、8)130~170μm,LU120-01 喷头(处理 3、4、9)130~160μm。

表 6-2 植保无人机不同喷雾参数正交试验方案表

处理号	无人机飞行高度 A/m	飞行速度 B/(m/s)	喷头型号 C
1	2	3	ST110-01
2	2	4	ST110-015
3	2	5	LU120-01(防飘)
4	3	4	LU120-01(防飘)
5	3	3	ST110-015
6	3	5	ST110-01
7	4	4	ST110-01
8	4	5	ST110-015
9	4	3	LU120-01(防飘)

试验结果如表 6-3 所示。喷雾参数对诱惑红在棉花冠层中的沉积分布有显著影响。处理 1 的沉积分布效果最佳,在棉花冠层上、中、下部位的叶片正面的沉积量分别为 506.1ng/cm²、798.5ng/cm²、1422.6ng/cm²,叶片背面的沉积量分别为 473.2ng/cm²、669.8ng/cm²、852.4ng/cm²,均明显高于其他喷雾参数的处理。飞行速度 5m/s 时(处理 3、6、8),雾滴在棉花冠层下部叶片正面的沉积量仅为 100~300ng/cm²,明显低于 3m/s、4m/s 飞行速度的沉积量。

表 6-3 不同喷雾处理下诱惑红的沉积量 （单位: ng/cm²）

处理	1	2	3	4	5	6	7	8	9
粒径/μm	112	142	158	150	138	128	106	165	131
上正	506.1	362.5	247.9	339.4	609.4	372.6	264.1	408.2	486.5
上背	473.2	262.6	107.7	181.6	244.0	148.0	395.3	384.0	129.8
中正	798.5	363.5	245.0	374.9	337.8	147.7	414.7	419.5	405.8
中背	669.8	148.4	188.4	203.4	118.4	165.6	556.7	192.0	162.4

续表

处理	1	2	3	4	5	6	7	8	9
下正	1422.6	377.4	201.7	298.4	105.1	146.4	490.0	292.1	306.8
下背	852.4	107.4	40.3	200.1	85.6	107.7	438.4	227.5	256.1

6.2.1.2　喷雾助剂对棉花生长中期雾滴沉积分布的影响

田间采用 MG-1P 型植保无人机进行喷雾，飞行速度 3m/s，喷雾高度为 2m，使用 LECHLER 公司的 ST110-01 喷头，处理设置如表 6-4 所示，诱惑红为指示剂。

表 6-4　植保无人机不同喷雾助剂试验方案表

处理号	药剂	助剂
1	22% 氟啶虫胺腈	
2	22% 氟啶虫胺腈	ND-800
3	22% 氟啶虫胺腈	G2801
4	22% 氟啶虫胺腈	倍达通

如表 6-5 所示，在不添加助剂的情况下，22% 氟啶虫胺腈在棉花冠层上、中、下部叶片的沉积量最大，但仅在棉花冠层中部叶片正面的雾滴沉积密度为 28.8 个/cm^2；添加飞防助剂 ND-800 后，棉花冠层上、中、下部叶片正面的雾滴沉积密度分别为 47.1 个/cm^2、27.7 个/cm^2、89.3 个/cm^2，与不添加助剂相比增长幅度分别为 196.23%、−3.82%、491.39%；添加助剂 G2801 后，棉花冠层上、中、下部叶片的雾滴沉积密度分别为 20.5 个/cm^2、47.7 个/cm^2、49.8 个/cm^2，与不添加助剂相比增长幅度分别为 28.93%、65.63%、229.80%；添加倍达通后，棉花冠层上、中、下部叶片的雾滴沉积密度分别为 75.6 个/cm^2、78.4 个/cm^2、107.6 个/cm^2，与不添加助剂相比增长幅度分别为 375.47%、172.22%、612.58%。

表 6-5　不同飞防助剂下雾滴沉积分布　　　　　　　　　　（单位：ng/cm^2）

取样部位	22% 氟啶虫胺腈		22% 氟啶虫胺腈+ND-800		22% 氟啶虫胺腈+G2801		22% 氟啶虫胺腈+倍达通	
	沉积量/(ng/cm^2)	雾滴沉积密度/(个/cm^2)	沉积量/(ng/cm^2)	雾滴沉积密度/(个/cm^2)	沉积量/(ng/cm^2)	雾滴沉积密度/(个/cm^2)	沉积量/(ng/cm^2)	雾滴沉积密度/(个/cm^2)
上正	506.1	15.9	279.7	47.1	416.6	20.5	456.8	75.6
上背	473.2	1.8	321.6	14.2	338.8	7.8	468.2	2.2
中正	798.5	28.8	416.3	27.7	569.1	47.7	674.8	78.4
中背	669.8	6.6	495.9	45.6	574.4	31.5	709.3	5.4
下正	1422.6	15.1	1006.3	89.3	651.9	49.8	759.4	107.6
下背	852.4	5.1	616.9	21.8	355.0	38.9	429.2	4.5

叶片背面，使用助剂 ND-800 后雾滴沉积密度有所增加，上、中、下部叶片背面的雾滴沉积密度分别为 14.2 个/cm^2、45.6 个/cm^2、21.8 个/cm^2，与不加助剂的 1.8 个/cm^2、6.6 个/cm^2、5.1 个/cm^2 相比，增长幅度分别为 688.89%、590.91%、327.45%。添加助剂 G2801 或倍达通对叶片背面的雾滴沉积密度无显著影响。

6.2.2　喷杆喷雾机在棉花生长中期雾滴沉积规律

采用悬挂式喷杆喷雾机进行喷雾，喷幅 7m，拖拉机行驶速度 6.25km/h，工作压力 0.3MPa。各处理的喷雾参数如表 6-6 所示。

表 6-6　悬挂式喷杆喷雾机试验方案

处理	药剂	助剂	喷头型号	喷雾高度/cm
1	21%噻虫嗪悬浮剂	G1801	110-02	30
2	21%噻虫嗪悬浮剂	G1801	110-02	50
3	21%噻虫嗪悬浮剂	G1801	110-015	30
4	21%噻虫嗪悬浮剂	G1801	110-015	50
5	21%噻虫嗪悬浮剂	N380	110-02	30
6	21%噻虫嗪悬浮剂	N380	110-02	50
7	21%噻虫嗪悬浮剂	N380	110-015	30
8	21%噻虫嗪悬浮剂	N380	110-015	50
9	21%噻虫嗪悬浮剂	ND600	110-02	30
10	21%噻虫嗪悬浮剂	ND600	110-02	50
11	21%噻虫嗪悬浮剂	ND600	110-015	30
12	21%噻虫嗪悬浮剂	ND600	110-015	50
13	21%噻虫嗪悬浮剂	ND800	110-02	30
14	21%噻虫嗪悬浮剂	ND800	110-02	50
15	21%噻虫嗪悬浮剂	ND800	110-015	30
16	21%噻虫嗪悬浮剂	ND800	110-015	50
17	21%噻虫嗪悬浮剂	阿法通	110-02	30
18	21%噻虫嗪悬浮剂	阿法通	110-02	50
19	21%噻虫嗪悬浮剂	阿法通	110-015	30
20	21%噻虫嗪悬浮剂	阿法通	110-015	50
21	21%噻虫嗪悬浮剂		110-03	30
22	21%噻虫嗪悬浮剂		110-03	50

6.2.2.1　喷雾参数对棉花生长中期雾滴沉积分布的影响

由图 6-1 和图 6-2 可知，上层叶片正面覆盖率最高的 3 个处理为处理 13、处理 19、处理 11，分别为 49.27%、41.91%、40.09%；覆盖率最低的 3 个处理为处理 16、处理 4、处理 22，分别为 15.79%、12.30%、12.24%。上层叶片背面覆盖率最高的 3 个处理为处理 12、处理 20、处理 2，分别为 9.30%、8.68%、8.43%；覆盖率最低的 3 个处理为处理 21、处理 7、处理 11，分别为 1.94%、1.92%、1.84%。

中层叶片正面覆盖率最高的 3 个处理为处理 6、处理 17、处理 2，分别为 32.75%、30.08%、29.04%；覆盖率最低的 3 个处理为处理 4、处理 1、处理 22，分别为 11.35%、7.86%、7.56%。中层叶片背面覆盖率最高的 3 个处理为处理 12、处理 18、处理 1，分别为 10.07%、8.85%、6.95%；覆盖率最低的 3 个处理为处理 17、处理 5、处理 19，分别为 1.13%、1.08%、0.53%。

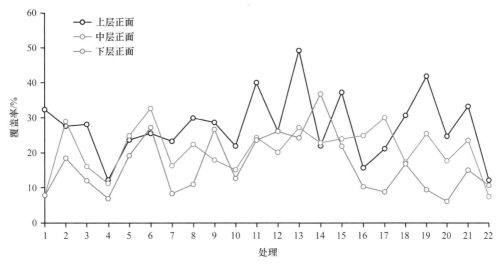

图 6-1　叶片正面雾滴覆盖率曲线（悬挂式喷杆喷雾机）

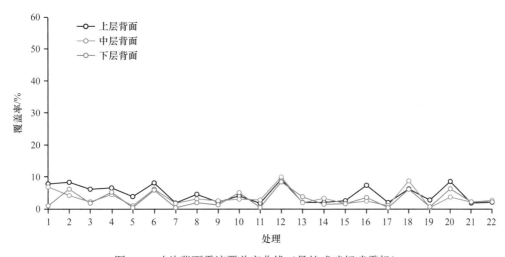

图 6-2　叶片背面雾滴覆盖率曲线（悬挂式喷杆喷雾机）

处理 14、处理 6、处理 9 是下层叶片正面覆盖率最高的 3 个处理，分别为 36.85%、27.27%、26.73%；下层叶片正面覆盖率最低的 3 个是处理 1、处理 4、处理 20，分别为 7.93%、6.97%、6.17%。处理 12、处理 20、处理 2 是下层叶片背面覆盖率最高的 3 个处理，分别为 8.52%、6.38%、6.28%；处理 5、处理 17、处理 7 则是下层叶片背面覆盖率最低的 3 个处理，分别为 0.51%、0.49%、0.46%。

悬挂式喷杆喷雾机在靶标作物背面的覆盖率较低。比较同一喷雾药剂及助剂的不同喷雾参数的覆盖率数据发现：添加助剂 G1801，采用 110-02 喷头、喷雾高度 50cm 的处理 2 在冠层上层叶片正面、中层叶片背面的覆盖率最高；添加助剂 N380，采用 110-02、喷雾高度 50cm 的处理 6 在冠层上层叶片正面、中层叶片背面的覆盖率最高；添加助剂 ND600，处理 11 在冠层上层叶片正面的覆盖率最高，处理 9 在冠层上层叶片正面的覆盖率最高。综合分析加入助剂后的雾滴分布状况，使用 ND600 后的 4 个处理，雾滴在冠层上层、中层、下层叶片的分布均匀性都较佳；添加助剂 ND800 后，处理 13 在冠层上层叶片正面、下层叶片背面的覆盖率最高，处理 14 在冠层下层叶片正面的覆盖率最高，处理 13 和处理 14 均使用 110-02 喷头，喷雾高度分别为30cm和50cm；添加助剂阿法通后，处理17在冠层中层叶片的覆盖率较高，处理18在冠层下层叶片的覆盖率较高，处理19在冠层上层叶片的覆盖率最高。总体来看，喷头110-02的喷雾效果较好。

6.2.2.2 喷雾助剂对棉花生长中期雾滴沉积分布的影响

如图6-3所示，与当地常规使用的ST110-03喷头（处理22）相比，使用ST110-02喷头、喷雾高度50cm时，添加助剂后药液沉积密度都得到不同程度的提升，其中ND800助剂（处理14）对叶片正面的沉积密度提升效果较大，对叶片背面沉积密度的提升效果不明显。阿法通助剂（处理18）较明显地提升了叶片背面的雾滴沉积密度，且均匀性较好。

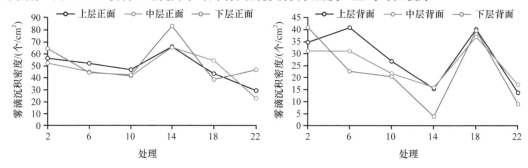

图6-3 雾滴沉积密度（ST110-02喷头处理与处理22）

如图6-4所示，与当地常规使用的ST110-03喷头（处理21）相比，使用ST110-015喷头和ST110-02喷头、喷雾高度为30cm时，叶片正面的雾滴沉积密度显著高于背面。添加不同助剂均显著提升了作物叶片正面的雾滴沉积密度，其中处理15（ND800助剂）无论是叶片正面还是背面，雾滴沉积密度的提升效果都最为理想。

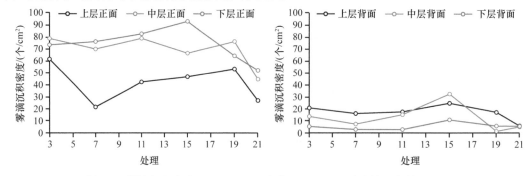

图6-4 雾滴沉积密度（ST110-015喷头、ST110-02喷头处理与处理22）

使用ST110-015喷头、喷雾高度为50cm时，添加助剂后，各个助剂均提高了作物叶片表面的雾滴沉积密度，其中使用助剂N380的处理8在冠层上中下部位叶片的雾滴沉积分布较为均匀，但叶片背面的效果低于其余几组处理。使用助剂G1801的处理4，对提升叶片背面雾滴沉积密度的效果最为理想。

6.2.3 植保无人机喷药在棉花生长后期雾滴沉积规律

试验在新疆库尔勒市和什力克乡库勒村新疆农业科学院植物保护研究所试验田进行。种植模式为棉花单作，于2019年4月18日机械铺膜+滴灌带播种，膜宽1.45m，采用"一膜四行"

种植模式，宽窄行。种植密度为 15 万～18 万株/hm²，棉花长势和田间管理均匀一致。棉花品种为'新陆中 66 号'，试验时间为 9 月 2 日，棉花生长期为后期，45～50 叶，棉花平均株高100～110cm，叶面积指数为 3.152。

采用 MG-1P 型植保无人机进行喷雾，喷雾介质为助剂+诱惑红，各处理的喷雾参数如表 6-7 所示。

表 6-7　试验处理的喷雾参数

ST110-01 喷头				ST110-015 喷头			
处理号	飞行高度/m	飞行速度/(m/s)	助剂种类	处理号	飞行高度/m	飞行速度/(m/s)	助剂种类
1	2	3	倍达通	1	2	3	倍达通
2	2	4	倍达通	2	2	4	倍达通
3	2	5	倍达通	3	2	5	倍达通
4	2	3	ND800	4	2	3	ND800
5	2	4	ND800	5	2	4	ND800
6	2	5	ND800	6	2	5	ND800
7	2	3	ND600	7	2	3	ND600
8	2	4	ND600	8	2	4	ND600
9	2	5	ND600	9	2	5	ND600
10	2	3	G2801	10	2	3	G2801
11	2	4	G2801	11	2	4	G2801
12	2	5	G2801	12	2	5	G2801
13	2	3	N380	13	2	3	N380
14	2	4	N380	14	2	4	N380
15	2	5	N380	15	2	5	N380

6.2.3.1　喷雾参数对棉花生长后期雾滴沉积分布的影响

图 6-5 是使用 ST110-01 喷头的覆盖率，从该图可以看到，冠层上层叶片正面覆盖率最高的 3 个处理分别为处理 1（倍达通，3m/s）、处理 7（ND600，3m/s）、处理 2（倍达通，4m/s），依次为 5.91%、5.90%、3.44%；覆盖率最小的 3 个处理分别为处理 15（N380，5m/s）、处理 6（ND800，5m/s）、处理 5（ND800，4m/s），依次为 1.92%、2.21%、2.32%。冠层上层叶片背面覆盖率最高的 3 个处理分别为处理 7（ND600，3m/s）、处理 8（ND600，4m/s）、处理 5（ND800，4m/s），依次为 2.84%、2.07%、1.72%；覆盖率最小的 3 个处理分别为处理 11（G2801，4m/s）、处理 10（G2801，3m/s）、处理 12（G2801，5m/s），依次为 0.63%、0.64%、0.67%。中层叶片覆盖率最高的 3 个处理分别为处理 7（ND600，3m/s）、处理 1（倍达通，3m/s）、处理 4（ND800，3m/s），依次为 3.78%、2.69%、2.38%；覆盖率最小的 3 个处理分别为处理 5（ND800，4m/s）、处理 6（ND800，5m/s）、处理 12（G2801，5m/s），依次为 0.93%、1.25%、1.32%。下层叶片覆盖率最高的 3 个处理分别为处理 7（ND600，3m/s）、处理 1（倍达通，3m/s）、处理 9（ND600，5m/s），依次为 2.22%、1.89%、1.43%；覆盖率最小的 3 个处理分别为处理 10（G2801，3m/s）、处理 11（G2801，4m/s）、处理 2（倍达通，4m/s），依次为 0.55%、0.57%、0.67%。

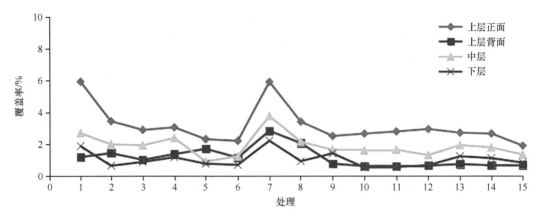

图 6-5　ST110-01 喷头施药条件下雾滴覆盖率

如图 6-6 所示，上层叶片正面雾滴沉积密度最高的是处理 7（ND600，3m/s）、处理 1（倍达通，3m/s）、处理 12（G2801，5m/s），依次为 52.01 个/cm²、46.54 个/cm²、43.14 个/cm²；雾滴沉积密度最小的是处理 15（N380，5m/s）、处理 2（倍达通，4m/s）、处理 14（N380，4m/s），依次为 18.02 个/cm²、21.67 个/cm²、23.26 个/cm。上层叶片背面雾滴沉积密度最高的是处理 7（ND600，3m/s）、处理 8（ND600，4m/s）、处理 4（ND800，3m/s），依次为 32.74 个/cm²、21.02 个/cm²、15.60 个/cm²；雾滴沉积密度最小的是处理 14（N380，4m/s）、处理 15（N380，5m/s）、处理 11（G2801，4m/s），依次为 5.74 个/cm²、6.25 个/cm²、8.33 个/cm²。中层叶片雾滴沉积密度最高是处理 7（ND600，3m/s）、处理 4（ND800，3m/s）、处理 1（倍达通，3m/s），依次为 38.29 个/cm²、27.11 个/cm²、23.50 个/cm²；雾滴沉积密度最小的是处理 5（ND800，4m/s）、处理 15（N380，5m/s）、处理 6（ND800，5m/s），依次为 10.88 个/cm²、11.34 个/cm²、12.91 个/cm²。下层叶片雾滴沉积密度最高的是处理 7（ND600，3m/s）、处理 1（倍达通，3m/s）、处理 4（ND800，3m/s），依次为 22.90 个/cm²、18.71 个/cm²、14.93 个/cm²；雾滴沉积密度最小的是处理 2（倍达通，4m/s）、处理 5（ND800，4m/s）、处理 6（ND800，5m/s），依次为 6.07 个/cm²、6.07 个/cm²、6.75 个/cm²。

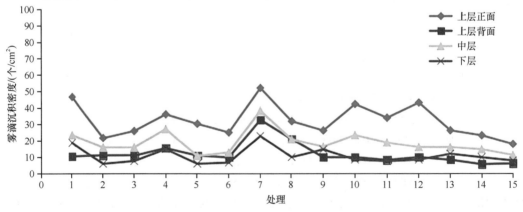

图 6-6　ST110-01 喷头施药条件下雾滴沉积密度

图 6-7 反映了 ST110-015 喷头的覆盖率。如图所示，上层叶片正面雾滴覆盖率最大的是处理 7（ND600，3m/s）、处理 4（ND800，3m/s）、处理 13（N380，3m/s），依次为 10.98%、10.68%、10.64%；覆盖率最小的是处理 12（G2801，5m/s）、处理 11（G2801，4m/s）、处理

2（倍达通，4m/s），依次为 2.6%、2.72%、3.12%。上层叶片背面雾滴覆盖率最大的是处理 4（ND800，3m/s）、处理 5（ND800，4m/s）、处理 8（ND600，4m/s），依次为 1.48%、1.19%、1.07%；覆盖率最小的是处理 2（倍达通，4m/s）、处理 12（G2801，5m/s）、处理 9（ND600，5m/s），依次为 0.28%、0.30%、0.35%。中层叶片雾滴覆盖率最大的是处理 4（ND800，3m/s）、处理 7（ND600，3m/s）、处理 10（G2801，3m/s），依次为 4.58%、3.83%、3.52%；覆盖率最小的是处理 12（G2801，5m/s）、处理 2（倍达通，4m/s）、处理 11（G2801，4m/s），依次为 0.93%、1.71%、1.88%。下层叶片雾滴覆盖率最大的是处理 13（N380，3m/s）、处理 1（倍达通，3m/s）、处理 9（ND600，5m/s），依次为 2.39%、1.91%、1.83%；覆盖率最小的是处理 12（G2801，5m/s）、处理 11（G2801，4m/s）、处理 2（倍达通，4m/s），依次为 0.58%、0.62%、0.84%。

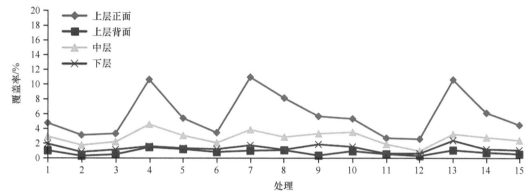

图 6-7　ST110-015 喷头施药条件下雾滴覆盖率

图 6-8 为 ST110-015 喷头不同处理的雾滴沉积密度。由该图可以看到，上层叶片正面雾滴沉积密度最大的是处理 4（ND800，3m/s）、处理 7（ND600，3m/s）、处理 8（ND600，4m/s），依次为 69.07 个/cm²、66.42 个/cm²、55.27 个/cm²；雾滴沉积密度最小的是处理 2（倍达通，4m/s）、处理 12（G2801，5m/s）、处理 11（G2801，4m/s），依次为 18.79 个/cm²、23.47 个/cm²、24.86 个/cm²。上层叶片背面雾滴沉积密度最大的是处理 5（ND800，4m/s）、处理 4（ND800，3m/s）、处理 1（倍达通，3m/s），依次为 16.17 个/cm²、13.43 个/cm²、13.25 个/cm²；雾滴沉积密度最小的是处理 2（倍达通，4m/s）、处理 9（ND600，5m/s）、处理 14（N380，4m/s），依次为 2.89 个/cm²、3.02 个/cm²、4.42 个/cm²。中层叶片雾滴沉积密度最大的是处理 4（ND800，3m/s）、

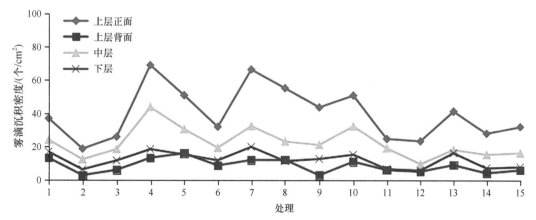

图 6-8　ST110-015 喷头施药条件下雾滴沉积密度

处理 7（ND600，3m/s）、处理 10（G2801，3m/s），依次为 43.80 个/cm²、32.54 个/cm²、32.37 个/cm²；雾滴沉积密度最小的是处理 12（G2801，5m/s）、处理 2（倍达通，4m/s）、处理 14（N380，4m/s），依次为 9.70 个/cm²、12.38 个/cm²、15.39 个/cm²。下层叶片雾滴沉积密度最大的是处理 7（ND600，3m/s）、处理 4（ND800，3m/s）、处理 1（倍达通，3m/s），依次为 20.02 个/cm²、18.61 个/cm²、16.93 个/cm²；雾滴沉积密度最小是处理 12（G2801，5m/s）、处理 2（倍达通，4m/s）、处理 11（G2801，4m/s），依次为 5.90 个/cm²、6.38 个/cm²、6.79 个/cm²。

由 ST110-01 及 ST110-015 标准扇形喷头在不同的喷雾参数和添加不同的喷雾助剂后的雾滴覆盖率及雾滴沉积密度数据可以看出，当飞行速度为 3m/s 时，雾滴覆盖率及雾滴沉积密度效果最好，随着飞行速度的增加，雾滴的覆盖率下降。

6.2.3.2　喷雾助剂对棉花生长后期雾滴沉积分布的影响

用 ST110-01 喷头添加助剂后，各个助剂对作物雾滴沉积密度均有提高作用，其中处理 7（ND600，飞行速度 3m/s，飞行高度 2m）的上中下层正面雾滴沉积密度分布较为均匀，效果理想（表 6-8）。

表 6-8　ST110-01 喷头喷雾结果比较

高度/m	速度/(m/s)	助剂	覆盖率/%				雾滴沉积密度/(个/cm²)			
			上层		中层	下层	上层		中层	下层
			正面	背面			正面	背面		
2	3	ND600	5.90	2.84	3.78	2.22	52.01	32.74	38.29	22.90
2	3		0.93	0.85	2.13	1.90	12.09	6.08	23.62	21.63

6.3　棉田农药高效利用机制及调控措施

6.3.1　提高在作物上的农药沉积量

农药的沉积与飘失是一对矛盾体。药液在靶标上的沉积量增加，飘失或流失的药液就会减少；药液飘失或流失的药液增加，沉积在靶标上的药液量就会减少。因此，要提高作物上的农药沉积量，就需要减少药液飘失或流失（何雄奎，2012）。

大田喷雾作业时，雾滴的飘失主要分为两个阶段。第一个阶段主要是机具作业过程中产生的气流造成雾滴的飘失，特别是细小雾滴的飘失，主要受机具性能、喷雾高度、机具喷雾速度等的影响，这些都是操作人员可以控制的；第二个阶段主要是大田环境中的温度、湿度、气流等对雾滴空中运行的影响，这些都是操作人员所不能控制的。

药液能否在靶标上稳固滞留，是提高农药利用率的又一关键。作物叶片上所能承载的药液量有一个饱和点，超过这一饱和点药液就会自动流失，所以饱和点也称作流失点。发生流失后作物叶片上的药液沉积量称为最大稳定持液量。最大稳定持液量与喷雾方法、雾滴大小、药液理化性质有关。

在农药中添加表面活性剂，可有效降低药液的表面张力，减少雾滴与作物靶标的接触角，提高雾滴在作物表面的润湿及铺展能力。研究证明，添加助剂可以改善药液理化性质，提高农药有效利用率，提高防治效果。

从作物生长期看，在苗期农药利用率很低，仅在 15% 左右，后期随着作物冠层密度增大，农药利用率提高，最高可达 50% 左右。从叶片特征看，棉花属于阔叶作物，由于叶片面积大，叶片铺展，药液利用率一般比禾本科作物高。作物的生长期不同，叶片特征也有所不同。与老龄叶片相比，新叶更难被润湿，作物叶片的生理活动也会影响药液的沉积分布。

6.3.2　针对性施药措施

农药剂量传递的目标是在作物叶片表面形成理想的药剂沉积分布，而药液在植物叶片的最终的沉积分布是由药液的物化特性、雾滴谱、雾滴运行速度、叶片表面结构、作物株冠层结构等多方面的因素决定的。田间喷洒农药后，药剂主要有 3 个去向：农作物、土壤、大气（包括雾滴飘移损失）。防治作物病虫害，总希望有更多的药剂沉积在生物靶标上，而沉积流失到土壤及大气中的药剂则越少越好。

1. 控制农药微粒的粒径

按需要选择雾化的程度，在旋转可控雾滴喷洒技术中，"ULVA+"控滴喷雾机在 4000～6000r/min 的转速下可产生直径为 100～150μm 的雾滴，而在转速降低到 2000r/min 时，所产生的雾滴直径则增大到 200～300μm。在喷粉技术中，去除粉剂中 10μm 以下的细小粉粒，做成防飘粉剂，可以明显降低粉粒的飘移，日本就研究开发了适合水稻田使用的防飘喷粉技术（袁会珠，2011）。

2. 物理化学措施

根据棉花叶片表面特征（亲水性）选择合适的农药剂型。

为了防止细小雾滴的蒸发飘移问题，研究开发了许多抑制蒸发的助剂，这样可以减小雾滴在沉降过程中因水分蒸发而造成的雾滴直径变小的程度。蒸发抑制剂主要是一类表面活性物质，能够在雾滴表面形成一层阻止或延缓水分蒸发的分子膜。其中最突出的一种商品名为"Lovo"的蒸发抑制剂，是一种高级脂肪酸的铵盐。在药液中的含量为 4% 左右时，可有效防止细小雾滴的蒸发现象。

3. 株冠层结构、叶片倾角对农药雾滴沉积分布的影响

茂密封闭的作物株冠层结构，叶面积系数大，农药雾滴与叶片表面接触机会多，农药有效利用率高，但稀疏开放的冠层结构，叶面积系数小，容易发生药液流失。田间喷雾时，喷洒的农药剂量、施药液量应根据三维的株冠层结构来确定。高速摄影说明，叶片倾角对单个雾滴的沉积持留没有影响，低容量喷雾叶片倾角对雾滴沉积量没有影响。但由于雾滴间的扩散聚并及雾滴在已润湿叶片表面的弹跳现象，在大容量喷雾时，叶片倾角与沉积量呈负相关，叶片倾角越大，沉积量越小，叶片倾角越小，叶片越接近与地面平行，农药沉积量越大。由于植物的根压和叶片膨压一天内一般在日出前后达到高峰，下午达到低峰，故植物叶片在日出前后和下午分别是呈坚挺和平展状态，叶片倾角分别达到最大和最小。因而，采取常规大容量喷雾法最好在下午喷药，有利于药剂沉积，采取低容量喷雾法最好在清晨，便于雾滴对株冠层的穿透。

4. 改善植保机械和施药技术

西方发达国家的农药利用率很高，关键是研发了新型施药器械及先进的施药技术。主要代表技术为防飘施药技术、静电喷雾技术、循环喷雾技术、低容量喷雾技术、计算机扫描施药技术等，从而达到精确、定向对靶、农药回收的目的。这些先进的施药机具及施药技术能大大提高农药的利用率。例如，循环式喷雾机农药利用率可达 90% 以上；防飘喷雾机可减少农药飘失量 70% 以上，显著提高农药利用率；新型射流防飘喷头可使农药利用率达 90% 以上。除了这些先进的施药器械，在施药技术方面也进行革新，采用低容量喷雾，每公顷仅用 100～200L 药液，大大节省了农药用量，也提高了农药利用率。

结合棉花病虫害防治需求，选择合适的施药机具与喷雾参数，满足生物最佳直径（BODS），提高农药的有效利用率。考虑到农药雾滴蒸发萎缩和控制细小雾滴飘移的问题，对于杀虫剂喷雾防治害虫，可采用粒径为 10～50μm 的雾滴防治飞行状态的成虫，害虫在飞行时有利于捕获细小雾滴；对于杀菌剂喷雾，多以植物叶片为喷洒对象，农药雾滴以粒径 30～150μm 为佳；除草剂的喷洒，因要克服雾滴飘移的风险，雾滴最佳粒径以 100～300μm 最为合适。

（1）吊杆式喷雾

吊杆通过软管连接在横喷杆下方，工作时，吊杆由于自重而下垂，当行间有枝叶阻挡可自动后倾，以免损伤作物。吊杆的间距可根据作物的行距任意调整。在每个吊杆下部安装的喷头方向可调整。在对棉花进行喷雾时，对棉株形成了"门"字形立体喷雾，使植株的上下部和叶面、叶背都能均匀附着药液。此外，还可以根据作物情况用无孔的喷头片堵住部分喷头，用剩下的喷头喷雾，以节省药液。适用于棉花在不同生长期的病虫害防治。

（2）气流辅助式喷雾

气流辅助式喷雾技术是减少飘移和改善靶标药液分布的主要措施。气流辅助式喷雾施药是利用风机产生的强大气流直接作用于喷头，增加雾滴的速度，从而改变雾滴的运动轨迹，或者在喷头的前面或后面形成一道风幕墙，利用气流的动能把药液雾滴吹送到靶标上，并改善药液雾化、雾滴穿透性和靶标上的沉积分布，从而减少雾滴飘移的一种方式。气流辅助式喷雾系统能够提高雾滴在作物冠层中的穿透性能，有效地减少雾滴飘移，适用于棉花生长中后期。

第7章 保护地蔬菜有害生物防控中农药损失规律与高效利用机制

黄瓜和番茄是我国北方保护地种植最普遍的蔬菜，由于设施环境具有高温、高湿、密闭和连作种植的特点，为蔬菜病虫的周年繁殖和为害提供了适宜的条件及越冬场所，非常有利于病虫害的发生流行。在设施环境中，作物地上部尤其叶片是受害最严重的部位，发生在叶部的病害，在黄瓜上主要有霜霉病、白粉病、靶斑病和炭疽病等，在番茄上主要有叶霉病、早疫病、灰霉病、晚疫病等。而蔬菜上的大多数害虫如烟粉虱、美洲斑潜蝇、蓟马、蚜虫、茶黄螨等也主要为害叶片。因此，叶片是施药防治的重点部位。

在保护地防治黄瓜、番茄等叶部病虫害，喷雾法、熏烟法、粉尘法、蘸花法和穴盘浸渍法等是主要的施药手段。无论采用何种手段，药剂在不同位置叶片上正反面的沉积量、均匀度等因素都影响最终的防治效果。

7.1 保护地蔬菜农药的主要沉积部位与有害生物的为害部位之间的位置差

7.1.1 蔬菜病虫害在植株上的发生与为害部位

不同病虫害在蔬菜上为害的部位存在差异，因此施药时应该充分考虑这一点。

7.1.1.1 病原菌侵染发病的冠层分布规律

黄瓜霜霉病菌在苗期和成株期均可侵染黄瓜，但主要在成株期，为害已经展平的功能叶片，幼叶很少发病。霜霉病孢子囊首先附着于叶片，在温湿度条件适宜时，特别是叶面有水滴或水膜的条件下，附着于叶片表面的孢子囊开始侵染。孢子囊的侵染方式有两种，一种是孢子囊直接萌发产生芽管，通过气孔或细胞间隙进行侵染；另一种是孢子囊不直接萌发，而是释放出游动孢子，由游动孢子萌发产生芽管，从寄主气孔或细胞间隙侵入进行侵染。侵入叶片后菌丝在细胞间蔓延，靠吸器伸入细胞内吸取营养。染病叶片背面形成多角形水渍状病斑，湿度大时，在叶片背面形成黑色霉层。

灰霉病菌寄主范围广，保护地番茄、茄子、黄瓜、西葫芦、草莓等均可受害，作物的花、果、叶、茎等均可感染灰霉病，且以花、幼果受害最重。

番茄早疫病主要为害番茄叶片，茎和果实也可发生，发病多从植株下部叶片开始，逐步向上扩展，严重时下部叶片枯死，茎部受害，病斑多着生在分枝处及叶柄基部；果实发病多在果蒂附近或裂缝处。

番茄叶霉病发病初期叶片正面出现不规则淡黄色病斑，边缘不明显，叶片背面有白色霉层，随病情发展，霉层变为灰褐色或黑褐色绒状。环境湿度较大时，病斑正面有黑色霉层，叶片由下向上卷曲，病株由下部叶片先发病，后逐渐向上部蔓延，最终使整株叶片黄化干枯。

7.1.1.2 害虫在作物冠层的分布规律

烟粉虱：烟粉虱雌雄成虫往往成对在叶背面取食，多在植株的中、上部叶片产卵。一般，在幼嫩部叶片的背面产卵,卵期3~5d。若虫淡绿色,1龄若虫具有相对长的触角和足,较活跃,2~4龄若虫足和触角退化,在叶片上固定不动,若虫期15d左右,再经过伪蛹阶段后羽化为新的成虫。随着作物的生长,若虫在下部的叶片发生多,处于烟粉虱成虫大发生期的植株,老叶片均可见密布的伪蛹(壳)。

瓜蚜:以成虫和若虫在叶背和嫩茎、嫩梢上吸食汁液。

美洲斑潜蝇:主要发生在成熟的叶片,幼虫在叶肉中潜食。

蓟马:在幼嫩叶片及花中分布最普遍。

因此,防治这些病虫害时要注意施药的部位,蔬菜植株上部和下部,以及叶背面和叶正面都要喷施,并且针对不同病虫害要适当调整施药部位,如黄瓜霜霉病、粉虱、蚜虫和蓟马等要重点喷施叶片背面,黄瓜白粉病、美洲斑潜蝇等要重点施药到叶片正面,要求药液对叶片的渗透力强。棒孢叶斑病要重点喷施植株中下部叶片,番茄早疫病要在茎秆、果实、叶片等部位均匀用药,以达到更好的防治效果。

7.1.2 蔬菜病虫害在设施环境中的区域分布特点

我国北方黄瓜常规栽培模式株行距,宽行行距70cm,窄行行距50cm,栽植密度为2500~3000株/亩。

在温室大棚中,病原菌及害虫一方面来源于邻近的露地或相邻近的大棚作物及周边杂草,如外来的大量黄瓜霜霉病菌孢子囊一般通过温室大棚侧面风口随气流平行进入大棚,成为侵染源;另一方面来源于温室连作在土壤等环境中大量积累的菌或虫。

大棚栽培的特定环境容易形成病害适宜发生的温湿度。例如,黄瓜霜霉病首先在湿度较大的区域(往往是棚室滴露处)发生,形成发病中心,由于棚室中的温湿度适宜,病菌繁殖较快,孢子囊形成速度快,加上基本不受风、雨等因素影响,孢子囊在空气中的分布是基本均匀的,空气中散布的孢子囊均匀地散落到黄瓜叶片上,产生孢子,引起再侵染。随着病情的发展,田间病株呈均匀分布。

而湿度相对低的大棚或日光温室中的放风口处,往往是蚜虫、粉虱等害虫以及瓜类白粉病菌最先发生和繁殖的区域。

因此,这些区域都是相应病虫害防控的重点区域。

7.1.3 保护地蔬菜病虫害防控的最佳时期

施药时期与病害防治效果关系密切,选择合适的施药时期进行防治,能够有效延缓病虫害的蔓延。使用杀菌剂防治病害时,应在植物未被病原菌侵染前或侵染初期施药,并且要求雾滴在靶标作物叶片上沉积分布均匀,并有一定的雾滴沉积密度。

如表7-1所示,在田间分别使用己唑醇和咯菌腈防治番茄叶霉病时,相同用量下发病前施药各处理的保护防效均高于治疗防效。

表 7-1 己唑醇与咯菌腈对番茄叶霉病的田间保护防效和治疗防效的差异

药剂	含量/[g(a.i.)/hm²]	保护防效		治疗防效		
		末次施药后7d		药前病情指数	末次施药后7d	
		病情指数	防效/%		病情指数	防效/%
5% 己唑醇 SC	33.75	13.08±1.28	71.71±2.16b	25.95±0.3	40.95±1.44	53.18±0.84b
	67.5	6.86±0.69	85.12±1.17a	25.77±0.26	26.85±0.25	69.07±0.33a

续表

药剂	含量/[g(a.i.)/hm²]	保护防效		治疗防效		
		末次施药后 7d		药前病情指数	末次施药后 7d	
		病情指数	防效/%		病情指数	防效/%
5% 咯菌腈 SC	20.25	22.81±0.38	50.56±0.25d	24.76±0.07	43.20±0.16	48.22±0.25c
	40.5	17.54±0.53	61.78±0.34c	24.76±0.62	38.75±0.07	53.51±1.34b
对照		46.13±0.99		24.24±0.29	81.64±0.50	

注：同列不含有相同小写字母的表示防效在 0.05 水平差异显著，下同

7.2　保护地蔬菜有害生物防控中农药损失规律

7.2.1　农药用量与有害生物所需致死剂量之间的差异

许多药剂具备内吸传导能力，在叶面上沉积的农药能够被叶片吸收再分配，从而起到治疗作用，这种性质对于药剂田间效果的发挥存在显著的影响。

在室内毒力测定中，己唑醇和咯菌腈对番茄叶霉病菌的抑制活性均较强，并且咯菌腈的毒力显著高于己唑醇。己唑醇对番茄叶霉病菌菌丝生长、芽管伸长的 EC_{50} 值分别为 0.67μg/mL、2.58μg/mL，对孢子萌发的抑制活性较低。当己唑醇浓度为 20μg/mL 时，对菌丝生长、芽管伸长的抑制率分别为 100%、72.20%，而对孢子萌发的抑制率仅为 9.78%。咯菌腈抑制番茄叶霉病菌的芽管伸长、菌丝生长的 EC_{50} 值分别为 0.35μg/mL、0.26μg/mL，对孢子萌发抑制效果较差。当咯菌腈浓度为 10μg/mL 时，对菌丝生长、芽管伸长的抑制率分别为 94.3%、87.41%，对孢子萌发的抑制率仅为 2.31%，基本无抑制作用。

另外，从表 7-1 还可以看出，对病菌直接毒力低的己唑醇对叶霉病防治效果反而显著高于咯菌腈，这种差异还与药剂对作物叶片的渗透性能强弱有关。

如图 7-1 所示，己唑醇 33.75g(a.i.)/hm² 叶片跨层输导的防效达到 76.68%，叶片横向输导防效为 19.30%，跨层输导与横向输导防效之间存在显著差异，表明己唑醇具有较好的叶片跨层输导能力，而几乎没有横向输导的能力。咯菌腈 40.5g(a.i.)/hm² 叶片跨层、横向输导防效分别为 27.79%、15.82%，说明咯菌腈在番茄叶片上渗透输导性能弱。因此产生田间防效上的显著差异。

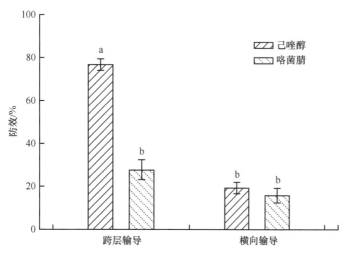

图 7-1　己唑醇与咯菌腈在番茄叶片中跨层输导和横向输导的防效

7.2.2　叶面沉积量与蔬菜病害的防控效果

　　研究不同发病时期防效与沉积量的关系，可以指导田间用药时机和剂量。使用不同剂量己唑醇分别在番茄叶霉病发病前、发病初期和发病中后期施药，通过比较药剂在番茄叶片上的沉积量（图7-2）可以看出，己唑醇在番茄叶片上的沉积量与防效呈正相关，即防效随沉积量的增加而增加。通过建立不同发病时期的沉积量的对数与防效之间的线性回归方程，根据沉积量与防效的关系方程，可计算相应发病时期达到确定防效所需的药剂沉积量。相同剂量下，发病中后期，药剂沉积量为未发病时的1/2，为发病初期的2/3。达到相同的防效，发病中后期所需的药量为未发病时的5～6倍，为发病初期的2～3倍。因此，己唑醇在防治番茄叶霉病时应尽量在未发病时期或发病初期使用。

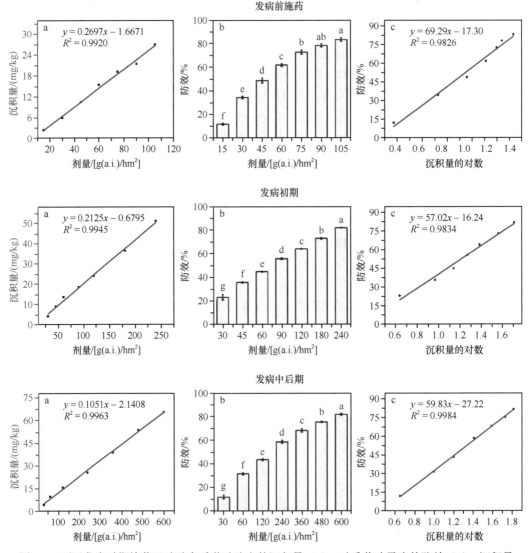

图7-2　不同发病时期施药己唑醇在番茄叶片上的沉积量（a）、对番茄叶霉病的防效（b）、沉积量与治疗防效的关系（c）

7.2.3　杀虫剂在保护地蔬菜冠层的沉积分布规律

蔬菜作物的冠层结构、药剂的理化性质、喷雾参数及害虫的发生规律和为害部位等与杀虫剂在蔬菜作物上的对靶沉积息息相关，且这些因素可相互作用，互相影响。

华登科等（2020）利用农药雾滴采集装置收集农药雾滴，以诱惑红为示踪剂测定农药沉积量，通过 DepositScan 软件测定雾滴覆盖率，分析药剂在黄瓜、辣椒、芹菜等冠层的沉积分布与其对害虫防效的关系，结果显示使用阿维菌素、螺虫乙酯、吡虫啉、吡丙醚、噻虫嗪和啶虫脒进行背负式手动喷雾防治黄瓜蚜虫时，6 种杀虫剂在黄瓜冠层上部、中部、下部的沉积率（药剂在某部位的沉积量/药剂在各部位的沉积量之和×100%）分别为 38.1%～49.5%、26.4%～36.1%、19.7%～26.7%；而在黄瓜冠层上部、中部、下部的雾滴覆盖率分别为 44.4%～56.3%、32.1%～50.1%、18.8%～32.2%。6 种杀虫剂的沉积量与雾滴覆盖率之间均无显著差异，分布趋势均表现为上部＞中部＞下部；药后 1d 和 3d，不同药剂对同一冠层部位以及同一药剂对不同冠层部位黄瓜蚜虫的校正防效之间均无显著差异，且防效均达 65% 以上。

使用阿维菌素、螺虫乙酯、吡丙醚、噻虫嗪、吡虫啉和甲氨基阿维菌素苯甲酸盐进行背负式手动喷雾防治芹菜蚜虫时，6 种杀虫剂在芹菜冠层上部、中部、下部的沉积率分别为 49.9%～67.6%、18.4%～31.9%、10.8%～24.6%；而在芹菜冠层上部、中部、下部的雾滴覆盖率分别为 72.3%～78.9%、34.7%～46.6%、21.7%～27.2%。6 种杀虫剂的沉积量由高到低均为螺虫乙酯＞吡丙醚、噻虫嗪、吡虫啉、甲氨基阿维菌素苯甲酸盐＞阿维菌素，在各冠层的分布趋势均表现为上部＞中部＞下部。6 种杀虫剂在芹菜冠层上部、中部和下部的雾滴覆盖率均无显著差异。6 种杀虫剂对芹菜上蚜虫的防效随药后时间的延长先增加后减小，且药后 7d 防效均超过 75%。

使用阿维菌素、螺虫乙酯、吡丙醚、噻虫嗪、哒螨灵和乙螨唑进行背负式手动喷雾防治辣椒叶螨时，6 种药剂在辣椒冠层上部、中部、下部的沉积率分别为 38.0%～47.8%、25.1%～34.5%、18.9%～34.9%；而在辣椒冠层上部、中部、下部的雾滴覆盖率分别为 64.1%～71.3%、59.3%～63.5%、25.8%～30.7%。6 种药剂中，哒螨灵在辣椒冠层的沉积量最大，且 6 种药剂在各冠层的分布趋势均表现为上部＞中部＞下部，6 种药剂的雾滴覆盖率均随辣椒冠层高度的降低而减小。6 种药剂对辣椒叶螨的防治效果均无显著差异，防治效果均随药后时间的延长先增加后减小，且药后 7d 防效均超过 80%。

综上，采用背负式手动喷雾器防治保护地蔬菜冠层的害虫时，喷雾雾滴主要沉积在上部冠层，沉积量占到总沉积量的 1/3 以上，在中部冠层和下部冠层的沉积量相对较少；雾滴覆盖率亦然，分布的趋势是上部冠层＞中部冠层＞下部冠层；而雾滴沉积密度则不然，其在蔬菜作物上部、中部和底部冠层的分布无显著差异，分布较为均匀。背负式手动喷雾属大容量淋洗式喷雾，沉积量和校正防效并非正相关，即使如此，沉积到中部和底部冠层的农药剂量仍能发挥良好的防治效果，这是因为杀虫剂在各冠层沉积量较高，达到了防治剂量。

不同蔬菜作物的冠层结构不同，药液在其上的沉积结构也不同。例如，阿维菌素和螺虫乙酯喷雾防治芹菜蚜虫时，螺虫乙酯在芹菜冠层的沉积剂量显著高于阿维菌素；然而，二者喷雾防治黄瓜蚜虫和辣椒叶螨时在黄瓜和辣椒冠层的沉积量均无显著差异（表 7-2）。

表 7-2　药剂在蔬菜冠层的沉积量和雾滴覆盖率

蔬菜作物	药剂	上部		中部		下部	
		沉积量 /(μL/cm^2)	雾滴覆盖率/%	沉积量 /(μL/cm^2)	雾滴覆盖率/%	沉积量 /(μL/cm^2)	雾滴覆盖率/%
黄瓜	阿维菌素	6.73±0.99	50.61±3.78	6.37±0.96	40.54±5.82	4.56±1.16	20.99±3.28
	螺虫乙酯	7.74±1.43	56.30±3.35	4.20±0.84	50.05±4.56	4.00±0.77	31.39±3.21
	吡丙醚	6.74±1.27	49.94±3.20	5.16±1.09	40.97±5.42	2.99±0.61	32.21±5.16
	噻虫嗪	7.72±0.87	55.04±2.93	4.53±0.68	37.45±6.29	4.47±0.82	18.79±4.20
	吡虫啉	5.85±1.22	50.15±2.96	3.64±0.65	42.20±3.16	2.33±0.27	31.55±5.40
	啶虫脒	6.48±1.24	44.35±2.39	5.43±0.77	32.13±3.20	3.74±0.69	24.32±3.31
芹菜	阿维菌素	3.28±0.77	77.13±1.89	1.40±0.44	46.60±3.22	1.03±0.21	24.40±3.05
	螺虫乙酯	11.91±1.47	72.33±2.14	4.11±0.82	43.87±3.11	3.42±0.74	27.20±2.31
	吡丙醚	6.60±1.42	76.87±1.74	2.11±0.55	40.87±3.05	1.06±0.26	21.67±2.25
	噻虫嗪	4.53±0.84	74.13±2.00	2.54±0.60	34.73±2.92	2.00±0.44	23.27±2.67
	吡虫啉	5.22±1.36	76.33±1.61	3.29±0.80	39.73±2.91	1.80±0.40	24.20±2.41
	甲维盐	7.27±1.76	78.93±1.38	2.34±0.70	43.93±2.09	3.14±0.82	27.13±2.85
辣椒	阿维菌素	4.69±0.58	71.27±2.49	4.20±0.82	61.20±2.52	3.46±0.61	30.67±1.49
	螺虫乙酯	6.30±0.90	68.73±2.36	3.87±0.80	62.27±2.25	3.52±0.68	29.13±1.57
	吡丙醚	5.97±0.92	64.13±2.51	3.29±0.40	59.33±1.87	3.22±0.63	27.27±1.24
	噻虫嗪	5.27±0.69	65.27±1.96	3.46±0.47	63.53±1.81	3.72±0.40	28.47±1.64
	哒螨灵	8.67±0.77	68.20±1.97	6.43±0.98	60.13±2.43	3.53±0.59	25.80±1.13
	乙螨唑	6.58±0.86	65.33±2.50	4.13±0.53	62.13±2.07	5.74±1.46	27.13±1.33

药剂的理化性质能影响雾滴的表面张力，进而影响药剂在蔬菜作物冠层的对靶沉积。例如，手动喷雾防治保护地黄瓜、辣椒和芹菜冠层的害虫时，同一喷雾器械及喷雾浓度下，阿维菌素在黄瓜冠层的沉积量高于辣椒和芹菜；相反，阿维菌素在黄瓜冠层的雾滴覆盖率却低于辣椒和芹菜（表 7-2）。

不同喷雾参数对农药在蔬菜冠层的沉积和药剂防治有害生物效果存在显著的影响。朱金文等（2003a，2003b）以丽春红 S 为示踪剂研究药液在甘蓝叶片上的沉积特性。发现用体积中径（VMD）为 157.3mm 的雾滴喷雾较有利于药液在甘蓝叶片上沉积。在雾滴直径 149.5mm 与每亩施药液量 12.8L 条件下喷雾，农药的沉积量最多，是雾滴直径 233.7mm 与施药液量 46.3L 条件下喷雾的 1.36 倍。每亩施药液量 25.5L 时，农药在甘蓝叶片上的沉积量达到最大值。徐德进等（2015）在自走式喷雾塔内模拟田间喷雾条件，采用正交试验和单因子试验评价了喷头、喷液表面张力、施液量、喷雾压力及喷雾高度 5 个因子的影响程度及各因子间的相互作用，结果相较于喷头和喷雾高度，喷液表面张力、施液量和喷雾压力极显著影响农药沉积和药效，其中喷液表面张力的影响最大。

目前，国内外鲜有关于药剂浓度是否会影响农药在蔬菜作物冠层的沉积分布的研究。Hua 等（2020）利用诱惑红示踪法和 LC-MS 两种方法测定 6 种喷雾浓度的阿维菌素在茄子冠层的沉积分布规律。结果表明，阿维菌素在茄子冠层上的平均雾滴覆盖率、平均雾滴沉积密度分别为 23.8%、82.5 个/cm^2（n=270），6 种喷雾浓度下，雾滴覆盖率之间均无显著差异，雾滴覆盖率在冠层的分布趋势为上层＞中层＞下层；相反，6 种喷雾浓度下，雾滴沉积密度之间存在极显著差异，雾滴沉积密度在喷雾浓度为 2.5mg/L 和 10mg/L 时最大，在喷雾浓度为 0.625mg/L 时最小，且上层、中层和下层之间的雾滴沉积密度无显著差异。阿维菌素在茄子冠层的沉积量和残留量均与喷雾浓度之间呈显著的线性相关关系，且残留量和沉积量之间也存在显著的线性相关关系（表 7-3）。

表 7-3　6 种喷雾浓度的阿维菌素在茄子冠层的沉积和残留

因素		雾滴覆盖率/%	雾滴沉积密度/（个/cm²）	沉积量/（ng/cm²）	残留量/（ng/cm²）
喷雾浓度	0.625mg/L	24.7±2.5	60.0±6.3	1.2±0.1	13.9±1.5
	1.25mg/L	21.4±2.3	60.3±6.9	2.3±0.4	19.1±1.7
	2.5mg/L	27.4±2.1	105.5±11.1	4.1±0.5	22.4±2.3
	5mg/L	22.0±2.2	77.6±10.6	7.9±0.9	25.5±3.0
	10mg/L	26.4±1.8	101.6±10.5	10.5±1.1	35.1±4.8
	20mg/L	20.7±2.0	90.2±11.8	22.5±2.5	37.2±5.0
冠层部位	上层	35.9±1.2	87.6±6.4	9.3±1.3	28.3±2.7
	中层	22.3±1.2	78.2±6.5	7.7±1.1	25.0±2.2
	下层	13.0±1.1	81.8±8.3	7.2±1.0	23.3±2.6

7.3　保护地蔬菜有害生物防控中农药高效利用机制及调控措施

7.3.1　提高在作物上的农药沉积量和吸收量

7.3.1.1　改变施药方式

保护地蔬菜病虫害防治应根据作物、病情和天气变化，选择药剂种类和施药方法。如黄瓜生长前期，植株高度在 1m 以下时可以选用喷雾法；在黄瓜、番茄的花期、幼果期采用蘸花或蘸果防治灰霉病；而在黄瓜、番茄盛果期，植株冠层茂密，以及连阴天无法有效通风而导致棚内湿度大时，宜采用烟雾法、粉尘法施药，可以不增加棚内空气湿度，有利于病害控制。

王玉函（2018）进行了手动、电动、非静电和静电喷雾 4 种喷雾方式在叶片的沉积量试验和防治番茄白粉虱的田间药效试验，结果表明使用静电喷雾比手动喷雾在叶片正面上部的沉积量平均增加 72%；在中部增加了 55%；在下部增加了 36%。使用静电喷雾比手动喷雾在叶片背面上部的沉积量增加 38%；在中部增加了 42%；在下部增加了 63%。所以，使用静电喷雾施药可以增加农药在番茄叶片正面和背面的沉积，较手动喷雾能使番茄受药更均匀。静电喷雾较手动和电动喷雾能提高沉降速率、增加在番茄叶片的沉积量、减少流失、提高农药利用率及防治效果、减少 40% 的农药用量。因此，在温室番茄生产中，静电喷雾可以作为手动喷雾和电动喷雾的替代产品。

7.3.1.2　优化喷雾参数

优化农药喷雾技术是提高农药利用率、减少农药用量的重要途径。不同喷雾参数条件形成了不同的农药沉积结构，进而会获得不同的生物效果。Ebert 等（1999a，1999b）分别用氟虫腈和苏云金芽孢杆菌相同剂量不同沉积结构处理的甘蓝叶片喂养粉纹夜蛾和小菜蛾，叶片的受损程度及粉纹夜蛾和小菜蛾的死亡率均有很大差异。从喷头类型、喷雾角、喷雾压力、喷雾高度及喷雾行为等多个角度进行优化能显著提高农药的沉积效率、减少农药流失（徐德进等，2015）。

7.3.1.3　添加功能助剂

助剂提高农药利用率主要是通过以下几种途径：①促进药剂的溶解；②改善雾滴性能，减少雾滴飘移；③促进药剂在难以湿润靶标上的黏附、扩散；④延长喷雾雾滴干燥时间；⑤促进药剂叶面渗透和农药的吸收。肖庆刚（2020）以六旋翼电动植保无人机为施药器械，研究了不同种类航空喷雾助剂对加工辣椒的脱叶效果的影响。结果表明，与对照相比，添加扑利旺助剂的雾滴覆盖率在各处理中最佳；在加工辣椒冠层上层和中层的雾滴沉积密度更大，这表明添加扑利旺助剂有利于形成粒径较大的雾滴。此外，添加航空喷雾助剂后，雾滴在加工辣椒冠层的穿透性平均值提高了 5.85%。添加 YS-20 助剂和扑利旺助剂对于提高农药沉积率均达到较好的效果，添加扑利旺助剂的加工辣椒脱叶率 15d 后达到最高。

在药液中添加矿物油（GYT）、环氧大豆油（ESO）、油酸甲酯（MO）和生物柴油（BD）等喷雾助剂可以提高杀菌剂吡唑醚菌酯（Pyra）的田间防病效果。例如，在黄瓜白粉病的防治中，加入油类助剂后提高了雾滴与叶面的亲和性，促进农药在黄瓜叶片和病斑上的吸收进而提高防效（表 7-4）。

表 7-4　油类助剂和添加油类助剂（1000mg/L）的吡唑醚菌酯对黄瓜白粉病的防治效果

| 处理 | 浓度/(mg/L) | 初始病情指数 | 最后一次施药后 7d | | 处理 | 浓度/(mg/L) | 初始病情指数 | 最后一次施药后 7d | |
			病情指数	防效/%				病情指数	防效/%
GYT	550	1.89	5.04	47.46ef	Pyra+GYT	75	1.85	1.89	79.87d
	775	1.99	4.36	56.83bc		100	2.08	1.21	88.54ab
	1000	1.95	3.68	62.82a		150	2.09	0.90	91.52a
ESO	550	1.99	5.42	46.34f	Pyra+ESO	75	1.93	2.20	77.54de
	775	1.82	4.30	53.45cd		100	2.01	1.53	85.00bc
	1000	1.97	4.01	59.89ab		150	1.96	1.03	89.65ab
MO	550	1.90	5.46	43.38fg	Pyra+MO	75	1.85	3.15	66.45g
	775	1.95	5.12	48.27def		100	2.08	2.97	71.87f
	1000	2.04	4.84	53.25cd		150	2.09	2.06	80.58cd
BD	550	2.02	6.09	40.60g	Pyra+BD	75	2.04	3.56	65.62g
	775	2.12	5.77	46.37f		100	2.00	2.86	71.82f
	1000	1.99	4.86	51.88cde		150	1.93	2.07	78.87d
CK		1.99	10.10		Pyra	75	2.10	3.74	64.91g
						100	1.93	3.02	69.17fg
						150	1.89	2.59	73.00ef

注：病情指数 =[Σ（不同病情严重程度的叶片数×病情严重程度）]/（调查叶片的总数量×5）×100

由图 7-3 可知，己唑醇在黄瓜白粉病叶上的横向运输能力相对较低，添加 AEO-5 后其防治效果未见显著提升。添加有机硅表面活性剂 Silwet 618 的己唑醇 3 个浓度之间的防效无明显差异，表明使用低浓度的药剂即可达到一定的防治效果，该助剂能够促进己唑醇的横向运输传导能力。在添加松香基季铵盐的己唑醇高浓度下，防治效果可达到 80% 以上。己唑醇在黄瓜白粉病叶上的跨层运输能力低于横向运输能力。同样添加 3 种助剂后，其跨层运输能力有所增加，但其防效均无明显提升。

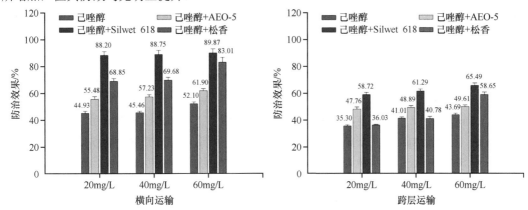

图 7-3　己唑醇在黄瓜白粉病叶上横向运输和跨层运输的防治效果

助剂添加浓度为 0.05%

由图 7-4 可见，同一施药器械下，助剂对药剂沉积量的影响显著，且与助剂的种类有关。与不使用助剂的己唑醇喷雾处理相比，添加助剂 OP-10，药剂在番茄植株上的沉积量基本无变化；而添加其他 3 种助剂，药剂在番茄植株冠层不同部位上的沉积量均有所增加。其中，添加 S618（Silwet 618），沉积量的增加最显著，比不使用助剂分别增加 4.5～6.0mg/kg（弥雾机）和 3.6～4.3mg/kg（电动喷雾器）。

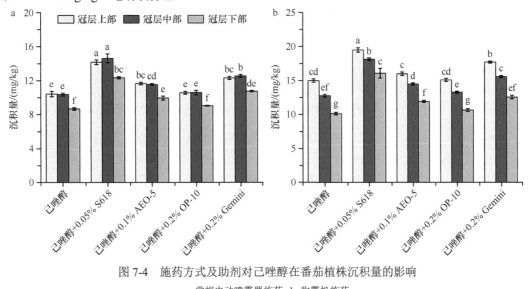

图 7-4　施药方式及助剂对己唑醇在番茄植株沉积量的影响

a. 常规电动喷雾器施药；b. 弥雾机施药

7.3.2　针对性施药措施

喷雾器械显著影响叶面喷雾施药时雾滴的分散范围、冠层分布和叶面沉积行为。使用手动喷雾器喷洒触杀性杀虫剂防治叶片背面的蚜虫、粉虱等害虫，以及使用非内吸性杀菌剂防治黄瓜霜霉病、番茄叶霉病时，应把喷头向上，采用叶背定向喷雾方法，或者使用在植物叶片背面沉积效率高的烟剂、粉尘剂以及静电喷雾和弥雾施药技术等。

农药在叶面上的最大稳定持液量，受到雾滴特性、叶面结构、冠层分布等方面的影响，这些与施药方式和用水量关系密切。药液在叶面上的持液量随着喷雾水量的提高呈现先升高后降低，最终达到平衡的现象，田间喷雾时，沉积量随着用水量的变化与此现象类似，呈现先升高后下降的趋势。

设施番茄冠层密度较大，植株较高且吊绳，普通压顶施药方式操作难度大。实际施药时可按喷头运行轨迹分为"Z"字形、凹凸形、平扫形。"Z"字形和平扫形施药的沉积量相近，显著高于凹凸形施药（图7-5）。"Z"字形施药药剂的冠层分布比平扫形施药更加均匀。用水量为800L/hm^{2}时，"Z"字形施药药剂在冠层上部、中部、下部的沉积量分别为10.26mg/kg、10.21mg/kg、8.54mg/kg，平扫形施药药剂在冠层上部、中部、下部的沉积量分别为12.15mg/kg、9.62mg/kg、6.79mg/kg；用水量为1600L/hm^{2}时，"Z"字形施药药剂在冠层上部、中部、下部的沉积量分别为10.87mg/kg、9.98mg/kg、6.08mg/kg，平扫形施药药剂在冠层上部、中部、下部的沉积量分别为11.53mg/kg、8.83mg/kg、5.99mg/kg。

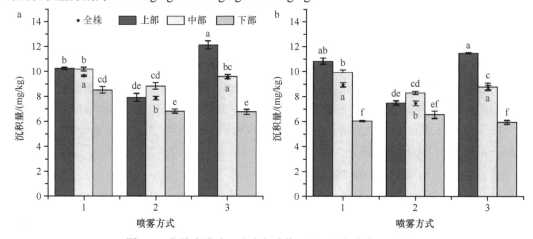

图7-5　常量喷雾时己唑醇在番茄冠层不同部位的沉积量

a. 用水量800L/hm^2；b. 用水量1600L/hm^2。方式1为"Z"字形；方式2为凹凸形；方式3为平扫形

如图7-6所示，在采用"Z"字形施药时，两种施药剂量下，药剂的沉积量随着水量的增加，均呈现出先增加后减少的趋势。说明在确定使用药剂剂型的情况下，其在靶标叶面的沉积量主要与用水量相关，即与叶片被润湿情况和负载情况相关。根据沉积量数据分析，用水量800L/hm^{2}时沉积量最大，在90g(a.i.)/hm^2、180g(a.i.)/hm^{2}剂量下的沉积量分别为9.41mg/kg、18.85mg/kg。原因是用水量低于800L/hm^{2}时，番茄叶片被己唑醇药液部分润湿，负载的药液量没有达到最大；用水量为800L/hm^{2}时，叶片被药液完全润湿，负载的药液量达到最大；用水量高于800L/hm^{2}时，药液发生流失，虽负载的药液量无显著变化，但药液浓度降低。此外，己唑醇在番茄冠层的沉积分布规律均为上部＞中部＞下部。说明药剂的冠层沉积分布规律与施药方式的关系比用水量更加密切，在一定程度下，用水量增加沉积量反而下降。

弥雾机雾滴粒径较小，质量轻的雾滴不易在植物表面弹跳、破碎，增加了雾滴在叶片表面的有效沉积。从前面也可以看出，弥雾机施药在番茄不同冠层叶面上的沉积量显著高于电动喷雾。并且用水量为75L/hm^{2}时，在番茄植株中部的沉积量最高，可以达到12.93mg/kg。弥雾机施药在不同冠层的沉积量分布规律为上部＞中部＞下部，与常规施药规律一致。上部

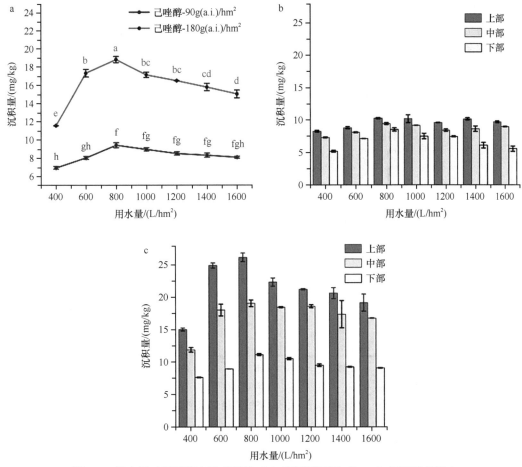

图 7-6 用水量对己唑醇在番茄整株（a）和不同冠层（b，c）沉积量的影响

b. 己唑醇剂量 90g(a.i.)/hm²；c. 己唑醇剂量 180g(a.i.)/hm²

冠层药剂的沉积量比中部冠层高 1.5～2mg/kg，比下部冠层高 4～5mg/kg（图 7-7）。与常规施药相比，弥雾机施药的优势是，在相同应用剂量［90g(a.i.)/hm²］和最佳用水量下，其用水量约为常规施药的 1/10，沉积量是常规施药的 1.37 倍，所需时间是常规施药的 1/32。

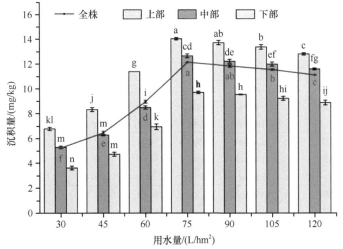

图 7-7 弥雾机施药时不同用水量下己唑醇在番茄植株上的沉积量

雾滴的沉积密度和均匀度是评价喷雾质量的主要指标。弥雾机施药属于低容量喷雾，在用水量为 75L/hm² 的情况下，测得的雾滴体积中径的范围在 110~136μm，属于细雾级别。同常规喷雾相比，弥雾机施药雾滴的粒径相对较小，覆盖的范围更广。通过比较不同冠层的雾滴体积中径，结果从上至下，呈递减的趋势，即上部冠层的雾滴体积中径最大，下部冠层的雾滴体积中径最小。通过比较不同冠层的雾滴沉积密度，发现在不同冠层的雾滴沉积密度为上部＞中部＞下部，雾滴沉积密度的范围为 247~305 个/cm²。主要原因为施药时雾滴自上而下沉积，由于上部冠层的阻挡，到达中部和下部的雾滴减少（图 7-8）。

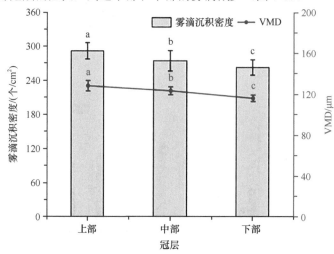

图 7-8　己唑醇药液在不同冠层的雾滴沉积密度和体积中径

7.3.3　加强根部施药研究

蔬菜田土壤中的有机质含量较高，农药在土壤中的吸附程度增加，进而影响药剂的效果发挥。

新烟碱类杀虫剂水溶性强，容易被作物根系吸收，且在土壤中吸附弱，非常适合土壤以及根部用药。有研究表明使用剂量相同时，吡虫啉喷雾剂型对水稀释灌根以及颗粒剂沟施对黄瓜瓜蚜的持效期要显著长于常规喷雾方法对瓜蚜的持效期，当灌根和沟施的使用剂量为每株 1mg 有效成分时，吡虫啉能够在施药 49d 内有效控制瓜蚜（表 7-5）。

表 7-5　吡虫啉 3 种施药方法对黄瓜瓜蚜的防治效果（王吉强，2008）

施药方法	有效成分含量/(mg/株)	施药后各天校正虫口减退率/%						
		7d	14d	21d	28d	35d	42d	49d
灌根	0.25	100.0a	99.7a	93.3a	98.0ab	51.4e	56.8d	53.7e
	0.5	100.0a	100.0a	99.7a	98.1ab	76.8c	80.3bc	73.9c
	1	100.0a	100.0a	100.0a	100.0a	100.0a	99.9a	94.3a
沟施	0.25	100.0a	99.7a	94.4a	92.4b	69.7d	76.0c	65.9d
	0.5	100.0a	100.0a	98.0a	99.2a	84.5b	86.3b	84.1b
	1	100.0a	100.0a	100.0a	100.0a	100.0a	100.0a	92.7a
喷雾	0.25	99.9a	69.3c	64.6c	50.7d	35.5g	30.2e	32.7g
	0.5	100.0a	90.6b	83.0b	75.6c	43.5f	54.2d	40.6f
	1	100.0a	99.9a	84.2b	79.6b	76.9c	59.4d	47.9e
CK	0	各施药方法对照处理中，蚜虫均没有死亡且虫口减退率在-800% 左右						

　　阿维菌素是防治蔬菜根结线虫病的高效药剂，但在利用其微囊悬浮剂随水施药时，受土壤吸附和过滤的影响，其在作物根系周围土壤中难以分布均匀，从而影响实际使用效果，并且造成农药的浪费和环境污染。因此，进行进一步剂型优化是当前在随水施药方式下提高其在作物根区土壤中分布均匀度的重要途径。

　　研究表明，以木质素修饰的环氧树脂为载体，采用纳米乳液界面聚合法制备阿维菌素纳米囊，通过将平均粒径控制在 140nm 左右（图 7-9），以及囊壳电荷的增加，改善了阿维菌素在土壤中的移动性（图 7-10）。与未被包封的悬浮剂（SC）、微乳剂（ME）相比，纳米囊（NC）与微囊（MC）在土壤薄层上的分布更加均匀，迁移距离更大。SC 与 ME 处理组的阿维菌素主要集在 0～3cm 范围处。其中，SC 处理中 80% 的阿维菌素集中在 0～3cm 范围内，14% 在 3～6cm 范围，表明 SC 在土壤薄层上很难迁移。ME 的迁移性能略优于 SC，但也主要集中在 0～3cm 和 3～6cm 处。从土柱淋溶结果来看，SC 中 85% 的阿维菌素集中在 0～5cm 土层，14.1% 的阿维菌素分布在 5～10cm 土层。ME 和 MC 在土壤中的淋溶分布性能相似，略优于 SC，体现在 5～10cm 土层中阿维菌素的含量更高，但也有 97% 以上集中在 0～10cm 土层。MC 在水平方向的迁移性能优于垂直方向，可能是因为在层析试验中，漂浮在土层表面的部分 MC 颗粒受土壤影响较小，而在淋溶试验中，在垂直方向上更容易被土壤孔隙所阻挡。因此，药剂颗粒越大，其在土壤中的运动越困难。SC、ME、MC 三种制剂阿维菌素在土壤中均属于难淋溶等级。土柱中 NC 的淋溶距离最大能达到 15～20cm 土层深度，在 10～15cm 和 15～20cm 土层中阿维菌素的质量分数分别为 21.1% 和 3.1%，均显著高于相同深度的其他阿维菌素制剂处理。

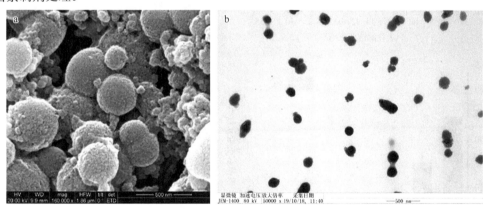

图 7-9　阿维菌素纳米囊的扫描电镜照片（a）和透射电镜照片（b）

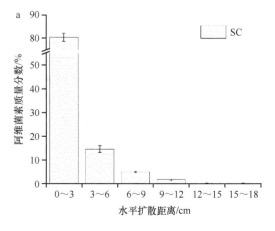
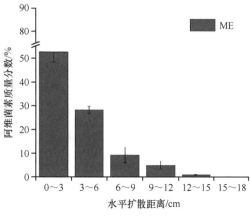

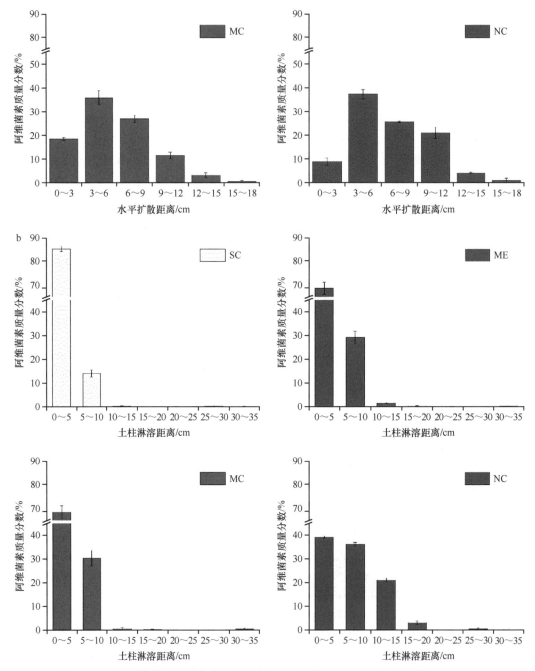

图 7-10 不同阿维菌素制剂在土壤薄层上的水平扩散（a）和土柱中的淋溶距离（b）

通过提高药剂在靶标区域的分散度，也提高了药剂对蔬菜根结线虫病的防治效果（图7-11）。施药 60d 后，NC、SC、ME、MC 处理的防治效果分别为 82.3%、51.4%、55.5%、41.8%，NC 的防治效果显著高于其他处理。施药 90d 后的结果与 60d 类似，NC、SC、ME、MC 处理的防治效果分别为 73.0%、43.2%、43.2%、51.0%，NC 的处理防治效果显著高于其他处理。

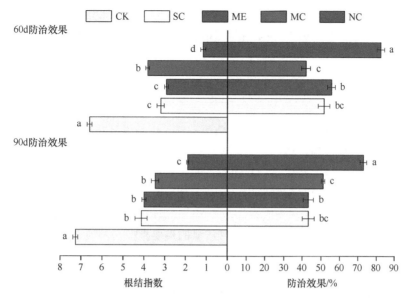

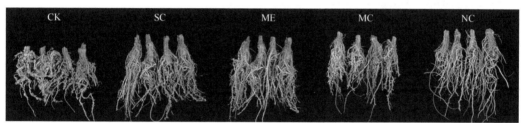

图 7-11　灌根施用不同阿维菌素制剂对蔬菜根结线虫病的田间防治效果

第8章 农药对靶调控技术与应用

8.1 概　述

茎叶喷雾施药是农业生产中最常见的施药方式，也是受环境影响最为严重的施药方式。雾滴进入空间后的运行行为虽然不由施药者控制，但雾滴来源于药液和喷施器械，药液来源于制剂，所以可以通过基于靶标作物叶面特性的药剂负载与界面修饰改性和通过功能助剂调控药液性能，进而改善雾滴对靶剂量传递性能；基于有害生物为害特征及防控剂量需求，进行药剂控释性能设计，或利用环境因素等作为调控释放的因子，提高农药利用率。

农药在靶标作物上的沉积率是衡量喷雾质量的重要指标。药液表面张力是影响药液在靶标作物上沉积率的重要因素。一种常见的现象是一个农药产品登记在多个不同的农作物上使用，不同农作物之间有较大的表面能差异，一种农药产品的推荐剂量药液的表面张力不能与多种靶标作物的表面能匹配，当药液的表面张力大于靶标作物的表面能时，雾滴在接触靶标作物表面时发生弹跳，难以在靶标植株表面润湿而形成水滴，小水滴聚并成大水滴，进而滚动、滴落，影响沉积率。了解不同农作物的表面能和表面特征，合理运用表面活性剂，研制针对不同靶标作物的专用剂型，或在田间使用时另加表面活性剂调节药液的表面张力，克服弹跳，促进雾滴在靶标作物表面的润湿展布，增加靶标作物表面持留药液的能力，促使更多的药剂持留在作物上，是提高农药利用率的重要途径。

杂草是茎叶除草剂载药靶标，也是目标靶标，只要农药沉积在靶标杂草上就可以杀死杂草。而靶标作物只是杀虫、杀菌剂的载药靶标，为害农作物的病虫害才是农药的目标靶标，靶标作物上农药的主要沉积部位与病虫害栖息为害部位之间的生态位差异，是影响农药利用率的重要因素。不同农作物的形态、大小和种植方式不同，影响了沉积在靶标作物上的农药剂量的分布态势。在冠层上方喷雾，植株上部的沉积量多于中部、中部的沉积量多于植株基部，叶片正面的沉积量多于叶片背面。沉积在植株上部的农药不能对在基部为害的病虫产生实质影响。除了有内吸或内渗作用的农药，沉积在叶片正面的农药难以对在叶背为害的病虫害取得有效的杀伤作用。病虫害并不都是分布在农药沉积量多的部位，有些病虫害分布在农药难以抵达的隐秘之处，农药沉积部位与病虫栖息为害的部位形成位置差异，影响了农药的有效利用率。为了增加靶标作物隐秘处的农药沉积量达到杀死病虫的有效沉积量，常采用大容量的喷雾方式，大量雾滴降落在植株上部叶片正面，使得雾滴累积的药液量超出叶片的持液量饱和点（或称流失点），大量药剂随药液流失，同时叶片正面的农药沉积量还远多于植株隐秘处的有效沉积量，又导致了农药剂量的浪费。针对不同的作物选用合理的喷雾器械，改变喷雾方式，或者调整器械的喷雾参数，将药液用量控制在流失点以内，促进农药在靶标作物表面的均匀分布，增加植株隐秘处的农药沉积量，是提高农药有效利用率的重要举措。

农药在环境中发生剂量衰减，剂量衰减到使用剂量的一半的时间为农药的半衰期。当农药剂量衰减到病虫致死剂量以下时，便失去了对有害生物的控制效果。很多害虫完成一个世代，都需要维持较长的时间。作为个体，初孵的幼（若）虫对药剂最敏感，虫龄增加，敏感性降低。作为种群，害虫的每个虫态或每个龄期的幼（若）虫的个体数量在田间遵循零星出现、缓慢增加、快速增加、再缓慢增加直至全部进入下个虫期的规律，以日期作为横坐标、每个虫态或每个龄期的幼（若）虫的个体数量为纵坐标绘图，则近似于一条"常态曲线"或"正态曲线"，个体累计数量在该虫期的总体数量中约占 16%、50% 和 84% 时分别作为该虫期个体的始盛期、盛期（高峰期）和盛末期的标准。卵孵化始盛期或者盛期是很多害虫的田间防治时期，药剂除需要杀死已经孵化的、对药剂处在敏感阶段的低龄幼（若）虫外，大量的农药剂量在等待药后幼（若）虫的陆续孵化时衰竭损耗 [图 3-16（1）]。

一些钻蛀性害虫、卷叶类害虫、分泌白色蜡质覆盖于体背的介壳虫类害虫，个体裸露在外、可以接触农药的时间很短，一旦钻蛀、卷叶成虫苞或在体表形成保护，避免直接接触农药，势必影响防治效果。对于这些害虫的防治时间往往需要提前至卵孵化初期，确保孵化后的初孵幼（若）虫在钻蛀、卷叶或形成蜡质保护前接触药剂。钻蛀、卷叶或形成蜡质保护前的幼（若）虫处在对药剂最敏感的阶段，只需要用整个害虫生育期内的最低致死剂量就可以杀死害虫，但需要用比卵孵化高峰期更高的剂量来维持药效期到卵孵化末期，更多的农药剂量将在等待中损耗 [图 3-16（2）]。

一些害虫世代发生极不整齐，如稻飞虱，成虫寿命长并持续产卵，种群中同时存在成虫、卵、低龄若虫、高龄若虫，世代重叠，但总体都经历始盛期、盛期（高峰期）和盛末期的过程。对于整个种群，卵孵化盛期用药，可大量杀死处在敏感阶段的低龄若虫，但需要高剂量来杀死成虫和早期孵化的大龄若虫，还需要加大农药剂量，以杀死药后孵化的大量若虫，以确保药效持续，或者通过增加用药次数来杀死迟孵化的稻飞虱若虫。

生产上常采用一次施药兼治多种害虫的防治策略。然而不同害虫的防治适期接近但并不同期，一次施药兼治多种害虫时，势必延迟或前移了某种害虫的防治时期，延迟防治会加重害虫对作物的危害程度，同时需要加大药量来防治较大龄期的害虫个体。前移用药，则需要增加农药用量或用药次数来维持能有效防控害虫的药效期。

为维持农药在害虫持续发生期间的药效期，需要使用远高于致死剂量的药量来应对农药在环境中的衰竭过程。将农药剂型改为可控释放的颗粒剂，减少环境因素造成的农药分解和流失，并根据害虫的发生时间，按预先设定的时间和浓度持续缓慢地释放农药活性成分，大大延长了持效期，从而减少农药的使用次数和总用量，实现提前施药控制多种害虫的目的。或喷洒有缓释效果的微胶囊剂，根据有害生物发生时间、为害周期及其生态环境和不同的种植体系特征，构建酶、pH、温度和光等环境因子响应型精准释放纳米载药系统，可以最大限度地实现农药释放特性与有害生物防控剂量需求的协同性。总之，做到在时间上提前布控，按时缓慢稳定释放可杀死持续出现的初孵期敏感幼（若）虫的致死剂量，减弱环境对农药的影响，延长药效期，达到减少农药用量的目的。

农药向病虫害的传递过程复杂，影响因素多，不同靶标作物有其特定的表面特性，大小、形态和种植体系也不尽相同，为害靶标作物的有害生物也不一样，还需要根据不同靶标作物的特点，形成合理的农药高效使用技术，达到农药减量增效的目标。

本章基于农药雾滴对靶传递损失规律的研究基础，深入探究农药对靶剂量传递过程，通过优化农药载药体系性能，调控农药药液性质，提高界面传递效率；通过优化农药雾化参数，调控雾滴空间运行过程，提高空间传递效率，以期进一步提高农药利用率，实现化学农药损失阻控途径，达到精准施药。

8.2 农药载药体系性能优化

由于受农药传输性质制约，施用后的农药大多不能到达有害生物为害部位发挥作用，造成脱靶或流失，不仅造成生产成本增加，也引发人畜健康风险、农产品残留和生态环境安全等重大问题。精准靶向控释制剂创新配合绿色农药创制是解决当今农药应用问题的核心。精准靶向控释制剂技术的核心在于功能高分子材料的巧妙设计与合理利用。由于有害生物发生与为害具有相对隐蔽与分散的生物学特征，大多将农药制剂对水形成药液，喷施在被保护靶标作物的叶面，形成"毒力空间"来保持对有害生物的有效控制。这样就使得被保护靶标作物的叶面自然成为药液首要沉积和有害生物获取足够有效剂量的界面。不论将农药加工成何种剂型、采用何种施药器械与方式、如何使用助剂等改善药液性能，最终对有害生物发挥防控作用的，都是药液中有效沉积在靶标作物叶面上的农药载药微粒。因此，将研究视角放在农药载药微粒与靶标作物叶面相互作用界面过程的微观层面，基于靶标作物叶面微纳结构特征与界面化学性质进行载药微粒的设计，增强农药载药微粒与靶标作物叶面微观结构与组分之间的相互作用，可以有效提高农药对靶沉积，控制农药流失。

8.2.1 基于植物叶片表面特性进行载药颗粒界面化学修饰

植物叶片表面主要为蜡质层，其作为靶标作物界面最外层结构，决定着植物叶片的亲/疏水性，使作物免受周围环境的影响（图8-1）。因此，蜡质层界面特性（表面化学成分、表面拓扑形貌及表面自由能等）对载药微粒的对靶沉积具有重要影响。植物叶片表面蜡质层主要由长链烷烃、伯醇、醛、酮、脂肪酸及三萜烯类化合物组成。通过载药微粒的界面化学修饰，可以提高其与靶标作物叶面的化学相互作用（疏水相互作用、氢键作用、范德瓦耳斯力和静电作用等），从而使载药微粒在药液蒸发后较多地滞留在叶面微纳结构之中，减少药物的飘移、脱落，从而提高农药在靶标作物叶面的沉积。Ma等（2019）基于植物叶片表面化学成分中含有三萜烯类化合物的特性，选择具有刚性三萜疏水骨架和亲水葡萄糖醛以及较好表面活性的天然产物甘草酸，利用其自组装形成的纤维制备了60%新型乳油制剂，游离在溶液中的甘草酸通过与靶标作物叶面的作用力，在一定浓度下可抑制液滴在靶标表面弹跳，从而实现有效沉积。Zhao等（2017）基于植物叶片表面和细胞膜呈负电性这一属性，通过添加不同碳链长度和浓度的溴化膦及咪唑类离子液体型表面活性剂，制备得到系列正电荷农药纳米乳液，结果表明，液滴与靶标表面之间静电相互作用能有效促进农药药液的沉积和渗透。Yu等（2017）针对难溶性阿维菌素环境敏感的缺点，利用具有成本低、毒性小、生物相容性好等特点的聚乳酸作为载体材料，通过载体材料的表面改性修饰，制备了3种具有不同界面修饰和叶面亲和能力的聚乳酸阿维菌素纳米载药体系。利用荧光标记和HPLC分析，结合电子显微镜技术，从宏观和微观方面探明了聚乳酸阿维菌素纳米载药体系与黄瓜叶面的亲和调控机制，通过多种结合方式（共价结合、静电吸引、氢键结合等）展示出优异的叶面亲和性能，叶面滞留量最高达61%。此外，该纳米载药体系还提高了阿维菌素的光稳定性，且具有良好的缓释效果，延长了持效期。Song等（2020）利用叶酸和锌离子通过金属配位自组装构建了麦草畏水凝胶载药体系，通过与靶标杂草叶面之间的分子间氢键、范德瓦耳斯力、π-π堆积等相互作用，显著降低水凝胶体系在藜草叶面上的蒸发和弹跳（图8-2），为水凝胶载药体系的广泛应用提供了理论和技术支撑。

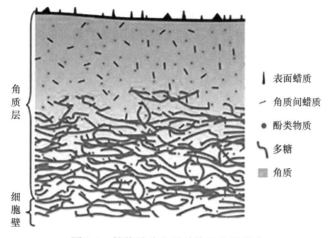

图 8-1　植物叶片主要结构及化学组分

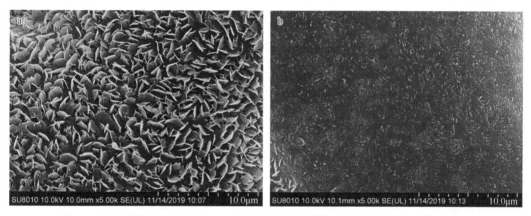

图 8-2　不喷药藜草叶片表面（a）和喷施麦草畏凝胶后叶片表面（b）扫描电镜图

在自然界中，很多生物都具有较强的黏附力，从而稳定地黏附在接触面上。海洋贻贝类生物通过其足丝可以分泌一种具有高强度、高韧性以及极强黏附性能的黏附蛋白，几乎可以黏附在所有的基底材料上，且研究表明，多巴是该黏附蛋白中的重要组成成分。多巴胺作为一种多巴衍生物，因具有与多巴相似的结构和性质，能在弱碱性水溶液条件下发生氧化-自聚并形成强力黏附于材料表面的聚多巴胺涂层，从而引起了研究人员的广泛关注。受此仿生思想的启发，Jia 等（2014）通过乳液界面聚合方法制备了平均粒径在 215nm 的聚多巴胺-阿维菌素微囊，不仅可以提高阿维菌素的光稳定性，调控释放，还可以提高棉花叶面防雨水冲刷的能力。Tong 等（2018）制备了氧化石墨烯/聚多巴胺-噁霉灵纳米载药颗粒，氧化石墨烯的引入可在有效载药和缓释的同时为多巴胺提供聚合的固液界面。制备的聚多巴胺层使得所制备的纳米载药体系相较于氧化石墨烯，呈现粗糙的、多褶皱的片层状，且提高载药量，赋予载药体系明显的光热效应。模拟雨水冲刷实验表明，制备的氧化石墨烯及聚多巴胺载药体系相比于噁霉灵有效成分水溶液及添加 1% 吐温 20-噁霉灵水溶液，显示出更少的有效成分流失，增加药物在靶标部位的持留。多巴胺复杂的提取工艺及昂贵的价格限制了其在农业领域上的应用。单宁酸又称鞣质或植物多酚，广泛分布在自然界各类植物的各类营养器官中，由于其来源广泛、价格低廉，又具有良好的生物兼容性，因此在医药、食品及生物化学等方面具有广泛的应用前景。Yu 等（2019）针对作物叶片疏水表面的蜡质层、绒毛、气孔等微观结构，构建了基于单宁酸的叶面亲和型单宁酸-聚乳酸-阿维菌素纳米载药体系（Abam-PLA-Tannin-NS），通过相互作用力的提升，使得纳米载药颗粒在药液蒸发后可以更多地滞留在黄瓜叶面微观结构之中。Abam-PLA-Tannin-NS 表面不仅含有羟基，还含有大量的邻苯二酚基团，与贻贝类生物产生的黏附蛋白中的重要组成成分多巴胺结构类似，对多种表面具有较高的亲和能力，通过强氢键、配位键等结合方式提高与黄瓜叶面的附着能力。

8.2.2　基于植物叶片表面结构进行载药颗粒分散形貌设计与制备

　　载药颗粒除了通过"界面化学修饰效应"，还可以通过"尺度和拓扑匹配效应"提高在靶标作物叶面的沉积。靶标作物叶面具有形态和尺度各异的微纳结构特征，如图 8-3 所示。农药载药颗粒可以通过小尺度效应和拓扑匹配效应嵌入或有效持留在靶标作物叶面上，增大农药在植物叶面或有害生物表面的覆盖率。良好的分散性和叶面沉积性能可确保纳米农药在田间施用过程中能均匀地沉积在靶标上，避免因药物粒子过大而发生脱落和飘移等现象，促进农药对靶沉积和剂量转移。Han 等（2019）以 4-丁二醇、2-甲基琥珀酸和 PEG 为原料，合成了温敏型可生物降解嵌段共聚物聚 (2-甲基丁二酸丁二酯)-聚乙二醇。以该共聚物为载体材料制备了阿维菌素纳米载药颗粒，显著增加了阿维菌素在水中的分散性，在水溶液中稳定 200d 以上不产生沉淀，且其在亲水性和疏水性叶片上的沉积率均高于市售乳油剂型。Xiang 等（2014）利用高能电子束对凹凸棒石进行处理，制备具有纳米网络结构的凹凸棒石，不仅可以有效负载农药，还可以通过小尺度效应显著提高农药在花生叶面的沉积持留能力。Zhao 等（2019）基于植物叶片表面微纳结构的特殊形貌，构建了具有"挂钩-帽子"结构的 Janus 微粒，制备

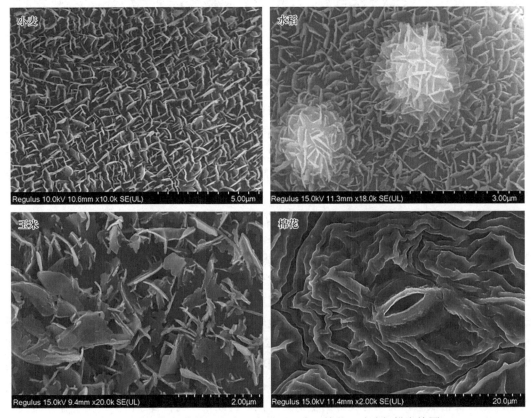

图 8-3　典型靶标作物（小麦、水稻、玉米、棉花）叶片扫描电镜图

了系列微米级和纳米级的杀菌剂载药体系，通过尺寸匹配的拓扑诱导效应，可提高农药药液在靶标表面的沉积持留，达到精准施药（图 8-4）。Cai 等（2013）通过在农药药液中添加草木灰，提高了农药在叶片上的附着能力，主要是由于草木灰颗粒大小与叶片微观结构相匹配，可嵌入叶片结构空隙中而实现持留，同时还提高了药液抗雨水冲刷的能力。在生物质炭中添加二氧化钛和硅油，可在光刺激响应下改变靶标作物叶片表面的润湿性，在紫外光照射下，更多的羟基自由基产生，触发二氧化钛纳米颗粒的光催化性能而逐步分解硅油，并产生大量羟基附着于叶面，实现叶片由疏水性向亲水性转变，有利于农药的沉积和附着。

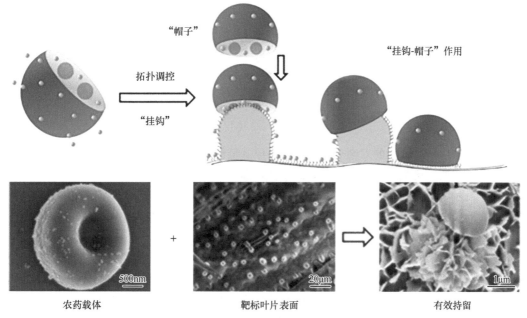

图 8-4　农药载药颗粒与靶标作物叶面尺寸匹配拓扑诱导效应示意图

纳米载药颗粒不仅可以通过小尺度效应增强农药在靶标作物叶面的沉积持留能力，还可以改善农药的传导性，从而提高其在作物体内的分布，促进农药有效成分向靶标部位的定向转移。Tong 等（2017）以 mPEG-PLA 为载体，制备了疏水性农药异丙甲草胺纳米颗粒，荧光示踪研究表明，粒径小于 90nm 的 mPEG-PLA 纳米载体可以从水稻根部进入植物体内，从而可以调控农药在水稻植株内的传输分布。在较低药物浓度下，对水稻（*Oryza sativa*）和马唐（*Digitaria sanguinalis*）的抑制作用随粒径的增大而降低。Zhao 等（2018）采用介孔二氧化硅为载体，制备了螺虫乙酯纳米载药颗粒，与传统剂型相比，纳米颗粒改善了药物在黄瓜植株中的沉积、吸收和转运性能，并有效防止药物在植物体内的降解；残留和代谢研究表明，叶面施用纳米颗粒后黄瓜可食用部位残留风险较低。

8.3　农药药液性能调控

物理化学性质稳定的农药制剂须用水稀释后形成农药药液才能使用，在分散传递阶段因药液跑冒滴漏造成约 5% 的损失；随后雾滴在空间传递阶段发生部分飘移和蒸发造成约 20% 的损失；当雾滴撞击植物靶标叶片表面后，一部分药液发生弹跳滚落、聚并流失而造成约 35% 的损失，而另一部分药液可发生黏附、润湿、铺展行为而实现滞留作用；附着的药液在靶标表面渗透、吸收，使农药有效活性成分作用于靶标，减少病虫草害的发生，但由于药液蒸发和叶片外蜡质层的屏障作用，有效有害生物受药量约 0.1%。

因此，影响药液与靶标叶片之间的固-液界面相互作用的主要因素可分为植物叶片界面特性和农药药液性能。植物叶片最外层结构为外蜡质层，决定了靶标表面的亲疏水性，其表面化学成分、拓扑形貌和表面自由能受环境因子、植物种类、叶片部位和生长期等因素的影响而产生差异，可通过 LC-MS、SEM 等研究手段去认知而不能进行调控。农药药液性能可分为聚集体形貌、表面张力、剪切流变性质、扩张流变性质等体相和表/界面性质，可通过添加不同农药助剂（表面活性剂、高分子化合物、油性助剂和无机盐等）来进行调控，得到不同物理化学性质的农药药液，从而实现高效农药对靶传递效率。

在农药制剂中添加适宜的农药助剂是提高药液剂量传递效率的有效方法。研究表明，添加表面活性剂、高分子聚合物和油类化合物等可有效改善农药药液性能，对雾滴在靶标植物叶片表面的弹跳与附着、润湿与沉积、蒸发和渗透具有良好的调控机制。

8.3.1　表面活性剂

表面活性剂具有特殊的双亲分子结构，由以碳氢链为主的疏水基团和亲水基团组成，按照亲水基团的性质可分为阴离子型、阳离子型、非离子型表面活性剂等类型。为了降低体系自由能，表面活性剂分子倾向于定向排列在气-液或固-液界面，减少了界面上相互接触的两相之间的差异，从而降低表面张力。在农药制剂中添加表面活性剂可起到乳化、分散、增溶等效果，得到物理化学性质稳定的农药制剂。

液滴能量的"完全耗散"是抑制雾滴弹跳、实现药液有效沉积的关键。当液滴以一定速度撞击靶标表面，体相分子间发生相互作用，表面活性剂分子从体相向固、气、液三相线上迁移，因叶片有一定倾角，所以农药液滴在靶标表面应具有较大的接触角迟滞，以免滚落流失。其中，动态表面张力是抑制液滴弹跳的关键，由于液滴撞击叶片表面而产生新的表/界面，需表面活性剂不断从体相扩散并吸附到新的表/界面，降低表/界面张力，减小雾滴能量。然而，液滴在超疏水表面的撞击时间短暂，仅为约 20ms，尤其在单条纹、交叉条纹、平行条纹或者弯曲结构上，可以诱发各向异性铺展和回撤，导致液滴接触时间进一步下降约 50%，变得更容易反弹和溅射。因此，表面活性剂从体相吸附到界面的速率将明显影响体系的弹跳与附着。对比 5 种非离子表面活性剂、3 种阴离子表面活性剂和 2 种阳离子表面活性剂在低能固体表面的弹跳过程，发现在相同时间内动态表面张力越低，下降越快，表面活性剂抑制液滴撞击疏水表面后的回缩能力越强；同时，表面活性剂抑制回缩的能力随烷基链直链化增加而增大，而离子型表面活性剂抑制回缩的能力大于非离子表面活性剂。Song 等（2017）研究囊泡型表面活性剂对液滴在植物叶片表面的弹跳过程的影响，结果表明：添加 1% 的胶束型表面活性剂 SDS 和 TS 能够在一定程度上降低液滴反弹，但是在回缩阶段中易碎裂成小液滴，而添加 1% 囊泡型表面活性剂 AOT，液滴迅速达到最大铺展，回缩被抑制，说明 AOT 形成的囊泡可携带更多表面活性剂分子迅速从体相转移到表/界面，抑制液滴反弹。该研究说明，表面活性剂分子在体相的聚集形态会影响动态表面张力的变化，从而调控固-液界面相互作用。图 8-5 显示 SDS 和三乙胺在静电相互作用下形成的超分子低聚物表面活性剂抑制液滴在超疏水表面弹跳的过程。当 SDS 的浓度为 2.5×10^{-2}mol/L 时，表面活性剂分子在体相中形成胶束结构（2nm），向溶液中添加三乙胺，当摩尔比为 0.50（三乙胺/SDS）时，两者之间形成稠密的蠕虫状结构且体相黏度显著增加（Luo et al.，2019）。此时，超分子低聚物表面活性剂具有较

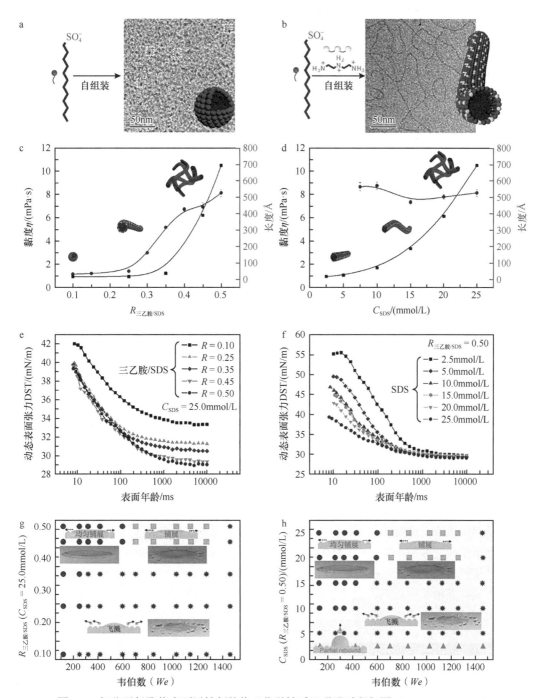

图 8-5　超分子低聚物表面活性剂的物理化学性质及弹跳过程相图（Luo et al.，2019）

a、b 为 SDS、三乙胺/SDS 聚合状态的示意图和冷冻电镜图像。a. SDS 单独形成的小的球形胶束，用虚线矩形突出显示。b. 随着三乙胺的加入，三乙胺/SDS 形成了长而密的缠绕线性胶束。c、d 为不同摩尔比（R）和摩尔浓度（C_{SDS}）下三乙胺/SDS 的黏度和聚合长度。在达到临界摩尔比或摩尔浓度后，胶束伸长并缠结成网络结构，导致黏度急剧增加。e、f 为三乙胺/SDS 在不同 R 和 C_{SDS} 下的动态表面张力（DST）曲线。随着 R 和 C_{SDS} 的增加，初始和平衡表面张力都显著降低。g、h 为三乙胺/SDS 液滴以不同韦伯数撞击超疏水表面的动力学行为相图。当韦伯数较高时，含有三乙胺/SDS 添加剂的液滴只能在特定摩尔比（0.45～0.50）和特定摩尔浓度（>20.0mmol/L）下完全沉积在超疏水表面上好的动态表面张力,在 100ms 内可从 55mN/m 下降到 32mN/m。当 SDS 浓度高于 $2.0×10^{-2}$mol/L,R 为 0.45～0.50 时,在较高的韦伯数(We)下该表面活性剂分子可完全抑制液滴在超疏水表面的弹跳。

当液滴沉积于植物叶片表面后,表面活性剂分子通过非共价键相互作用(洛伦兹-范德瓦耳斯力、疏水相互作用及静电相互作用等)吸附于气-液和固-液界面,从而改变靶标界面结构性质,实现液滴的润湿沉积。润湿状态由低黏附性的 Cassie-Baxter 状态转变为高黏附性的 Wenzel 状态是实现药液有效润湿的关键。以疏水性靶标表面为例,当表面活性剂浓度高于临界润湿浓度(CWC)时,液滴突破靶标表面钉扎效应而取代三维立体结构中空气层,并伴有毛细管效应,产生半渗透过程,从而有效黏附于靶标表面;但对于亲水性靶标表面,应适度添加表面活性剂以防止液滴因过度润湿而铺展流失。利用具有不同表面张力和极性的溶液,探讨植物叶片表面极性和粗糙度对液滴润湿及铺展过程的影响。利用黏附张力($\gamma_{LV}cos\theta$)与溶液介电常数作图(WTD),其中斜率表示叶片极性,截距表示叶片粗糙度。结果发现,对于非极性植物叶片,溶液极性增加则铺展面积减少;对于中等极性植物叶片,溶液极性与铺展面积无显著关系;对于亲水性植物叶片,溶液极性增加,则铺展面积增加。

为筛选使用于玫烟色棒束孢(*Isaria fumosorosea*)PF904 菌株的表面活性剂,采用量角法和重量差值法测定了 4 种不同植物叶片上的接触角和最大稳定持液量,同时对筛选获得的表面活性剂进行了安全性评价。结果表明,PEG-12 聚二甲基硅氧烷(OFX-0193)、α-烯基磺酸钠(AOS)和二异丁基萘磺酸钠(Nekal)3 种表面活性剂在 125～500mg/L 下均可提高玫烟色棒束孢子悬浮液在 4 种供试植物叶片上的润湿性能;同时,添加 Nekal 和 OFX-0193 对玫烟色棒束孢 PF904 的孢子萌发无抑制作用,而 AOS 则对其表现为抑制作用。因此,在玫烟色棒束孢 PF904 中添加 OFX-0193 和 Nekal 两种表面活性剂可用于防治苹果、甘蓝类害虫,添加 OFX-0193 还可用于防治茄类害虫。利用介孔二氧化硅负载阿维菌素,研究不同粒径的纳米颗粒在豇豆叶片表面的润湿性,结果表明 40nm 二氧化硅粒子的接触角为 52°～54°,100nm 的接触角为 51°～55°,120nm 的接触角为 57°～60°,说明粒径大小对润湿性无显著影响。

随着时间的推移,液滴中的水分子不断逃逸到环境中造成药液的蒸发。在温度恒定、雾滴体积足够小以符合球冠模型的条件下,液滴蒸发符合以下 3 种模式,即 CCA 模式(接触角不变,接触半径逐渐减小)、CCR 模式(接触半径不变,接触角逐渐减小)、混合模式(接触角增大,接触半径减小;或接触角和接触半径同时减小)。同时,液滴在亲水和光滑固体表面的蒸发遵循简单的扩散原理,蒸发速率与时间呈线性关系;液滴在疏水和超疏水表面的蒸发受固体表面特性和粗糙度的影响较大,在接触线处存在一个小的楔形区域,该区域蒸汽密度大,蒸发速率慢。

液滴在植物叶面上蒸发时间长短,与植物叶面对农药有效成分的吸收效率有着紧密的联系,直接影响农药使用效率。添加表面活性剂有助于降低药液表面张力,消除液滴与植物叶片之间的空气层,增加药液在叶片表面的覆盖面积,提高吸收速率。在稀释 5000 倍的 10% 吡虫啉乳油中添加表面活性剂,可以使农药液滴在甘蓝叶片表面的扩展面积明显增加,并缩短蒸发时间,减少药液从作物上被吹落流失到环境中的可能性;而 Fairland 2408 和 Tech 408 效果最为明显,农乳 500# 效果最差,同时表面活性剂添加比例增大,药液的扩张面积会相应增大,蒸发时间相应缩短。

8.3.2　有机硅表面活性剂

有机硅表面活性剂是一类以聚二甲基硅氧烷为主的小分子，可通过引入氨基、环氧基等制成阴离子、阳离子或两性表面活性剂，一般作为桶混助剂或喷雾助剂使用。由于分子主链上的 Si—C 键长较长，甲基上的氢原子展开，具有良好的疏水性，有效地降低药液表面张力至约 20mN/m，具有较大的铺展速率，可在短时间内形成液膜，具有良好的扩展能力；同时，添加有机硅表面活性剂可降低喷雾过程中的流失点，有利于减少施药液量，提高农药耐雨水冲刷性能，并促进有效成分通过气孔渗透进入叶片，延长残效期。但需要注意的是，在酸碱条件下，有机硅表面活性剂可迅速水解而失效，并对部分非靶标生物（如蜜蜂）具有一定的生物学毒性。

在除草剂中添加有机硅表面活性剂，由于具有良好的渗透性，药液可穿过杂草叶片表面角质层和细胞质膜，传导到植株各部位，使茎叶抱曲、畸形直至死亡。在杀虫剂中添加有机硅表面活性剂，由于具有良好的表面活性，药液可通过气孔渗透或浸润虫体，从而使昆虫窒息或干扰其生理过程。通过田间药效试验，利用有机硅表面活性剂 Silwet 618 作为桶混助剂，进行食心虫防治中的农药减量化研究。结果表明，在不影响防效的前提下，桶混稀释 5000 倍的 Silwet 618 可使 5% 氯虫苯甲酰胺悬浮剂、2.5% 高效氯氰菊酯微乳剂防治桃树上食心虫的用量分别减少 15%～24%、31%～32%，5% 阿维菌素微乳剂防治苹果树上食心虫的用量减少 48%，20% 虫酰肼悬浮剂、5% 甲维盐水分散粒剂防治梨树上食心虫的用量分别减少 42%、63%。但是，不同分子结构的有机硅表面活性剂对农药的增效作用不尽相同。Silwet 408 是常规三硅氧烷类分子，而 Greenwet 7618 在侧链引入聚醚基团，在相同条件下两者稀释 3000 倍与 50% 推荐用量的四氯虫酰胺悬浮剂复配；药后 7d，减量后添加 Greenwet 7618 的药液对菜青虫的防效与推荐剂量的药液无显著差异，而 Silwet 408 混用的防效显著降低。

有机硅表面活性剂分子在体相中的快速迁移是其具有良好铺展性能的关键。药液在靶标表面铺展过程主要通过幂法则 $R\sim t^n$ 进行分析。对于小液滴，当 $n=0.1$ 时符合 Tanner 法则，其铺展驱动力为毛细管作用力，当 $n=0.14$ 时其铺展驱动力为分子运动中能量耗散，当 $n=0.25$ 时其铺展驱动力为界面张力梯度（马兰戈尼效应）；对于大液滴，由于重力对铺展的影响，其 $n=0.125$。Zhang 和 Han（2009）合成 5 种葡萄糖酰胺修饰的有机硅表面活性剂，研究不同分子结构和 HLB 值对药液在甘蓝和小麦叶片表面的铺展行为。结果发现，当 HLB 值为 10.9 时（与 Silwet L-77 接近），表面活性剂具有良好的润湿铺展能力；较大的分子结构减缓分子扩散速率，空间位阻效应降低了其在表/界面的吸附量，不利于药液的润湿铺展。当 Silwet L-77 与 Triton X-100 复配时，仅两者摩尔比为 50∶50 时产生协同效应，提高药液在疏水表面的润湿铺展能力，原因是三硅氧烷基团的空间位阻效应不利于 Triton X-100 分子形成胶束；随着两者浓度增加，药液铺展性能增强。

8.3.3　功能高分子助剂

功能高分子助剂是 21 世纪以来开发与应用的一种新型材料，其分子结构通常由主链和侧链组成，主链一般由阴离子、阳离子、非离子单体及其组合通过聚合构成，侧链通常由长链的疏水单体构成（图 8-6）。相比于传统分散剂，功能高分子助剂因其较高的相对分子质量，锚固基团通过离子键、共价键、氢键及范德瓦耳斯力等相互作用以单点或多点形式牢固吸附于分散相表面，具有高能乳化、润湿、分散、悬浮、增加附着与沉积、抗蒸发、缓释等功能，除了满足农药制剂形成与稳定的基本要求，还在改善制剂兑水稀释后的药液性能等方面体现出独有的优势。

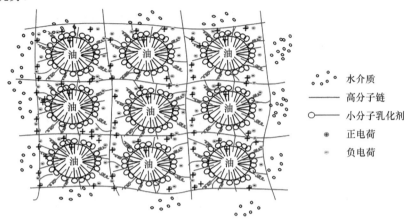

水介质
高分子链
小分子乳化剂
正电荷
负电荷

图 8-6 溶液中功能高分子助剂的结构示意图（黄桂珍等，2020）

黄桂珍等（2020）将聚丙烯酸酯类微交联结构功能高分子助剂 G-100A 与脂肪醇聚氧乙烯醚类结构高分子助剂、三苯乙烯苯酚聚氧乙烯醚磷酸酯等小分子助剂复配后作为配方助剂，制备了 40% 苯醚甲环唑·吡唑醚菌酯水乳剂，并在田间进行了防治水稻纹枯病的药效试验。结果表明，在推荐使用浓度下，所制备的 40% 苯醚甲环唑·吡唑醚菌酯水乳剂药液对靶标的黏附力与沉积量显著提高，且具有良好的抗蒸发性能，在防治田间水稻纹枯病时，减量 25% 仍可达到对照药剂 40% 苯醚甲环唑·吡唑醚菌酯悬浮剂的防效。此外，G-100A 还可作为喷雾助剂使用，其在药液中以特有的结构存在，可有效抑制水分蒸发、减少雾滴飘移，并可有效降低雾滴碰撞叶面时的界面能，防止雾滴弹跳。G-100A 相对分子质量在 500 万～2000 万，能与水无限混溶并可形成空间立体网状微交联结构，可固定油相液滴并阻止其相互接触，避免乳液团聚；其在作为配方助剂用于农药水乳剂加工时，可区别于传统的小分子表面活性剂，通过在分散的液滴周围形成机械的空间障碍，抑制液滴间的相互靠近，从而降低聚结速度；而当液滴之间一旦发生碰撞时，机械障碍可增大分散液滴之间的抗机械冲击性能，从而也能防止聚结的发生，大幅提高体系的稳定性。

功能高分子助剂在水溶液中能形成层状液晶，以纳米级层状液晶形态，多层锁住水分子，大幅度延缓液滴中水分的挥发速度，所以具有较好的抗蒸发性能。研究发现，通过悬滴法（pendant-drop method）和动态薄膜干燥度分析法测试，加入高分子助剂 G-2801 后水或飞防药液的抗蒸发时间可提高 25% 以上，有利于增加药剂的吸收时间，提高药剂的应用效果。采用悬滴法，在 27℃±0.5℃、相对湿度为 40%±2% 的测试条件下，添加 1% G-2801 的药液中水分抑制蒸发率提高了 26.53%；同样条件下，采用动态干燥度分析仪进行相关样品的抗蒸发性能测试，加入 1% G-2801 后，水分抑制蒸发率提高了 28.5%。另外，黄桂珍等（2020）研究发现，功能高分子助剂可以改善喷雾粒径，减少小雾滴的产生，促进雾滴沉降，减少飘移产生的药液损失。采用激光喷雾粒度测定仪，在温度 25℃、喷雾压力 0.28MPa、喷头距检测仪高度为 1.2m 条件下，测试飞防药液中加入 1% 高分子飞防助剂 G-2801 后的雾滴粒径，发现小于 100μm 的小雾滴占比减少 19.43%，提高了飞防药液的抗飘移能力。

Song 等（2020）选择具有拉伸性能的柔性高分子化合物聚环氧乙烷（PEO）和具有优异表面活性的小分子化合物 2-乙基己基琥珀酸酯磺酸钠（AOT），研究液滴在非对称性植物叶片表面的撞击过程。如图 8-7 所示，单纯的水滴和表面活性剂液滴在单条纹超疏水叶片表面容易弹跳碎裂，原因是药液拉伸黏度太低，不足以对抗体系的惯性力。而高分子液滴在剪切过程中，团聚的高分子处于拉伸状态而消耗体系能量，虽碎裂，但能在叶片表面持留。将 PEO 和 AOT 进行复配，两者通过疏水相互作用形成聚合物，因拉伸黏度的存在而减缓液滴铺展，使表面活性剂分子有充足的时间从体相向表/界面迁移，有效降低界面张力，增加液滴持留。通过在苯醚甲环唑悬浮剂中添加润湿剂 D1001 和增稠剂黄原胶，结果发现药液可以在黄瓜和甘蓝叶片表面快速润湿铺展；黄原胶显著提升药液的黏附性能，在喷雾条件下提高药液持留量。陈莉等（2014）研究有机硅表面活性剂聚醚聚酯有机硅 2230 和黄原胶对杀菌剂在小麦叶片上耐雨水冲刷能力。结果表明，加入两者均可增加多菌灵和三唑酮抗雨水冲刷能力，提高防治小麦赤霉病的效果。

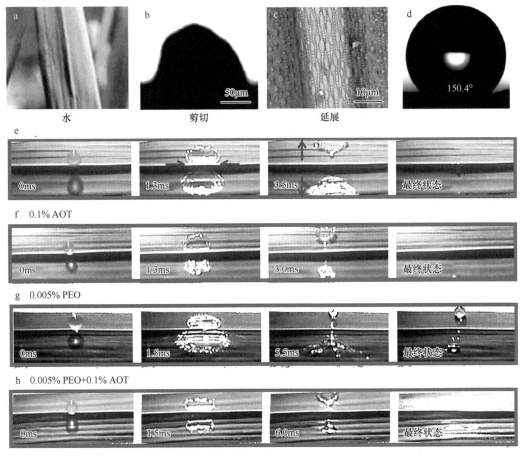

图 8-7　高分子 PEO 和表面活性剂 AOT 在单条纹叶片上的弹跳行为

Zhou 等（2018）系统研究高分子化合物在水稻（图 2-40）和棉花（图 2-41）叶片表面的蒸发过程。结果表明，高分子化合物浓度和靶标界面特性对液滴的蒸发时间及蒸发模式影响显著。当浓度在 CMC 左右，水稻叶面上表现为液滴蒸发时间先增加后缩短。当表面活性剂浓度较低时，润湿性较差，在固-液-气三相接触线处存在空气，液滴蒸发，形成楔形区域。此外，接触角和接触半径同时减小的混合蒸发模式，维持了液滴的椭球形形态，从而延长了楔形区域的存在时间，进而延长了液滴的蒸发时间。相反，当表面活性剂浓度较高时，润湿性较好，固-液-气三相接触线处空气较少，液滴蒸发主要表现为 CCR 模式，形态变化较快，楔形区域存在时间较短，总的结果表现为液滴蒸发速率加快。与水稻叶片相反，高分子溶液在浓度 CMC 左右时，液滴在棉花叶面上表现为液滴蒸发时间先缩短后增加。主要是由于棉花叶面属于水易润湿表面，在较低表面活性剂使用浓度时，溶液形成较好润湿铺展，在气-液、固-液界面吸附的表面活性剂分子增大了水分子的蒸发面积，促进了雾滴的蒸发。因此，表面活性剂使用浓度从 0% 到 0.01% 雾滴蒸发时间逐渐缩短。而随着表面活性剂浓度的升高（0.01%～0.1%），表面活性剂在浅表层形成吸附势垒，以及表面活性剂分子间相互作用形成的自组装结构使水分子被束缚，从而抑制了雾滴的蒸发。

8.3.4 油类化合物

油类化合物在农药加工中应用广泛，可减少雾滴在空间运行过程中发生的飘移和蒸发；有效降低药液表面张力和接触角，使药液容易润湿；适当增加黏度，使药液在植物叶片表面不易反弹和滚落；增加药液的沉积量，同时增强耐雨水冲刷的能力，有利于药剂的吸收；化合物无毒，被植物吸收利用的同时，可被植物和土壤微生物分解，有利于保护环境。

油类化合物主要包括矿物油和植物油两类。矿物油通常是用低含量的芳香烃化合物精炼制得，由 C16～C30 平均相对分子质量 200～400 范围内碳氢化合物的混合物组成，一般添加非离子乳化剂后使用。研究表明，在不影响防效的前提下，每升药液中加入 5mL 95% 矿物油乳剂可使 20% 氰戊·马拉松乳油减量 50%，而每升药液中加入 3mL 95% 矿物油乳剂可使 20% 氰戊·马拉松乳油减量 33%，用于防治梨树桃小食心虫。植物油通常是从植物种子、果肉及其他部分的原料提取，需经过酯化后使用，原因是酯化植物油可增加植物油的亲脂性，具有更高的生物活性，能明显提高靶标渗透性。油类化合物的加入，有助于杀虫剂对昆虫体壁的穿透，并抑制了昆虫体内某些解毒酶等的活性。

将石蜡油、葡萄籽油、甲酯化葡萄籽油用乳化剂乳化后加入到禾草灵药液中，喷洒到黑麦草叶片表面。结果发现，有无添加油类化合物，药液在远离叶脉表面（覆盖有无定型蜡质层）上的扩展面积无显著差异；而在接近叶脉表面（覆盖有晶状体蜡质层）上，添加油类化合物能有效增加扩展面积。通过扫描电子显微镜观察添加机油乳剂对稗草叶片蜡质层的影响，单用莠去津药液处理叶片，其表面蜡质层结构较密，气孔和细胞明显，蜡质隆起无溶解现象；当添加机油乳剂后，叶片表面气孔和细胞界限不明显，蜡质层有溶解现象。同时，加入 20% 矿物油乳剂到 4.5% 高效氯氟氰菊酯乳油中，其渗透效率是不添加的 2.5 倍，不仅具有提高渗透速率和延长药液有效渗透时间的作用，而且最终渗透效率大大提高，实现对药液性能的调控。

农药可分为内吸式和非内吸式。内吸式农药的基本工作原理是让植物把药液吸收到体内，直接控制植物体内的病害，或者是当害虫食用体内含有药液物质的植物叶子后被毒杀。内吸式农药雾滴沉降到叶面后，只要延长雾滴蒸发时间，叶子表面的毛细孔吸收农药，微粒物质就会增多，农药对病虫害的防治效果就可提高。这主要是由于在水剂状态下的农药微粒物质更易于被植物叶子表面的毛细孔吸收。为使农药药液尽可能被作物吸收，较高药剂浓度、较低雾滴密度及较大雾滴均能起到较好的防治效果，因此可适当增大液滴以减少飘移和蒸发；同时，雾滴蒸发时间越长，叶子表面的毛细孔吸收农药有效成分就会越多，农药对病虫害的防治效果就越好。烟嘧磺隆作为内吸性除草剂，添加不同黏度的矿物油助剂可延长药液干燥时间，并被发现当矿物油黏度为 46mPa·s 时药效增强作用最为明显。对于非内吸式农药，不需要让植物把药液吸收到体内，而是把药液喷洒到叶面上的害虫或植物的病害发生区域，直接触杀害虫或控制病害。非内吸式农药则是雾滴蒸发时间越短，农药雾滴被风从植物叶子表面吹落的概率就越小，农药对病虫害的防治效果就越好。对于触杀性和保护性药剂，减少雾滴粒径、增加雾滴密度是提高防治效果及减少施药量的有效途径，同时可添加防飘移助剂以防止细雾滴的飘移和蒸发。农药中添加经高能电子束辐射后的凹凸棒土，不仅增加了固体颗粒的比表面积，有利于对农药分子的负载，同时可使其带正电荷，利用静电相互作用而在靶标叶片表面沉积；而添加高分子化合物聚丙烯酰胺和聚丙烯酸钠后，可在沉积于靶标表面液滴的气-液界面形成致密的高分子靶标，减缓液滴的蒸发。在氟磺胺草醚和灭草松水剂中添加喷雾助剂十二烷基苯磺酸钠（ABS），可降低药液在杂草叶片表面的接触角，增加铺展面积，有利于药液发挥作用；而添加有机硅表面活性剂同样可实现对农药药液的增效作用。

基于农药剂量传递的物理化学过程，研究发现靶标叶片性质、药液性质及环境因子是影响剂量传递效率的关键因素。本节介绍了基于靶标叶片性质，通过对药液性质的改变，利用相似相吸原理、静电相互作用、尺寸拓扑效应等提高载药体系在叶面上的润湿性能和沉积效率；同时，通过添加小分子表面活性剂（包括有机硅表面活性剂）、高分子化合物、油类化合物改善药液理化性质，减少液滴在靶标叶片表面的弹跳，提高其沉积量，增强润湿铺展能力，调控蒸发过程，实现农药有效成分的高效渗透和传递，达到精准施药。

8.4　农药雾化参数优化

将液体分散到气体中形成雾状分散体系的过程称为雾化。雾化的实质是被分散液体在喷雾机具提供的外力作用下克服自身表面张力，实现比表面积大幅度增加。雾化效果的好坏一般用雾滴大小表示。雾化是农药科学使用最为普遍的一种操作过程，通过雾化可以使施用药剂在靶体上达到很高或较高的分散度，从而保证药效的发挥。根据分散药液的原动力，农药的雾化主要有液力雾化、气力雾化（双流体雾化）、离心雾化和静电场雾化 4 种，目前最常用的是前 3 种。

从第 1 章 1.3 "农药雾化体系与剂量传递性能"可知，雾化参数主要有雾滴粒径、雾滴谱、雾滴初速度等，是影响药液的沉积、飘移、流失等的重要因素，因此本节主要以上述 3 个参数作为研究对象，深入探讨不同农药雾化方式（液力雾化、离心雾化、气力雾化）雾化参数的影响因素及优化。

8.4.1　液力雾化的影响因素及优化

药液受压后通过特殊构造的喷头和喷嘴而分散成雾滴喷射出去，这种喷头称为液力式喷头。其工作原理是药液受压后生成液膜，由于液体内部的不稳定性，液膜与空气发生撞击后破裂成为细小雾滴。液力式雾化法是高容量和中容量喷雾所采用的喷雾方法，是农药使用中最常用的方法，操作简便，雾滴直径大，雾滴飘移少，适合于各类农药。最常使用的背负式喷雾器、自走式喷杆喷雾机等采用的都是液力式雾化原理（袁会珠，2011）。

8.4.1.1　液力雾化的分类

我国对液力式喷头的定义是"具有小孔的零件或组件，液体在压力下通过小孔形成雾流"，因其使用普遍，一般情况下可简称为"喷头"。尽管喷雾技术和喷雾机具种类较多，但它们的喷射部件大都采用液力式喷头，液力式喷头种类多样。液力式喷头的原理是接受从液泵送来的药液，并将其雾化后呈微细雾滴喷洒到植物上。它由喷管、胶管、套管、开关和喷头等组成。

喷管通常用钢管或黄铜管制造，喷管的一端通过套管和胶管与排液管相连，另一端安装喷头。套管内装有过滤网，用以过滤喷出的药液。开关由开关芯和开关壳组成，用于控制药液流通。

我国手动喷雾器械和大田喷杆喷雾机以及果园喷雾机上所采用的喷头均采用液力雾化，属于液力喷头，液力喷头根据其雾型不同可分为圆锥雾喷头、扇形雾喷头两大类，具体有图 8-8 所示的几种。

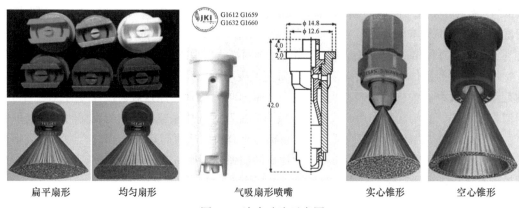

扇平扇形　　　　均匀扇形　　　　气吸扇形喷嘴　　　　实心锥形　　　空心锥形

图 8-8　液力喷头示意图

1.圆锥雾喷头

圆锥雾喷头，利用药液涡流的离心力使药液雾化，它是目前喷雾器上使用最广泛的喷头。它的具体工作过程因构造不同而异，但基本原理都是使药液在喷头内绕孔轴线旋转。药液喷出后，固体壁所给的向心力便不存在了，这时药液分子受到旋转的离心力作用，沿直线向四面飞散，这些直线与它原来的运动轨迹相切，即与一个圆锥面相切，该圆锥面的锥心与喷孔轴线相重合，因此喷出的是一个空心的圆锥体，利用这种涡流的离心力使药液雾化。

（1）切向进液式喷头

切向进液式喷头（图 8-9）由喷头帽、喷孔片和喷头体等组成。

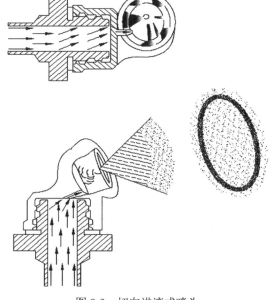

图 8-9　切向进液式喷头

喷头体除两端连接螺纹外，内部由锥体芯与旋水室、进液斜孔构成。喷孔片的中央有一喷孔，用喷头帽将喷孔片固定在喷头体上。其雾化原理：当高压药液进入喷头的切向进液管孔后，药液以高速流入涡流室绕锥体芯作高速强烈的旋转运动。由于斜孔与涡流室圆柱面相切，且与圆周面母线呈一斜角，因此液流做螺旋式旋转运动，即药液做旋转运动，同时又向喷孔移动。由于旋转运动所产生的离心力与喷孔内外压力差的联合作用，药液通过喷孔喷出后便向四周飞散，形成一个旋转液流薄膜空心圆锥体，即空心圆锥雾。离喷孔越远，液膜被撕展得越薄，破裂成丝状，与相对静止的空气撞击，并在液体表面张力作用下形成细小雾滴，雾滴在惯性力作用下，喷洒到农作物上。

这种喷头的特点：当压力增大时，喷雾量增大，喷雾角也增大，同时雾点变细。但压力增加到一定数值后这种现象就不显著了。反之，当压力降低时，情况正好相反，下降到一定数值时，喷头就不起作用了。

在压力不变的情况下，利用喷孔直径的增大，增加喷雾量，从而增大雾锥角。但喷孔直径增大到一定数值时，雾锥角的增大就不明显了。这时雾滴会变粗，射程会增大。反之，喷孔直径的减小，可减小喷雾量；缩小雾锥角，雾滴变小，射程缩短。

（2）旋水芯式喷头

旋水芯式喷头（图 8-10）由喷头体、旋水芯和喷头帽等组成。喷头帽上有喷孔，旋水芯上有截面为矩形的螺旋槽，其端部与喷头帽之间有一定间隙，称为涡流室。

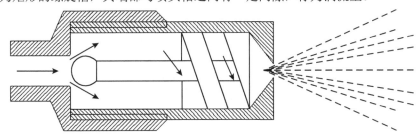

图 8-10　旋水芯式喷头雾化原理

其雾化原理：雾滴的形成是喷出的液膜首先破裂成丝状，再进一步破裂成雾滴的过程。当高压药液进入喷头并经过带有矩形螺旋槽的涡流芯时，做高速旋转运动，进入涡流室后便沿着螺旋槽方向做切线运动。在离心力的作用下，药液以高速从喷孔喷出，并与相对静止的空气撞击而雾化成空心圆锥雾。

由于压力和喷孔直径的不同，所形成的雾滴的粗细、射程远近、雾锥角的大小等也有所不同，其他均与切向进液式喷头相同。当调节涡流室的深度，使其加深时，雾滴就会变粗，雾锥角变小，而射程却变远。

（3）旋水片式喷头

旋水片式喷头（图 8-11）由喷头帽、喷头片、旋水片和喷头体等组成。

它的构造和雾化原理基本上与旋水芯式喷头相似，只是用旋水片代替了旋水芯。因此，只要更换喷片就可以改变喷孔的大小。旋水片与喷片之间即为涡流室，在两片之间有垫圈，改变垫圈的厚度或增减垫圈的数量，应可以调节涡流室的深浅。旋水片上一般有两个对称的螺旋槽斜孔，当药液在一定的压力下流入喷头内，然后通过涡流片上的两个螺旋槽斜孔时，即产生旋转涡流运动，再由喷孔喷出，形成空心圆锥雾。

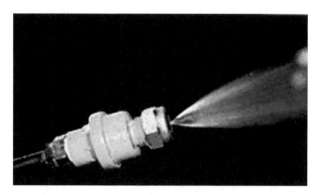

图 8-11　旋水片式喷头

2. 扇形雾喷头

随着除草剂的广泛使用，扇形雾喷头（图 8-12）已在国内外广泛运用。这类喷头一般用黄铜、不锈钢、塑料或陶瓷等材料制成。扇形雾喷头根据其喷雾的雾形可分为标准扇形雾喷头、均匀扇形雾喷头、偏置式扇形雾喷头等，根据其喷嘴形状分为狭缝式喷头、撞击式喷头等。

图 8-12　扇形雾喷头

（1）狭缝式喷头

狭缝式喷头的雾化原理：当压力液流进入喷嘴后，从圆形喷孔中喷出，受到切槽楔面的挤压，延展成平面液膜，在喷嘴内外压力差的作用下，液膜扩散变薄，撕裂成细丝状，最后破裂成雾滴的同时，扇形雾流又与相对静止的空气相撞击，进一步细碎成微细雾滴，喷洒到农作物上，其雾量分布为狭长椭圆形。此种喷头已被联合国列为标准化的系列喷头，广泛应用于各种机动喷雾机上和手动喷雾器的小型喷杆上。

现阶段，拖拉机携带喷杆喷雾机在我国东北、华北地区开始已经有大面积的应用，主要是用于除草剂的喷洒。为提高喷雾质量，我国生产拖拉机携带的喷杆喷雾机上都已经装配了各种各样的进口喷头，应用最多的就是扇形雾喷头。常用扇形雾喷头有标准扇形雾喷头、均匀扇形雾喷头和偏置式扇形雾喷头等。为了改善农药在作物冠层中的沉积分布特性，Lechler公司研发了一种双扇面均匀扇形雾喷头，双扇面均匀扇形雾喷头因其雾滴运动有两个方向，增加了雾滴对作物株冠层的穿透能力，安装在喷杆喷雾机上用于作物后期喷雾，其防治效果好于标准扇形雾喷头。

扇形雾喷头的喷雾角度、喷雾距离与雾滴覆盖范围密切相关，喷雾角度越大、喷雾距离（喷雾高度）越大，雾滴对靶标的覆盖范围就越大。因此，喷头在喷杆上的安装间距取决于喷雾角度和喷雾距离。

扇形雾喷头喷出的雾流是狭窄的椭圆形，呈倒"V"字状，中心部分雾滴多，并向两边逐渐减少。合理设置喷杆高度和喷头间距，通过相邻雾流适当重叠，即可在喷杆方向获得均匀一致的喷雾分布。

对于苗带喷雾适合采用均匀扇形雾喷头，雾流中间与两边雾滴数量相似，因此，不需要雾流叠加，即可在喷头下方获得均匀的喷雾量分布。

（2）撞击式喷头

撞击式喷头也是一种扇形雾喷头，液剂从收缩型的圆锥喷孔喷出，即沿着与喷孔中心近于垂直的扇形平面延展，即成扇形液面，该喷头的喷雾量较大，雾滴较粗，飘移较少，适合于除草剂的喷洒。

8.4.1.2 喷雾参数对液力喷头雾化性能的影响

在风洞可控环境下，针对喷雾压力、雾滴云释放高度与喷雾流量等影响雾滴粒径的主要因素开展了研究。试验采用不同类型的液力雾化喷头（表 8-1），对 12.5% 苯醚甲环唑乳油1200 倍稀释液进行喷雾试验，通过试验风洞内的升降机构与空气压缩机对雾滴云释放高度与喷雾压力进行调控，以获取不同释放高度的雾滴云、不同喷雾压力。采用激光粒度仪对雾滴谱进行了测定（图 8-13）。

表 8-1 试验喷头型号及参数

喷头种类	喷雾角/(°)	喷雾压力范围/MPa	生产厂家
ST110-01 标准扇形雾喷头	110	0.2～0.5	
ST110-02 标准扇形雾喷头	110	0.2～0.5	
ST110-03 标准扇形雾喷头	110	0.2～0.5	德国 Lechler
AD120-03 防飘喷头	120	0.15～0.6	

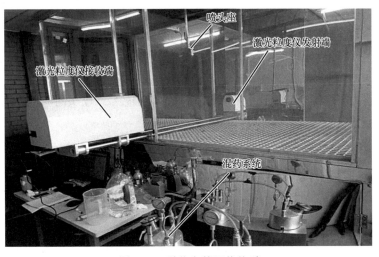

图 8-13 雾化参数评价体系

1. 喷雾压力对雾化参数的影响

试验采用 ST110-03 号标准扇形雾喷头，对不同雾滴云释放高度、不同喷雾压力下的清水进行了雾化分散特性研究。

　　试验结果表明：随着喷雾压力的增大，雾滴粒径减小。在雾滴云释放高度为 30cm 时，与 0.2MPa 相比，在喷雾压力为 0.3MPa 时，雾滴体积中径（VMD）减少 15.03%；喷雾压力为 0.5MPa 时，VMD 减少 28.86%。在雾滴云释放高度为 50cm 时，与 0.2MPa 相比，在喷雾压力为 0.3MPa 时，VMD 减少 12.99%；喷雾压力为 0.5MPa 时，VMD 减少 27.33%。在雾滴云释放高度为 60cm 时，与 0.2MPa 相比，在喷雾压力为 0.3MPa 时，VMD 减少 14.67%；喷雾压力为 0.5MPa 时，VMD 减少 31.01%。

　　雾滴谱是表征喷头雾化程度的指标，雾滴谱窄，说明喷头雾化均匀。由图 8-14 可以看出喷雾压力为 0.2MPa、0.3MPa 时雾滴谱较窄，喷头的雾化均匀。

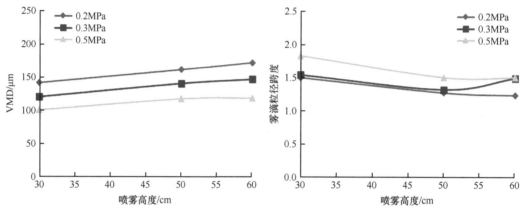

图 8-14　不同喷雾压力下清水雾滴粒径（左）和雾滴粒径跨度（右）的变化

2. 雾滴云释放高度对雾化参数的影响

　　试验结果表明：随着雾滴云释放高度的增加，雾滴粒径稍有增大。在喷雾压力为 0.2MPa 时，与雾滴云释放高度 30cm 相比，在雾滴云释放高度为 50cm 时，VMD 增大 14.11%；雾滴云释放高度为 60cm 时，VMD 增大 21.74%。在喷雾压力为 0.3MPa 时，与雾滴云释放高度 30cm 相比，在雾滴云释放高度为 50cm 时，VMD 增大 16.86%；雾滴云释放高度为 60cm 时，VMD 增大 22.26%。在喷雾压力为 0.5MPa 时，与雾滴云释放高度 30cm 相比，在雾滴云释放高度为 50cm 时，VMD 增大 16.57%；雾滴云释放高度为 60cm 时，VMD 增大 18.06%。

　　雾滴谱是表征喷头雾化程度的指标，雾滴谱窄，说明喷头雾化均匀。由图 8-15 可以看出在不同的喷雾压力下，雾滴云释放高度为 50cm 时雾滴谱较窄，喷头的雾化最均匀。

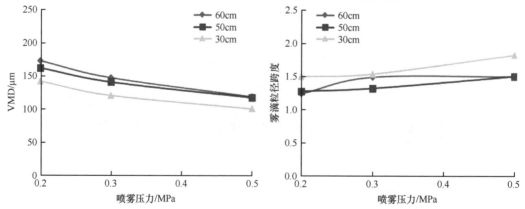

图 8-15　不同喷雾高度下清水雾滴粒径（左）和雾滴粒径跨度的变化（右）

3. 喷雾流量对雾化参数的影响

试验采用 ST110-01、ST110-02、ST110-03 标准扇形雾喷头以及 AD120-03 防飘喷头，对不同雾滴云释放高度、不同喷雾压力、不同喷雾流量下的清水进行了雾化分散特性研究。

试验结果表明：随着喷雾流量的增加，雾滴粒径稍有增大。雾滴云释放高度为 50cm，在喷雾压力为 0.2MPa 时，与 ST110-01 喷头相比，使用 ST110-02 喷头时，VMD 增大 18.30%；使用 ST110-03 喷头时，VMD 增大 23.81%；使用 AD120-03 喷头时，VMD 增大 64.70%。在喷雾压力为 0.3MPa 时，使用 ST110-02 喷头时，VMD 增大 16.30%；使用 ST110-03 喷头时，VMD 增大 18.83%；使用 AD120-03 喷头时，VMD 增大 65.96%。在喷雾压力为 0.5MPa 时，使用 ST110-02 喷头时，VMD 增大 10.18%；使用 ST110-03 喷头时，VMD 增大 22.13%；使用 AD120-03 喷头时，VMD 增大 75.45%。

雾滴谱是表征喷头雾化程度的指标，雾滴谱窄，说明喷头雾化均匀。由图 8-16 可以看出在不同的喷雾压力下，使用 ST110-02、ST110-03 喷头雾滴谱最窄，喷头的雾化最均匀。

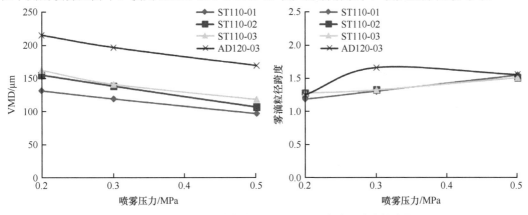

图 8-16 不同喷头下清水雾滴粒径（左）和雾滴粒径跨度的变化（右）

4. 喷雾参数对雾化参数的互作影响

针对喷雾压力、雾滴云释放高度与喷雾流量等影响雾滴粒径的主要因素开展了正交试验分析，如表 8-2 所示。

表 8-2 不同喷雾参数对苯醚甲环唑药液雾滴粒径跨度的正交试验分析

试验号	因子			
	喷头种类	雾滴云释放高度/cm	喷雾压力/MPa	雾滴粒径跨度
1	ST110-01	30	0.2	1.27
2	ST110-01	50	0.3	1.52
3	ST110-01	60	0.5	1.65
4	ST110-02	30	0.3	1.49
5	ST110-02	50	0.5	1.42
6	ST110-02	60	0.2	1.23
7	ST110-03	30	0.5	2.04
8	ST110-03	50	0.2	1.32
9	ST110-03	60	0.3	1.44

试验号	因子			
	喷头种类	雾滴云释放高度/cm	喷雾压力/MPa	雾滴粒径跨度
K_{1j}	4.44	4.8	3.82	
K_{2j}	4.14	4.26	4.45	
K_{3j}	4.8	4.32	5.11	
极差 R_j	0.66	0.54	1.29	

由方差分析可知（表 8-3），各因素对标准扇形雾喷头喷施苯醚甲环唑药液雾滴粒径跨度的显著性影响为喷雾压力＞喷雾流量＞雾滴云释放高度。最优组合：喷雾压力 0.2MPa，雾滴云释放高度 60cm，喷头选取 ST110-02，在此组合下的雾滴谱最窄（1.23）。

表 8-3　不同喷雾参数对苯醚甲环唑药液雾滴粒径跨度的方差分析表

方差来源	离差平方和	自由度	S_j 均方和	F 值	临界值	显著性
喷雾流量	0.0728	2	0.0364	1.00	$F_{0.05}(2,2)=19$	
雾滴云释放高度	0.0584	2	0.0292	0.80	$F_{0.1}(2,2)=9$	
喷雾压力	0.2774	2	0.1387	3.82	$F_{0.25}(2,2)=3$	*
误差 SE	0.0726	2	0.0363			
总和	0.4812	8				

注：* 表示差异显著（$P<0.05$）

8.4.2 离心雾化的影响因素及优化

当向一个高速旋转的雾化转盘上注入液体时，液体在高速旋转的雾化转盘产生的离心力的作用下，被抛向雾化转盘的边缘，先形成液膜，在接近或达到边缘后分裂成液丝，再呈点状抛甩出，与空气撞击后形成雾滴，这一过程称为离心雾化。

8.4.2.1 离心雾化的研究现状

目前，应用普遍的离心雾化器主要有转盘式和转笼式，对于转盘式离心雾化器，在相同的条件下，转速越高，离心力越大，得到的雾滴粒径越小，雾化效果越好。尽量采用较大直径，才能得到理想的雾滴粒径；同时保持雾滴从雾化器上线性分离的最低转速与流量有一定的关系；雾滴粒径跨度也与流量有关，当流量非常小而雾化器转速又很高时，就会产生非常窄的雾滴谱，但当流量不断增大而雾化器转速降低时，其雾滴谱就会不断接近压力喷头；雾化器边缘是否带齿，齿数和齿形对雾滴粒径也有影响，齿数多、齿形尖的齿盘有利于雾化。实验表明，有尖齿或有沟槽设计的雾化器，产生的雾滴谱很窄。

对转笼式离心雾化器，转笼转速、转笼直径、丝网目数、输药流量是影响雾滴粒径的主要因素；转笼设计转速应大于 6000r/min，配置不同目数网布才有足够的离心力满足雾滴雾化要求，且选择较大喷头直径和合适目数网布可明显提高雾化性能。

8.4.2.2 雾化器结构及工作参数对离心雾化性能的影响

通过研究可知，雾化器结构、工作参数（雾化器转速、雾化器流量）是影响药液雾化性能参数的重要因素。基于离心雾化试验台，可实现转速调控、供液流量调控，同时可搭载多种喷头；此外，可同时利用高速摄影手段、激光粒度分析法等研究各因素对雾化性能参数的影响。

1. 雾化器结构对雾滴粒径及雾滴谱的影响

对雾化转盘的雾化齿的形状和齿数进行了改变，主要有：①楔形雾化齿 120 个；②半圆柱形雾化齿 45 个；③光盘（无雾化齿）；④楔形雾化齿 60 个；⑤半圆柱形雾化齿 90 个；⑥楔形雾化齿 30 个；⑦楔形雾化齿 15 个。除了光盘没有雾化齿，其他形状的雾化转盘均有一定数量的雾化齿均匀分布在雾化转盘四周。具体如图 8-17 所示。

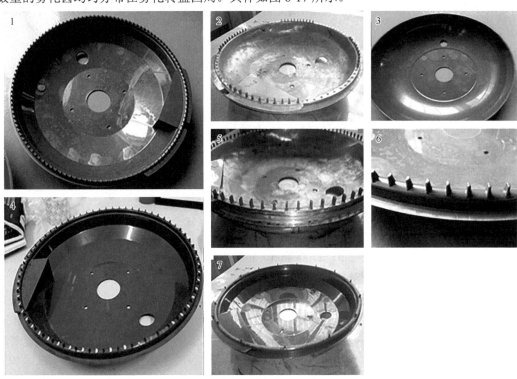

图 8-17　7 种不同结构参数的雾化转盘

测量以上 7 种不同结构参数雾化转盘的雾滴粒径跨度，取雾化转盘转速在 1500r/min 条件下的雾滴体积中径 D_{50} 和雾滴粒径跨度 $(D_{90}-D_{10})/D_{50}$ 数据，用 3 次试验数据计算平均值。具体如表 8-4 所示。

表 8-4　7 种不同结构参数的雾化转盘的雾滴体积中值直径和雾滴粒径跨度

不同雾化齿	D_{50}/μm			平均值/μm	$(D_{90}-D_{10})/D_{50}$/μm			平均值/μm
A_1（120）	87.4	87.4	82.3	85.7	0.97	0.61	0.59	0.72
A_2（90）	90.6	95.9	83.1	89.9	0.98	1.07	0.87	0.97
A_3（60）	96.4	89.2	84.2	89.9	1.56	1.57	1.53	1.55
A_4（45）	90.2	92.8	92.9	92.0	1.56	1.54	1.55	1.55
A_5（30）	98.1	89.6	89.3	92.3	0.73	0.91	0.94	0.86
A_6（15）	103.7	98.1	89.1	97.0	0.97	1.10	0.92	1.00
A_7（0）	321.6	185.7	165.2	224.2	0.95	1.64	1.87	1.49

注：在给定显著水平 $\alpha=0.05$ 下，对数据进行单因素方差分析见表 8-5

给定 $\alpha=0.05$，查 F 分布表可知 $F_{0.05}(6,14)=2.85$，又由于计算出 $F_{D_{50}}=7.23$，$F_{(D_{90}-D_{10})/D_{50}}=8.89$，均大于 $F_{0.05}(6,14)$。故认为齿形对雾滴粒径的影响显著性一般。由表 8-4 可知，若把齿形作为影响因素时，雾滴体积中径均值从大到小为光盘＞半圆柱形齿＞楔形齿；雾滴粒径跨度从大到小为半圆柱形齿＞光盘＞楔形齿。若把齿数作为影响因素时，同种齿形下，雾化齿盘齿数越多，雾滴体积中值直径越小，同样雾滴粒径跨度也越小；雾化齿盘齿数越少，雾滴体积中值直径越大，同样雾滴粒径跨度也越大，因而齿数对雾滴谱影响较为显著。故而无论雾化齿盘齿形是楔形、圆柱形或其他形，它们对雾滴粒径均无显著的影响。但同转速条件下，无雾化齿的雾滴粒径分布远差于有齿情况，可见雾化齿有助于提高离心雾化器低转速条件下的雾化质量。

表 8-5　单因素方差分析

方差来源	$D_{50}/\mu m$					$(D_{90}-D_{10})/D_{50}/\mu m$				
	平方和	自由度	F 值	显著性	均值比较	平方和	自由度	F 值	显著性	均值比较
因素 A	45 873.1	6			$A_7>A_6>$	2.40	6			$A_3=A_4>$
误差 E	14 788.3	14	7.23	＜0.000 1**	$A_5>A_4>$	0.64	14	8.89	＜0.000 1**	$A_7>A_6>$
总和 T	60 661.4	20			$A_3=A_2>A_1$	3.04	20			$A_2>A_5>A_1$

2. 转速对雾滴粒径及雾滴谱的影响

在流量 0.6L/min 不变的条件下，设计了 600r/min、900r/min、1200r/min、1500r/min、1800r/min、2100r/min、2400r/min、2700r/min、3000r/min 9 种转速试验参数，采用微纳激光粒度分析仪（型号 Winner318）对雾滴谱进行分析。

研究表明 600r/min 时药液未充分雾化，900r/min、1200r/min 时雾化质量仍不理想，有大量大雾滴的存在，不能在作物上形成有效沉积，不仅影响防效，还会造成农药流失；当转速为 1500r/min 时，雾滴粒径呈理想的正态分布；随着转速的进一步升高，正态分布曲线逐渐沿 X 轴向左偏移，即得到的雾滴粒径减小（图 8-18）。

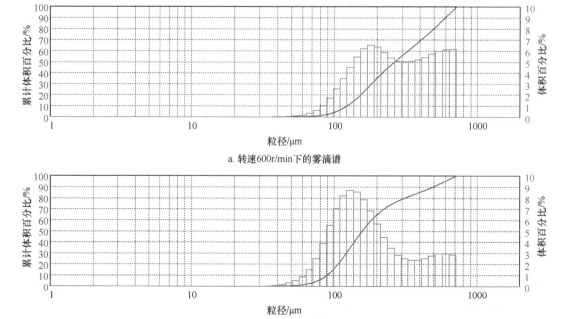

a. 转速600r/min下的雾滴谱

b. 转速900r/min下的雾滴谱

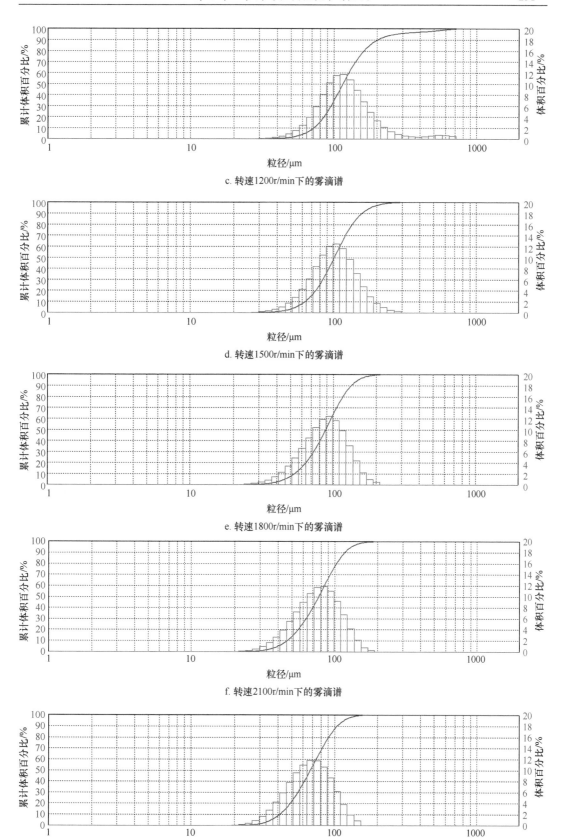

c. 转速1200r/min下的雾滴谱

d. 转速1500r/min下的雾滴谱

e. 转速1800r/min下的雾滴谱

f. 转速2100r/min下的雾滴谱

g. 转速2400r/min下的雾滴谱

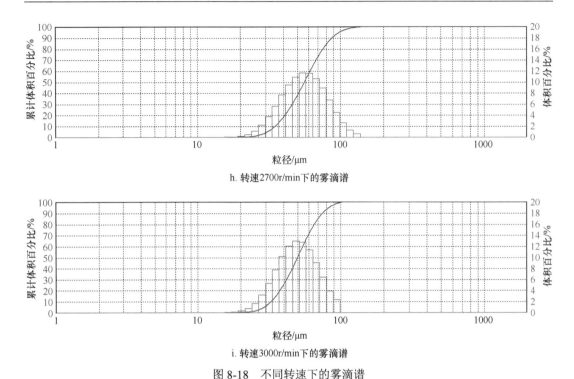

h. 转速2700r/min下的雾滴谱

i. 转速3000r/min下的雾滴谱

图 8-18　不同转速下的雾滴谱

3. 流量对雾滴粒径及雾滴谱的影响

利用 i-SPEED720 型高速摄影仪对不同流量条件下雾滴的形成过程以及雾滴离开雾化器后的空间分散等行为进行追踪分析；同时采用微纳激光粒度分析软件（型号 Winner318）对不同流量条件下的雾滴谱进行分析。

采用微纳激光粒度分析软件对不同流量条件（0.3L/min、0.5L/min、0.7L/min）下的雾滴粒径分布情况进行分析，具体如图 8-19 所示。试验表明：转速为 3000r/min 条件下，随着流量增加，离心雾化器出口处雾滴平均粒径增大，0.3L/min 条件下雾滴平均粒径只有 29μm，0.7L/min 条件下雾滴平均粒径为 56μm。

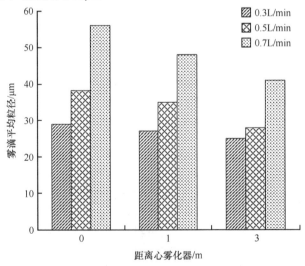

图 8-19　不同流量下的雾滴平均粒径

流入雾化器的液体流量直接影响了雾滴粒径的大小，随着流量增大，雾滴粒径也增大。当流量过大，就形成液膜，所产生的雾滴谱也就较宽，产生了大量的无效雾滴。

4. 雾化转盘半径和转速对雾滴初速度的影响

由前面章节研究可知，雾滴初速度会影响雾滴在空间中的运动轨迹及运动时间，是影响雾滴飘移的重要因素之一。

由公式计算可知，

$$V=\omega R \tag{8-1}$$

$$\omega=2\pi n \tag{8-2}$$

式中，V 为雾滴初速度，ω 为雾化转盘角速度，R 为雾化转盘半径，n 为雾化转盘转速。

因此可知，通过提高雾化转盘转速、增加雾化转盘半径可明显增加雾滴初速度；同时由于离心雾化的初始雾滴沿切向飞散，需使用风力辅助输送到达靶标作物，研究表明：强制气流起到对离心雾化后产生的雾滴进行二次雾化的作用，并能进一步增加雾滴动能，促使雾滴进一步向远距离输送。

5. 影响因素间的互作效应

选取转盘转速、雾化齿盘齿数 2 个主要影响因素作为自变量，采用二因素五水平二次回归正交试验设计方案，依据 Design-Expert8.0.6 设计原理，以雾滴体积中值直径 D_{50}（Y_1）、雾滴粒径跨度 $(D_{90}-D_{10})/D_{50}$（Y_2）参数作为考核指标，对雾化转盘转速 X_1、雾化齿盘齿数 X_2 二因素（图 8-20、图 8-21）开展响应面试验，对雾滴体积中值直径和雾滴粒径跨度的二次回归分析，利用响应面分析法探索研究各影响因素的交互作用规律。

8.4.3　气力雾化的影响因素及优化

气力雾化是指利用高速气流对药液的拉伸作用而使药液分散雾化的一种方法。气力雾化方式主要有内混式和外混式两种。内混式是气体和液体在喷头体内撞混，外混式则是在喷头体外撞混。

如东方红-18 型背负机动喷雾喷粉机采用的就是气力雾化方式，其工作原理如下：药箱内的药液受压力而以一定的流量流出，先与喷嘴叶片相撞后初步雾化，又在喷嘴处被喉管的高速气流吹张开，形成一个个小液膜，膜与空气碰撞破裂而成雾。因此其雾化性能参数（雾滴粒径、雾滴谱、雾滴初速度）主要受药液内空气压力、喉管的气流速度等影响，其中气流速度尤其重要。

王志强等（2017）开展了基于气力雾化的风送式果园静电弥雾机的研究，气力雾化风送式果园静电弥雾机采用气爆雾化、离心风机的二次雾化和静电吸附防飘移三者结合的喷雾技术，其中气力雾化系统即借助空气压缩机产生的高压空气在喷头的反应腔内进行气爆雾化，雾滴体积变小且均匀性增加，大大提升了机具的雾化效果。具体如表 8-6 所示。

表 8-6　开启和关闭风机的雾滴粒径及雾滴粒径跨度（王志强等，2017）

风机状态	VMD/μm	NMD/μm	雾滴粒径跨度（NMD/VMD）
开启	72	60	0.83
关闭	110	80	0.73

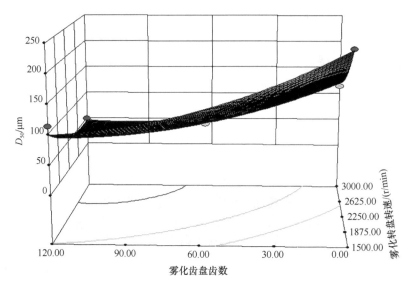

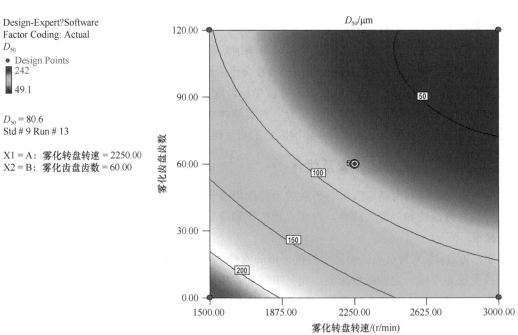

图 8-20　交互作用对雾滴体积中值直径的影响

　　郑捷庆等（2007）以雾滴粒径和雾滴谱作为主要判断指标，确定了最佳气耗率的选取标准。研究发现在一定范围内气流量增加不仅有效降低雾滴粒径，而且使雾滴粒径分布越来越集中，即粒径谱变窄。但到达临界点之后，粒径谱重新变宽。这是因为气流量增加提高了雾滴在空气中的运动速度，高速运动雾滴与空气的强剪切摩擦加剧，导致了部分雾滴吸热蒸发作用越来越明显，出现了大量不可忽视的"卫星"颗粒，从而拉宽了雾滴谱。

　　有报道在改变气力喷头的空气过流面积、吸液面与喷嘴之间的高度差和压力的条件下，测量了雾滴粒径（体积中径 VMD）。用改进的 BP 算法人工神经网络对测试数据进行建模。从仿真结果发现：在其余参数不变的情况下吸液高度对雾滴粒径的影响呈线性递增关系；吸液高度不变时，对于不同的空气过流面积都存在使雾滴粒径最小的压力值，并且都存在在低压区雾滴粒径变化较小，在高压区雾滴粒径变化较大的趋势；在吸液高度不变时，不同的空气过流面积都存在空气压力越高雾滴粒径越小的现象。

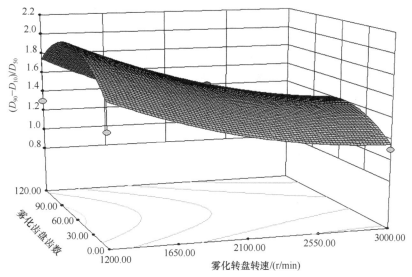

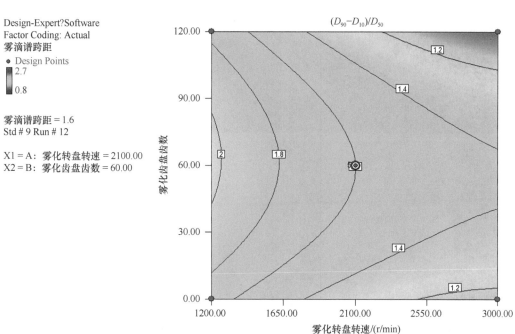

图 8-21　交互作用对雾滴谱的影响

8.5　农药雾滴空间运行调控

8.5.1　农药雾滴向靶标冠层的运行调控

8.5.1.1　调控目标

我国是农药的生产和使用大国，每年农药喷施面积达 5 亿 hm² 以上。在农药雾滴向靶标冠层运行过程中，从喷雾器械喷出的农药雾滴主要有以下去向：沉积到靶标害虫或作物表面上、流失到地面上、随风飘失以及蒸发损失到空气中，其中喷雾机喷出的农药25%～50%能沉积在靶标作物上，20%～30%甚至更多的细小雾滴随气流飘移至非靶标区域。因此，如何减少农药雾滴的飘移损失，已经成为21世纪农药喷洒技术的重点关注问题。

化学农药雾滴向靶标冠层运行过程中的流失途径主要包括小雾滴随风飘失到非靶标区域以及受环境因素影响的蒸发损失，因此针对雾滴空间运行过程中的调控目标应为减少小雾滴的比例，降低雾滴的随风飘移与蒸发损失，增强雾滴群的对靶性能，提高雾滴在靶标冠层的沉积率，从而更加科学、高效、安全地使用化学农药。

8.5.1.2　调控原理与方法

为了减少雾滴脱靶损失带来的风险，近年来国内外学者提出了许多减飘调控技术和新型产品，如气流辅助式喷雾、静电喷雾、循环喷雾、低容量喷雾、对靶变量喷雾等（图8-22），从而实现精准施药，提高农药利用率。

图 8-22　不同喷雾技术

1. 气流辅助式喷雾技术

气流辅助式喷雾技术是指在喷雾装置中增加辅助气流装置，即在喷雾机的喷杆上面增加风筒，并增设为风筒供风的风机，在喷头上方沿着喷雾方向强制送风，形成风幕，这样喷雾时风机产生的气流不仅能够增强雾滴的对靶运输性能，同时气流也能够使得叶片翻转，增强雾滴的穿透性，提高雾滴在叶片背面的覆盖率，能够显著降低雾滴的飘移损失。

王俊等（2015）针对常规喷雾方式农药利用率低、流失严重的问题，开展了风幕式气流辅助喷雾技术研究。利用 3WQ-3000 型牵引式风幕喷杆喷雾机在玉米小喇叭口期进行田间试验，结果表明风幕辅助气流增强了喷雾药液的穿透性，使雾滴在植株各冠层的分布更加均匀，同时使用风幕时各试验工况平均农药利用率为 37.98%，而未使用风幕时的平均利用率仅为 26.76%。此外，张铁等（2012）对超高地隙自走式喷杆喷雾机 3WZC-2000 风幕系统进行田间试验时，研究了喷雾压力、喷雾机作业速度、风幕出口风速及植物冠层特性对雾滴沉积量、沉积均匀程度以及飘移率的影响，结果表明，风幕出口风速是雾滴穿透性和沉积均匀程度的决定因素，其次是植物冠层特性和喷雾压力，而喷雾机作业速度对其影响最小。

2. 静电喷雾技术

静电喷雾技术是利用高压静电与液体连接，在喷嘴与靶标之间建立一个电场，药液雾化后被充电形成带电雾滴群，在静电感应下作物靶标生成异种电荷，产生库仑力，然后在静电场力、重力、表面张力等耦合作用下定向运动到靶标作物。静电喷雾的突出优势：①与普通非静电喷雾相比，静电喷雾对作物具有"环绕"效应，可以提高喷雾过程中雾滴到达叶背面的能力，提高叶片背部的沉积率；②对于粒径较小的雾滴，电场力为其主要受力，静电喷雾可以大大提高细小雾滴在作物中的穿透能力，提高农药在冠层中下部的利用率；③带电雾滴可以降低雾滴表面张力，对于作物表面具有较强的附着效果，从而防止雾滴的滑落，能够改善雾滴的沉积分布。

周良富等（2019）利用自行研制的 3WQ-400 型双风送静电果园喷雾机在江苏省农业科学院白马试验基地对 Y 拱形棚架优质梨新品种进行田间喷雾试验，结果表明作业速度是影响静电喷雾效果的一个重要因素，当速度为 0.52m/s 和 0.84m/s 时，静电喷雾的叶片背面雾滴覆盖率分别提高 40%、17%，同时试验结果显示，在喷雾下风区 5.0～12.5m 的采样区域内，静电喷雾的飘移量比非静电喷雾减少 18%。杨洲等（2015）设计了一种果园在线混药型静电喷雾机，进行了混药均匀性与稳定性试验和静电喷雾沉积试验，结果表明采用风辅静电喷雾方式的无冠层采样架上离地面高度 1.0m、1.25m、1.5m 三个采样点叶片正面的雾滴附着率相对于无风辅无静电喷雾方式分别提高了 9.3%、46.3%、53.2%，采样点叶片背面的雾滴附着率分别提高了 82.9%、164.3%、184.2%。风辅静电喷雾下在仿真柑橘树冠层内部叶片正面的雾滴附着率为 48 个/cm² 左右、叶片背面为 37 个/cm²，相对于无风辅无静电方式分别提高了 166.7%、428.6%，风辅静电式喷雾系统可提高雾滴吸附能力和穿透能力。

3. 循环喷雾技术

循环喷雾技术是指在喷雾机的喷洒对面加装药液回收装置，把没有沉积在靶标植物的药液回收到药箱中，循环利用，节省农药，可大幅度提高农药的利用率，减轻对环境的污染。隧道式循环喷雾机（tunnel circulating sprayer）就是其中一种典型的循环喷雾技术设备。当进行病虫害防治作业时，果树被一个移动的隧道形状的遮罩罩住，雾滴可从遮罩中直接喷施到果树上，没有沉积到叶丛和枝条上的雾滴以及叶面上滴落的雾滴可以被遮罩收集，这些药液汇集到盛液槽中，可以再循环利用，防止农药飘移和流失，由于其遮罩的特殊形状，这种喷雾机被称为隧道式循环喷雾机。隧道式循环喷雾机主要有两大系统，即药液回收循环系统和药液喷施系统，这两个系统都安装在遮罩内部。目前隧道式循环喷雾机主要应用于葡萄、矮化半矮化果树、灌木等冠层尺寸较小的果树病虫害防治。

宋坚利等（2011）设计了能将未沉积在靶标上的农药雾滴截留并回收利用的"Π"型循环喷雾机，药液回收率和冠层中药液沉积率显著提高。随后，张京等（2012）对"Π"型循环喷雾机进行了防飘性能试验，通过使用质量分数为 0.1% 的荧光示踪剂 BSF 水溶液代替农药喷雾，待雾滴收集器和滤纸风干后收集，用酒精质量分数为6%的去离子水洗脱，然后用荧光仪测试溶液中的BSF含量。试验证明："Π"型循环喷雾机比传统喷雾机飘失药液减少97.9%以上。

4. 低容量喷雾技术

低容量喷雾是指在单位面积施药量不变的前提下，通过提高喷雾浓度而减少农药总喷洒量的喷雾方式，近年来被广泛应用在植物保护中。低容量喷雾是对高容量喷雾而言的，主要区别在于喷雾时所采用的喷孔直径大小不同。一般，所谓的高容量喷雾是指喷雾器的喷孔直径为1.3mm，低容量喷雾是单位喷液量低于常量的喷雾方法，将喷雾器上喷片的孔径由0.9～1.6mm改为0.6～0.7mm，在压力恒定时，喷孔改小，雾滴变细，覆盖面积增加，单位面积喷液用量由常规喷雾每亩100～200L，降到10～14L。这种低容量喷雾方法，它的主要优点：一是效率高。使用手动喷雾器采用低容量喷雾，每人每天可喷15～30亩，比常规高容量喷雾提高工效8～10倍；如利用弥雾技术进行低容量喷雾，可使工效提高50倍以上。二是用药少。一般，常规高容量喷雾亩用药液量10～60kg，而低容量喷雾亩用药液量仅1～10kg，因此成本低。三是防治效果好。低容量喷雾可使雾滴直径缩小一半，雾滴个数增加8倍，从而可以有效地增加覆盖面积。

王明等（2019）首次研究了植保无人机低空低容量喷雾技术对茶小绿叶蝉防治效果的影响，结果表明3种植保无人机喷雾的农药利用率为49.3%～58.2%，而3种传统施药器械喷雾时的利用率为33.7%～39.6%，此外施药10d后，前者对茶小绿叶蝉防治效果为72.9%～75.6%，后者防治效果为65.8%～71.6%，表明植保无人机低空低容量喷雾有着更长的持效期，为茶园的农药减施增效提供了可能性。

5. 对靶变量喷雾技术

对靶变量喷雾技术主要利用传感器和卫星定位系统对靶标进行探测，如红外传感器、超声波传感器、图像传感器等，然后根据用户设置的喷雾宽度和延迟距离等参数，准确地控制电磁阀的开闭进行对靶喷药。对靶喷雾技术的核心是获取作物的差异性信息，应用变量施药技术，根据不同的病虫害程度进行有差异的施药。精准喷施过程中对靶喷施系统不断检测喷施目标的特性，用目标信息来决定所需要的喷雾输出特征，以改善农药喷施过程的有效性和准确率。该技术能够大量地减少传统连续喷雾造成的地面流失，从而提高靶标作物的沉积量。

李龙龙等（2017）设计了一种基于变风量与变喷雾量的果园自动仿形喷雾机，喷雾系统以冠层分割模型作为变量处方，采用扫描精度高的激光传感器作为探测源，以电磁阀和无刷直流风机为执行元件，通过探测果树冠层体积调节电机和电磁阀的脉宽调制（pulse width modulation，PWM）信号以实时调节风机转速和喷头流量，并设计了可独立调节风量和喷雾量的雾化单元，通过各个独立风机产生的高速气流协助雾滴穿透冠层，喷雾机最大作业高度4.2m。田间试验结果表明，在行株距为5m×2m的单株苹果树左右两侧平均沉积量分别为1.92μL/cm^{2}和1.37μL/cm^2，最少雾滴数为46.2个/cm^2，大于常用方法对风送喷雾中雾滴喷幅界定的20个/cm^2，树冠轮廓与沉积量和风速变化拟合结果显示，设计的喷雾机能够根据树冠信息实现仿形变量施药。金鑫等（2016）为了提高果园喷雾的农药利用率，减少因农药地面流失而造成的环境污染，针对果园传统连续喷雾作业时存在过量喷洒和树间无效喷雾的特点，基于3WGZ-500型风送自走式喷雾机设计了自动对靶喷雾系统。该系统采用超声波传感器测距方式探测果树（传感器量程为0.35～2m，发射角为60°，喷药机两侧分别以15°均布5个）。根据传感器信号，控制与相应位置喷头对应的上、中、下3组管路电磁阀的开合，实现自动对靶喷雾。以 5 年树龄的苹果园为试验对象，在喷雾压力为 0.5MPa 时，开展不同作业速度（1.3km/h、1.7km/h、4.5km/h、7.2km/h）下果树冠层的有、无对靶喷雾试验，并与传统喷雾机喷药进行对照，结果表明：作业速度对 3WGZ-500 型喷雾机有、无对靶喷雾时的农药利用率影响不大。

总而言之，化学农药雾滴向靶标冠层的运行特性与剂量传递规律是多因素交互作用的综合结果，受到喷雾机械类型、喷雾操作技术、雾滴特征参数、环境气候条件、冠层特征结构及操作人员技术等多方面的影响。实际上，靶标作物种类丰富，冠层结构演化复杂，不同地区的气候条件存在差异，喷雾机械及喷头类型较多，因此想要找到一套普适的减飘调控技术是不现实的，需要结合特定的生长时期和靶标冠层场景，提出雾滴空间运行过程中的减飘防控技术，提高农药雾滴的利用率，达到增效减施的目的。

8.5.2　农药雾滴在靶标冠层的分布调控

8.5.2.1　调控目标

雾滴大小、雾滴速度、风速对药剂靶标作物的沉积量有不同的影响。增大雾滴直径就会减少农药的沉积量，减小雾滴直径能显著提高农药的沉积量，小于 $100\mu m$ 的细雾滴在小麦上能获得最佳沉积分布；细小雾滴容易被植物叶片捕获，但太小的雾滴又容易发生飘移；大雾滴受气流影响较小，但由于大雾滴动量大，撞击叶片时容易脱落流失。当雾滴以较高速度撞击作物叶片时，由于动量大，雾滴在较窄的大麦叶片上沉积量减少，但在宽叶植物萝卜或芥菜上沉积量没有变化。作物株冠层内的风速也是影响雾滴沉积分布的重要因素，进一步的试验说明，风速大时会增加雾滴在直立靶标上的沉积量，一定的风速会增加雾滴在叶片上的沉积量，但过高的风速会造成雾滴飘移，降低沉积量。

农药雾滴在靶标冠层的沉积分布目标：①提高农药雾滴在田块作物的沉积分布均匀性，例如，在棉花喷洒植物生长调节剂时，经常发生由喷雾雾滴分布不均匀导致的棉花生长不均匀的问题，影响棉花的机械化采收，提高农药雾滴在田块的沉积分布均匀性可有效避免上述问题；②提高农药雾滴在靶标作物的沉积量：增加农药雾滴在靶标作物的沉积量，即提高农药的有效利用率，减少雾滴的飘移及地面流失现象；③提高农药雾滴在有害生物发生部位的沉积量。

8.5.2.2　调控原理

1. 静电场

农药静电喷雾技术是在超低容量喷雾技术和控制雾滴技术的理论和实践的基础上发展起来的，它是利用高压静电在喷头与靶标间建立一种静电场，农药液体流经喷头雾化后，通过不同的方式充上电荷，形成群体荷电雾滴，然后在静电场力和其他外力的联合作用下，雾滴作定向运动而吸附在靶标的各个部位，从而具有沉积效率高、雾滴飘移散失少等优点的一种喷雾技术。

两个带电粒子相互之间会受到一种作用力，这种力称为库仑力，是由各个带电粒子产生的静电场引起的，其大小用公式表示为 $F=qE$（F 为库仑力，q 为电荷量，E 为某一点的电场强度）。如果带电荷量为 q 的粒子处于自由运动状态，它就会受到电场力的作用而运动，其运动即沿着电场线方向。如果在喷雾器的喷头加上高压静电（负电），那么喷头处就会产生一个强大的静电场，其电场线始于喷头止于靶标，由于电场线具有穿透性，故它可以穿透靶标的内部（如树冠内部），即具有穿透效应。如果喷头施加静电压足够大，那么从喷头喷出的雾滴或粉粒就会以一定的方式充上电荷，带电雾滴就会受到喷头和靶标之间的电场力的作用，沿着电场线主动吸附到靶标即植物冠层（植物体表面带正电，且吸引力很强，为地球重心引力的 40 倍），附着于植株叶片正面和背面（包抄效应）。这就是利用静电场力实现雾滴或粉粒在植株冠层的均匀附着，从而成倍地提高了雾滴或药粉在植株冠层（无论冠层内部或冠层表面）的覆盖率和均匀度，其结果是增加了药液或药粉与病虫害接触的机会，提高了喷药效果和降低了农药使用量。

一般认为液体破碎成雾滴是由外界干扰引起液体不稳定而导致液体分离的，液体表面张力和黏滞剪切力是两种主要的雾化阻力。一种观点认为雾滴是由液膜破裂形成的，但也有另一种观点认为液膜先裂成液丝继而破碎成雾滴，但这些均是在无静电条件下的雾化。当液体充电后，液体表层分子产生显著定向排列，从而降低了表面张力，减小了雾化阻力，同时同性电荷间具有斥力，进一步提高了雾化程度。因此静电喷雾雾滴比常规喷雾雾滴更细，雾滴粒径分布更均匀。

2. 风力辅助技术

风力辅助技术是指利用风机产生的辅助气流作用于喷头，进而改善喷雾性能的一种喷雾技术。风力辅助式喷雾机在作业的过程中，药液经过喷头以及气流的作用会对药液产生二次雾化的作用。雾滴在喷头喷出的过程中为第一次雾化过程，第二次雾化是从喷头喷出的雾滴与辅助气流发生碰撞，使液滴变小的过程。二次雾化的液滴更加细密均匀，使雾滴在靶标作物上的附着性能显著提高，从而提高农药利用率。

与传统的喷杆喷雾机相比，带有风幕系统的喷杆喷雾机具有更好的穿透能力，可以提高作物冠层中下层的沉积量。风幕系统主要是通过风机转动在风幕内部形成气流场，并通过沿喷杆布置的出风管下方缝隙，形成向下吹送的高速气流（辅助气流幕）。在气流的吹送下，植物叶片发生翻动，打破了上层叶片对中下层叶片的封闭作用，产生便于气流进入的通道。在气流的作用下，雾流的穿透能力得到加强，改善了中下层叶片的雾滴沉积和分布状况，提高了植株中下部的病虫害防治效果。同时，高速气流形成的辅助气流幕可以抵御外界自然风的干扰，减少雾滴飘移现象的发生，从而提高了农药有效利用率。

8.5.2.3　调控方法

采用不同的喷雾方式提高农药雾滴在靶标冠层的分布。

1. 吊杆式喷雾

吊杆通过软管连接在横喷杆下方，工作时，吊杆由于自重而下垂，当行间有枝叶阻挡可自动后倾，以免损伤作物。吊杆的间距可根据作物的行距任意调整。在每个吊杆下部安装的喷头方向可调整。在对棉花进行喷雾时，对棉株形成了"门"字形立体喷雾，使植株的上下部和叶面、叶背都能均匀附着药液。此外，还可以根据作物情况用无孔的喷头片堵住部分喷头，用剩下的喷头喷雾，以节省药液。适用于棉花在不同生长期的病虫害防治。

2. 风幕式喷雾

风幕式喷雾技术是减少飘移和改善靶标药液分布的主要措施。风幕式施药技术是利用喷射的辅助气流直接作用于喷头，增加雾滴的速度，从而改变雾滴的运动轨迹或者在喷头的前面或者后面形成一道风幕墙，利用气流的动能把药液雾滴吹送到靶标上，并改善药液雾化、雾滴穿透性和靶标上的沉积分布，从而减少雾滴飘移的一种方式。风幕式气流辅助喷雾系统能够提高雾滴在作物冠层中的穿透性能，有效地减少雾滴飘移。图 8-23 和表 8-7 为自走式喷杆喷雾机与带有风幕系统的喷杆喷雾机在玉米田间的施药结果。从图表中可以得出，风幕式喷雾可以减小变异系数，提高农药雾滴在田块作物的沉积分布均匀性；同时可以提高雾滴在靶标作物中下部的沉积量与分布均匀性。

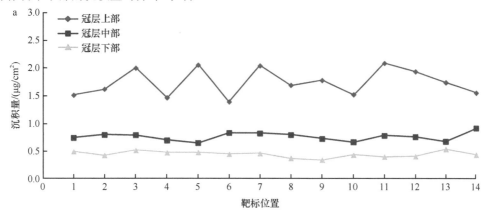

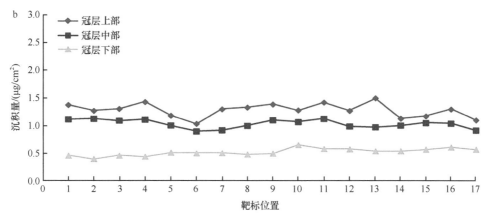

图 8-23　利用自走式喷杆喷雾机（a）和风幕喷杆喷雾机（b）在不同冠层部位的沉积量

表 8-7　雾滴在玉米冠层的沉积量及其变异系数

参数	自走式喷杆喷雾机		风幕喷杆喷雾机	
	沉积量/($\mu g/cm^2$)	变异系数	沉积量/($\mu g/cm^2$)	变异系数
冠层上部	1.751	0.140	1.275	0.096
冠层中部	0.764	0.080	1.042	0.080
冠层下部	0.452	0.123	0.529	0.120

3. 静电喷雾技术

静电喷雾是全世界公认的提高农药有效利用率、雾滴沉积效果的施药技术。常规的喷雾方法只是将药液喷洒到作物叶子的正面；而静电喷雾技术使经喷嘴雾化后的液滴通过不同的方式带电，形成荷电雾滴群体，能够提高液滴的沉积效率，且静电喷雾时靶标作物周围存在空间复合电场，雾滴会发生"环绕卷吸"现象，可以沉积在整个靶标作物冠层，尤其是害虫优先栖息的叶面背面。

由表 8-8 和表 8-9（兰玉彬等，2018）可知，静电作用开启后，50～80μm 区间的雾滴在 3 个采样层的沉积数量增加了 2 倍，在 80～120μm 区间的雾滴沉积量也增加了约 1 倍，120μm 以上的雾滴沉积数量随雾滴粒径的增大呈下降趋势。在非静电的作用下，80～120μm 区间的雾滴沉积数所占比例最高，为 28.7%；静电开启后，50～80μm 区间的雾滴沉积比例明显增大，180μm 以下的雾滴占总沉积数的 74.2%。

表 8-8　1.00mm 喷嘴各级粒径雾滴沉积数量（非静电）

雾滴粒径分级/μm	第 1 层	第 2 层	第 3 层	比例/%
50～80	77.2	86.0	18.9	14.9
80～120	168.8	115.4	66.2	28.7
120～150	105.2	38.3	29.4	14.2
150～180	75.8	34.3	13.8	10.2
180～210	58.6	30.3	6.0	7.8
210～250	58.3	31.7	5.8	7.9
250～300	45.7	25.4	4.1	6.2
＞300	90.2	26.7	7.3	10.2

表 8-9　1.00mm 喷嘴各级粒径雾滴沉积数量（静电）

雾滴粒径分级/μm	第 1 层	第 2 层	第 3 层	比例/%
50～80	338.4	253.1	57.2	28.7
80～120	273.7	258.7	87.1	27.4
120～150	117.0	100.3	25.1	10.7
150～180	75.3	75.4	16.4	7.4
180～210	68.1	46.5	9.3	5.5
210～250	63.7	47.0	7.3	5.2
250～300	68.3	36.0	5.6	4.9
＞300	147.6	65.8	14.9	10.1

参 考 文 献

陈福良. 2015. 农药新剂型加工与应用. 北京: 化学工业出版社.

陈莉, 聂胜兵, 刘颖, 等. 2014. 有机硅表面活性剂和黄原胶对多菌灵和三唑酮在小麦叶片上耐雨水冲刷能力的影响. 植物保护, 40(3): 65-69.

陈元洲, 仇学平, 曹方元, 等. 2007. 2006 年江苏盐城水稻褐飞虱的发生及防治. 金陵科技学院学报, 23(2): 65-67.

程家安, 祝增荣. 2006. 2005 年长江流域稻区褐飞虱暴发成灾原因分析. 植物保护, 32(4): 1-4.

崔丽, 王金凤, 秦维彩, 等. 2010. 机动弥雾法施用 70% 吡虫啉水分散粒剂防治小麦蚜虫的雾滴沉积密度与防效的关系. 农药学学报, 12(3): 313-318.

杜娟, 刘彦飞, 谭树乾, 等. 2013. 基于性诱剂监测的梨小食心虫防治指标. 植物保护学报, 40(2): 140-144.

范保银, 王小奇, 刘薇薇, 等. 2011. 桃小食心虫经济阈值的研究. 植物保护, 37(4): 91-94.

范仁俊, 刘万才, 冯晓东, 等. 2011. NY/T 2039—2011 梨小食心虫测报技术规范. 北京: 中国农业出版社: 1-2.

冯建国, 徐妍, 罗湘仁, 等. 2011. 浅谈溶剂蒸发法制备微胶囊与农药微胶囊的开发. 农药学学报, 13(6): 568-575.

高兴祥, 李美, 房锋, 等. 2016. 恶性杂草麦家公防除药剂室内及田间效果测定. 农药, 55(9): 688-691.

高兴祥, 李美, 高宗军, 等. 2014. 山东省境内小麦田播娘蒿对苯磺隆的抗性水平研究. 植物保护学报, 41(3): 373-378.

高兴祥, 李美, 李健, 等. 2020. 不同喷雾因子对植保无人飞机防除小麦田杂草效果的影响. 农药学学报, 22(2): 340-346.

顾中言, 徐广春, 徐德进. 2018. 杀虫剂防治水稻褐飞虱的有效利用率分析. 农药学学报, 20(6): 704-714.

顾中言, 许小龙, 韩丽娟. 2002. 一些药液难在水稻、小麦和甘蓝表面润湿展布的原因分析. 农药学学报, 4(2): 75-80.

顾中言, 许小龙, 韩丽娟. 2003. 作物叶片持液量与溶液表面张力的关系. 江苏农业学报, 19(2): 92-95.

关祥斌. 2018. 不同喷雾机械施药作业对农药沉积率及麦蚜防效的影响. 河南农业, 6(下): 43-44, 46.

郭瑞峰, 高越, 张鹏九, 等. 2015. 2.5% 高效氟氯氰菊酯水乳剂在苹果叶片表面的润湿性能. 农药学学报, 17(2): 215-219.

韩志任, 杜有辰, 李刚, 等. 2007. 阿维菌素脲醛树脂微胶囊的制备及其缓释性能. 农药学学报, 9(4): 405-410.

何雄奎. 2012. 高效施药技术与机具. 北京: 中国农业大学出版社: 476.

洪波, 王应伦, 赵惠燕. 2012. 苹果绵蚜在中国适生区预测及发生影响因子. 应用生态学报, 23(4): 1123-1127.

胡清玉, 胡同乐, 王亚南, 等. 2016. 中国苹果病害发生与分布现状调查. 植物保护, 42(1): 175-179.

胡胜昌, 金燕, 王伟民, 等. 2007. 2006 年上海市青浦区稻褐飞虱发生特点及防除策略. 上海农业学报, 23(3): 123-125.

华登科, 郑晓斌, 张友军, 等. 2020. 六种杀虫剂在保护地黄瓜冠层的沉积分布及其对蚜虫防治效果的影响. 农药学学报, 22(2): 353-361.

黄彬彬, 骆桂红, 童小钰, 等. 2009. 复凝聚法制备甲氨基阿维菌素苯甲酸盐微囊. 农药学学报, 11(4): 493-498.

黄桂珍, 陈博聪, 杨利超, 等. 2020. 功能高分子助剂 G-100A 调控农药对靶传递性能研究. 农药学学报, 22(2): 299-305.

蒋汉忠, 李莉, 周益民, 等. 2007. 2006 年水稻纵卷叶螟发生与防治技术. 上海农业科技, (3): 143.

金鑫, 董祥, 杨学军, 等. 2016. 3WGZ-500 型喷雾机对靶喷雾系统设计与试验. 农业机械学报, 47(7): 21-27.

孔肖. 2018. 杀菌剂雾滴杀伤半径与小麦白粉病防效关系研究. 北京: 中国农业科学院硕士学位论文.

兰玉彬, 张海艳, 文晟, 等. 2018. 静电喷嘴雾化特性与沉积效果试验分析. 农业机械学报, 49(4): 130-139.

蓝月, 胡月, 王琰, 等. 2017. 界面聚合制备乙草胺微胶囊及其杂草控制效果和环境残留. 中国农业科学, 50(14): 2739-2747.

李北兴, 张大侠, 张灿光, 等. 2014. 微囊化技术研究进展及其在农药领域的应用. 农药学学报, 16(5): 483-496.

李芳, 刘波, 黄素芳. 2004. 淡紫拟青霉研究概况与展望. 昆虫天敌, 26(3): 132-139.

李龙龙, 何雄奎, 宋坚利, 等. 2017. 基于变量喷雾的果园自动仿形喷雾机的设计与试验. 农业工程学报, 33(1): 70-76.

李美, 高兴祥, 高宗军, 等. 2007. 几种除草剂防除猪殃殃效果评价. 农药, 46(12): 857-859.

李汝铎. 1984. 温度对褐飞虱种群生长的影响. 植物保护学报, 11(2): 101-107.

李志强, 梁广文, 岑伊静. 2009. 印楝素对柑橘园柑橘全爪螨自然种群的控制作用. 植物保护, 35(1): 136-138.

凌世海. 1998. 农药剂型进展评述. 农药, 37(8): 6-9.

刘保友, 王英姿, 衣先家, 等. 2018. 苯醚甲环唑与克菌丹混配防治苹果斑点落叶病的增效作用. 中国果树, (1): 63-66.

刘泽文, 韩召军, 张铃春, 等. 2003. 抗吡虫啉褐飞虱品系中扑虱灵、仲丁威对吡虫啉的增效作用. 农药, 42(8): 23-25.

芦芳, 齐国君, 陈晓, 等. 2010. 上海地区 2007 年褐飞虱的后期迁入和虫源地的个例分析. 生态学报, 30(12): 3215-3225.

罗兰, 李新杰, 袁忠林. 2014. 5 种杀虫剂对小麦蚜虫的毒力测定及田间药效试验. 农药, 53(10): 756-758.

吕晓兰, 傅锡敏, 宋坚利, 等. 2011. 喷雾技术参数对雾滴飘移特性的影响. 农业机械学报, 42(1): 59-63.

马来宝, 葛玉林, 黄付根, 等. 2006. 江苏里下河地区 2005 年褐飞虱大发生的特点及其原因分析. 安徽农学通报, 12(2): 78.

马小艳, 王志国, 姜伟丽, 等. 2016. 无人机飞防技术现状及在我国棉田应用前景分析. 中国棉花, 43(6): 7-11.

马学虎, 兰忠, 王凯, 等. 2018. 舞动的液滴: 界面现象与过程调控. 化工学报, 69(1): 9-43.

马学虎, 薛士东, 兰忠, 等. 2020. 一种用于测试农药雾滴空间运行特征与飘移沉积的中小型低速风洞试验装置: CN111442898A.

马学虎, 薛士东, 孙桐, 等. 2020. 农药雾滴空间运行中的变形特征分析. 化工进展, 39(10): 3870-3878.

马烨. 2019. 苹果树腐烂病的发生及综合防治. 现代农业, (4): 25.

裴秀芹. 2014. 温度处理下麦长管蚜对吡虫啉敏感性的研究. 太原: 山西农业大学硕士学位论文.

彭波, 司树鼎, 格炳辉, 等. 2010. 山东省主要苹果产区苹果黄蚜抗药性水平监测. 中国果树, (5): 48-51, 54.

綦立正, 黄方能, 程遐年, 等. 1988. 褐飞虱稳定增长初期种群空间格局及抽样技术的研究. 中国水稻科学, 2(3): 117-122.

邱白晶, 李会芳, 吴春笃, 等. 2004. 变量喷雾装备及关键技术的探讨. 江苏大学学报（自然科学版）, 25(2): 97-101.

仇微, 王亚南, 杜晓蕾, 等. 2013. 噻虫嗪 2 种施药方式对苹果黄蚜的药效评价. 中国果树, (2): 41-43.

申圭良. 2011. 浏阳霉素对两种螨的室内毒力测定与田间防效. 湖南农业科学, (15): 101-104.

宋坚利, 刘亚佳, 张京, 等. 2011. 扇形雾喷头雾滴飘失机理. 农业机械学报, 42(6): 63-69.

宋小沫, 奚溪, 薛士东, 等. 2020. 喷雾助剂对农药雾滴蒸发特性影响研究. 高校化学工程学报, 34(5): 1143-1150.

苏小记, 王雅丽, 魏静, 等. 2018. 9 种植保机械防治小麦穗蚜的农药沉积率与效果比较. 西北农业学报, 27(1): 149-154.

隋涛, 汪家道, 陈大融, 等. 2011. Cassie 状态到 Wenzel 状态转换的能量分析. 化工学报, 62(5): 1352-1357.

孙文峰, 王立君, 陈宝昌, 等. 2009. 喷杆式喷雾机喷雾质量影响因素分析. 农机化研究, 31(11): 114-117.

唐明丽, 门友均, 张素英, 等. 2014. 3 种药剂对柑橘煤烟病的田间防治试验. 南方园艺, 25(6): 29-30.

屠豫钦. 2004. 论农药的宏观毒理学. 农药学学报, 6(1): 1-10.

屠豫钦, 李秉礼. 2006. 农药应用工艺学导论. 北京: 化学工业出版社: 1-100.

王国宾. 2016. 杀虫剂雾滴大小及覆盖密度与麦蚜防效关系研究. 北京: 中国农业科学院硕士学位论文.

王吉强. 2008. 吡虫啉根施对瓜蚜的防治效果及根施后药剂在黄瓜植株体内的传导分布. 保定: 河北农业大学硕士学位论文.

王俊. 2018. 影响除草剂药效的主要因素分析. 现代农业科技, 729(19): 155-156.

王俊, 董祥, 严荷荣, 等. 2015. 风幕式喷杆喷雾机玉米田间施药试验. 农业机械学报, 46(7): 79-84.

王明, 王希, 何玲, 等. 2019. 植保无人机低空低容量喷雾在茶园的雾滴沉积分布及对茶小绿叶蝉的防治效果. 植物保护, 45(1): 62-68, 87.

王鹏飞, 李泳俊, 刘荣华, 等. 2019. 内混式空气雾化喷嘴雾化特性及降尘效率研究. 煤炭学报, (5): 30.

王双双. 2015. 雾化过程与棉花冠层结构对雾滴沉积的影响. 北京: 中国农业大学: 136.

王潇楠, 何雄奎, 宋坚利, 等. 2015. 助剂类型及浓度对不同喷头雾滴飘移的影响. 农业工程学报, 31(22): 49-55.

王潇楠, 刘艳萍, 王思威, 等. 2018. 助剂 10% 苯醚甲环唑水分散粒剂在荔枝叶片表面润湿性能的影响. 农药学学报, 20(6): 803-808.

王彦华, 陈进, 沈晋良, 等. 2008. 防治褐飞虱的高毒农药替代药剂的室内筛选及交互抗性研究. 中国水稻科学, 22(5): 519-526.

王荫长, 李国清, 丁士银, 等. 1996. 褐飞虱对常用药剂敏感性的年度间变化规律. 南京农业大学学报, 19(S1): 1-8.

王玉函. 2018. 四种喷雾方式对联苯菊酯在番茄植株上的沉积量及其对白粉虱防治效果的影响. 杨凌: 西北农林科技大学硕士学位论文.

王志强, 郝志强, 刘凤之, 等. 2017. 气力雾化风送式果园静电弥雾机的研制与试验. 果树学报, 34(9): 1161-1169.

韦党扬, 赵琦, 黄琼, 等. 1995. 红基盘瓢虫对柑桔木虱捕食作用的研究. 昆虫天敌, (2): 59-63.

肖庆刚. 2020. 基于植保无人机施药的加工辣椒田农药雾滴沉积与高效利用. 石河子: 石河子大学硕士学位论文.

徐德进, 顾中言, 徐广春, 等. 2014. 喷雾方式对农药雾滴在水稻群体内沉积分布的影响. 中国农业科学, 47(1): 69-79.

徐德进, 徐广春, 许小龙, 等. 2015. 基于沉积量和生物效果的甘蓝小菜蛾防治喷雾参数优化. 植物保护学报, 42(5): 755-762.

徐广春, 顾中言, 徐德进, 等. 2012. 常用农药在水稻叶片上的润湿能力分析. 中国农业科学, 45(9): 1731-1740.

徐妍, 刘广文. 2017. 现代农药剂型加工丛书. 北京: 化学工业出版社.

许贤, 王贵启, 张宏军, 等. 2008. 河北省境内播娘蒿对苯磺隆抗药性研究初报. 西北农业学报, 17(2): 270-273.

杨斌, 朱瞬瞬, 张登科, 等. 2018. 1% 甲氨基阿维菌素苯甲酸盐微囊悬浮剂制备工艺研究. 农药学学报, 20(4): 514-522.

杨普云, 王凯, 厉建萌, 等. 2018. 以农药减量控害助力农业绿色发展. 植物保护, 44(5): 95-100.

杨希娃, 周继中, 何雄奎, 等. 2012. 喷头类型对药液沉积和麦蚜防效的影响. 农业工程学报, 28(7): 46-50.

杨洲, 牛萌萌, 李君徐, 等. 2015. 果园在线混药型静电喷雾机的设计与试验. 农业工程学报, 31(21): 60-67.

仪美芹, 王开运, 姜兴印, 等. 1999. 3% 吡蚜灵乳油对 3 种蚜虫的室内毒力测定和田间药效试验. 农药科学与管理, 20(4): 26-28.

袁会珠. 2011. 农药使用技术指南. 2 版. 北京: 化学工业出版社: 388.

袁会珠, 齐淑华, 杨代斌. 2000. 药液在作物叶片的流失点和最大稳定持留量研究. 农药学学报, 2(4): 66-71.

袁会珠, 杨代斌, 闫晓静, 等. 2011. 农药有效利用率与喷雾技术优化. 植物保护, 37(5): 14-20.

袁联国, 蒋建忠, 陶赛峰, 等. 2007. 奉贤区水稻纵卷叶螟发生特点及防治技术初探. 上海农业科技, 6: 130.

翟勤, 任翠龙, 徐光曙. 2019. 不同施药机械防治小麦赤霉病效果研究. 安徽农学通报, 25(6): 46-47.

张晨辉, 赵欣, 雷津美, 等. 2017. 非离子表面活性剂 Triton X-100 溶液在不同生长期小麦叶片表面的润湿行为. 物理化学学报, 33(9): 1846-1854.

张宏军, 武鹏, 吴进龙, 等. 2018. 农用飞防专用制剂的现状与发展. 农药科学与管理, 39(5): 13-17.

张京, 宋坚利, 何雄奎, 等. 2012. "Π" 型循环喷雾机防飘性能试验. 农业机械学报, 43(4): 37-39, 125.

张来丽, 贤家旭, 吴东, 等. 2012. 有机柑橘种植中五种溃疡病防治药剂作用评价. 湖北农业科学, 51(1): 80-83.

张鹏九, 高越, 刘中芳, 等. 2019. 树干高压注射 4 种内吸性农药对苹果黄蚜的防治效果研究. 中国果树, (4): 79-82, 86.

张鹏九, 高越, 史高川, 等. 2016. 不同药械对高效氟氯氰菊酯水乳剂防治苹果园桃小食心虫的影响. 果树学报, 33(7): 850-856.

张铁. 2012. 超高地隙喷杆喷雾机风幕系统试验研究与仿真分析. 南京: 中国农业机械化科学研究院博士学位论文.

张宗俭, 卢忠利, 姚登峰, 等. 2016. 飞防及其专用药剂与助剂的发展现状与趋势. 农药科学与管理, 37(11): 19-23.

赵刚, 刘建. 2005. 两种离心雾化喷头性能试验研究. 中国农机化, (2): 69-71.

郑捷庆, 罗煬乾, 张军, 等. 2007. 不同雾滴要求下气力式雾化喷嘴的最佳气耗率. 化工学报, 35(6): 20-23.

中国农业科学院植物保护研究所. 1996. 中国农作物病虫害: 第二版上册. 北京: 中国农业出版社.

周建平, 汤露萍, 邹燕敏, 等. 2008. 2007 年太湖西线稻区稻纵卷叶螟发生危害与防治技术. 上海农业科技, 4: 126.

周良富, 张玲, 薛新宇, 等. 2019. 双风送静电喷雾中雾滴在果园空间沉积分布试验. 江苏农业科学, 47(12): 242-246.

周天豹, 李海生, 唐玉林, 等. 2007. 灌云县近十年褐飞虱发生情况及近两年重发原因分析. 陕西农业科学, 5: 104-105

周召路, 曹冲, 曹立冬, 等. 2017. 不同类型界面液滴蒸发特性与农药利用效果研究进展. 农药学学报, 19(1): 9-17.

朱金文, 程敬丽, 朱国念. 2003b. 硫酸铵对草甘膦在空心莲子草中输导及除草活性的影响. 农药学学报, 5(1): 34-38.

朱金文, 李洁, 吴志毅, 等. 2011. 有机硅喷雾助剂对草甘膦在空心莲子草上的沉积和生物活性的影响. 农药学学报, 13(2): 192-196.

朱金文, 朱国念, 刘乾开. 2003a. 乙烯利对草甘膦在空心莲子草中传导及生物活性的影响. 植物保护学报, 30(1): 40-44.

朱正阳, 张慧春, 郑加强, 等. 2018. 风送转盘式生物农药离心雾化喷头的性能. 浙江农林大学学报, 35(2): 361-366.

祝菁, 李晨歌, 沈雅楠, 等. 2016. 苹果绵蚜田间种群的抗性监测. 农药学学报, 18(4): 447-452.

Alromeed AA, Scrano L, Bufo SA, et al. 2014. Slow-release formulations of the herbicide MCPA by using clay-protein composites. Pest Manag Sci, 71(9): 1303-1310.

Alvarez G, Poteau S, Argillier JF, et al. 2009. Heavy oil-water interfacial properties and emulsion stability: influence of dilution. Energy Fuels, 23(1): 294-299.

Batista DPC, de Oliveira IN, Ribeiro ARB, et al. 2017. Encapsulation and release of *Beauveria bassiana* from alginate-bentonite nanocomposite. Rsc Adv, 7(7): 26468-26477.

Bauddh K, Singh RP. 2012. Growth, tolerance efficiency and phytoremediation potential of *Ricinus communis* (L.) and *Brassica juncea* (L.) in salinity and drought affected cadmium contaminated soil. Ecotox Environ Safe, 85(11): 13-22.

Bauer BO, Houser CA, Nickling WG. 2004. Analysis of velocity profile measurements from wind-tunnel experiments with saltation. Geomorphology, 59(1-4): 81-98.

Bergeron V, Bonn D, Martin JY, et al. 2000. Controlling droplet deposition with polymer additives. Nature, 405(6788): 772-775.

Bhushan B, Chae JY. 2007. Wetting study of patterned surfaces for superhydrophobicity. Ultramicroscopy, 107(10-11): 1033-1041.

Bonmatin JM, Giorio C, Girolami V, et al. 2015. Environmental fate and exposure; neonicotinoids and fipronil. Environ Sci Pollut Res, 22(1): 35-67.

Boukhalfa HH, Massinon M, Belhamra M, et al. 2014. Contribution of spray droplet pinning fragmentation to canopy retention. Crop Prot, 56: 91-97.

Briggs GG, Bromilow RH, Evans AA. 1982. Relationship between lipophilicity and root uptake and translocation of non-ionized chemicals by barley. Pestic Sci, 13(5): 495-504.

Briggs GG, Bromilow RH, Evans AA, et al. 1983. Relationships between lipophilicity and the distribution of non-ionised chemicals in barley shoots following uptake by the roots. Pestic Sci, 14(5): 492-500.

Briggs GG, Rigitano RLO, Bromilow RH. 1987. Physico-chemical factors affecting uptake by roots and translocation to shoots of weak acids in barley. Pesticide Sci, 19(2): 101-112.

Bromilow RH, Chamberlain K, Evans AA. 1990. Physicochemical aspects of phloem translocation of herbicides. Weed Sci, 38(3): 305-314.

Cai DQ, Wang LH, Zhang GL, et al. 2013. Controlling pesticide loss by natural porous micro/nano composites: straw ash-based biochar and biosilica. ACS Appl Mater Interfaces, 5(18): 9212-9216.

Cao J, Guenther RH, Sit TL, et al. 2015. Development of abamectin loaded plant virus nanoparticles for efficacious plant parasitic nematode control. ACS Appl Mater Inter, 7(18): 9546-9553.

Chen LQ, Wang YG, Peng XY, et al. 2018. Impact dynamics of aqueous polymer droplets on superhydrophobic surfaces. Macromolecules, 51(19): 7817-7827.

Chen Y, Hong S, Fu CW, et al. 2017. Investigation of the mesoporous metal-organic framework as a new platform to study the transport phenomena of biomolecules. ACS Appl Mater Inter, 9(12): 10874-10881.

Chiou CT, Sheng G, Manes M. 2001. A partition-limited model for the plant uptake of organic contaminants from soil and water. Environ Sci Technol, 35(7): 1437-1444.

Chollet JF, Rocher F, Jousse C, et al. 2004. Synthesis and phloem mobility of acidic derivatives of the fungicide fenpiclonil. Pest Manag Sci, 60(11): 1063-1072.

Cloeter MD, Qin K, Patil P, et al. 2010. Planar laser induced fluorescence (plif) flow visualization applied to agricultural spray nozzles with sheet disintegration; influence of an oil-in-water emulsion. ILASS-Americas 22nd Annual Conf on Liquid Atomization and Spray Systems Cincinnati, USA.

De Cock N, Massinon M, Salah SOT, et al. 2017. Investigation on optimal spray properties for ground based agricultural applications using deposition and retention models. Biosyst Eng, 162: 99-111.

Devine M, Duke SO, Fedtke C. 1993. Physiology of herbicide action. Englewood Cliffs: New Jersey P T R Prentice-Hall: 441.

Dexter RW. 2001. The effect of fluid properties on the spray quality from a flat fan nozzle. Pesticide formulations and application systems. Philadelphia: ASTM, 1400(20): 27-43.

Dombrowski N, Johns W. 1963. The aerodynamic instability and disintegration of viscous liquid sheets. Chemical Engineering Science, 18(3): 203-214.

Du ZP, Wang CX, Tai XM, et al. 2016. Optimization and characterization of biocompatible oil-in-water nanoemulsion for pesticide delivery. ACS Sustain Chem Eng, 4: 983-991.

Duga AT, Dekeyser D, Ruysen K, et al. 2015. Numerical analysis of the effects of wind and sprayer type on spray distribution in different orchard training systems. Boundary-Layer Meteorology, 157(3): 517-535.

Ebert TA, Derksen R. 2004. A geometric model of mortality and crop protection for insects feeding on discrete toxicant deposits. J Econ Entomol, 97(2): 155-162.

Ebert TA, Downer RA. 2006. A different look at experiment on pesticide distribution. Crop Prot, 25(4): 299-309.

Ebert TA, Taylor RAJ, Downer RA, et al. 1999a. Deposit structure and efficacy of pesticide application. 2: Trichoplusiani control on cabbage with fipronil. Pestic Sci, 55(8): 793-798.

Ebert TA, Taylor RAJ, Downer RA, et al. 1999b. Deposit structure and efficacy of pesticide application. 1: Interactions between deposit size, toxicant concentration and deposit number. Pestic Sci, 55(8): 783-792.

Ellis CB, Tuck CR, Miller PCH. 1997. The effect of some adjuvants on sprays produced by agricultural flat fan nozzles. Crop Prot, 16(1): 41-50.

Ellis MB, Tuck C. 1999. How adjuvants influence spray formation with different hydraulic nozzles. Crop Protection, 18(2): 101-109.

Ellis MCB, Tuck CR, Miller PCH. 1997. The effect of some adjuvants on sprays produced by agricultural flat fan nozzles. Crop Prot, 16(1): 41-50.

Ellis MCB, TuckCR, Miller PCH. 2001. How surface tension of surfactant solutions influences the characteristics of sprays produced by hydraulic nozzles used for pesticide application. Colloid Surface A, 180(3): 267-276.

Fan C, Guo MC, Liang Y, et al. 2017. Pectin-conjugated silica microcapsules as dual-responsive carriers for increasing the stability and antimicrobial efficacy of kasugamycin. Carbohyd Polym, 172: 322-331.

Ferreira JFS. 2000. Absorption and translocation of glyphosate in *Erythroxylum coca* and *E. novogranatense*. Weed Sci, 48(2): 193-199.

Fismes J, Perrin-Ganier C, Empereur-Bissonnet P, et al. 2002. Soil-to-root transfer and translocation of polycyclic aromatic hydrocarbons by vegetables grown on industrial contaminated soils. J Environ Qual, 31(5): 1649-1656.

Fornasiero D, Mor N, Tirello P, et al. 2017. Effect of spray drift reduction techniques on pests and predatory mites in orchards and vineyards. Crop Protection, 98: 283-292.

Franke W. 1964. Role of guard cells in foliar absorption. Nature, 202(4938): 1236-1237.

Gao Y, Lu JJ, Zhang PJ, et al. 2020. Wetting and adhesion behavior on apple tree leaf surface by adding different surfactants. Colloid Surf. B-Biointerfaces, 187: 110602.

Gao YZ, Zhu LZ, Ling WT. 2005. Application of the partition-limited model for plant uptake of organic chemicals from soil and water. Sci Total Environ, 336(1-3): 171-182.

Ge X, d'Avignon DA, Ackerman JJH, et al. 2010. Rapid vacuolar sequestration: the horseweed glyphosate resistance mechanism. Pest Manag Sci, 66(4): 345-348.

Ghanizadeh H, Harrington KC, James TK. 2015. Glyphosate-resistant population of *Lolium perenne* loses resistance at winter temperatures. New Zeal J Agr Res, 58(4): 423-431.

Gil E, Balsari P, Gallart M, et al. 2014. Determination of drift potential of different flat fan nozzles on a boom sprayer using a test bench. Crop Prot, 56: 58-68.

Gou XL, Guo ZG. 2019. Superhydrophobic plant leaves: the variation in surface morphologies and wettability during the vegetation period. Langmuir, 35(4): 1047-1053.

Guo PZ, Wei ZB, Wang BY, et al. 2011. Controlled synthesis, magnetic and sensing properties of hematite nanorods and microcapsules. Colloid Surface A, 380(1): 234-240.

Han F, Liu YL, Gao YD, et al. 2014. Synthesis and characterization of a quaternized glucosamide-based trisiloxane surfactant. Journal of Surfactants & Detergents, 17(4): 733-737.

Han JR, Weng YX, Xu J, et al. 2019. Thermo-sensitive micelles based on amphiphilic poly(butylene 2-methylsuccinate)-poly(ethyleneglycol) multi-block copolyesters as the pesticide carriers. Colloid Surface A, 575: 84-93.

Hemmingsen PV, Silset A, Hannisdal A, et al. 2005. Emulsions of heavy crude oils. I: Influence of viscosity, temperature, and dilution. Dispersion Sci Technol, 26(5): 615-627.

Hess FD, Falk RH, Bayer DE. 1981. Herbicide dispersal patterns: III. as a function of formulation. Weed Sci, 29(2): 224-229.

Heydarifard S, Taneja K, Bhanjana G, et al. 2018. Modification of cellulose foam paper for use as a high-quality biocide disinfectant filter for drinking water. Carbohyd Polym, 181: 1086-1092.

Hong SW, Zhao L, Zhu H. 2018a. Cfd simulation of pesticide spray from air-assisted sprayers in an apple orchard: Tree deposition and off-target losses. Atmospheric Environment, 175: 109-119.

Hong SW, Zhao LYW, Zhu HP. 2018b. SAAS, a computer program for estimating pesticide spray efficiency and drift of air-assisted pesticide applications. Comput Electron Agr, 155(6): 58-68.

Hua DK, Zheng XB, Zhang K, et al. 2020. Assessing pesticide residue and spray deposition in greenhouse eggplant canopies to improve Residue Analysis. J Agr Food Chem, 68(43): 11920-11927.

Jenks MA, Gaston CH, Goodwin MS, et al. 2002. Seasonal variation in cuticular waxes on Hosta genotypes differing in leaf surface glaucousness. Hortscience, 37(4): 673-677.

Jeon G, Yang SY, Byun J, et al. 2011. Electrically actuatable smart nanoporous membrane for pulsatile drug release. Nano Letters, 11(3): 1284-1288.

Jia X, Sheng WB, Li W, et al. 2014. Adhesive polydopamine coated avermectin microcapsules for prolonging foliar pesticide retention. ACS Appl Mater Interfaces, 6(22): 19552-19558.

Kahn JS, Freage L, Enkin N, et al. 2017. Stimuli-responsive DNA-functionalized metal-organic frameworks (MOFs). Adv Mater, 29(6): 1602782.

Kim KS, Park SH, Jenks MA, et al. 2007. Changes in leaf cuticular waxes of sesame (*Sesamum indicum* L.) plants exposed to water deficit. J Plant Physiol, 164(9): 1134-1143.

Kim YX, Ranathunge K, Lee S, et al. 2018. Composite transport model and water and solute transport across plant roots: an update. Front Plant Sci, 9: 193.

Kleier DA, Hsu FC. 1996. Phloem mobility of xenobiotics. VII. The design of phloem systemic pesticides. Weed Sci, 44(3): 749-756.

Koch K, Hartmann KD, Schreiber, et al. 2006. Influance of air humidity during the cultivation of plant on wax chemical composition, morphology and leaf surface wettability. Environmental and Experimental Botany, 56(1): 1-9.

Kruckeberg JP, Hanna HM, Steward BL, et al. 2012. The relative accuracy of driftsim when used as a real-time spray drift predictor. Transactions of the ASABE, 55(4): 1159-1165.

Kumar S, Bhanjana G, Sharma A, et al. 2014. Synthesis, characterization and on field evaluation of pesticide loaded sodium alginate nanoparticles. Carbohyd Polym, 101: 1061-1067.

Li M, Huang QL, Wu Y. 2011. A novel chitosan-poly (lactide) copolymer and its submicron particles as imidacloprid carriers. Pest Manag Sci, 67(7): 831-836.

Liang Y, Duan Y, Fan C, et al. 2019. Preparation of kasugamycin conjugation based on ZnO quantum dots for improving its effective utilization. Chemical Engineering Journal, 361: 671-679.

Liang Y, Fan C, Dong HQ, et al. 2018. Preparation of MSNs-chitosan@prochloraz nanoparticles for reducing toxicity and improving release properties of prochloraz. ACS Sustain Chem Eng, 6(8): 10211-10220.

Liang Y, Guo MC, Fan C, et al. 2017. Development of novel urease-responsive pendimethalin microcapsules using silica-IPTS-PEI as controlled release carrier materials. ACS Sustain Chem Eng, 5(6): 4802-4810.

Lo CC, Hopkinson M. 1995. Influence of adjuvants on droplet spresding // Gaskyn RE. Fourth International Symposium on Adjuvants for Agrochemical, No.193: 144-149.

Luo SQ, Chen ZD, Dong ZC, et al. 2019. Uniform spread of high speed drops on superhydrophobic surface by live-oligomeric surfactant jamming. Adv Mater, 31(41): e1904475.

Ma Y, Hao J, Zhao KF, et al. 2019. Biobased polymeric surfactant: natural glycyrrhizic acid-appended homopolymer with multiple pH responsiveness. J Colloid Interface Sci, 541: 93-100.

Macisaac SA, Paul RN, Devine MD. 1991. A scanning electron microscope study of glyphosate deposits in relation to foliar uptake. Pesticide Sci, 31(1): 53-64.

Mao B, Cheng ZJ, Lei CL, et al. 2012. Wax crystal-sparse leaf2, a rice homologue of WAX2/GL1, is involved in synthesis of leaf cuticular wax. Planta, 235(1): 39-52.

Matthews GA, Thomas N. 2000. Working towards more efficient application of pesticides. Pest Management Science: formerly Pesticide Science, 56(11): 974-976.

Miller P, Smith R. 1997. The effects of forward speed on the drift from boom sprayers // British Crop Protection Council. The Proceeding of Brighton Crop Protection Conference-Weeds. England: Brighton.

Miller PCH, Butler EMC. 2000. Effects of formulation on spray nozzle performance for applications from ground-based boom sprayers. Crop Protection, 19(8/10): 609-615.

Nakasato DY, Pereira AES, Oliveira JL, et al. 2017. Evaluation of the effects of polymeric chitosan/tripolyphosphate and solid lipid nanoparticles on germination of *Zea mays*, *Brassica rapa* and *Pisum sativum*. Ecotox Environ Safe, 142: 369-374.

Narin JJ, Forster WA, van Leeuwen RM, et al. 2016. Effect of solution and leaf surface polarity on droplet spread area and contact angle. Pest Manag Sci, 72(3): 551-557.

Nguyen MH, Nguyen THN, Hwang IC, et al. 2016. Effects of the physical state of nanocarriers on their penetration into the root and upward transportation to the stem of soybean plants using confocal laser scanning microscopy. Crop Prot, 87: 25-30.

Nuyttens D. 2007. Drift from field crop sprayers: the influence of spray application technology determined using indirect and direct drift assessment means. Leuven: Katholieke University Leuven.

Nuyttens D, Zwertvaegher I, Dekeyser D. 2014. Comparison between drift test bench results and other drift assessment techniques. Aspects of Applied Biology, 122: 293-301.

O'Donovan JT, Born WHV. 1981. A microautoradiographic study of ^{14}C-labelled picloram distribution in soybean following root uptake. Can J Bot, 59(10): 1928-1931.

Paraíba LC. 2007. Pesticide bioconcentration modelling for fruit trees. Chemosphere, 66(8): 1468-1475.

Park H, Kim J, Chiang H, et al. 2017. Crystal structure of penoxsulam. Acta Crystallogr E, 73(Pt 9): 1312-1315.

PISC. 2002. Spray Drift Management: Principles, Strategies and Supporting Information. Australia: Csiro Publishing.

Popat A, Liu J, Hu QH, et al. 2012. Adsorption and release of biocides with mesoporous silica nanoparticles. Nanoscale, 4(3): 970-975.

Prince LM. 1977. Microemulsions: Theory and Practice. New York: Academic Press.

Puente DWM, Baur P. 2011. Wettability of soybean (*Glycine max* L.) leaves by foliar sprays with respect to developmental changes. Pest Manag Sci, 67(7): 798-806.

Qiu C, Wang JP, Zhang H, et al. 2018. Novel approach with controlled nucleation and growth for green synthesis of size-controlled cyclodextrin-based metal-organic frameworks based on short-chain starch nanoparticles. J Agr Food Chem, 66(37): 9785-9793.

Quéré D. 2005. Non-sticking drops. Rep Prog Phys, 68(11): 2495.

Roppolo D, De Rybel B, Tendon VD, et al. 2011. A novel protein family mediates Casparian strip formation in the endodermis. Nature, 473(7347): 380-383.

Ruiz-Santaella JP, Heredia A, Prado RD. 2006. Basis of selectivity of cyhalofop-butyl in *Oryza sativa* L. Planta,

223(2): 191-199.

Sahoo S, Manjaiah KM, Datta SC, et al. 2014. Kinetics of metribuzin release from bentonite-polymer composites in water. J Environ Sci Heal B, 49(8): 591-600.

Sanderson R, Hewitt AJ, Huddleston EW, et al. 1997. Relative drift potential and droplet size spectra of aerially applied propanil formulations. Crop Prot, 16(8): 717-721.

Schreiber L. 2005. Polar paths of diffusion across plant cuticles: new evidence for an old hypothesis. Ann Bot-London, 95(7): 1069-1073.

Shaner DL, Lindenmeyer RB, Ostlie MH. 2012. What have the mechanisms of resistance to glyphosate taught us? Pest Manag Sci, 68(1): 3-9.

Sharma S, Singh S, Ganguli AK, et al. 2017. Anti-drift nano-stickers made of graphene oxide for targeted pesticide delivery and crop pest control. Carbon, 115: 781-790.

Sheng W, Ma SH, Li W, et al. 2015. A facile route to fabricate a biodegradable hydrogel for controlled pesticide release. Rsc Adv, 5(18): 13867-13870.

Shinoda K, Friberg S. 1975. Microemulsions: colloidal aspects. Adv Colloid Interface Sci, 4(4): 281-300.

Shone MGT, Bartlett BO, Wood AV. 1974. A comparison of the uptake and translocation of some organic herbicides and a systemic fungicide by barley. J Exp Bot, 25(2): 401-409.

Song M, Hu D, Zheng XF, et al. 2019. Enhancing droplet deposition on wired and curved superhydrophobic leaves. ACS Nano, 13(7): 7966-7974.

Song MR, Ju J, Luo SQ, et al. 2017. Controlling liquid splash on superhydrophobic surfaces by a vesicle surfactant. Sci Adv, 3(3): e1602188.

Song YY, Cao C, Liu K, et al. 2020. The use of Folate/Zinc supramolecular hydrogels to increase droplet deposition on *Chenopodium album* L. leaves. ACS Sustain Chem Eng, 8: 12911-12919.

Stainier C, Destain MF, Schiffers B, et al. 2006. Droplet size spectra and drift effect of two phenmedipham formulations and four adjuvants mixtures. Crop Prot, 25(12): 1238-1243.

Tan DY, Yuan P, Annabi-Bergaya F, et al. 2015. A comparative study of tubular halloysite and platy kaolinite as carriers for the loading and release of the herbicide amitrole. Appl Clay Sci, 114: 190-196.

Tang JY, Ding GL, Niu JF, et al. 2019. Preparation and characterization of tebuconazole metal-organic framework-based microcapsules with dual-microbicidal activity. Chem Eng J, 359: 225-232.

Tani E, Chachalis D, Travlos IS, et al. 2016. Environmental conditions influence induction of key ABC-transporter genes affecting glyphosate resistance mechanism in *Conyza canadensis*. Int J Mol Sci, 17(4): 342-353.

Tian L. 2002. Development of a sensor-based precision herbicide application system. Comput Electron Agric, 36(2-3): 133-149.

Tice CM. 2001. Selecting the right compounds for screening: does Lipinski's rule of 5 for pharmaceuticals apply to agrochemicals? Pest Manag Sci, 57(1): 3-16.

Tong YJ, Shao LH, Li XL, et al. 2018. Adhesive and stimulus-responsive polydopamine-coated graphene oxide system for pesticide-loss control. J Agric Food Chem, 66(11): 2616-2622.

Tong YJ, Wu Y, Zhao CY, et al. 2017. Polymeric nanoparticles as a metolachlor carrier: water-based formulation for hydrophobic pesticides and absorption by plants. J Agric Food Chem, 65(34): 7371-7378.

Torrent X, Gregorio E, Douzals JP, et al. 2019. Assessment of spray drift potential reduction for hollow-cone nozzles: Part 1. Classification using indirect methods. Sci Total Environ, 692: 1322-1333.

Trapp S. 2004. Plant uptake and transport models for neutral and ionic chemicals. Environ Sci Pollut Res, 11(1): 33-39.

Uk S. 1977. Tracing insecticide spray droplets by sizes on natural surfaces. The state of the art and its value. Pesticide Science, 8(5): 501-509.

Wang RB, Dorr G, Hewitt A, et al. 2016. Impacts of polymer/surfactant interactions on spray drift. Colloids Surf A- PhysicochemEng Asp, 500: 88-97.

Wang ST, Liu KS, Yao X, et al. 2015a. Bioinspired surfaces with superwettability: new insight on theory, design, and applications. Chem Rev, 115(16): 8230-8293.

Wang Y, Wang JH, Chai GQ, et al. 2015b. Developmental changes in composition and morphology of cuticular waxes on leaves and spikes of glossy and glaucous wheat (*Triticum aestivum* L.). PLoS ONE, 10(10): e141239.

Wanyika H. 2013. Sustained release of fungicide metalaxyl by mesoporous silica nanospheres. J Nanopart Res, 15: 321-329.

Wild E, Dent J, Thomas GO, et al. 2005. Direct observation of organic contaminant uptake, storage, and metabolism within plant roots. Environ Sci Technol, 39(10): 3695-3702.

Wolf RE. 2013. Drift-reducing strategies and practices for ground applications. Technology & Health Care Official Journal of the European Socity for Engineering & Medicine, 19(1): 1-20.

Xiang YB, Wang M, Sun X, et al. 2014. Controlling pesticide loss through nanonetworks. ACS Sustainable Chem Eng, 2(4): 918-924.

Xu W, Leeladhar R, Kang YT, et al. 2013. Evaporation kinetics of sessile droplets on micropillared superhydrophobic surfaces. Langmuir, 29(20): 6032-6041.

Xu XH, Bai B, Wang HL, et al. 2017. A near-infrared and temperature-responsive pesticide release platform through core-shell polydopamine@PNIPAm nanocomposites. ACS Appl Mater Inter, 9(7): 6424-6432.

Yan MD, Mao HP, Jia WD. 2013. Experimental study on the gas-liquid two phase flow of air-assist boom spraying. Applied Mechanics & Materials, 341-342(1): 371-374.

Yan XM, Shi BY, Lu JJ, et al. 2008. Adsorption and desorption of atrazine on carbon nanotubes. J Colloid Interf Sci, 321(1): 30-38.

Yang JJ, Trickett CA, Alahmadi SB, et al. 2017. Calcium L-lactate frameworks as naturally degradable carriers for pesticides. J Am Chem Soc, 139(24): 8118-8121.

Ye Z, Guo JJ, Wu DW, et al. 2015. Photo-responsive shell cross-linked micelles based on carboxymethyl chitosan and their application in controlled release of pesticide. Carbohyd Polym, 132: 520-528.

Yi ZF, Hussain HI, Feng CF, et al. 2015. Functionalized mesoporous silica nanoparticles with redox-responsive short-chain gatekeepers for agrochemical delivery. ACS Appl Mater Inter, 7(18): 9937-9946.

Yu ML, Sun CJ, Xue YM, et al. 2019. Tannic acid-based nanopesticides coating with highly improved foliage adhesion to enhance foliar retention. RSC Adv, 9: 27096-27104.

Yu ML, Yao JW, Liang J, et al. 2017. Development of functionalized abamectin poly(lactic acid) nanoparticles with regulatable adhesion to enhance foliar retention. RSC Adv, 19(7): 11271-11280.

Yu Y, Zhu H, Frantz JM, et al. 2009. Evaporation and coverage area of pesticide droplets on hairy and waxy leaves. Biosyst Eng, 104(3): 324-334.

Zhang CH, Zhao X, Lei JM, et al. 2017. The wetting behavior of aqueous surfactant solutions on wheat (*Triticum aestivum*) leaf surfaces. Soft Matter, 13(2): 503-513.

Zhang JK, Liu YJ, Zhao CY, et al. 2016. Enhanced germicidal efficacy by co-delivery of validamycin and hexaconazole with methoxy poly(ethylene glycol)-poly(lactide-co-glycolide) nanoparticles. J Nanosci Nanotechno, 16(1): 152-159.

Zhang Y, Han F. 2009. The spreading behaviour and spreading mechanism of new glucoanmide-based trisiloxane on polystyrene surfaces. Journal of Colloid and Interface Science, 337(1): 211-217.

Zhao KF, Hu J, Ma Y, et al. 2019. Topology-regulated pesticide retention on plant leaves through concave Janus carriers. ACS Sustainable Chem Eng, 7(15): 13148-13156.

Zhao PY, Yuan WL, Xu CL, et al. 2018. Enhancement of spirotetramat transfer in cucumber plant using mesoporous silica nanoparticles as carriers. J Agric Food Chem, 66(44): 11592-11600.

Zhao X, Zhang GL, Li BH, et al. 2016. Seasonal dynamics of *Botryosphaeria dothidea* infections and symptom development on apple fruits and shoots in China. Europeapn Journal of Plant Pathology, 146(3): 507-518.

Zhao X, Zhu YQ, Zhang CH, et al. 2017. Positive charge pesticide nanoemulsions prepared by the phase inversion composition method with ionic liquids. RSC Adv, 7(77): 48586-48596.

Zheng L, Cao C, Cao LD, et al. 2018. Bounce behavior and regulation of pesticide solution droplets on rice leaf surfaces. J Agric Food Chem, 66(44): 11560-11568.

Zhou ZL, Cao C, Cao LD, et al. 2017. Evaporation kinetics of surfactant solution droplets on rice (*Oryza sativa*) leaves. PLoS ONE, 12(5): e0176870.

Zhou ZL, Cao C, Cao LD, et al. 2018. Effect of surfactant concentration on the evaporation of droplets on cotton (*Gossypium hirsutum* L.) leaves. Colloids & Surfaces B Biointerfaces, 167: 206-212.

Zhu F, Cao C, Cao LD, et al. 2019. Wetting behavior and maximum retention of aqueous surfactant solutions on tea leaves. Molecules, 24(11): 2094.